战·略·性
新兴领域

"十四五"高等教育教材

特种与新兴高分子材料

Special and Emerging Polymer Materials

张安强　主编

U0376805

本书配有数字资源与在线增值服务
微信扫描二维码获取

认准正版

首次获取资源时，
需刮开授权码涂层，
扫码认证

刮开涂层
扫码认证

授权码

化学工业出版社

·北京·

内容简介

特种与新兴高分子材料是我国材料强国战略的重要支撑之一,本教材聚焦国家战略及"卡脖子"关键技术,结合特种与新兴高分子材料领域近年来的研究进展,重点讲解相关领域功能高分子材料的合成、制备、加工与应用,为高分子材料及相关专业的学生将来从事相关领域的研究夯实基础。

《特种与新兴高分子材料》是战略性新兴领域"十四五"高等教育教材体系——"先进功能材料与技术"系列教材之一。本教材结合华南理工大学高分子学科中与国家战略密切相关的部分科研工作,重点关注特种弹性体材料、海洋工程涂料、热固性聚合物的循环利用、柔性传感材料、油水分离材料、海洋防护材料、芳杂环高分子材料、动态高分子材料等细分领域的科研工作。本书可作为高分子及相关专业的本科生和低年级研究生了解特种与新兴高分子材料的设计、合成、制备与应用的教科书,也可作为相关领域工程技术人员的参考书。

图书在版编目(CIP)数据

特种与新兴高分子材料 / 张安强主编. -- 北京 : 化学工业出版社,2024. 8. -- (战略性新兴领域"十四五"高等教育教材). -- ISBN 978-7-122-46487-3

Ⅰ. TB324

中国国家版本馆 CIP 数据核字第 20248G1Q47 号

责任编辑:王 婧　　　　　　　　　　文字编辑:范伟鑫
责任校对:赵懿桐　　　　　　　　　　装帧设计:刘丽华

出版发行:化学工业出版社(北京市东城区青年湖南街13号　邮政编码100011)
印　　装:涿州市般润文化传播有限公司
787mm×1092mm　1/16　印张19¾　字数453千字　2024年8月北京第1版第1次印刷

购书咨询:010-64518888　　　　　　　售后服务:010-64518899
网　　址:http://www.cip.com.cn
凡购买本书,如有缺损质量问题,本社销售中心负责调换。

定　　价:89.00元

《特种与新兴高分子材料》
编写成员

主　编：张安强

编写人员：（按姓氏拼音排序）

郭宝春　李红强　刘　岚　卢　珣　马春风

邱志明　武文杰　袁彦超　朱立新

　　战略性新兴产业是引领未来发展的新支柱、新赛道，是发展新质生产力的核心抓手。功能材料作为新兴领域的重要组成部分，在推动科技进步和产业升级中发挥着至关重要的作用。在新能源、电子信息、航空航天、海洋工程、轨道交通、人工智能和生物医药等前沿领域，功能材料都为新技术的研究开发和应用提供着坚实的基础。随着社会对高性能、多功能、高可靠、智能化和可持续材料的需求不断增加，新材料新兴领域的人才培养显得尤为重要。国家需要既具有扎实理论基础，又具备创新能力和实践技能的高端复合型人才，以满足未来科技和产业发展的需求。

　　教材体系高质量建设是推进实施科教兴国战略、人才强国战略、创新驱动发展战略的基础性工程，也是支撑教育科技人才一体化发展的关键。华南理工大学、北京化工大学、南京航空航天大学、化学工业出版社共同承担了战略性新兴领域"十四五"高等教育教材体系——"先进功能材料与技术"系列教材的编写和出版工作。该项目针对我国战略性新兴领域先进功能材料人才培养中存在的教学资源不足、学科交叉融合不够等问题，依托材料类一流学科建设平台与优质师资队伍，系统总结国内外学术和产业发展的最新成果，立足我国材料产业的现状，以问题为导向，建设国家级虚拟教研室平台，以知识图谱为基础，打造体现时代精神、融汇产学共识、凸显数字赋能、具有战略性新兴领域特色的系列教材。系列教材涵盖了新型高分子材料、新型无机材料、特种发光材料、生物材料、天然材料、电子信息材料、储能材料、储热材料、涂层材料、磁性材料、薄膜材料、复合材料及现代测试技术、光谱原理、材料物理、材料科学与工程基础等，既可作为材料科学与工程类本科生和研究生的专业基础教材，同时也可作为行业技术人员的参考书。

　　值得一提的是，系列教材汇集了多所国内知名高校的专家学者，各分册的主编均为材料科学相关领域的领军人才，他们不仅在各自的研究领域中取得了卓越的成就，还具有丰富的教学经验，确保了教材内容的时代性、示范性、引领性和实用性。希望"先进功能材料与技术"系列教材的出版为我国功能材料领域的教育和科研注入新的活力，推动我国材料科技创新和产业发展迈上新的台阶。

中国工程院院士

前言 PREFACE

　　高分子材料作为现代制造业和高端产业的重要基石，已成为国防建设与国民经济发展不可或缺的关键材料之一。其中具有特殊用途的特种高分子材料和随着新的应用而兴起的新兴高分子材料在近年来尤其受到关注，其中的佼佼者还将成为未来高分子材料发展的引领者。在此背景下，编辑出版一本关于"特种与新兴高分子材料"的教材，就显得尤为必要了。

　　华南理工大学材料科学与工程学院高分子材料学科源于华南工学院于1952年创立的全国最早的橡胶专业（橡皮工学）和1958年成立的全国第一批的高分子化工和化学纤维专业，经过半个多世纪的发展，已经成为华南理工大学材料科学与工程一级学科中的一个具有鲜明工科特色的专业方向。本校的高分子材料与工程专业先后获得广东省名牌专业（2005年）、国家级特色专业（2010年），2015年和2018年两次通过中国工程教育认证，并在2019年入选为第一批国家级一流本科专业建设点，以高分子材料与工程专业为基础建设的"Polymer Science（高分子科学）"学科在US News 2022、2023和2024世界大学学科排名中分列第二、第一和第二。学科和专业的发展也促使我们不断思考：如何将学科前沿与本科生/研究生的课程教学相融合？如何在经典高分子材料的教学中引入前沿进展？结合教育部"十四五"规划教材的申报与建设契机，我们提出了编写《特种与新兴高分子材料》的想法，并得到了高分子系（所）各研究团队的大力支持。考虑到高分子材料领域的相关教材甚多，我们在编写过程中突出了"特"和"新"，在材料的设计、合成、加工和应用等诸多环节，强调针对性和新颖性，以期能对读者有一些启迪作用。

　　本书共分9章，分别为：绪论（张安强、郭宝春编写）、特种橡胶/弹性体材料（朱立新编写）、介电弹性体材料（武文杰编写）、可回收的热固性聚合物材料（袁彦超编写）、柔性电子与传感材料（刘岚编写）、超浸润油水分离材料（李红强编写）、海洋防护高分子材料（马春风编写）、芳杂环高分子材料（邱志明编写）和动态高分子材料（卢珣编写），全书由张安强统稿。本书可作为高分子材料与工程及相关专业高年级本科生和低年级研究生了解特种和新兴高分子材料的设计、合成、制备与应用的参考书。

　　本书为华南理工大学"十四五"普通高等教育规划教材，在教材的编写过程中，得到了华南理工大学材料科学与工程学院出版基金、高分子材料科学与工程系和化学工业出版社各位老师的无私帮助，在此深表谢意！

　　考虑到成书时间紧迫和编者学识所限，疏漏之处在所难免，请广大读者批评指正。

编者
2024年7月

目录

3 介电弹性体材料

4 可回收的热固性聚合物材料

5　柔性电子与传感材料 -104-

6　超浸润油水分离材料 -147-

7 海洋防护高分子材料

8 芳杂环高分子材料

9 动态高分子材料

绪论

从赫尔曼·施陶丁格（Hermann Staudinger）于 1920 年在"论聚合"中提出高分子是由长链大分子构成的观点开始，高分子材料作为一门独立的学科，已经走过百余年的历程，其中有诸多已经大量工业化生产并广泛应用于工农业生产和日常生活的高分子材料，我们可称之为"通用高分子材料"，如塑料中的聚乙烯（PE）、聚丙烯（PP）、聚氯乙烯（PVC）、聚对苯二甲酸乙二醇酯（PET）、聚酰胺/尼龙（PA）以及聚丙烯酸酯类等，橡胶中的天然橡胶（NR）、顺丁橡胶（BR）、丁苯橡胶（SBR）、丁腈橡胶（NBR）和二元乙丙橡胶（EPM）等，这些材料作为高分子材料的典型代表，在国民经济中发挥了不可替代的基础性作用。

除了这类基础性通用高分子材料之外，在诸多特殊用途中，一些用量不是那么大，但性能却不可替代的特种高分子材料也日益受到重视，例如特种橡胶、可回收的热固性聚合物、基于动态可逆键的动态高分子、介电弹性体、芳杂环高分子等；也有一些材料不仅仅局限于高分子材料本身，通过与其他材料的复合，可构筑诸多具备特殊性能的新兴高分子材料，例如：柔性传感材料、超浸润油水分离材料、海洋工程材料等，我们可统称之为"特种与新兴高分子材料"。这也是本书将要呈现并期望能以"抛砖引玉"的方式给读者以启迪的内容。

然而，即便我们可以根据产量的大小、应用范围的宽窄以及功能的特殊性，把特种与新兴高分子材料和通用高分子材料大致区分开来，前者的"特"和"新"也决定了它们的种类繁多，本书的介绍也仅是沧海一粟，故我们在书中并不强调"大而全"，而是通过几个典型的角度，分别选取了代表性的材料作较为深入的介绍。

在橡胶/弹性体方面，选取了"特种橡胶"和"介电弹性体"作为代表。以特种橡胶为例，虽然一般将除了 NR、SBR、BR、NBR 和 EPM 等之外的胶种大多归到特种橡胶的范畴，但近年来这些胶种的产量也越来越大，也更多地应用于工农业生产及日常生活中，似乎不那么"特"了。以氟橡胶为例，在二十世纪末，氟橡胶的价格动辄达 200～800 元/kg，加上氟橡胶的密度较大（$1.8\sim1.9g/cm^3$），其作为橡胶制品的体积成本就更高了，居高不下的价格使氟橡胶在民用橡胶制品中的应用拓展较为缓慢；但近年来，氟橡胶的需求和产量都在不断增大，成本也逐年降低，尤其是汽车工业对耐高温/耐油/耐腐蚀橡胶制品的需求提高，供需双方的"双向奔赴"促使氟橡胶的应用门槛大大降低，部分牌号的单价已降至 80～100 元/kg，硫化体系和填充体系也更为丰富，进一步拓宽了使用范围。即便如此，氟橡胶仍具有传统 α- 烯烃类弹性体和二烯烃类橡胶所不具备的诸多特性（耐高温、耐低温、耐油、耐腐蚀、低压变、耐老化等），故我们在本书中仍将其归到特种橡胶的范畴并加以详细介绍。

传统聚合物材料以其不易导电、绝缘性好而得以广泛应用，但近年来随着高分子基础科学的发展以及合成手段的进步，很多具有特殊功能、可以服役于特殊环境的新兴高分子材料也被发明了出来，包括导电高分子材料，介电弹性体等，大大拓宽了高分子学科的边界和高分子材料的应用范畴，这部分的工作虽然起步较晚，但也取得了长足的进展，尤其在柔性显示、柔性机器人等领域具有潜在的应用前景；但在基础机理的研究方面，仍有较大的提升空间。

以酚醛树脂为代表的传统热固性树脂因其受热后可形成稳定的三维网状交联结构，产物的尺寸稳定性好，耐热性、耐腐蚀性、绝缘性等均大大提高，而得以广泛应用。但这种基于不可逆共价键的热固性交联也为其回收再利用带来了极大的阻碍：当制品达到其使用寿命后，由于不能解交联而难以回收利用，就变成了废物。针对这一问题，通过在热固性聚合物中引入可逆键（氢键、配位键、可逆共价键等），可重构其三维交联网络，获得可回收的热固性树脂，从而大大拓展了热固性树脂的类型和应用领域。

传统的弹性体按交联方式的不同可大致分为两类：一类是大分子链通过共价键（如多硫键、碳-碳键）进行化学交联，以硫化橡胶为代表；另一类则是柔性大分子链通过结晶微区进行物理交联，以热塑性弹性体（TPE）为代表，其中的典型代表是苯乙烯-丁二烯-苯乙烯三嵌段共聚物（SBS）。与上述可回收的热固性树脂相似，当我们把原有的不可逆化学交联部分或全部用可逆键（氢键、离子键、配位键以及可逆共价键等）替代后，就获得了一类新型的弹性体材料，即：超分子弹性体。超分子弹性体可以基于柔性大分子链构筑，也可直接基于小分子进行组装获得，它们既具有传统弹性体材料类似的高弹性和流变特性，还具有与传统弹性体不同的特性，如可逆热塑性、自修补/自修复性、热敏性和良好的加工性等，因而在全世界范围内受到研究者的青睐，经过十余年的不断研究，超分子弹性体已逐步发展成为一个新兴的研究领域。

新型材料的合成固然重要，如何将现有材料进行各种维度的复合与组装，构筑具有全新特性的复合材料，则更显魅力：例如，受到自然界的超浸润现象启发，利用材料在纳米到微米尺度进行再组装，可构筑具有诸多特殊性能的微/纳（米）结构，获得诸如超疏水、超亲水、选择性亲疏水甚至可亲疏水转换的特殊功能材料，可在油水分离等领域发挥重要的作用；又如，将传统的柔性基材与导电材料进行复合，可设计成柔性电子器件甚至柔性电路，可打破传统电路"硬邦邦"的惯性思维，构建新型的柔性传感材料，用于温度、湿度、气体、光学以及化学等多维复合传感，在电子皮肤、可穿戴织物及植入电子设备等领域展现出了很好的应用前景。

材料的工程应用是材料研究不断创新的源泉和动力，例如，随着我国逐渐走向海洋甚至是深海，海洋防护领域的各种难题（海洋生物污损、海洋腐蚀、老化失效等）就逐渐凸显出来，通过将质轻、耐腐蚀好、易成型的高分子材料应用到海洋防护领域（海洋防污、海洋防腐、海洋工程加固与修复等），将极大拓宽高分子材料的应用领域。

在高分子链中引入氮杂环或氧杂环结构单元，将会提高高分子的高温稳定性能，所得芳杂环高分子在高温下仍可保持较好的力学性能，可满足航空航天、微电子等尖端领域对耐高温材料的要求。这一领域的研究方兴未艾，本书中单列了一章，对此领域的材料合成与应用进行较为系统和深入的介绍。

如前所述，上述领域的研究工作无论在"特"和"新"哪个方面都难以做到全覆盖，甚至都很难称之为具有"典型性"和"代表性"，只能算是"抛砖引玉"，期望通过这些领域工作的介绍，若能对读者起到激发兴趣、打开一扇门的作用，则甚幸。

2

特种橡胶 / 弹性体材料

高分子材料中，橡胶和弹性体凭借其独特的高弹性，在从运输到工业制造的各个传统行业中已经得到广泛应用，且不可替代。随着社会上各种新兴技术的涌现，高分子材料被赋予了各种全新的性能要求如抗烧蚀、耐高温、生物相容性、超长使用寿命等，其中的特种橡胶 / 弹性体材料也将在各种新兴高分子材料应用领域中发挥巨大作用。目前需求量较大的特种胶种主要有硅橡胶、氟橡胶、丙烯酸酯橡胶、氯醚橡胶、氯磺化聚乙烯橡胶、氯化聚乙烯橡胶和氢化丁腈橡胶，其各自的性能特点和适用领域见表 2-1。

表 2-1　不同种类特种橡胶的性能特点和适用领域

特种橡胶	性能特点	适用领域
硅橡胶	工作温度范围最宽广；生物相容性好；高透气性；电绝缘性好	植入人体的医疗导管材料、导热绝缘电子封装材料、耐高温密封材料
氟橡胶	耐腐蚀；耐真空；综合力学性能优异	腕带材料、耐热化学介质密封材料
丙烯酸酯橡胶	耐热、耐油、耐老化；综合力学性能优异	耐热油材料
氯醚橡胶	耐臭氧；气密性好；半导电性	汽车用胶管材料、感光体胶辊材料
氯磺化聚乙烯橡胶	耐燃；耐臭氧；耐候	彩色耐候阻燃材料
氯化聚乙烯橡胶	耐油；耐候；高温柔软、低温僵硬	彩色耐候材料
氢化丁腈橡胶	综合性能出色	阻尼减震材料、高强度耐高温耐油密封材料

2.1　硅橡胶的结构、性能、配合与应用

硅橡胶具有许多独特性能，如耐高温、耐低温、电器绝缘及生理惰性等，是其他有机高分子材料所不能比拟和替代的，因而在航天、化工、农业及医疗卫生等方面得到广泛应用，并已成为国民经济重要而必不可少的新型高分子材料。然而随着科学技术的发展，对材料的要求越来越高，传统硅橡胶材料已很难满足某些特殊需求，因此具备突出特性的硅橡胶材料应运而生，这些性能包括导电、导热、耐高温和低温、阻燃等。其改性方法主要有：添加特殊填料、改变材料组成、对硅橡胶主链进行接枝改性、与其他高分子材料共混

等。本节将从结构、性能、配合与应用对特种硅橡胶材料进行介绍。

2.1.1　硅橡胶的结构

硅橡胶（Q）是指主链以 Si—O 单元为主，侧基为有机基团的一类线型硅氧烷聚合物，是分子链兼具无机和有机性质的非极性高分子弹性材料。Q 的一般分子结构式为：

$$-\left(\underset{\underset{R}{|}}{\overset{\overset{R}{|}}{Si}}-O\right)_m\left(\underset{\underset{R_2}{|}}{\overset{\overset{R_1}{|}}{Si}}-O\right)_n-$$

式中，R、R_1、R_2 均为有机基团，如甲基、乙烯基、苯基、三氟丙基、β-腈乙基等。

这种低不饱和度的分子结构使 Q 具有优良的耐热性和耐候性，且耐受紫外线和臭氧的侵蚀。Q 分子链的柔性好，分子链之间的相互作用力弱，这些结构特征使其硫化胶质地柔软而富有弹性，但缺乏一定的机械强度。Q 的 Si—O 键长为 1.64Å±0.03Å（1Å=10^{-10}m），Si—O—Si 键角为 140°。由于 Si—O 键能（460kJ/mol）大于 C—C 键能（346kJ/mol），因此 Q 比 C—C 主链的橡胶更耐热。此外，Si—O 主链比 C—C 主链更柔顺，故 Q 与 C—C 主链的橡胶相比通常具有更低的玻璃化转变温度。

Q 通常按其硫化机理的不同分为高温硫化硅橡胶、室温硫化硅橡胶和加成硫化硅橡胶三大品种。

2.1.1.1　高温硫化硅橡胶

高温硫化硅橡胶（HTV），也称其为热硫化硅橡胶，指的是一种高分子量（通常为400000～800000）的聚有机硅氧烷，加入补强填料、硫化剂和其他配合剂，经过加压成型（模压、挤压、压延）或注射成型，并在高温下交联成的硅橡胶品种。

HTV 按化学组成的不同可分为二甲基硅橡胶（MQ）、甲基乙烯基硅橡胶（MVQ）、甲基乙烯基苯基硅橡胶（MPVQ）、甲基乙烯基三氟丙基硅橡胶（MFVQ）、亚苯基硅橡胶、二苯醚亚苯基硅橡胶、腈硅橡胶和硅硼橡胶。

MQ 的分子结构为：

$$-\left(\underset{\underset{CH_3}{|}}{\overset{\overset{CH_3}{|}}{Si}}-O\right)_n- \quad n=5000～10000$$

MQ 简称甲基硅橡胶，其耐热性和耐寒性优异，能在 −50～250℃温度范围内长期使用而保持其橡胶弹性；耐臭氧性、电绝缘性优良；胶料的力学性能低；耐湿热性差。MQ 由于硫化活性低、工艺性能差、厚制品在二次硫化时易发生气泡，且高温压缩变形大，目前除少量用于织物涂覆外，几乎已为 MVQ 所取代。

MVQ 的分子结构为：

$$-\left(\underset{\underset{CH_3}{|}}{\overset{\overset{CH_3}{|}}{Si}}-O\right)_m\left(\underset{\underset{\underset{H}{|}}{C=CH_2}}{\overset{\overset{CH_3}{|}}{Si}}-O\right)_n- \quad m=5000～10000；\ n=10～20$$

MVQ 简称乙烯基硅橡胶，此橡胶由 MQ 的侧链上引进少量乙烯基而得。引入乙烯基改正了 MQ 的缺点：硫化活性提高，制品硬度提高，压缩永久变形降低；厚制品硫化均匀，并减少气泡产生。一般认为乙烯基结合量在 0.07%～0.15%（摩尔分数）的 Q 综合性能较好。增加乙烯基结合量，虽然可使硫化速率提高，并可用硫黄和促进剂硫化，但胶料的热稳定性会下降，物理性能也有所降低。MVQ 耐热性、耐寒性极好，使用温度的范围宽广（−60～250℃）；耐臭氧性、耐气候性好；电性能优良；力学性能较低，抗高温压缩变形比 MQ 有改进。MVQ 在硅橡胶中产量最大、应用最广、品种牌号最多，各种专用性如高强度、低压缩变形、导电性、迟燃性、导热性的 Q 都以 MVQ 为基础加工配合。

MPVQ 的分子结构为：

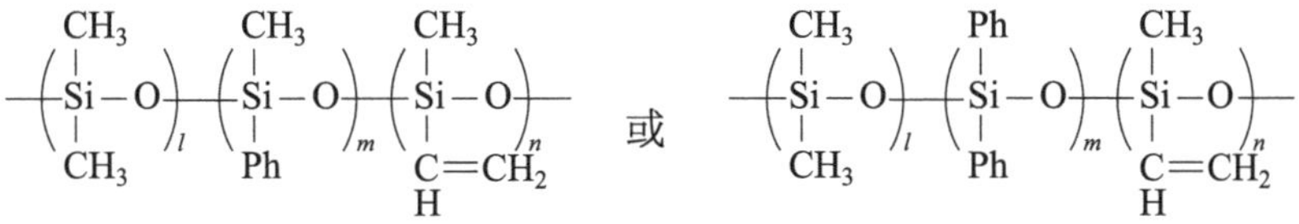

MPVQ 简称苯基硅橡胶，是在 MVQ 的分子链中引入苯基硅氧烷链节制成的。通过引入大体积的苯基来破坏聚硅氧烷分子结构的规整性，以降低聚合物的结晶度和玻璃化转变温度，从而改善 Q 的耐寒性能。当苯基摩尔分数为 0.05～0.10 时，称为低苯基硅橡胶，橡胶的玻璃化转变温度降到最低值（−115℃）。随着苯基摩尔分数的增大，分子链的刚性增大，玻璃化转变温度上升。当苯基摩尔分数在 0.15～0.25 时，称为中苯基硅橡胶，具有耐燃性。当苯基摩尔分数在 0.30 以上时，称为高苯基硅橡胶，具有优良的耐辐射性能。

MFVQ 的分子结构为：

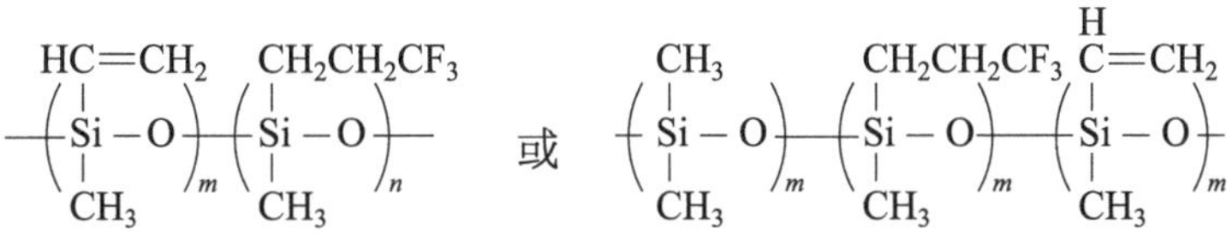

MFVQ 简称氟硅橡胶，是在 MVQ 的分子侧链上引入氟烷基或氟芳基而制成的。它具有优异的耐油、耐溶剂性，但耐高温、耐低温性能不如 MVQ，其工作温度范围为 −50～250℃。MFVQ 在常温和高温下对脂肪族、芳香族和氯化烃溶剂，石油基的各种燃料油、润滑油、液压油以及某些合成油（如二酯类润滑油、硅酸酯类液压油）的耐受性都很好。

亚苯基硅橡胶的分子结构为：

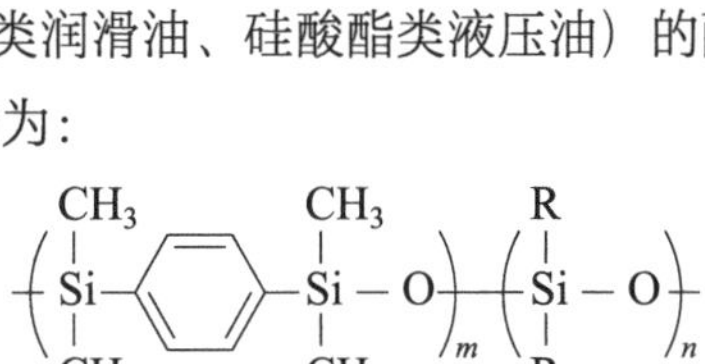

式中，R 为脂肪基或芳香基。亚苯基硅橡胶主要特性是耐 γ 射线、耐高温（300℃以上）。

二苯醚亚苯基硅橡胶的分子结构为：

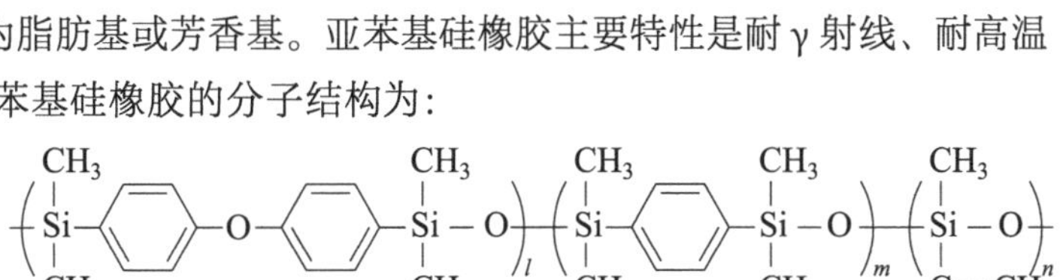

二苯醚亚苯基硅橡胶是分子主链引入了二苯醚和亚苯基的改性聚硅氧烷，是当前耐辐射性能最优异的 Q，同时具有强度高、介电性能好、加工性能优良等特点。

腈硅橡胶的分子结构为：

$$\left(\begin{array}{c}CH_3\\|\\Si-O\\|\\CH_3\end{array}\right)_l\left(\begin{array}{c}CH_3\\|\\Si-O\\|\\C=CH_2\\|\\H\end{array}\right)_m\left(\begin{array}{c}CH_3\\|\\Si-O\\|\\CH_2CH_2CN\end{array}\right)_n$$

腈硅橡胶主要是在分子链中引入含有甲基 -β- 腈乙基硅氧链节或甲基 -γ- 腈丙基硅氧链节的一种弹性体，其主要性能与 MFVQ 相似，即耐油、耐溶剂并具有良好的耐低温性能。

硅硼橡胶的分子结构为：

$$\left(\begin{array}{c}CH_3\\|\\Si-O\\|\\CH_3\end{array}-\begin{array}{c}H_{10}\\B_{10}\end{array}-O-\begin{array}{c}CH_3\\|\\Si-O\\|\\CH_3\end{array}\right)_n$$

硅硼橡胶是分子主链上含有十硼烷笼形结构的一类新型硅橡胶，具有高度的耐热老化性，可在 400℃下长期工作，在 420～480℃下可连续工作几小时，而在 -54℃下仍能保持弹性。

2.1.1.2 室温硫化硅橡胶

室温硫化硅橡胶（RTV），也称其为缩合硫化硅橡胶，是指不需要加热，在室温下就能硫化的硅橡胶品种。其分子结构特点是在分子主链的两端含有硅羟基或硅乙酰氧基等活性官能团，在一定条件下，这些官能团在室温下发生缩合反应，形成交联结构而成为弹性体。RTV 分子量较低，通常为黏稠状液体。

RTV 的一般分子结构式为：

$$HO\left(\begin{array}{c}R\\|\\Si-O\\|\\R_1\end{array}\right)_n H$$

式中，R=CH$_3$；R$_1$=CH$_3$,C$_6$H$_5$,C$_2$H$_3$,CF$_3$CH$_2$CH$_2$,CNCH$_2$CH$_2$；n=100～1000

根据包装方式的不同，RTV 可以分成单组分 RTV 和双组分 RTV。

单组分 RTV 是以羟基封端的低分子量硅橡胶与补强剂混合，干燥后加入交联剂（含有能水解的多官能团硅氧烷），此时，混炼胶已成为含有多官能团端基的聚合物，封装于密闭容器内，挤出时与空气中的水分接触，使胶料中的官能团水解形成不稳定羟基，然后缩合交联成弹性体。

单组分 RTV 根据交联剂类型的不同，可以分为脱酸型和非脱酸型。前者使用较为广泛，所用交联剂为乙酰氧基类硅氧烷（例如甲基三乙酰氧基硅烷或甲氧基三乙酰氧基硅烷），在硫化过程中放出副产物乙酸，对金属有腐蚀作用。后者种类较多，有以烷氧基（例如甲基三乙氧基硅烷）为交联剂的脱醇缩合硫化型（产品高模量），此反应仅靠空气中的水分作用，硫化缓慢，需加入烷基酞酸酯类的硫化促进剂，硫化时放出醇类，无腐蚀作用，最适合用作电气绝缘制品；也有以硅氮烷为交联剂的脱胺缩合硫化型（硫化时放出有机胺，有臭味，对铜有腐蚀性）以及以丙酮肟和丁酮肟为交联剂的脱肟缩合硫化型、脱酰胺缩合硫化型（产品模量低）和硫化速度较快的脱酮缩合硫化型等。

单组分 RTV 具有优良的耐热、耐寒性能，可在 −60～200℃温度范围内长期使用；对于一般基材如各种金属、陶器、木材、塑料、水泥、玻璃等均具有一定的粘接性；具有优良的电绝缘性。

双组分 RTV 的硫化是由聚硅氧烷生胶的端基在催化剂（有机锡盐，如二丁基二月桂酸锡、辛酸亚锡等）作用下与交联剂（烷氧基硅烷类，如正硅酸乙酯或其部分水解物）上的硅氧基发生缩合反应而成的，可分为脱乙醇缩合硫化型、脱氢缩合硫化型、脱水缩合硫化型和脱羟胺缩合硫化型等。双组分 RTV 通常是将生胶、填料与交联剂混为一个组分，生胶、填料与催化剂混成另一组分，使用时再将两个组分经过计量进行混合。双组分 RTV 的硫化时间主要取决于催化剂用量，用量越大，硫化越快。此外，环境温度越高，硫化也越快；硫化时无内应力，不收缩，不膨胀，硫化时缩合反应在内部和表面同时进行。

双组分 RTV 具有 Q 的一般特性。除特殊品种外，对一般材料不存在黏结力；介电性能良好；耐热性能好，在 200℃下可长期使用，添加耐热助剂后可在 250～300℃下使用。

2.1.1.3　加成硫化硅橡胶

加成硫化硅橡胶（LSR），也称其为液体硅橡胶，是指官能度为 2 的含乙烯基端基的二甲基硅氧烷在铂化合物的催化作用下，与多官能度的含氢硅烷进行加成反应，从而发生链增长和链交联的硅橡胶品种。

LSR 的一般分子结构式为：

$$H_2C=\overset{H}{\underset{CH_3}{C}}-\overset{CH_3}{\underset{CH_3}{Si}}-O\left(\overset{CH_3}{\underset{CH_3}{Si}}-O\right)_m\left(\overset{HC=CH_2}{\underset{CH_3}{Si}}-O\right)_n\overset{CH_3}{\underset{H}{Si}}-\overset{}{\underset{}{C}}=CH_2$$

LSR 是将乙烯基封端的聚二甲基硅氧烷和含氢硅油交联剂配成第一组分，用乙烯基封端的聚二甲基硅氧烷加入乙烯基硅氧烷铂配位化合物（简称配合物）作为第二组分，使用时两组分在室温下等量配合，即硫化成透明的硅凝胶。

LSR 不仅保持了 Q 的许多特性，如优越的电绝缘性、使用温度范围广和在恶劣环境下的长期耐候老化性，还有如下的特点：①清洁、稳定，LSR 不含溶剂和水分，对环境无污染；②工艺简便、快捷，两组分胶料以 1:1 比例混合，配料工艺简便，除非要求制品具有特低的耐压缩永久变形性，一般不需要后硫化，制品着色工艺简便，且一般情况下无需修边；③节能，成本低。

LSR 硫化速度可通过温度控制；硫化过程中体积变化小，尺寸稳定，且不需要水蒸气，无低分子量物质释放，安全无毒，因此更适用于医用材料；具有高度透明性；对异质材料的黏结力较差，但可通过添加某些黏结增进剂或底涂处理来改善；铂催化剂易因硫、磷、氮等化合物"中毒"，而失去活性。

2.1.2 硅橡胶的性能

尽管不同种类硅橡胶的分子结构各不相同，但是共同的硅氧主链也决定了硅橡胶不同于其他橡胶的特殊性能。

2.1.2.1 特性

① 耐高、低温性好。在所有橡胶中，Q 的工作温度范围最广阔（-100～350℃）。例如，经过适当配合的 MVQ 或低苯基硅橡胶，经 250℃数千小时或 300℃数百小时热空气老化后仍能保持弹性；Q 用于火箭喷管内壁防热涂层时，能耐瞬时数千摄氏度的高温。

② 耐臭氧老化、耐氧老化、耐光老化和耐候老化性能优异。

③ 电绝缘性能好。Q 分子结构中碳原子少，且一般不用炭黑作填料，故电弧放电时不易发生焦烧，在高压场合使用很可靠。它的耐电晕性和耐电弧性极好，耐电晕寿命是聚四氟乙烯的 1000 倍，耐电弧寿命是氟橡胶的 20 倍。

④ Q 的表面能比大多数有机材料小，具有低吸湿性，长期浸于水中吸水率仅为 1% 左右，物理性能不下降，防霉性能良好，与许多材料不发生黏合，可起隔离作用。Q 无味、无毒，对人体无不良影响，与机体组织反应轻微，具有优良生理惰性。

⑤ 高透气性。室温下对氮气、氧气和空气的透过量比天然橡胶高 30～40 倍；对气体渗透具有选择性，如对二氧化碳的透过性为氧气的 5 倍左右。

2.1.2.2 力学性能

Q 的硫化胶在常温下拉伸强度、撕裂强度和耐磨性等比其他合成橡胶低得多。MFVQ 拉伸强度大都介于 8～13MPa 之间，撕裂强度大都介于 20～50kN/m 之间，伸长率大都介于 100%～700% 之间。LSR 的拉伸强度大都介于 3～11MPa 之间，撕裂强度大都介于 10～50kN/m 之间，伸长率大都介于 200%～900% 之间。Q 的邵氏硬度大都介于 10～80 之间，改变硫化的时间和温度能改变硬度。

2.1.2.3 其他性能

Q 耐酸、碱性差。特种硅橡胶具有耐油、耐辐射、耐燃烧等性能。

2.1.3 硅橡胶的配合

所有三大类的硅橡胶的配合组分都比较简单。除生胶外，配合剂主要包括补强剂、硫化剂及某些特殊的助剂，一般只需有 5～6 种组分即可组成实用配方。

2.1.3.1 生胶的选择

对制品的使用温度要求一般（-70～250℃）时，都可采用 MVQ；对制品的使用温度要求较高（-90～300℃）时，可采用低苯基硅橡胶；当制品要求耐高温、耐低温又需耐燃油或溶剂时，则应当采用 MFVQ。

2.1.3.2 硫化体系和相关机理

用于 HTV 的硫化剂主要包括有机过氧化物、脂肪族偶氮化合物、无机化合物和高能射线等，其中最常用的是有机过氧化物。这是因为有机过氧化物一般在室温下比较稳定，分解半衰期会随着温度的升高而缩短。当温度升高时，过氧化物作为引发剂，可以迅速分解产生自由基，引发硫化反应。硅橡胶常用的有机过氧化物硫化剂是 2,5-二甲基-2,5-二叔丁基过氧化己烷（双二五）、过氧化二异丙苯（DCP）、2,4-二氯过氧化苯甲酰（DCBP）等。一般使用过氧化物硫化后，通常需要二次硫化来完善交联结构，提高力学性能，同时使硫化过程中产生的醇类残余物挥发，降低制品的气味，防止 Q 在使用过程中发生降解。

单组分 RTV 的交联剂是含有可水解多官能硅烷的化合物，通式为 $R_{4-n}SiY_n$，其中 $n=3$ 或 4，R 为烷基，Y 为可水解的基团，不同类型的单组分 RTV 的交联剂见表 2-2。单组分 RTV 的常用催化剂是 Sn 的化合物，如辛酸亚锡，二丁基二月硅酸锡等；各种钛的配合物也常用。

表 2-2　不同类型单组分 RTV 交联剂

单组分 RTV 类型	交联剂通式	常用交联剂
脱羧酸型	$R_{4-n}Si(OCOR')_n$	$MeSi(OCOCH_3)_3$
脱肟型	$R_{4-n}Si(ON=CR_1R_2)_n$	$MeSi(ON=CMe_2)_3$
脱醇型	$RSi(OR_1)_3$	$MeSi(OMe)_3$，$MeSi(OEt)_3$
脱胺型	$RSi(NHR_1)_3$	$MeSi(NHC_6H_{11})_3$
脱酰胺型	$RSi(NR_1COR_2)_3$	$MeSi(NMeCOMe)_3$
脱丙酮型	$RSi(OR_1C=CH_2)_3$	$MeSi(OMeC=CH_2)_3$
脱羟胺基型	$RSi(ONEt_2)_3$	$MeSi(ONEt_2)_3$

不同类型的双组分 RTV 所用的交联剂如下：脱醇型的用 $MeSi(OEt)_3$、$Si(OEt)_4$ 或其水解产物聚正硅酸乙酯；脱羟胺型的用胺氧基的环硅氧烷或线型低聚硅氧烷；脱氢型的用甲基含氢硅油；脱水型的用多羟基的聚硅氧烷。双组分 RTV 的常用催化剂为含铂或锡的化合物。

LSR 的交联剂是含氢硅油，其分子链中含有 3 个以上 Si—H 键，其中，Si—H 键可以位于分子链的链端、侧链或同时位于链端及侧链。常用含氢硅油的分子结构为：

$$H-\underset{\underset{CH_3}{|}}{\overset{\overset{CH_3}{|}}{Si}}-O\left(\underset{\underset{H}{|}}{\overset{\overset{CH_3}{|}}{Si}}-O\right)_m\left(\underset{\underset{CH_3}{|}}{\overset{\overset{CH_3}{|}}{Si}}-O\right)_n\underset{\underset{CH_3}{|}}{\overset{\overset{CH_3}{|}}{Si}}-H$$

Q 用过氧化物硫化时，交联是在两个活化的甲基或乙烯基之间通过自由基反应进行的。以甲基为例，硫化机理如式（2-1）所示：

$$\begin{aligned} RO-OR &\longrightarrow 2RO\cdot \\ \sim\sim\sim Si-CH_3+RO\cdot &\longrightarrow \sim\sim\sim Si-CH_2\cdot+ROH \\ \sim\sim\sim Si-CH_2\cdot+\cdot CH_2-Si\sim\sim\sim &\longrightarrow \sim\sim\sim Si-CH_2-CH_2-Si\sim\sim\sim \end{aligned} \quad (2-1)$$

以脱醇缩合型为例，RTV 的硫化机理如式（2-2）所示：

$$
\begin{array}{c}
\mathrm{H_3C-Si-OCH_3 + HO-\left(Si-O\right)_n Si-OH} \xrightarrow{-CH_3OH} \\[2mm]
\mathrm{H_3C-Si-O-\left(Si-O\right)_n Si-O-Si-CH_3 + H_2O} \xrightarrow{-CH_3OH} \\[2mm]
\mathrm{H_3C-Si-O-\left(Si-O\right)_n Si-O-Si-CH_3} \xrightarrow{-CH_3OH} \\[2mm]
\mathrm{H_3C-Si-O-\left(Si-O\right)_n Si-O-Si-CH_3}
\end{array} \tag{2-2}
$$

LSR 的硫化机理如式（2-3）所示：

$$
\mathrm{H_3C-Si-H + H_2C{=}C-\left(Si-O\right)_n \longrightarrow H_3C-Si-C-C-\left(Si-O\right)_n} \tag{2-3}
$$

2.1.3.3　补强填充体系

未经补强的 Q 硫化胶拉伸强度很低，只有 0.3MPa 左右，没有实际使用价值。加入适当的补强剂可使 Q 硫化胶的拉伸强度达到 4～10MPa。Q 的补强填充剂主要是白炭黑。白炭黑可分为气相法白炭黑和沉淀法白炭黑。前者为 Q 最常用的补强剂之一，由它补强的硫化胶的机械强度高、电性能好，并可与其他补强剂或弱补强剂并用。后者补强的 Q 机械强度稍低，介电性能（特别是受潮后）较差，但耐热老化性能较好。

2.1.3.4　其他配合剂

（1）结构控制剂　通常为含有羟基或硼原子的低分子量有机硅化合物，常用的有二苯基硅二醇、甲基苯基二乙氧基硅烷、低分子量羟基硅油及硅氮烷等。可防止气相法白炭黑补强的 Q 贮存过程中变硬，塑性值下降。

（2）耐热添加剂　加入某些金属氧化物或其盐可大大改善 Q 的热空气老化性能，其中最常用的为三氧化二铁，一般用量为 3～5 份；加入少量的喷雾炭黑也能起到提高耐热性的作用。

（3）着色剂　常用的如下：红色（铁红、镉红、吡唑啉酮红、硫化红、喹吖啶酮红、萘酚红），绿色（铬绿、酞菁绿），黑色（炭黑），白色（钛白），蓝色（群青、酞菁蓝），橙色（邻联茴香胺橙，二芳基橙）。

2.1.4　硅橡胶的应用

三大类硅橡胶具有不同性能，经过特殊配合在各种行业中被制成不同用途的各种橡胶制品，如阻燃硅橡胶、耐热硅橡胶、阻尼硅橡胶、导热硅橡胶、导电硅橡胶、绝缘硅橡胶、屏蔽性硅橡胶、海绵硅橡胶、耐油硅橡胶等。

2.1.4.1　在汽车工业中的应用

优异的电绝缘性、耐热性、耐化学腐蚀性、耐候性、黏合性、抗撕裂性使得 Q 尤其适合用于生产密封胶、水泵垫圈、气缸盖垫圈。

2.1.4.2　在电子电气工业中的应用

Q 可用于绝缘，密封和保护电路，适合制成发动机衬垫，控制装置衬垫，电子组件，以及室外电缆的端子、接头和绝缘体。

2.1.4.3　在宇航工业中的应用

Q 在室温下的机械强度较低，但在恶劣的环境下却有很好的应用前景。Q 可以作为一种弹性黏着材料，用于飞机结构层与绝热层之间的绝热密封。固体硅橡胶密封材料广泛应用于航空航天领域，可以用于箭体窗口、飞船对接、气体系统等。它的抗流性使它成为了一种理想的燃油控制隔膜，液压管道和钢索夹具。

2.1.4.4　在建筑工业中的应用

Q 具有良好的耐候性和施工性，可用作粘接密封剂。近年来，又开发了低模量高伸长型双组分密封剂，它用于接缝可移动的混凝土预制件和幕墙等大型构件。RTV 还用于石棉水泥板连接处的密封、浴室砖缝和盥洗用具的密封。HTV 海绵条用作建筑物的门窗密封嵌条。

2.1.4.5　在家用电器中的应用

电器中需要使用高导热的绝缘材料，以有效去除电子设备所产生的热量，从而保证电子元器件在各种使用温度下仍能正常运行，以确保产品的使用寿命和质量可靠性。电子设备中的散热问题可通过导热材料来解决，而导热硅橡胶则是导热材料中的重要一员。

导热灌封硅橡胶一般是双组分，使用时将两组分混合排泡后，灌封到需要的部位上，硫化成弹性体，目前广泛应用于 LED（发光二极管）电源、球泡灯内置电源、电动汽车电池组件和充电桩电源模块，以及一些电子器件的粘接灌封，起到散热、密封、减震的作用 [1]。

导热垫片是经过特殊的生产工艺加工而制成的片状导热绝缘硅橡胶材料，具有天然表面黏性、高热导率、高耐压缩性、高缓冲性等优点，主要应用于发热器件与散热片及机壳的缝隙填充，因其材质柔软及在低压迫力作用下的良好弹性变量，还可用于器件表面，为粗糙表面构造密合接触，减少空气热阻抗，很好地解决了其他材料表面易积存灰尘等缺点 [2]。

2.1.4.6　在医疗中的应用

Q 化学性质稳定，不会被组织液腐蚀；适用于周边组织，不引起炎症，不与有机体发生反应，最大限度地减少外来物质的产生，不会引起癌症；无过敏反应，无表面凝固现象；

植入人体后，长时间使用，不会失去拉伸强度和弹性等力学特性；不变形，能够经受住所需的灭菌措施；容易被机械加工成复合形状等等。而且不含有增塑剂，也不会产生对人类和动物有不良影响的副产物。发展至今，Q 在医疗医药及卫生行业的应用可大致归纳为：长期留置于人体内的器官或组织代用品、短期留置人体内的医疗器械、整容医疗器械、药物缓释体系、体外用品等几个方面[3]。

2.1.4.7　在其他方面的应用

混合动力与纯电动汽车相对于传统的燃料汽车，增加很多高压配件，如动力电池、高压配电盒、驱动电机、电机控制器等，这就对汽车用电缆也提出了新的要求。首先由于这些电缆布置在前舱发动机与底盘区域，温度高、空间狭小，需要电缆柔软、转弯半径小、耐高温和耐低温性能好；其次道路工况复杂，电缆的耐磨性必须要好且机械强度高；另外车速时高时低，特别是满载爬坡等恶劣工况，瞬间大电流要求电缆线具有短时过载能力。综上，新能源车电缆必须具备以下特点：良好的电绝缘性能，热稳定性，耐候性；抗腐蚀性，耐油疏水性，阻燃性能优异；综合力学性能优越，有高度柔软性同时高抗撕裂等等。

目前汽车动力电缆绝缘材料有交联聚烯烃、热塑性弹性体。其中交联聚烯烃材料耐热可达 150℃，但该材料线缆比较硬，在狭小的车体空间内安装不便，且需要辐射交联，工艺复杂，不适合用作大截面线缆。热塑性弹性体材料用于动力线缆时不够耐热，且长期使用会有开裂的风险。而 Q 具有耐高温、耐低温、耐臭氧、耐候以及优良电绝缘性；Q 线载流量大，节省导体截面，可以应对长时间满负荷运行要求；可以通过添加阻燃剂达到耐火性能要求；具有高度柔软性，易于有限空间内的安装；高抗撕硅橡胶，裤形撕裂可达 25N/mm。因此，硅橡胶材料可以在综合交联聚烯烃、热塑性弹性体材料优点的同时弥补它们的不足，且可以减少汽车重量和二氧化碳排放，是适用于汽车动力电缆的优质选择[4]。

2.2　氟橡胶的结构、性能、配合与应用

氟橡胶除了耐高温还具有优异的耐油、耐化学介质、耐酸碱性能，在所有橡胶弹性体材料中其综合性能最好，主要用于火箭、导弹、飞机、船舶、汽车等运载工具的耐油密封和耐油管路等特种用途领域，是国民经济和国防军工不可或缺的关键材料。本节将从结构、性能、配合与应用方面对氟橡胶材料进行介绍。

2.2.1　氟橡胶的结构

氟橡胶（FKM）是指主链或侧链的碳原子上含有氟原子的一种合成高分子弹性体。氟橡胶的特殊性能，是由其分子中所含氟的结构特点所决定的。首先，氟是周期表中负电性最强的元素，具有极大的吸电子效应。当它与碳原子结合时，便生成强而稳定的 C—F 共价键，其键能可达到 485kJ/mol，而且这种键能还随碳原子氟化程度的提高而提高；同时，分子中氟原子的存在，既增加了 C—C 键的能量，也使氟化碳原子与别的元素结合的键能提高。这就使得氟橡胶具有很高的耐热、耐氧和耐化学药品性。其次，氟原子的共价半径为 0.064nm，接近 C—C 键长的一半，能够紧密排列在碳原子周围，形成全氟烃；同时 C—F

的键长较大，这就使它对 C—C 主链产生了很好的屏蔽作用，致使聚合物的主链很难与其他物质接触，从而保证 C—C 主链具有很高的热稳定性和化学惰性。当然，氟原子也给氟橡胶带来了不利影响，如弹性低、耐寒性差等。

FKM 按化学组成可以分为含氟烯烃类氟橡胶、亚硝基氟橡胶、全氟醚橡胶和氟化磷腈橡胶。

2.2.1.1　含氟烯烃类氟橡胶

按共聚物中含氟单元的氟原子数目可分为 23 型氟橡胶、26 型氟橡胶和 246 型氟橡胶。26 型氟橡胶是偏氟乙烯和六氟丙烯的共聚物，其分子结构为：

$$\left[\!\left(CF_2-CH_2\right)_x\!\left(\overset{\overset{\displaystyle CF_3}{|}}{CF}-CF_2\right)_y\right]_n$$

23 型氟橡胶是偏氟乙烯和三氟氯乙烯的共聚物，其分子结构为：

$$\left[\!\left(CF_2-CH_2\right)_x\!\left(CF_2-\overset{\overset{\displaystyle Cl}{|}}{CF}\right)_y\right]_n$$

246 型氟橡胶是偏氟乙烯、四氟乙烯和六氟丙烯的三元共聚物，其分子结构为：

$$\left[\!\left(CF_2-CH_2\right)_x\!\left(CF_2-CF_2\right)_y\!\left(CF_2-\overset{\overset{\displaystyle CF_3}{|}}{CF}\right)_z\right]_n$$

此类氟橡胶具有优良的耐热性，即使在 200℃高温下，性能几乎不变差；耐候性、耐臭氧性极好；耐油、耐药品性能极好；耐腐蚀性能极优越；气透性低，气体溶解度较大，但扩散速度很慢；耐燃性随含氟量提高而提高，属自熄型橡胶；缺乏抗寒性。

四丙氟橡胶的分子结构为：

$$-\!\left(CF_2-CF_2-CH_2-\overset{\overset{\displaystyle CH_3}{|}}{\underset{\underset{\displaystyle H}{|}}{C}}\right)_m$$

此橡胶是四氟乙烯与丙烯的共聚物，具有比其他氟橡胶更好的加工性能，可在 200℃下长期使用，在 230℃下间歇使用，耐低温性能差。由于丙烯价廉，且此橡胶的相对密度比其他氟橡胶小，有望取代 23 型氟橡胶。此橡胶耐热、耐候性与其他氟橡胶一样优良，热分解温度为 430℃；耐化学药品性异常优异，可不被高温高浓度的酸、碱、氧化剂等侵蚀；对极性溶剂和润滑油溶胀小，对燃料油溶胀大；耐热水性、耐高压水蒸气和电气绝缘性优良；无毒、无味、无黏性，食品卫生性好。

2.2.1.2　亚硝基氟橡胶

亚硝基氟橡胶是指主链含有亚硝基结构的氟橡胶，其分子结构为：

$$-\!\left(CF_2-CF_2-O-\overset{\overset{\displaystyle CF_3}{|}}{N}\right)_m$$

羧基亚硝基氟橡胶的分子结构为：

$$\left[\left(\begin{matrix} CF_3 \\ | \\ N-O \end{matrix}\right)_x \left(CF_2-CF_2\right)_y \left(\begin{matrix} (CF_2)_3COOH \\ | \\ N-O \end{matrix}\right)_z\right]_n$$

此橡胶耐寒性能好，耐热性优于大多数通用橡胶，可在170℃下长期使用，电性能优越；耐燃性优异，在现有橡胶中属于不燃烧的橡胶；耐氧化性优异，尤其耐四氧化二氮和硝酸；能耐除氨、强碱及肼外的各种化学药品；不容易加工，且价格高。

2.2.1.3 全氟醚橡胶

氟醚橡胶是以全氟烷基乙烯基醚、偏氟乙烯、四氟乙烯及交联单体等为主要原料共聚合成的高分子弹性体。其中不含偏氟乙烯成分的氟橡胶为全氟醚橡胶。品种较多，其中一种的分子结构为：

$$\left[\left(CF_2-CH_2\right)_x \left(\begin{matrix} \\ CF_2-CF \\ | \\ OCF_3 \end{matrix}\right)_y\right]_n$$

此类橡胶具耐热性极好，在300℃下仍稳定；耐化学药品性、耐溶剂性是橡胶中最好的；缺乏耐寒性，加工困难；电性能好；与普通氟橡胶相比价格更贵；可耐火箭发动机燃料、氧化剂四氧化二氮等。

2.2.1.4 氟化磷腈橡胶

氟化磷腈橡胶的分子结构为：

$$\left[\begin{matrix} H_2CO-CF_2H \\ | \\ P=N \\ | \\ OCH_2(CF_2)_3CF_2H \end{matrix}\right]_n$$

氟化磷腈橡胶即氟化烷氧基磷腈弹性体。是一种以磷和氮原子为主链的新型半无机弹性体。此橡胶具有优异的耐油性、耐水性、耐低温性和电性能，良好的耐高温性（稍差于其他氟橡胶）、耐候性、耐臭氧性、耐霉性、力学性能和贮存稳定性，难燃。使用温度范围为 $-65\sim176℃$。价格比其他氟橡胶高。

2.2.2 氟橡胶的性能

不同种类氟橡胶的分子结构各不相同，氟原子也决定了氟橡胶不同于其他橡胶的特殊性能。

2.2.2.1 特性

① 耐腐蚀性和耐溶蚀性优异。FKM 因为其独特的分子结构，使其具有其他橡胶难以匹敌的优秀的化学稳定性。一般说来它对有机液体（燃料油、溶剂、液压介质等）、浓酸（硝酸、硫酸、盐酸）、高浓度过氧化氢和其他强氧化剂作用的稳定性方面，均优于其他各种

橡胶。

② 在耐老化方面 FKM 可以和 Q 相媲美，优于其他橡胶。26 型氟橡胶可在 250℃下长期工作，在 300℃下短期工作，23 型氟橡胶经 200℃×1000h 老化后仍具有较高的强度，也能承受 250℃短期高温的作用。四丙氟橡胶的热分解温度在 400℃以上，能在 230℃下长期工作。FKM 在不同温度下性能变化大于 Q 和通用的丁基橡胶，其拉伸强度和硬度均随温度的升高而明显下降，其中拉伸强度的变化特点是：在 150℃以下，随温度的升高而迅速降低，在 150~260℃之间，则随温度的升高而下降较慢。

③ FKM 具有极佳的耐真空性能。这是由于 FKM 在高温、高真空条件下具有较小的放气率和极小的气体挥发量。FKM 的气透性是橡胶中较低的，与丁基橡胶、丁腈橡胶相近。填料的加入能使硫化胶的气透性变小。FKM 的气透性随温度升高而增大，FKM 对气体的溶解度比较大，但扩散速度却比较小，所以总体表现出来的透气性也小。据报道，26 型氟橡胶在 30℃下对于氧、氮、氦、二氧化碳气体的透气性和丁基橡胶相当，比氯丁橡胶、天然橡胶要好。

④ FKM 的电绝缘性能不是太好，只适于低频低压下使用。温度对它的电性能影响很大，从 24℃升到 184℃时，其绝缘电阻下降为原来的 1/35000。因此，FKM 不能作为高温下使用的绝缘材料。

2.2.2.2　力学性能

FKM 一般具有较高的拉伸强度和硬度，但弹性较差。26 型氟橡胶的拉伸强度一般在 10~20MPa 之间，扯断伸长率在 150%~350% 之间，撕裂强度在 20~40kN/m 之间。一般地，FKM 在高温下的压缩永久变形大。26 型氟橡胶的压缩永久变形性能较其他 FKM 都好，这是它获得广泛应用的原因之一。

2.2.2.3　其他性能

耐燃性能：橡胶的耐燃性取决于分子结构中卤素的含量。卤素含量愈多，耐燃性愈好。FKM 与火焰接触能够燃烧，但离开火焰后就自动熄灭，所以氟橡胶属于自熄型橡胶。

耐辐射性能：FKM 是耐中等剂量辐射的材料。高能射线的辐射作用能引起 FKM 产生裂解和结构化。FKM 的耐辐射性能是弹性体中比较差的一种，26 型氟橡胶经辐射作用后表现为交联效应，23 型氟橡胶则表现为裂解效应。246 型氟橡胶在空气中常温辐射在 $1.29×10^4$C/kg 的剂量下性能剧烈变化，在 $2.58×10^3$C/kg 条件下硬度增加 1~3，强度下降 20% 以下，伸长率下降 30%~50%。

耐过热水与蒸汽的性能：FKM 对热水作用的稳定性不仅取决于本体材料，而且也取决于胶料的配合。对 FKM 来说，这种性能主要取决于它的硫化体系。过氧化物硫化体系比胺类、双酚 AF 类硫化体系为佳。26 型氟橡胶采用胺类硫化体系的胶料性能较一般合成橡胶如乙丙橡胶、丁基橡胶还差。

耐低温性能：FKM 一般能保持弹性的极限温度为 -15~-20℃。随着温度的降低，它的拉伸强度变大，在低温下显得强韧。当用作密封件时，往往会出现低温密封渗漏问题。其脆性温度随试样厚度而变化。

2.2.3 氟橡胶的配合

高分子合成材料的氟橡胶合成技术并不是最难的，最关键之处在于氟橡胶的改性和加工技术。氟橡胶的配方一般是由生胶、吸酸剂、硫化剂、促进剂、补强填充剂、加工助剂等组成。国产氟橡胶和国外的氟橡胶的性能基本相同，只是加工性能有些差异。国产胶的加工性能较差，主要是门尼黏度较高，影响胶料加工流动性。

2.2.3.1 生胶的选择

生胶的选定要和使用条件相匹配，一般要求有较好的耐热性时，则选 26 型和 246 型的氟橡胶，可以分别解决 200℃和 250℃的高温要求，如需更高温度，可采用全氟醚橡胶。如需解决抗耐腐蚀介质和热蒸汽，可选用四丙氟橡胶；耐汽油加乙醇介质，可选用高氟含量的氟橡胶。

2.2.3.2 硫化体系和相关机理

FKM 的硫化，通常可分为胺硫化、多元醇（双酚）硫化和过氧化物硫化三种类型。胺硫化体系和多元醇硫化体系是以胺或镍盐（铵盐等）为催化剂，通过二元胺（简称二胺）或双酚化合物与脱氟酸（氟化氢）反应形成的双键加成进行硫化的。但无论是哪种硫化体系都要中和产生氟酸，因此配合吸酸剂（金属氧化物）是很必要的。胺类硫化剂硫化胶，变形较低，耐酸性差；过氧化二苯甲酰耐酸性好，但耐热性较差，工艺性能不好。

FKM 常用的硫化剂主要是六亚甲基二胺氨基甲酸盐（1 号硫化剂）、乙二胺氨基甲酸盐（2 号硫化剂）、N,N′- 二次肉桂基 -1,6- 己二胺（3 号硫化剂）、双 -(4- 氨己基环己基) 甲烷氨基甲酸盐（4 号硫化剂）、对苯二酚（5 号硫化剂）和过氧化二苯甲酰。23 型氟橡胶常采用过氧化二苯甲酰作硫化剂，主要用于耐酸制品；26 氟橡胶常用于耐热、耐热油制品，主要采用胺类硫化剂（3 号硫化剂），易于分散，对胶料有增塑作用，工艺性能好，硫化胶的耐热性和压变尚可。大多数市售氟橡胶中都加入了二羟基硫化剂，其硫化体系有更高的交联密度，故使硫化胶耐热性和抗形变性得到改善，但必须搭配使用碱性促进剂，如苄基三苯基氯化磷、苄基三辛基氯化磷等季磷盐和四丁基氢氧化铵等季铵盐。

胺类硫化剂对 FKM 的交联是按亲核离子加成反应机理进行的 [式 (2-4)]：

$$
\begin{array}{c}
\text{~~~} H_2C - \underset{\underset{F_2}{|}}{C} - CH_2 \text{~~~} \xrightarrow{-HF} \text{~~~} H_2C - \underset{\underset{F}{|}}{C} = CH \text{~~~}
\end{array}
$$

(2-4)

双酚硫化机理如式（2-5）所示：

$$\text{\raisebox{0pt}{$\sim\!\!\!\sim$} } H_2C-\overset{\overset{\displaystyle F_2}{|}}{C}-CH_2\text{\raisebox{0pt}{$\sim\!\!\!\sim$}} \xrightarrow{-HF} \text{\raisebox{0pt}{$\sim\!\!\!\sim$}} H_2C-\overset{\overset{\displaystyle F}{|}}{C}=CH\text{\raisebox{0pt}{$\sim\!\!\!\sim$}} \xrightarrow{R_4NOH} \qquad (2\text{-}5)$$

2.2.3.3　补强填充体系

FKM 在未加入填充剂时其硫化胶即具有较高的强度，补强填充体系虽对它有一定的补强作用，但主要是为了达到改进工艺性能，提高制品的耐热性、硬度，减小压缩永久变形和降低成本的目的。在氟橡胶中加入 5～80 份陶土、石墨、滑石粉、云母粉可以降低硫化胶的收缩率。FKM 中加入的无机填料是氟化钙，用量一般可达 20～35 份，它的耐高温（300℃）老化性能优于其他填料，但工艺性能较喷雾炭黑差，将两者并用，可以得到综合性能好的胶料。使用碳酸钙的绝缘性好，使用硫酸钡的压变低，用量一般为 20～40 份。

26 型氟橡胶最常用的填料为中粒子热裂法炭黑（MT 炭黑）、喷雾炭黑以及奥斯汀炭黑（由沥青化石油制得的产品），MT 炭黑的胶料具有优良的耐热性能。炭黑的用量不宜过多，随着炭黑用量的增加，胶料黏度上升，工艺性能大大降低，更重要的是硫化胶的脆性温度亦随之升高，炭黑用量一般不超过 30 份。虽然高耐磨炉黑能提高抗撕裂和耐磨耗性能，但由于其也会使胶料流动性变差和导致硫化胶硬度的显著上升，故很少使用。槽法炭黑由于其显酸性，迟延硫化，一般不用。

26 型氟橡胶使用白炭黑时，特别是气相白炭黑的胶料，工艺性能较差，硫化胶的耐热、耐磨及高温压缩永久变形不好，故很少采用。使用氟化钙时对提高胶料的耐高温老化性能十分有利，优于炭黑和其他矿物填料，但工艺性能较差且耐酸性能不佳。用碳纤维和纤维状硅酸镁（针状滑石粉）能使硫化胶的高温强度和热老化性能得到提高，但在工艺性能方面较中粒子热裂炭黑稍差，特别是应用针状滑石粉的胶料有分层现象，给模压带来一定的困难，将其与碳纤维或喷雾炭黑并用会有所改善。用碳纤维填充的硫化胶其压缩永久变形比中粒子热裂炭黑的小，撕裂强度也相当大，用碳纤维作填料时，由于其导热性良好，在很大程度上，克服了混炼过程的生热问题和黏辊问题，并为 FKM 作高速油封制件提供了可能性。

23 型氟橡胶常采用 1.5～3 份的过氧化二苯甲酰作硫化剂，主要用于耐酸制品。由于炭黑对带有酰基基团的过氧化物有阻化作用，妨碍硫化反应，使硫化胶的力学性能低于以白炭黑为填料者，因此 23 型氟橡胶很少采用炭黑为填料。当使用沉淀法白炭黑和气相法白炭黑为填料时，硫化胶的室温拉伸强度及硬度最高，但气相法白炭黑耐长期热老化性能不佳。在 200℃下长期老化后拉伸强度保持最好的是氟化钙和二氧化钛，但氟化钙耐酸性能差，故常用 5～15 份沉淀法白炭黑或 20～30 份二氧化钛。

2.2.3.4　其他配合剂

一般来讲，在 FKM 胶料中是不用增塑剂和加工助剂的。当在 FKM 中使用加工助剂时，不仅会使压缩永久变形增大，而且还会导致耐热性下降。就脱模剂而言，除可用有机硅类和氟类脱模剂外，作为内脱模剂也可在胶料中配合少量的脂肪族胺或脂肪酸酰胺化合物，但也会使压缩永久变形增大，耐热性下降。而且，因内脱模剂在硫化时会迁移到橡胶表面，所以对硫化体系与加工助剂的协同效果也会产生一定的影响。

2.2.4　氟橡胶的应用

在实际应用中，针对特殊苛刻的环境，开发了耐高温与耐低温性能范围更宽的；耐热水（水蒸气）、耐含醇燃料、耐化学药品性好的氟橡胶新品种，满足了特殊工况的需要。氟橡胶发展至今已经形成系列多品种的特种橡胶。目前新型高性能的氟橡胶产品仍不断被开发出来，应用在各种特殊场景下。

2.2.4.1　应用于高真空环境

在超高真空和高温烘烤下的密封，采用 26 型氟橡胶低压缩变形的胶料，试制不同规格的 O 形圈，分别在中国科学院和机电工业部等有关单位装配于电子能谱仪、超高真空电子束区熔炉、超高真空机电机组和涡轮分子泵等真空仪器设备上，经过调试和长时间的应用考核，在 200～250℃的烘烤温度下，无论是固定密封，还是动密封处的零件，均达到 10^{-7}Pa 超高真空的密封要求。

2.2.4.2　应用于耐高温、耐特殊化学介质场合

密封材料用 FKM 可以制成多种用途的阀门密封垫圈、O 形密封圈、V 形密封圈、皮碗、油封和波纹连接管等。这些制品能耐 200℃以上的温度，在各类油介质的环境下不变形。FKM 密封材料在国内主要应用于汽车和航空航天领域，主要制品有发动机的曲轴前油封、曲轴后油封、气门缸油封、发动机膜片、发动机缸套阻水圈、加油软管、燃油软管、加油口盖 O 形环、变速箱及减速器的油封等。

FKM 密封件用于汽车发动机的密封时，可在 200～250℃下长期工作；用于化学工业时，可密封无机酸（如 140℃下的 67% 的硫酸、70℃的浓盐酸、90℃下 30% 的硝酸）、有机溶剂（如氯代烃、苯、高芳烃汽油）及其他有机物（如丁二烯、苯乙烯、丙烯、苯酚、275℃下的脂肪酸等）；用于深井采油时，可承受 149℃和 420 标准大气压（atm，1atm=101325Pa）的苛刻工作条件；用于过热蒸汽密封件时，可在 160～170℃的蒸汽介质中长期工作。在单晶硅的生产中，常用 FKM 密封件以密封高温（300℃）下的特殊介质如三氯氢硅、四氯化硅、砷化镓、三氯化磷、三氯乙烯以及 120℃的盐酸等。

2.2.4.3　在其他方面的应用

在智能穿戴领域，由于密度更大，FKM 和硅胶以及聚氨酯比起来，可以提供更好的视觉和触觉效果。除此之外，FKM 还备受高端主流腕带式产品的青睐，主要优势包括：舒适亲肤、质感柔韧；优异的热撕裂性能；优良的抗屈挠性；表面光洁度好，抗污能力强；力

学性能优越；耐化学腐蚀；安全无毒；可以很容易地配制出流行色。因此，由 FKM 制成的表带具有密实和出色的质感，柔软、亲肤、防敏、耐脏污，佩戴舒适且耐用，还可以配制出多种流行色 [5]。

科慕 Viton™FKM 可提供高耐用性和卓越的清洁性能，良好的保色性，出色的柔韧性，可耐受汗液、护肤乳液、水分以及高温，制成的可穿戴设备佩戴舒适且耐用，具有出色的防污性能，可在使用多年后仍保持柔韧性。目前已成为许多可穿戴技术设备的关键部件，包括虚拟现实（VR）耳机、健身追踪器、耳机和智能手表。

索尔维 Tecnoflon®FKM 具有出色的柔软度，可改善贴合度和舒适度，出色的着色性和生物相容性，可提供日常使用所需的弹性和耐用性，并具有防汗、防污和防紫外线的性能。由 Tecnoflon®FKM 制成的可穿戴智能设备腕带和皮带可提供无与伦比的触感、出色的美学效果以及柔软如丝的触感表面。

大金氟化工高性能氟橡胶 DAI-EL 阻燃、耐热、疏水疏油、耐候、耐化学等各项性能优异，具有柔软舒适的触感，耐久性非常出色且物性稳定，即使长期使用，外观和质感也不易改变，还可运用大金独创的调色技术，表现丰富多彩的色彩，可用于汽车、时尚潮品、室内装潢、厨房、保健等丰富用途。

2.3　丙烯酸酯橡胶的结构、性能、配合与应用

丙烯酸酯橡胶被广泛应用于各种高温、耐油环境中，成为近年来汽车工业着重开发推广的一种密封材料，特别是用于汽车的耐高温油封、曲轴、阀杆、汽缸垫、液压输油管等，目前国内需求几乎全部依赖进口。本节将从结构、性能、配合与应用对丙烯酸酯橡胶材料进行介绍。

2.3.1　丙烯酸酯橡胶的结构

丙烯酸酯橡胶（ACM）是指一种丙烯酸烷基酯单体与少量具有交联活性基团的单体的共聚物。聚合物的主链是饱和的，并含有极性酯基，这使 ACM 具有抗氧化和耐臭氧性，并且具有突出的耐烃类油溶胀性和比丁腈橡胶更高的耐热性，其分子结构为：

$$\left(\begin{matrix} H_2 \\ C-C \\ H \end{matrix}\right)_l \left(\begin{matrix} COOR \\ H_2 & H \\ C-C \\ X \end{matrix}\right)_m \left(\begin{matrix} H_2 & H \\ C-C \\ Y \end{matrix}\right)_n$$

式中，X 为—$COO(CH_2)_2OCH_3CN$ 或含有 Si、F 等杂原子的其他基团，主要赋予 ACM 耐低温性能；Y 为可交联基团，赋予 ACM 良好的力学性能。

分子主链不得含有环氧基，否则抗氧化性会遭破坏。同时，ACM 的侧链有着大量的极性酯基，这使得它的耐油性能非常优异。想要提高 ACM 的低温性能，可以增加 R 基团上碳原子的个数，但是这样会降低橡胶的高温耐油性能。根据其分子结构中所含的不同交联单体，加工时硫化体系也不相同，由此可将 ACM 划分为含氯多胺交联型、不含氯多胺交联型、自交联型、羧酸铵盐交联型、皂交联型五类。

2.3.1.1　含氯多胺交联型

含氯多胺交联型丙烯酸酯橡胶是由丙烯酸乙酯与 2- 氯乙基乙烯醚通过无规共聚合成的，为提高 ACM 的耐低温性能，在合成时可加入少量的丙烯酸丁酯，这类 ACM 的硫化体系一般是含氯多胺类化合物，另一种硫化体系是硫脲类促进剂（促进剂 NA-22）与铅丹并用，这类 ACM 有着非常优异的高温耐油性能和耐热空气老化性能，并且有着良好的耐紫外线、耐天候老化和耐臭氧老化性能，但是成型加工性能与耐低温性能较差。

2.3.1.2　不含氯多胺交联型

不含氯多胺交联型丙烯酸酯橡胶是由丙烯酸丁酯与丙烯腈通过无规共聚合成的，在合成时加入少量的丙烯酸乙酯，可以提高制品的高温耐油性能及耐热空气老化性能，但是耐低温性能和耐水浸泡性能略有降低。我国通过自主研发将 88 份丙烯酸丁酯与 12 份丙烯腈无规共聚成功合成了不含氯多胺交联型丙烯酸酯橡胶，取名为 BA 型丙烯酸酯橡胶。

多胺交联型丙烯酸酯橡胶有一个共同的缺点，它们的成型加工性能差，主要体现在一段硫化速度很慢，产品生产效率低。

2.3.1.3　自交联型

自交联型丙烯酸酯橡胶是多种单体通过无规共聚合成的多元共聚物，这类 ACM 不用添加硫化剂就可以发生硫化交联反应，它的硫化反应机理是在一定温度条件下，聚合物内部活性基团之间会发生相互反应，进而实现交联。这类 ACM 在室温下存放十个月或者在恒定温度 60℃下存放六个周各项力学性能变化很小，焦烧时间很长，在硫化成型过程中，温度在 120℃非常安全，在 150℃才会出现焦烧现象。

2.3.1.4　羧酸铵盐交联型

羧酸铵盐交联型丙烯酸酯橡胶的硫化剂主要是羧酸铵盐，目前生产使用最多的是 1 号硫化剂。这类 ACM 的成型加工性能良好，一段硫化速度较快，生产效率高，压缩永久变形性能优良，耐油性能优异，但是硫化时易黏模，需要添加合适的内脱模剂，并且开模时会放出刺激性气体，它的耐热空气老化性能不及多胺交联型丙烯酸酯橡胶，但比皂交联型丙烯酸酯橡胶的高温性能好一些。

2.3.1.5　皂交联型

皂交联型丙烯酸酯橡胶合成过程中使用的交联单体活性非常大，这使得它的硫化交联更加容易多样化，它能与多种物质进行交联，其中最受到重视的一种硫化体系是金属皂 /硫黄并用，这种硫化体系的硫化交联速度快，成型加工性能好，而且价格价廉、无毒环保，成为这类 ACM 最主要的硫化体系，但是皂交联型丙烯酸酯橡胶的耐热空气老化性能略差。

2.3.2　丙烯酸酯橡胶的性能

丙烯酸酯橡胶主链为饱和碳链，侧基为极性酯基。这样的特殊结构赋予其许多优异的特点，如耐热、耐老化、耐油、耐臭氧、抗紫外线等，力学性能和加工性能优于氟橡胶和硅橡胶，其耐热、耐老化性和耐油性优于丁腈橡胶。

2.3.2.1　特性

① 耐热性能仅次于 Q 和 FKM。比丁腈橡胶使用温度高出 30～60℃，最高使用温度 180℃，断续或短时使用可达 200℃，150℃热空气中老化数年无明显变化。ACM 主链由饱和烃组成，且有羧基，比主链上带有双键的二烯烃橡胶稳定，特别是耐热氧老化性能好。ACM 热老化行为既不同于热降解性，又不同于热硬化型，而介于两者之间，即在热空气中老化，橡胶的拉伸强度和扯断伸长率先是降低，然后拉伸强度升高，逐渐变硬变脆而老化。由于大分子主链稳定，相比之下侧链热稳定性较差，导致橡胶在高温下承受伸长或压缩变形时，应力松弛和变形现象显著。

② 耐油性能优异。ACM 的极性酯基侧链，使其溶解度参数与多种油，特别是矿物油相差甚远，因而表现出良好的耐油性，这是 ACM 的重要特性。室温下其耐油性能大体上与中高丙烯腈含量的丁腈胶相近，优于氯丁橡胶、氯磺化聚乙烯、硅橡胶；但在热油中，其性能远优于丁腈橡胶。ACM 长期浸渍在热油中，因臭氧、氧被遮蔽，因而性能比在热空气中更为稳定。在低于150℃的油中，ACM 具有近似FKM 的耐油性；在更高温度的油中，仅次于 FKM，此外，耐动物油、合成润滑油、硅酸酯类液压油性能良好。但是 ACM 不适合在烷烃类及芳香烃类油中应用。近年来，极压型润滑油应用范围不断扩大，即在润滑油中添加 5%～20% 以氯、硫、磷化合物为主的极压剂，当温度超过 110℃时，即发生显著的硬化与变脆；此外，硫、氯、磷化合物还会引起橡胶解聚，影响使用。ACM 对含极压剂的各种油十分稳定，使用温度可达 150℃，间断使用温度可更高些，这是 ACM 最重要的特征。应当指出，ACM 耐芳烃油性较差，也不适于在与磷酸酯型液压油、非石油基制动油接触的场合使用。

③ ACM 具有较好的耐候性，可以在室外或者恶劣的气候条件下使用。该橡胶分子链中含有饱和烷基和丙烯酸甲酯单体，这些结构可以抵御紫外线、氧气和臭氧等气候因素的侵蚀和氧化。特别耐臭氧老化。

④ 对多种气体具有耐透过性。

⑤ 高温下压缩永久变形较小。

⑥ 优良的抗屈挠龟裂性。

2.3.2.2　力学性能

ACM 的邵氏硬度在 30～90，拉伸强度在 10～20MPa 之间，断裂伸长率在 300%～800% 之间。ACM 具有非结晶性，自身强度低，经补强后拉伸强度最高可达 13～18MPa，低于一般通用橡胶，但高于 Q 等。温度对 ACM 的影响与一般合成橡胶相同，在高温下强度下降是不可避免的，但弹性显著上升，正是这一特点，对于其用作密封圈及在其他动态条件下使用的配件非常有利。在 150℃下 ACM 的许多力学性能，如拉伸强度、扯断伸长率、弹性等均显示了与 Q 大体相同的水平。

ACM 的应力松弛、蠕变及阻尼特性等随负荷作用时间的不同而明显地变化，因此可以说 ACM 是一种力学性能对时间或速度依赖性较大的合成橡胶。

2.3.2.3　其他性能

ACM 的加工性能优于 FKM，但稍差于丁腈橡胶。然而，ACM 在加工过程中容易发生焦烧，存在一定的安全风险，并且硫化过程可能导致模具锈蚀的缺点。

ACM 的酯基侧链损害了其低温性能，标准的含氯多胺交联型与不含氯多胺交联型橡胶的脆化温度分别为 −12℃ 及 −24℃。以往丙烯酸酯橡胶的耐寒性较差，低温使用温度界限为 −30℃ 至 −35℃。然而，最近的研究改进已经开发出耐寒性达到 −40℃ 的新品种，但仍然劣于一般合成橡胶，成为应用上的主要问题。

由于酯基易于水解，ACM 耐水性、耐酸碱溶剂性、耐蒸汽性差。另外，它在芳香族溶剂、醇、酮、酯以及有机氯等极性较强的溶剂和无机盐类水溶液中膨胀显著。

2.3.3　丙烯酸酯橡胶的配合

丙烯酸酯橡胶由于主要用于制造耐热油的橡胶配件，所以很少使用软化剂，以避免制品在与热油接触中产生挥发，迁移和抽出。如果实在为了改善耐寒和工艺流动性，可加少量聚酯类增塑剂。由于丙烯酸橡胶本身就具有耐热耐老化性能，制品通常可不添加防老剂，如果制品使用的工况条件长期工作在 150～170℃ 之间，可添加能在高温条件下不挥发、不被热油抽出的防老剂，如 445，630F 等。这样，丙烯酸酯橡胶配方相对简约，仅包括硫化剂、填充补强剂和少量操作助剂。

2.3.3.1　生胶的选择

目前，国内市场上以活性氯型 ACM 为主，合成活性氯型 ACM 的硫化单体在高温硫化过程中脱除 Cl 原子，会形成污染环境和腐蚀模具的 HCl 气体；另一种相对较成熟的环氧型 ACM 在合成过程中存在一个问题，即环氧基易开环破坏聚合体系的稳定性，导致凝胶量增多，从而造成 ACM 材料的性能不稳定。而羧酸型 ACM 不仅无以上缺点，且耐热和耐油性能均优于上述两种 ACM，拥有更好的压缩性能。

不同型号的 ACM 具有良好的相容性和共硫化性。因此两种不同型号的 ACM 可以进行并用，例如标准型的 ACM 的耐热空气老化性能、高温耐油性能以及力学性能较好，但是耐寒性能差，而超耐寒型丙烯酸酯橡胶正好相反，它的耐寒性能优异，高温性能差，将这两类 ACM 并用，胶料的高温性能以及低温性能可以满足生产的需要。

2.3.3.2　硫化体系和相关机理

ACM 的硫化主要是交联单体与硫化剂进行反应或者自交联型丙烯酸酯橡胶的交联单体间进行反应，进而形成交联网络。ACM 常用的硫化体系有三种：

① 皂 / 硫黄并用硫化体系。这种硫化体系的 ACM 加工成型工艺简单，成型速度快，混炼胶稳定性好，但是硫化胶的耐热空气老化性能稍差，而且压变性能差。

② N,N'- 二次肉桂基 -1,6- 己二胺硫化体系。这种硫化体系的 ACM 的耐热空气老化性能好，压变性能好，但是硫化过程中会出现黏模的现象，需要内脱模剂，硫化胶的交联程

度偏低，一般需要二次硫化来提高交联程度。

③ TCY（1,3,5- 三巯基 -2,4,6- 均三嗪）硫化体系。这种硫化体系的 ACM 的加工成型速度快，交联程度高，不需要二次硫化，硫化胶的耐热空气老化性能较好，压变小，但是需要添加防腐蚀的助剂。

环氧型丙烯酸酯橡胶常采用多胺、有机羧酸铵盐、二硫代甲酸盐、季铵盐、脲等硫化剂。为了提高反应速率，改善反应的选择性，可以使用适当的促进剂，如各种路易斯碱或酸。采用多胺或二氨基甲酸盐类硫化体系，胶料的焦烧时间短。采用有机羧酸铵类体系，虽然抗焦烧能力有所改善，但硫化速度慢，而采用邻苯二甲酸酐 / 咪唑、胍 / 硫黄的硫化体系可有效克服这些缺点。

双键型的硫化剂的选择可采用通用型二烯烃类橡胶的硫化体系。

羧基交联型丙烯酸酯橡胶的硫化剂为二胺类，促进剂为胍类，胍类还能够调节硫化体系的 pH 值。在足够的温度压力以及足够的时间条件下，—COOH 最先与—NH$_2$ 反应，形成—NO—CH—，完成第一次硫化，之后在高温条件下，靠近羧基基团的酯基还会进一步与亚氨基发生化学反应，生成酰亚胺。所以，羧基型丙烯酸酯橡胶想要硫化完全必须进行二次硫化。六亚甲基二胺氨基甲酸盐（1 号硫化剂）可以大大提高生产效率和改善硫化胶的加工性能和力学性能。硫化机理如式（2-6）所示：

$$\text{—COOH} + \text{H}_2\text{NRNH}_2 \xrightarrow{-\text{H}_2\text{O}} \begin{matrix} \text{OC} & & \text{CO} \\ & \text{N—R—N} & \\ \text{OC} & & \text{CO} \end{matrix} \tag{2-6}$$

2.3.3.3　补强填充体系

ACM 为非结晶橡胶，纯生胶的机械强度仅为 2MPa 左右，只有添加补强剂才能使用。试验表明，ACM 胶料采用高耐磨炭黑、快压出炭黑、半补强炭黑和喷雾炭黑较好。一般情况下，随着炭黑颗粒变细，补强性能提高，但压缩变形也随之增加。ACM 不宜使用酸性补强填充剂，如槽法炭黑和气相法白炭黑等。实验和应用表明，耐磨炭黑是 ACM 最理想的填充补强剂，主要是因为高耐磨炭黑属于硬质炭黑，颗粒细，比表面积大，结构性好，与橡胶分子链相互作用强，补强性能高。填充后，硫化橡胶的定伸应力、拉伸强度和撕裂强度明显提高。对于同一种高耐磨炭黑，当填充量不同时，其性能的变化也非常明显。硫化速率、定伸应力、拉伸强度和撕裂强度随填充量的增加而增大，永久变形减小。

油封材料一般颜色较浅，因此填充剂可采用中性或碱性的沉淀法白炭黑、沉淀硅酸钙、硅藻土、滑石粉等白色填料，其中仅白炭黑具有较强的补强作用，其他产品仅起到惰性填料的作用。但是，白炭黑的 pH 值会严重影响硫化速率，pH 值增大，硫化速率增大，导致交联密度增大。在高 pH 范围内使用白炭黑时，必须注意混合过程中的产热条件。当橡胶的温度超过 150℃时，橡胶的黏度有迅速上升的危险，这使得硅胶和 ACM 在成型后难以牢固结合，因此补强效果不好。为了解决这一问题，可加入硅烷偶联剂来提高界面结合度。常用胺类、乙烯类和环氧类硅烷偶联剂。在实际应用中，常用的硅烷偶联剂 KH-550 和 Si60

用量一般为 0.5～3.0 份。随着硅烷偶联剂用量的增加,胶料的强度和硬度增加,断裂伸长率和回弹性降低。

为增加胶料的耐磨性,可添加石墨粉、二硫化钼、碳纤维等润滑填料。当碳纤维用量为 5～10 份时,也可提高胶料的拉伸强度和耐热老化性能,但应用成本相对较高。石墨的用量为 5～30 份,过多会影响胶料与骨架材料的黏合性。二硫化钼用量为 1～5 份,用量较大时对硫化有不利影响。

2.3.3.4　其他配合剂

(1) 防老剂　ACM 本身具有良好的耐热老化性能,常规使用没有必要添加防老剂。但是考虑到 ACM 的主要产品需要长期在高温和油中使用,工作环境温度通常是 150～170℃,因此有必要添加一定量的防老剂。防老剂的选择应以在高温条件下不挥发、在油环境中不被抽出为基础。国内市场销售的主要是 Naugard 445,它是一种二苯胺类橡胶防老剂,能防止热氧对橡胶的破坏,主要特点是挥发性低,在高温下也能提供优异的保护,添加量很小时也很有效,不会产生气泡,对硫化几乎无影响,是 ACM 最好的耐热抗氧剂。

(2) 增塑剂　增塑剂的使用不仅可以改善 ACM 的低温性能,还可以提高橡胶的耐油性和胶料的流动性能,在选择增塑剂时,要重点考虑增塑剂在试验油中的抽出性、在热空气中的挥发性及黏度降低的影响,所以一般不选用低分子量的挥发性增塑剂。通常,ACM 添加 5～10 份聚酯类增塑剂。

(3) 润滑剂　ACM 在使用开炼机加工时,容易产生大量的热,黏辊比较严重,给操作带来极大的不便。因此有必要加入润滑剂来改善加工性能。皂/硫黄硫化体系中的皂具有一定的外润滑剂作用,硬脂酸对胶料有润滑作用,但用量超过 1.5 份时会对胶料产生延迟硫化的作用。单硬脂酸山梨醇作为中性润滑剂,对硫化无延迟作用。含有白色矿物油和甲基硅油的硫化胶料,容易被油类物质抽出。少量的低分子量聚乙烯(1～3 份)可以提高胶料的压出速度和产品表面的光滑度,提高胶料在模腔内的流动性。

(4) 防焦剂　ACM 易产生焦烧现象。最常用的防焦剂是 *N*-环己基硫代酞酰亚胺(防焦剂 CTP)。在 ACM 胶料中加入 0.5～1 份 *N*-间亚苯基双马来酰亚胺,可以在加工温度(120℃)下起到防焦作用,而在硫化温度(140℃以上)下具有活化硫化作用,起到硫化调节剂的作用。

(5) 金属氧化物　加入一定量的金属氧化物,一方面可以中和硫化过程中产生的 HCl,抑制逆反应,促进硫化反应,提高硫化橡胶的耐热性;另一方面,吸收 HCl 可减少或消除 HCl 对金属模具的腐蚀。ZnO 和 MgO 对提高拉伸和撕裂强度的效果比 CaO 和 PbO 更明显,但定伸应力不如 CaO。对于压缩永久变形,添加这四种金属氧化物均有明显的好处。

2.3.4　丙烯酸酯橡胶的应用

基于丙烯酸酯橡胶耐热油突出的特点,现已经在汽车发动机部位密封及管道方面广泛应用。如汽车发动机各种密封垫、O 形圈、散热器、加热器的各种软管、点火线和导线护套、火花塞盖、阀门杆挡油器等，只要涉及耐热油方面，丙烯酸酯橡胶必将是首选胶种。

2.3.4.1　在汽车工业中的应用

ACM 被称为车用橡胶，主要应用于汽车和机械行业中需要耐高温耐热油的制品。主要包括：垫片如油盘垫片、同步齿轮箱盖垫片、摇杆盖垫片等；轴封如轴承密封、O 形环等；填料密封如密封套、密封帽等；油管如马达油冷管、ATF（自动变速箱油）冷却管、动力方向盘软管等；空气管如通风管、涡轮中冷器管等[6]。

2.3.4.2　在其他方面的应用

建筑工业：丙烯酸酯橡胶可用于制造防水卷材、隔音材料、玻璃胶、填缝剂等建筑材料。

电子工业：丙烯酸酯橡胶可用于制造键盘、鼠标、手机等电子产品中的密封圈和橡胶件。

医药工业：丙烯酸酯橡胶可用于制造输液管、手术手套等医疗器械。

2.4　氯醚橡胶的结构、性能、配合与应用

氯醚橡胶作为一种耐热、耐寒、耐油、耐臭氧性均衡且优良的特种橡胶，现正在汽车、OA（办公自动化）机器等领域广泛应用。为了适应各种需求的变化，氯醚橡胶在技术上也一直不断地改进。本节将从结构、性能、配合与应用对氯醚橡胶材料进行介绍。

2.4.1　氯醚橡胶的结构

氯醚橡胶（CO）是环氧氯丙烷在配位负离子聚合引发剂作用下，经开环聚合而得的无定形高分子量弹性体，也称为氯醇橡胶。因单体组合不同，分为均聚型和共聚型。

2.4.1.1　均聚型氯醚橡胶

均聚型氯醚橡胶分子结构为：

$$\left(\begin{array}{c} \overset{\displaystyle CH_2Cl}{\underset{\displaystyle H}{\overset{H_2}{C}-\overset{|}{\underset{|}{C}}-O}} \end{array}\right)_n$$

此类橡胶耐油性、耐热性和耐臭氧性优异，是综合性能平衡较好的合成橡胶。

2.4.1.2　共聚型氯醚橡胶

共聚型氯醚橡胶（ECO）是环氧氯丙烷和其他单体的共聚物，兼具耐油性和耐寒性。ECO 的分子结构为：

$$\left(\begin{array}{c} \overset{\displaystyle CH_2Cl}{\underset{\displaystyle H}{\overset{H_2}{C}-\overset{|}{\underset{|}{C}}-O}} \end{array}\right)_m \left(\begin{array}{c} \overset{H_2}{C}-\overset{H_2}{C}-O \end{array}\right)_n$$

不饱和型氯醚橡胶（GCO）分子结构为：

$$\left(\begin{array}{c}\overset{CH_2Cl}{\underset{H}{C}}\\ H_2C\end{array}-O\right)_m \left(\begin{array}{c}H\ H_2\\ C-C\end{array}-O\right)_n \quad 或 \quad \left(\begin{array}{c}H_2\ CH_2Cl\\ C-\underset{H}{C}\end{array}-O\right)_l \left(\begin{array}{c}H_2\ H_2\\ C-C\end{array}-O\right)_m \left(\begin{array}{c}H\ H_2\\ C-C\end{array}-O\right)_n$$

ECO 的耐热性、耐油性、耐候性等与均聚型 CO 同样好，且大大改进了 CO 的低温性能和回弹性。

2.4.2 氯醚橡胶的性能

氯醚橡胶是主链含有醚键、侧链含有氯甲基的饱和脂肪族聚醚。这种特有的化学结构，决定了它具有很多特殊的性能，譬如耐热老化性、耐臭氧性、耐油性以及气密性等。上述两种化学结构对耐寒性却起着不同的作用，即醚键的存在赋予聚合物以低温屈挠性，而氯甲基的内聚力却起着损害低温性能的作用。因此，两者以等量组成的均聚物的低温性能并不理想。而共聚物由于醚键数量约为氯甲基的两倍，所以具有较好的低温性能。

2.4.2.1　特性

① 主链为饱和结构，故其耐热性、耐臭氧龟裂性均比二烯类橡胶好。CO 的耐热老化性能在很大程度上受聚合物结构的影响。一般来说，由于 ECO 主链含环氧烷开环后形成的链节，其耐热老化性要比均聚型 CO 差。CO 具有优异的耐臭氧性，只有在高臭氧浓度、高伸长的实验条件下才出现臭氧龟裂现象。

② 一方面，主链的醚键结构有利于分子的内旋转，赋予了大分子链良好的柔性从而使 CO 具有良好的屈挠性和耐寒性。但另一方面，侧链氯甲基的内聚力却损害低温性能，因此两者含量相等的均聚型 CO 低温性能并不理想，仅相当于高丙烯腈含量的丁腈橡胶。而 ECO 由于是环氧氯丙烷与环氧乙烷共聚，醚键的数量比氯甲基数量多，因此 ECO 具有良好的低温性能。

③ CO 分子侧链带有强极性氯甲基，分子间作用力较大，因此可发挥优良的耐燃性和良好的气密性。

2.4.2.2　力学性能

CO 具有较高的拉伸强度和撕裂强度，同时具有较低的硬度和较好的弹性恢复性。

2.4.2.3　其他性能

均聚型 CO 与顺丁橡胶具有相近的耐水性，ECO 的耐水性介于丁腈橡胶和 ACM 之间。含四氧化三铅的胶料耐水性较好，含氧化镁的胶料耐水性明显较差，提高硫化程度可提高耐水性。

2.4.3 氯醚橡胶的配合

氯醚橡胶的熔点较低，加工时需要控制好温度，避免过高的温度导致氯醚橡胶的分解。氯醚橡胶具有较高的黏度，加工时需要选择适当的工艺参数，如挤出速度、压延温度和注塑压力等，以确保氯醚橡胶能够充分流动和填充模具，避免产生缺陷。

2.4.3.1　生胶的选择

均聚型 CO 含氯质量分数 0.36～0.38，ECO 含氯质量分数 0.24～0.27，三元共聚型 CO 含氯质量分数为 0.12～0.28，不同含氯质量分数的生胶力学性能不同，根据需求选择合适生胶。

2.4.3.2　硫化体系和相关机理

CO 不含双键，因而不能用硫黄硫化，常用的硫化体系有胺类、硫脲类、碱金属硫化物等。

多元胺硫化机理如式（2-7）所示：

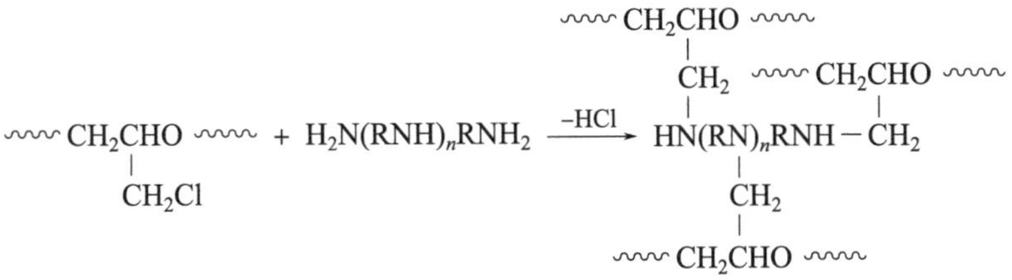

$$
\begin{array}{c}
\text{\textasciitilde\textasciitilde CH}_2\text{CHO\textasciitilde\textasciitilde} + \text{H}_2\text{N(RNH)}_n\text{RNH}_2 \xrightarrow{-\text{HCl}} \text{(产物)}\\
\mid\\
\text{CH}_2\text{Cl}
\end{array}
\tag{2-7}
$$

胺类并用多硫化秋兰姆类、噻唑类及二硫代氨基甲酸盐类促进剂，可提高硫化程度和硫化速度。三元胺与硫黄并用的效果较好；三亚乙基四胺、乙醇胺则和多硫化秋兰姆类并用较为有效。在胺类与含硫化合物并用的硫化体系中若再并用尿素化合物，可进一步提高硫化速度。

硫脲类可与金属化合物并用，应用最广泛的是促进剂 NA-22/ 四氧化三铅的并用体系；硫脲类也可以和硫黄或含硫化合物并用，含硫化合物的含量太多，反而会使效果降低；硫脲类与金属化合物及硫黄或含硫化合物三者并用的体系的硫化效率比起二元体系都有提高，且硫化平坦性也更好。一般多硫化物中的硫质量分数愈高，三者的并用效果愈好。和硫黄并用时，拉伸强度较高，但压缩永久变形偏大。

NA-22 的硫化机理如式（2-8）所示：

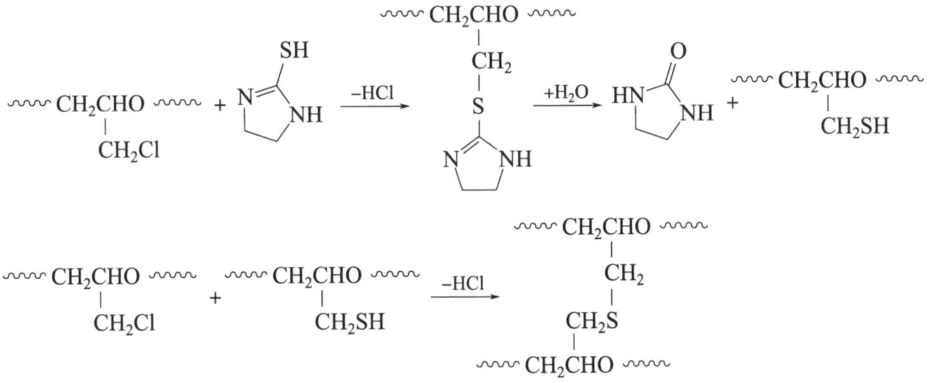

$$
\tag{2-8}
$$

CO 其他硫化体系：碱金属的硫化物、硫氢化物、硫代碳酸盐等并用；氢氰酸的碱金属盐、铅盐和甘油及其他化合物并用，此体系的脱模性好，对模型污染少，但硫化速度稍慢；单用多硫化秋兰姆也可进行硫化，并用氧化镁后可促进硫化，但硫化速度依然很慢；采用被 2～3 个巯基置换的硫代三嗪衍生物硫化，此体系的硫化速度随衍生物的种类而变化，并用胺类可促进硫化，不需进行二次硫化，CO 硫化胶压缩永久变形较小，现在工业上常用的是 2,4,6- 三巯基硫代三嗪，它常和作为酸接受体的氧化镁及碳酸钙并用。

2.4.3.3   补强填充体系

CO 的生胶强度较低，必须加入补强剂才有实用价值。炭黑的补强效果最好。白色填充剂中白炭黑也具有不错的补强效果。

炉法炭黑的效果较好，其中快压出炉法炭黑由于物理性能和加工性能等综合性能较好，应用较多。

白炭黑补强的 CO 硫化速度一般比炭黑慢，配合硫黄或秋兰姆可以改进，而且用硫黄时拉伸强度一般较高。白炭黑胶料在老化初期，物理性能变化比炭黑大，但经二次硫化后，在防止老化变软方面却优于炭黑。因此，有时将白炭黑与炭黑并用。

2.4.3.4   其他配合剂

防老剂 2- 巯基苯并咪唑（MB）和 2,2,4- 三甲基 -1,2- 二氢化喹啉聚合体（TMDQ）的效果较好。常用的吸酸剂是 Pb_3O_4，MgO，$CaCO_3$。

2.4.4   氯醚橡胶的应用

氯醚橡胶以其优良的耐油、耐热、耐寒、耐臭氧性，现正在汽车用各种燃油胶管、进气胶管、滑油胶管、膜片等橡胶制品中广泛地应用；以其独特的半导电功能在打印机、复印机等感光体的胶辊中获得了应用。但在汽车领域，随着环保法规的继续强化，禁用和削减的物质也会相应地增加，因此提高氯醚橡胶的安全可靠性、降低配合剂中的环境污染物质都是有待研究的课题。另外，在电子传真装置领域，随着 OA 机器的快速普及，在由单色机向彩色机转换或过渡的阶段，氯醚橡胶的需求量将会更大。但从另一方面来讲，随着彩色机的图像高质量化、高速化、小型化、低成本化，同时对其材料的特性也提出了更为苛刻的要求，因此提高氯醚橡胶本身的特性是十分必要的。

2.4.4.1   应用于电力工业

CO 可用作变压器隔膜、电线电缆护套线，作为耐油密封件，效果良好，也可作潜油泵电缆线等。

2.4.4.2   应用于机械配件

CO 可用于汽车、飞机及各种机械的配件中，用作垫圈、密封圈、O 形圈、隔膜等。

2.4.4.3   应用于消声减振材料

由于 CO 具有良好的弹性和吸声性能，它常被用作消声减振材料，用于减少噪声和振动的传递。

2.4.4.4   在其他方面的应用

CO 是氟利昂制冷设备的理想密封材料，应用于氟利昂 R22 的各种制冷设备，解决了

R22 的泄漏问题，使用寿命由原来丁腈橡胶的一周左右延长至一年左右。

CO 以其独特的半导电功能已在打印机、复印机等感光体的胶辊中获得了应用[7]。

2.5　氯磺化聚乙烯橡胶的结构、性能、配合与应用

氯磺化聚乙烯橡胶是以聚乙烯为主原料经氯化、氯磺化反应而制得的具有高饱和化学结构的含氯特殊弹性体材料，属高性能品质的特种橡胶品种。其外观呈白色或乳白色弹性材料，有热塑性。由于分子结构中含有氯磺酰活性基团，故表现出高活性，而尤以耐化学介质腐蚀、抗臭氧氧化及耐油侵蚀、阻燃等性能突出，还具有抗候变、耐热、抗离子辐射、耐低温、抗磨蚀和电绝缘性及优异的力学性能。早期多为军事工程目的而开发，但由于其永久变形大，也限制了它的使用范围。本节将从结构、性能、配合与应用对氯磺化聚乙烯橡胶材料进行介绍。

2.5.1　氯磺化聚乙烯橡胶的结构

氯磺化聚乙烯橡胶（CSM）是聚乙烯经氯化和氯磺化而制得的一类特种橡胶。

$$\left[\left(H_2CH_2CH_2CClHCH_2CH_2CH_2C\right)_m \left(\begin{matrix} SO_2Cl \\ | \\ C \\ | \\ H \end{matrix}\right)_n\right]$$ m 值约为 12；n 值约为 17

2.5.2　氯磺化聚乙烯橡胶的性能

氯磺化聚乙烯橡胶的性能取决于原料聚乙烯的分子量、氯和硫的相对含量。其中聚乙烯分子量对氯磺化聚乙烯性能的影响较大：分子量过低，成品黏性大，拉伸强度低；其力学性能随着聚乙烯分子量的增加而提高，但增到一定限度后，对其性能的影响就不明显了。

聚乙烯分子链中引入氯原子可以在保持聚乙烯优良性能的同时，消除分子的结晶性，得到的弹性体柔软而易于加工。含氯量在 25%～38% 的聚合物的硬度和强度最小，继续提高氯含量将使聚合物的硬度和强度提高。试验证明，最适宜的氯含量约为 27%。氯含量较高时，所得聚合物的耐溶剂性、耐油性较好，在较高温度下的强度也比较大，但压缩永久变形及在低温下的脆性增大。当含氯量为 27%～30% 时，聚合物具有足够的可塑性，而且具有良好的加工性能。

二氧化硫的作用是与氯结合，在氯磺化聚乙烯中形成亚磺酰氯基，以便借助于这个基团形成交联结合，因此，其含量对胶料的硫化性能有很大影响。含量过高容易焦烧，若以该基团中的硫含量计，一般以 1.5% 为宜。

2.5.2.1　特性

① 抗臭氧性能优异，用其制得的制品不需要添加任何抗臭氧剂。

② 耐热性能优异，CSM 耐热温度可达 150℃，但这时应配用适当的防老剂。CSM 连续使用温度为 120～140℃，间断使用温度可达 140～160℃。

③ 耐化学药品性能良好。

④ 耐候性能十分优良，特别是在配用适当的紫外线遮蔽剂的场合。

⑤ CSM 的耐低温性能良好，在 −40℃下能保持一定的屈挠性能。

⑥ 耐燃性能优异，由于 CSM 结构中含有氯原子，故不会延燃，是一种耐燃性仅次于氯丁橡胶的橡胶。

2.5.2.2　力学性能

CSM 不用炭黑补强即具有 20MPa 以上的强度，此外，它的耐磨性能也十分优良。CSM 压缩永久变形大，低温弹性差。

2.5.2.3　其他性能

CSM 耐油性较好，与含丙烯腈 40% 的丁腈橡胶相当，但不耐芳烃；介电性能优良；耐不变色性好。

2.5.3　氯磺化聚乙烯橡胶的配合

除生胶外，氯磺化聚乙烯橡胶配合剂主要包括硫化体系、填充补强体系、稳定防护体系、增塑体系及某些特殊的助剂。

2.5.3.1　生胶的选择

CSM 的性能取决于原料聚乙烯的分子量以及氯和硫的相对含量。其中聚乙烯分子量对 CSM 性能的影响较大：分子量过低成品黏性大，拉伸强度低；其力学性能随着聚乙烯分子量的增加而提高，但增到一定限度后，对其性能的影响就不明显了。一般采用的聚乙烯分子量为 20000～100000。

含氯量在 25%～38% 的聚合物的硬度和强度最小，继续提高氯含量将使聚合物的硬度和强度提高。试验证明，最适宜的氯含量约为 27%。当含氯量为 27%～30% 时，聚合物具有足够的可塑性，而且具有良好的加工性能。亚磺酰氯基其含量对胶料的硫化性能有很大影响，含量过高容易焦烧，一般以 1.5% 为宜。

2.5.3.2　硫化体系和相关机理

CSM 的硫化体系及特点见表 2-3。

表 2-3　CSM 的硫化体系及特点

应用场合	硫化体系	特点
用于通用制品的金属氧化物配合	MgO	可用于不需要特殊耐水、耐化学药品要求的场合，用于白色及着色制品
	PbO	耐水性、耐化学药品性良好，专用于黑色制品
	三碱式马来酸铅	加工性、电绝缘性、耐候性、耐老化性良好，用于着色制品（不适合白色）
用于特殊制品的特殊配合	环氧物	耐水性、耐化学药品性优，用于白色及着色制品
	过氧化物	耐热、耐油性优，压缩永久变形优，用于白色及着色制品
	马来酰亚胺	耐热、耐油性优，压缩永久变形良，用于白色及着色制品

CSM 的硫化机理比较复杂，起交联反应的因素是聚合物中磺酰氯基的反应性。

CSM 最常用的硫化体系由金属氧化物、有机酸和促进剂组成。其交联反应是由聚合物中磺酰氯基的水解引发的，水解依赖于水，而水是由金属氧化物和有机酸中和反应生成的，至于释放出来的磺酰基则被另外的金属氧化物中和而发生交联。这些反应如式（2-9）～式（2-12）所示：

$$MeO + 2R'COOH \longrightarrow (R'COO)_2Me + H_2O \tag{2-9}$$

$$RSO_2Cl + H_2O \longrightarrow RSO_2OH + HCl \tag{2-10}$$

$$2RSO_2OH + MeO \longrightarrow (RSO_2O)_2Me + H_2O \tag{2-11}$$

$$2HCl + MeO \longrightarrow MeCl_2 + H_2O \tag{2-12}$$

如果交联继续进行，则所需补充的水将由方程式（2-11）和式（2-12）表示的反应提供。下面是以上反应的总方程式［式（2-13）］：

$$2RSO_2Cl + 2MeO \longrightarrow MeCl_2 + (RSO_2O)_2Me \tag{2-13}$$

当采用环氧树脂作为硫化剂时，其交联是由于聚合物链的磺酰氯基和树脂分子的环氧基之间发生反应而形成的［式（2-14）］：

$$
\begin{array}{c}
\ \ \overset{\displaystyle H}{\underset{\displaystyle |}{\ }}\quad \overset{\displaystyle H}{\underset{\displaystyle |}{\ }} \\
\ \ C - R - C \\
O \overset{\diagup}{} \overset{\diagdown}{} O \xrightarrow{\ RSO_2Cl\ } RSO_2O - \overset{\displaystyle H}{\underset{\displaystyle |}{C}} - R - \overset{\displaystyle H}{\underset{\displaystyle |}{C}} - OSO_2R \\
\ \ \overset{\displaystyle |}{CR}\quad\ \overset{\displaystyle |}{RC} \qquad\qquad\qquad \overset{\displaystyle |}{CHR}\qquad \overset{\displaystyle |}{CHR} \\
\ \ \overset{\displaystyle |}{H}\quad\ \ \overset{\displaystyle |}{H} \qquad\qquad\qquad\qquad\ \overset{\displaystyle |}{Cl}\qquad\ \ \overset{\displaystyle |}{Cl}
\end{array} \tag{2-14}
$$

其他多官能团有机化合物与磺酰氯基反应，也能使 CSM 交联，见式（2-15）：

$$2RSO_2Cl + HXR'XH \longrightarrow (RSO_2X)_2R' + 2HCl \tag{2-15}$$

2.5.3.3　补强填充体系

CSM 橡胶即使不添加补强性填充剂，它的硫化胶也有很高的静态机械强度。

不过，填料依然能产生改善胶料的工艺性能、提高硫化胶的耐热与耐磨性能以及降低成本的作用。通常应用的补强填充剂有炭黑、碳酸钙、高岭土、硅藻土、白炭黑、滑石粉等。

2.5.3.4　其他配合剂

（1）增塑剂　在 CSM 胶料中最常用石油类油、油膏及酯类增塑剂。

（2）稳定防护体系　常见的稳定剂有硬脂酸盐、有机锡、氧化镁等。CSM 硫化胶除了高温曝晒的用途外，通常不需要添加防老。在超过 120℃时，防老剂 NBC 是最有效的稳定剂。

2.5.4　氯磺化聚乙烯橡胶的应用

CSM 在电线电缆、防水卷材、汽车工业等领域已得到广泛应用，成为常用的特种橡胶。以 CSM 为基础材料制备的防腐涂料用途非常广泛。

2.5.4.1　应用于轮胎胎侧胶

胎侧是轮胎变形量最大的部位，特别是在动态使用过程中胎侧部位的变形量及变形频率都达到极致，因此在力、光、热氧的综合作用下，胎侧部位极易出现龟裂，从而影响轮胎的使用寿命。改性 CSM 是由 CSM 同与其溶解度参数相近的高饱和度高聚物经过特殊处理共混而形成的一种复合型材料。通过改性能够改善 CSM 的柔顺性，从而赋予胶料较好的耐老化和耐动态疲劳性能。在轮胎胎侧胶中加入改性 CSM，可提高胎侧与胎体帘布层间的黏合强度，对延长长期动态使用的轮胎寿命有着良好的贡献 [8]。

2.5.4.2　应用于电缆电线

CSM 具有绝佳的耐磨性、耐热性，其次因为它低吸水、耐油、阻燃、耐候、抗晒、抗臭氧、抗电晕等特性，更因为它具有色安定特性，可制作不同颜色的电缆外护套来区分各种不同用途、不同功能的线缆，而且抗紫外线的性能也相当好。

2.5.4.3　应用于建筑材料

CSM 的一个主要用途就是用作工业池、槽、水库衬胶和单层屋面防水层。CSM 通常是以未硫化胶卷材的形式使用，在施工现场黏合，主要用于需要抗较多的油和化学品的工厂。

2.5.4.4　应用于汽车零部件

CSM 因其优异的加工性能，更高的拉断强度和伸长率，良好的耐老化、耐油、耐臭氧等特性，在汽车上主要用于空调、液压系统、排气控制、燃料管路、汽车动力转向系统、制动系统和真空调节系统装置上的胶管。还可用作火花塞帽和点火线、汽车密封条、驾驶盘底漆等。

2.5.4.5　应用于胶辊

CSM 具备良好的耐磨、耐热老化、耐油、耐化学品等性能，尤其是优异的机械加工性能，更高的拉断强度和伸长率，采用 CSM 制成的胶辊因其独特的性能，在炼钢、印刷等领域得到了广泛的应用。

2.5.4.6　应用于其他方面

耐候产品如果使用丁苯橡胶、丁腈橡胶或三元乙丙橡胶制造的话，颜色几乎为黑色，但如果使用 CSM 的话可制造出色彩鲜明的产品，而且具有防晒、耐候、耐紫外线的优异性能，且不易褪色等特点。

2.6　氯化聚乙烯橡胶的结构、性能、配合与应用

氯化聚乙烯橡胶作为特种橡胶，价格低廉，加工性能优良，且本身为洁白粉末，有着良好的着色性，可制成五颜六色且耐久的橡胶制品，在电缆领域成为取代氯丁橡胶、氯磺化橡胶的首选产品。本节将从结构、性能、配合与应用对氯化聚乙烯橡胶材料进行介绍。

2.6.1　氯化聚乙烯橡胶的结构

氯化聚乙烯（CPE 或 CM）是高密度聚乙烯与氯气通过取代反应而制得的一种高分子

量聚合物。氯化聚乙烯与聚乙烯具有相同的主链结构，只是主链碳原子上的部分氢原子被氯原子取代，并且氯原子在聚乙烯主链上的分布是无规的。从化学结构上看，氯化聚乙烯可视为乙烯、氯乙烯、1,2-二氯乙烯的三元共聚物，其主链几乎不含有不饱和键，所以产品具有稳定的化学性能。CPE 分子结构为：

$$\left(\begin{array}{c}H_2\\C-C\\H_2\end{array}\right)_l \left(\begin{array}{cc}H_2 & H\\C-C\\ & Cl\end{array}\right)_m \left(\begin{array}{cc}H & H\\C-C\\Cl & Cl\end{array}\right)_n$$

2.6.2　氯化聚乙烯橡胶的性能

含有饱和烃且氯原子的结构，致使氯化聚乙烯耐热、耐臭氧、耐油、耐候和具备一定阻燃性。

2.6.2.1　特性

① 由于分子主链饱和，耐热性、耐臭氧性和耐候性优异。
② 与各种极性和非极性聚合物有良好的相容性。
③ 因含有极性氯原子，耐油性、耐燃性、化学稳定性和着色稳定性良好。CPE 耐矿物油性能优越，氯含量越高，其耐油性也越好。氯含量 35% 的硫化胶，其耐油性能与通用丁腈胶的相近，因而也被称为含氯耐油胶。CPE 对酸、碱、盐有较强的抗拒性。CPE 具有很好的阻燃性，随氯含量增加阻燃效果提高。通过添加阻燃剂配合，很容易氧指数达到 40% 以上，与二烯烃橡胶并用氧指数也可达 30%～35%。

2.6.2.2　力学性能

CPE 纯胶的拉伸强度在 7～12MPa，断裂伸长率在 400%～900%，拉断永久变形在 20%～250%。CPE 的力学性能与环境温度密切相关，天热感觉柔软而富有弹性，天冷则略显僵硬。与常用的软质聚氯乙烯塑料或氯丁橡胶的性能相近。

2.6.2.3　其他性能

介电性能：未硫化的 CPE 体积电阻率较高，但是一经交联硫化，体积电阻率会下降 1～4 个数量级，介电常数和介电损耗也会增加，介电强度则有所下降。

耐低温性能：纯 CPE 硫化胶的脆化温度与聚乙烯的相近，达 −70～−80℃，每增加 10 份矿物填料，就会使脆化温度提高 10℃。

2.6.3　氯化聚乙烯橡胶的配合

CPE 与其他橡胶一样，其胶料或制品也是通过在生胶中加入硫化体系、补强填充剂、增塑剂、稳定剂、防老剂等配合剂加工而成的。

2.6.3.1　生胶的选择

高密度聚乙烯大分子侧链上的部分氢原子被体积庞大、极性又强的氯原子取代后，结晶区（硬相）会明显缩小，甚至消失，无定形区（软相）大大增加，甚至最高可达到100%。所以，氯含量和结晶区的大小与分布是构成 CPE 弹性和柔软度的两个最重要参数。当氯含量低于 20% 时，弹性消失，其性能与聚乙烯（氯含量为 0）接近；当氯含量高于 45% 时，由于极性增强，弹性也会消失，其性能接近于聚氯乙烯（氯含量 57%）。所以，一般 CPE 氯含量控制在 25%～45% 范围内，目前市场广泛应用的 CPE 氯含量为 30%～42%。

2.6.3.2　硫化体系和相关机理

CPE 不适用于硫黄硫化体系，应用过氧化物硫化体系、硫脲硫化体系和噻唑及其衍生物硫化体系。

过氧化物硫化体系：该体系由硫化剂 [如过氧化二异丙苯（DCP）、双叔丁基过氧化二异丙基苯（BIPB）] 和助硫化剂 [如三聚氰酸三烯丙酯（TAC）、三烯丙基异氰脲酸酯（TAIC）] 组成，硫化速率较快，并且制备的硫化胶耐热性能突出，具有较低的压缩永久变形。但需要较高的硫化温度，硫化胶抗撕裂性能差，不能进行无模硫化，并且常用的过氧化物硫化剂有很强的臭味，而低臭味的硫化剂费用则较高。

硫脲硫化体系：该体系缺点是硫化速率慢，硫化胶强度略低，但胜在价格实惠，并且可以无模硫化，适用于在工业生产上大量使用，国内常用的硫脲多为亚乙基硫脲（促进剂 NA-22）。

噻唑及其衍生物硫化体系：这是近年来受到国内外关注较多的一种硫化体系，硫化速度较快，硫化程度比较高，综合的力学性能较为优异，并且可使用芳烃油，比较环保且性价比较高。

2.6.3.3　补强填充体系

CPE 是一种非自补强性橡胶，需有补强体系才能达到较好的强度。它是一种高填充橡胶，常用的补强剂有炭黑与白炭黑，随着其用量的增多，对应的拉伸强度、撕裂强度、定伸应力等会有所提高，而伸长率会变小。常用的填充剂有碳酸钙、滑石粉、陶土、三氧化二铝、氢氧化铝、二氧化钛、硅酸镁等。

2.6.3.4　其他配合剂

（1）增塑剂　酯类增塑剂与芳香烃类增塑剂是 CPE 最常用的增塑剂，如对苯二甲酸二辛酯（DOTP）、己二酸二辛酯（DOA）、癸二酸二异辛酯（DOS）、芳烃油等，DOA、DOS 用于胶料中可赋予胶料优良的耐寒性，DOS 非常适用于对耐热、耐低温同时有要求的情形下，氯化石蜡具有阻燃增塑剂的用途。有一点需要特别注意：当芳烃油作为增塑剂用于 CPE 中，不能使用过氧化物硫化体系，但是可以使用噻二唑硫化体系。

（2）稳定防护体系　CPE 受热时或在硫化（非过氧化物硫化体系）时将脱出氯化氢，因此在配方中要使用具有吸酸作用的稳定剂，如硬脂酸钙、硬脂酸钡、三盐基硫酸铅或氧化镁。

2.6.4　氯化聚乙烯橡胶的应用

随着全球环保意识的提高，各国政府纷纷出台相关政策，鼓励使用环保型材料。氯化聚乙烯作为一种低烟、无卤的环保材料，在传统的电线电缆、建筑材料等领域具有广泛应用前景。此外，氯化聚乙烯还开始应用于汽车、电子、新能源等新兴领域。这些新兴领域对材料性能的要求更高，为氯化聚乙烯提供了新的市场机遇。

2.6.4.1　应用于电缆护套

我国标准法规定，船用电缆、通用橡套电缆等同于 IEC（国际电工委员会）标准。由于氯丁橡胶和 CSM 的价格高，且氯丁橡胶易焦烧，用 CPE 替代氯丁橡胶或 CSM 已经为广大电缆企业所接受。CPE 电缆护套性能优良，且价格明显低于氯丁橡胶绝缘电缆护套，挤出工艺性能良好，电缆外观颇佳，电源线质量符合美国 UL62 规范要求，成品率极高，产品表面光滑致密，满足了客户对家用电器用线的美观、手感舒适等外观要求[9]。

2.6.4.2　应用于耐热输送带

阻燃输送带覆盖胶要有耐酸、耐高温和一定的阻燃及导静电性能，因此以 CPE/CSM/CO 作为阻燃整芯输送带的覆盖胶，性能可全面满足相关标准的性能要求。

2.6.4.3　应用于工业用胶管

CPE 具有耐不燃性磷酸酯液压油和耐石油基液压油两种特性，兼顾了丁腈橡胶（只耐石油基液压油）和三元乙丙橡胶（耐磷酸酯液压油）的特点，所以近年来在胶管行业中应用很好。

2.6.4.4　用于共混改性

CPE 与二烯烃塑胶并用可改善后者的耐臭氧性能。采用含氯量为 30%～40% 的非结晶或微晶 CPE 作为共混体系的主要原料，加工工艺性能优异，生产效率高，各项指标均达到美国 ASTM 4637 标准和日本 JIS A 标准。高温 120℃时不黏，40℃时不龟裂，地下隔潮达 100%。

2.6.4.5　在其他方面的应用

CPE 具有优异的耐热、耐臭氧、耐油、耐化学药品和阻燃等性能，而且发泡后泡孔结构完整、泡体轻质、综合性能优良，可作为海绵橡胶的基体材料，可以利用常规发泡方法制备阻燃 CPE 发泡材料[10]。

2.7　氢化丁腈橡胶的结构、性能、配合与应用

高端橡胶密封件关键材料是耐低温高性能的氢化丁腈橡胶，它在保持耐油性的同时，又具有优良的耐热性、耐寒性、耐臭氧性、耐化学药品性和机械强度，是一种综合性能好、具有发展潜力的特种橡胶和战略物资。本节将从结构、性能、配合与应用对氢化丁腈橡胶材料进行介绍。

2.7.1　氢化丁腈橡胶的结构

丁腈橡胶（NBR）是丙烯腈和丁二烯经乳液共聚形成的无规高分子量聚合物。但是其

分子链段上存在许多不饱和碳-碳双键，使其耐热性能和耐臭氧老化性能受到影响，从而限制了 NBR 在特殊条件下的应用，因此，人们开发出一种既具有优异的耐油性、耐腐蚀性又具有良好的耐高温、耐臭氧老化性的氢化丁腈橡胶（HNBR）。HNBR 是选择性氢化丁腈橡胶分子链段中不饱和碳-碳双键而制成的一种高饱和度的特种弹性体。其分子结构为：

2.7.2　氢化丁腈橡胶的性能

氢化丁腈橡胶将良好的耐油、耐热、耐腐蚀、耐臭氧性能，抗压缩永久变形，高强度、高撕裂、高耐磨等优良性能集于一身，是综合性能最为出色的橡胶之一。

2.7.2.1　特性

（1）耐油和耐老化性优异　HNBR 适用于工作介质为油的 150℃高温环境下长期工作，这是 NBR、CSM 和氯丁橡胶所不能适应的。若以一定温度下伸长率的变化不得大于 80%且无裂缝生成，作为材料使用寿命的评价标准，用过氧化物硫化的 HNBR 在 150℃下使用寿命为 1000h，而 NBR 和氯丁橡胶只能在 106℃和 101℃下达到 1000h 的使用寿命。

（2）耐化学介质和耐臭氧性能优异　HNBR 具有在高温下耐酸、碱、盐、氟碳化合物以及各种含强腐蚀添加剂的润滑油和燃料油的化学稳定性。它对诸如热水（150℃）、有机酸（30% 醋酸）、无机酸（25% 盐酸、20% 磷酸、25% 硝酸）、碱（30% 氢氧化钠、28% 氨水）、盐（30% 氯化钠、10% 磷酸钠）、脂肪烃、醇（甲醇、乙醇）等各种介质有良好的抗耐性。此外，对润滑油、燃料油中的各种添加剂的抗耐性也优于 NBR、FKM 和 ACM。HNBR 在静态和动态耐臭氧试验条件下历时 1000h，未出现臭氧裂纹，显示出优良的耐臭氧老化性能。

2.7.2.2　力学性能

HNBR 的拉伸强度一般可达 30MPa，高于 FKM、NBR、CSM；其抗压缩永久变形突出，优于 FKM。此外还具有优异的耐磨性，磨损试验表明，其耐磨性能分别为 NBR 的 2～3 倍和 FKM 的 3～4 倍。

2.7.2.3　其他性能

HNBR 是结晶型橡胶，因此 HNBR 耐低温性能的影响因素更为复杂，主要是由玻璃化转变温度（T_g）和分子链段的结晶能力共同决定。HNBR 中四个亚甲基结构单元是具有结晶能力的，当 HNBR 中存在足够多的相邻四亚甲基结构，此时 HNBR 便容易结晶，因此 HNBR 的结晶能力是由 HNBR 的氢化度和丙烯腈含量共同决定的。随着丙烯腈含量的下降，玻璃化转变温度降低；但随着 HNBR 分子结构中丙烯腈含量在小于 39% 范围内降低，其玻璃化转变温度基本不变，这是因为当丙烯腈含量过低时，HNBR 分子中乙烯链结构单元就会出现结晶，因此其低温柔顺性能也得不到改善。HNBR 的 T_g 变化规律如下：对低腈 HNBR 加氢时，随加氢度提高会逐渐高于 NBR 的玻璃化转变温度；对中腈 HNBR 加氢时，在通过一个最低点后有所上升；对高腈 HNBR 加氢时，随加氢的进行稍有下降。

2.7.3　氢化丁腈橡胶的配合

HNBR 与其他橡胶一样，其胶料或制品也是通过在生胶中加入硫化体系、补强填充剂、增塑剂、防老剂等配合剂加工而成的。

2.7.3.1　生胶的选择

一般来说，丙烯腈含量越高，HNBR 在油料中浸泡时体积变化越小；但同时玻璃化转变温度也会升高，导致低温性能下降。HNBR 氢化度越高，则耐老化和耐磨性能越好；但同时压缩永久变形性能也会下降。不完全氢化的 HNBR 则同时兼具较好的强度、动态性能和低温性能。

2.7.3.2　硫化体系和相关机理

HNBR 硫化时可以采用有机过氧化物体系和硫黄硫化体系。HNBR 硫化体系的选择要视其氢化度和胶料最终用途而异。不饱和度高的 HNBR 可以采用硫黄促进剂硫化体系，但由于其硫化速度慢，所以既需加入主促进剂，又要加入助促进剂以加速硫化，其硫化胶有着更高的伸长率、撕裂强度和不错的动态力学性能。不饱和度低的 HNBR 尽量采用有机过氧化物硫化体系，其硫化胶抗压变性和耐热性远优于硫黄体系。

对于过氧化物硫化体系中硫化剂来说，目前国外常用的为 Vul-cup40KE，Peroximon F-40，并配以助硫化剂苯烯基二马来酰胺（HAV-2）、三烯丙基异氰脲酸酯（TAIC）、三羟甲基丙烷三甲基丙烯酸酯（TMPT）等提高硫化效率。国内目前采用过氧化二丙苯或 2,5- 二甲基 -2,5（二叔丁过氧基）己烷（BDPMH）做硫化剂，助硫化剂使用 TAIC。对于采用硫黄硫化体系的 HNBR，常采用低硫高促（EV）或者硫黄给予体（SEV）硫化体系，主促进剂常用二硫化四甲基秋兰姆（TMTD）、二硫化四乙基秋兰姆（TETD），助促进剂常用 2-巯基苯并噻唑（M）、二硫化二苯并噻唑（DM）。

过氧化物硫化条件为 180℃下，硫化 15min；硫黄硫化条件为 170℃下，硫化 15min。无论采用过氧化物或硫黄硫化，一般均须经二次硫化，进一步改善其压变值，最佳二次硫化条件一般为 150℃，2～4h。

2.7.3.3　补强填充体系

HNBR 通常用炭黑和白炭黑等材料进行增强。炭黑对 HNBR 的补强效果优于白炭黑，但缺点是耐磨性不如白炭黑。甲基丙烯酸锌、氢氧化锌甲基丙烯酸甲酯和有机蒙脱土也可用来增强 HNBR。

为获得低压变、耐热胶料，一般选择粒径较大的热裂法 MT 炭黑，如 N990。为获得高拉伸强度和高硬度，可使用细粒子炭黑。

2.7.3.4　其他配合剂

（1）软化与增塑体系　HNBR 常用于高温、燃油和极其苛刻的流体等环境，使用增塑剂时既要考虑其本身的吸收性能，更要考虑其耐抽出和不易挥发性。为此可选择磷酸三甲苯酯 TCP，己二酸二丁氧基 - 二氧基乙酯 TP-95，或偏苯三酸酯类增塑剂 C-8、C-9N。

（2）防老体系　HNBR 本身具有优异的耐热、耐臭氧及耐化学品性能，通常条件下使用，可不用防老。但在较高温度使用时仍需加入防老剂，常用的防老剂有 Naugaurd 445 和 2- 巯基苯并咪唑或其锌盐。此外还有混合二芳基对苯二胺（DAPD），*N,N'*- 二（2- 萘基）对苯二胺（DNPD），*N,N'*- 二苯基对苯二胺（DPPD）和三甲基二氢化喹啉聚合物（TMDQ）等。

2.7.4　氢化丁腈橡胶的应用

由于 HNBR 具有优异的综合性能，故广泛应用于汽车工业、石油工业和航空航天等领域。

2.7.4.1　用于阻尼减震材料

HNBR 中的极性基团腈基赋予了硫化胶良好的耐油性能和阻尼因子，越来越多地应用于阻尼减震材料中，研究表明，HNBR 中丙烯腈含量越高，橡胶的阻尼性越好[11]。

2.7.4.2　用于汽车油封胶料

HNBR 在汽车工业上的应用主要有汽车传送带、汽车发动机油冷器密封圈、发动机输油管以及空调系统密封件等。在现代汽车高环保的标准下，人们研究出了一系列新型制冷剂，而 HNBR 就作为这些制冷剂的专用密封材料在国际上得到极大的认可。汽车同步齿形带是汽车的重要橡胶部件，要求必须具有耐油、耐腐蚀、耐磨损、耐高温、准确传动等特点，目前，汽车同步齿形带已经完全离不开 HNBR。随着汽车发动机内部环境逐步恶劣，对发动机油冷器密封圈提出更高的要求，要求橡胶制品必须满足较高的机械强度，优异的压缩永久变形能力，较好的耐高温和耐油性能，HNBR 成为了发动机油冷器密封圈中不可替代的橡胶材料[12]。

2.7.4.3　用于油田防喷器胶料

HNBR 在石油工业上主要应用在封隔器、勘探定子、钻头密封圈、输油管道等。随着钻井的不断深入，内部环境也逐渐恶劣，因此对橡胶材料提出了非常苛刻的标准：一是材料需要耐各种化学物质，腐蚀性比较强的有酸性物质和胺类物质，并存在甲烷、二氧化碳和硫化氢气体；二是作业环境通常在高温高压下，这就要求材料兼具耐高温、耐油性、耐化学腐蚀和耐溶剂性，而且必须拥有极高的力学性能。HNBR 经过研究与试用，已经在逐渐取代传统使用的其他特种橡胶。

2.7.4.4　其他应用

黏结剂材料是锂离子电极片的组成部分之一，主要作用是将电极活性物质、导电剂均匀分散开并与集流体连接在一起，从而对锂离子电池的充放电倍率性能、循环稳定性能造成关键影响，这些性能均与电池寿命直接相关。在锂离子电池中，HNBR 由于具有良好的黏弹性、电化学稳定性和较低的价格已成为锂离子电池黏结剂的备选材料之一。HNBR 作为一种具有极性基团——氰基的聚合物橡胶材料，可与电极活性材料表面形成较强的相互作用（氢键、偶极-偶极相互作用）。此外，可以通过合适的方法，使得 HNBR 的碳-碳键饱和度可达 99% 以上，理论上电化学稳定性较高，具有良好的氧化还原性能，同时 HNBR 还具有高弹性，因此 HNBR 具有作为锂离子电池电极片黏结剂并改善电极柔性的潜力[13]。

HNBR 作为一种高性能的弹性材料，既可与工程塑料并用，也可与通用塑料共混改性。HNBR 与聚碳酸酯（PC）共混可改善 PC 的耐冲击性和耐应力开裂性。HNBR/ 丙烯腈-丁二烯-苯乙烯共聚物（ABS）共混可改善树脂的耐冲击性和制品表面的光泽性。HNBR 与 PA 的共混物具有优良的韧性和耐候性。此外，NBR、HNBR 和 PVC 熔融共混可制成 TPE，其微观结构特点是橡胶组分在交联的同时化学结合在 PVC 分子链上，形成新型网络矩阵网。HNBR 与含氟塑料动态硫化可制得橡胶相平均粒径小于 5μm 的 TPV 材料。

近年来，随着石油开采深度的增加，井下温度和环境越来越苛刻，这就要求井下密封材料不仅要耐高温还需要耐受硫化氢、甲烷等化学介质。传统的 NBR 已不能满足钻井高温、高压等恶劣环境的使用要求，HNBR 橡胶优异的耐高温及耐化学介质性能，使越来越多的研究者开始探究其在油田密封材料中的应用。

HNBR 在航空航天领域中主要应用于密封件、火箭发动机绝热材料、燃油软管等，该密封圈除了具有极好的耐低温性能、高热稳定性能、良好的耐油性能外，还具有良好的力学性能和低压缩永久变形。

参考文献

[1]　马鸿川 . 导热绝缘硅橡胶填料及其制备方法 [J]. 天津化工 , 2023, 37(1): 61-64 .

[2]　吴向荣，苏俊杰，李苗，等 . 石墨烯对硅橡胶导热垫片性能的影响 [J]. 有机硅材料，2022,36(3):43-63.

[3]　Jonathan, Goff, Santy, 等 . 用于医用器材的软组织柔性硅橡胶 [J]. 赵梦梦，编译 . 现代橡胶技术，2020, 46(1): 7.

[4]　李婷婷，韦一力，吴芳芳，等 . 电动汽车直流充电枪电力电缆材料性能测试与评价 [J]. 浙江电力，2021,40(1):67-71.

[5]　Shajari S, Rajabian M, Kamkar M, et al. A solution-processable and highly flexible conductor of a fluoroelastomer FKM and carbon nanotubes with tuned electrical conductivity and mechanical performance [J]. Soft Matter, 2022, 18(39): 7537-7549.

[6]　Nakajima N, Demarco R. Application of polyacrylate rubber for high performance automotive gaskets and seals [J]. Journal of Elastomers & Plastics, 2001, 33(2): 114-120.

[7]　刘爱堂 . 氯醚橡胶在汽车和办公自动化设备中的应用 [J]. 橡胶科技，2006(11): 3.

[8]　刘练，韦邦风，刘亚祥 . 改性氯磺化聚乙烯在轮胎胎侧胶中的应用 [J]. 轮胎工业，2017, 37(1): 3.

[9]　张新，林磊，张勇，等 . 电缆用氯化聚乙烯橡胶护套配方研究 [J]. 电线电缆，2012(2): 4.

[10]　孙彬，赵晓培，张昕，等 . 氯化聚乙烯橡胶自由发泡性能的研究 [J]. 橡胶工业，2017, 64(6): 5.

[11]　王珍，陈祥宝，王景鹤，等 . 氢化丁腈橡胶的结构与阻尼性能的关系 [J]. 合成橡胶工业，2009, 32(1): 70-72.

[12]　徐立志 . 汽车油封橡胶材料的研究进展 [J]. 当代化工，2016, 45(10):2478-2479.

[13]　袁海朝，徐峰，王然然，等 . 氢化丁腈橡胶浆料及其制备方法和应用，CN 116606459A[P]. 2023-05-15.

3

介电弹性体材料

本章主要介绍介电弹性体材料的定义、机理、应用等相关内容。第 3.1 节介绍电活性聚合物材料，说明定义范围、与介电弹性体材料的包含关系，引出下文，在诸多电活性聚合物中，因介电弹性体可以实现机械能和电能的转换，具有极为宽泛的应用场景，故对其重点展开介绍。第 3.2 节主要介绍介电弹性体的定义、特点以及种类等，并分析介电弹性体与其他智能软材料相比所具有的优势。介电弹性体主要有两种典型的应用：一是作为驱动器材料，二是作为发电机材料。因此后续章节将对介电弹性体材料驱动和发电这两大重要的性能进行详细的介绍。第 3.3 节主要介绍介电弹性体的驱动机理。第 3.4 节主要介绍介电弹性体的发电机机理。第 3.5、第 3.6 节就随之介绍常用于驱动器和发电器的介电弹性体材料。最后，在第 3.7 节介绍了介电弹性体的应用介电弹性体材料作为特种与新兴高分子材料的一个重要分支，通过本章的介绍，能够让读者对于介电弹性体材料有更为全面和深刻的认识。

3.1 电活性聚合物材料介绍

电活性聚合物材料（electro active polymer，EAP）是指在电信号的刺激下可以产生包括声光电磁热形变等不同响应行为的聚合物材料。电活性聚合物材料范围很广，涉及很多不同的聚合物材料，包括有机发光材料等均可称为电活性聚合物材料。总之，EAP 材料由于可以将电能转化为其他能量，在柔性显示，柔性传感，仿生制造等诸多场合都具有重要的应用，是一种具有重大发展潜力的智能多功能材料 [1]。

3.1.1 典型的电活性聚合物材料

（1）有机光电材料

有机光电材料是一类具有光电活性的有机材料，广泛应用于有机发光二极管（图 3-1）、有机晶体管、有机太阳能电池、有机存储器等领域。

有机光电材料通常是富含碳原子、具有大 π 共轭体系的有机分子，分为小分子和聚合物两类。与无机材料相比，有机光电材料可以通过溶液法实现大面积制备和柔性器件的制备。此外，有机材料具有多样化的结构组成和宽广的性能调节空间，可以进行分子设计来获得所需要的性能，能够进行自组装等自下而上的器件组装方式来制备纳米器件和分子器件。有机光电材料与器件的发展也带动了有机光电子学的发展。有机光电子学是跨化学、信息、材料、物理的一门新型的交叉学科。材料化学在有机电子学的发展中扮演着一个至关重要的角色，而有机电子学未来面临的一系列挑战也都有待材料化学研究者们去攻克[2]。

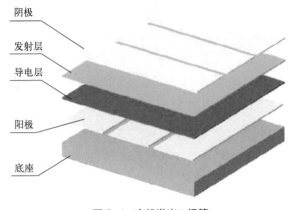

图 3-1　有机发光二极管

（2）导电高分子

自从掺杂聚乙炔（polyacetylene，PA）呈现金属导电特性以来，新型交叉学科——导电高分子领域诞生了。2000 年白川英树凭借在导电高分子方向的研究获得了诺贝尔奖，而这项研究的开展也来自一场偶然。白川在东京工业大学研究有机半导体时使用了聚乙炔黑粉，一次，研究生错把比正常浓度高出上千倍的催化剂加了进去，结果聚乙炔结成了银色的薄膜。白川想，这薄膜是什么，其有金属之光泽，是否可导电呢？测定结果显示该薄膜不是导体。但正是这个偶然给了白川极大的启发，再后来，在 1977 年的纽约科学院国际学术会议上，时为东京工业大学助教的白川英树把一个小灯泡连接在一张聚乙炔薄膜上，灯泡马上被点亮了。"绝缘的塑料也能导电！"此举让四座皆惊。它的出现不仅打破了"高分子仅为绝缘体"的传统观念，而且它的发现和发展为低维固体电子学，乃至分子电子学的建立和完善作出重要的贡献，进而为分子电子学的建立打下基础，具有重要的科学意义[3]。

所谓导电高分子是由具有共轭 π 键的高分子经化学或电化学"掺杂"使其由绝缘体转变为导体的一类高分子材料。它完全不同于由金属或碳粉末与高分子共混而制成的导电塑料。通常导电高分子的结构特征是由有高分子链结构和与链非键合的一价阴离子或阳离子共同组成。因此，导电高分子具有由于掺杂而带来的金属（高电导率）和半导体（P 型和N 型）的特性之外，还具有高分子的可分子设计结构多样化、可加工和密度低的特点。常见的导电高分子如图 3-2 所示。正因为导电高分子具有上述的结构特征和独特的"掺杂"机制，使导电高分子具有优异的物理化学性能和广阔的技术应用前景[4]。

（3）压电高分子

某些电介质在沿一定方向上受到外力的作用而变形时，其内部会产生极化现象，同时在它的两个相对表面上出现正负相反的电荷。当外力去掉后，它又会恢复到不带电的状态，这种现象称为正压电效应。1880 年皮埃尔·居里和雅克·居里兄弟发现电气石具有压电效应。1881 年，他们通过实验验证了逆压电效应，并得出了正逆压电常数。1984 年，德国物理学家沃德马·沃伊特（德语：WoldemarVoigt），推论出只有无对称中心的 20 中点群的晶体才可能具有压电效应，后面逐渐衍生出的压电陶瓷也被应用于传感以及灾害的预警之中。这种电介质随压电而变形的现象是由于应力作用于材料，在材料表面诱导产生电荷的过程产生的，一般认为这一过程是可逆的，即当材料受到电参数作用，材料也会产生形变能，传统压电材料如图 3-3 所示。

导电高分子	结构式	电导率/(S/cm)
聚乙炔	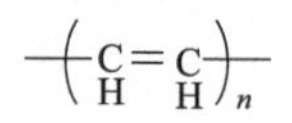 $-(\overset{\text{C}}{\underset{\text{H}}{}} = \overset{\text{C}}{\underset{\text{H}}{}})_n$	1.7×10^4
聚吡咯	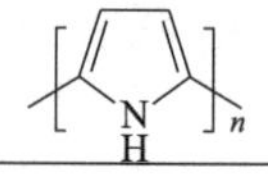	7.5×10^2
聚噻吩	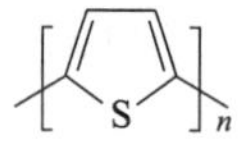	1.0×10^2
聚亚苯基	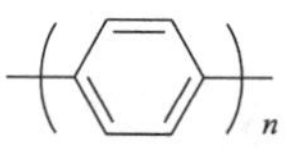	1.0×10^2
聚苯乙炔	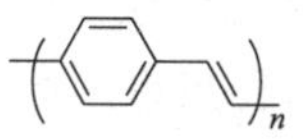	5.0×10^2

图 3-2　常见的导电高分子

已发现的具有压电性的高分子材料中聚偏氟乙烯 $[-(CH_2-CF_2)_n-]$ 及其共聚物具有特殊的地位。故其一问世就引起了人们众多的关注。聚偏氟乙烯（PVDF）是典型的压电和热释电高聚物，其压电性的起源自它被发现起就是一个争论的话题。一般地认为 PVDF 的压电性可归因于以下两个机理：一是尺寸效应，所谓尺寸效应是假定偶极子为刚性不随外加应力变化由膜厚变化引起压电性，厚度的减小会使膜表面的诱导电荷增加；二是结晶相的本征压电性，结晶相的压电性由电致伸缩效应及剩余极化强度所决定，而晶相和非晶相的介电常数具有不同的应变依赖性故在当材料处于极化状态时由电致伸缩效应产生出压电性。由于晶区的极化强度对应变具有依赖性故使晶区产生的内部压电性 PVDF 不仅具有介电常数大压电和热释电性较强等特点，而且其类化合物具有较强的压电性质。压电率的大小取决于分子中含有的偶极子的排列方向是否一致。除了含有具有较大偶极矩的 C—F 键的聚偏氟乙烯化合物外，许多含有其他强极性键的聚合物也表现出压电特性。如亚乙烯基二氰与乙酸乙烯酯、异丁烯、甲基丙烯酸甲酯、苯甲酸乙烯酯等的共聚物，均表现出较强的压电特性，而且高温稳定性较好。主要作为换能材料使用，如音响元件和控制位移元件的制备。前者比较常见的例子是超声波诊断仪的探头、声呐、耳机、麦克风、电话、血压计等装置中的换能部件。图 3-4 为 elim 公司生产的有机压电材料 [5]。

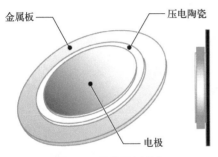

图3-3　传统压电材料　　图3-4　有机压电材料（国外 elim 公司生产）

（4）介电弹性体

介电弹性体是具有高介电常数的弹性体材料，其在外界电刺激下可改变形状或体积，当外界电刺激撤销后又能恢复到原始形状或体积，从而产生应力和应变将电能转换成机械能。介电弹性体是一种新型电致感应智能材料，有较高的机电转换效率，同时具有质量轻、价格低、运动灵活、易于成形和不易疲劳损坏等优点，因此自20世纪90年代以来，吸引了不少国内外学者的关注，同时学者对其从性能到模型以及在航空航天、医疗卫生和机器人等方面都开展了相关的实验研究。R．Pelrine 等的研究结果表明介电弹性体电致应变可以超过100%，这一发现极大地促进了介电弹性体的相关研究与进展。介电驱动器是将一个介电弹性体薄膜夹在两相容性电极之间（例如碳润滑剂、石墨粉和石墨喷雾等），电极加载电荷后，两相容性电极上的电荷相互吸引，压缩介电弹性体薄膜将电能转化为机械能产生致动效应。这类聚合物介电驱动器可用来执行特殊任务，例如去外星球采集样本收集放射性元素制作扬声器、吸尘器等[6]。任何介电弹性体驱动器的基本原理可归纳为：在弹性体薄膜的上下表面安装两个相容性电极，电极加载电荷后会产生麦克斯韦（Maxwell）应力压缩弹性体薄膜将电能转换成机械能。介电弹性体材料内部不含金属离子，是一种绝缘体。由于其非导电特性，在电场作用下，DE 材料的上下表面会积累正负电荷，正负电荷之间互相吸引而形成静电压力，在这种压力作用下，材料的不可压缩性，使得其在厚度方向上发生压缩变形而在平面方向产生扩张变形，DE 材料的变形尺度很大，一般可超过100%，响应速度在毫秒级，最大应力可达3.2MPa，能量密度可达3.4J/g，机电转换效率可达80%。这种材料在电场激励作用下超大的可逆变形能力使得它在驱动器应用领域具有其他电活性聚合物材料不可比拟的优越性。同时材料还具有质量轻、输出应力大、响应速度快、质量能量密度高、极强的环境适应性、硅树脂薄膜可在高温下有千万次工作循环、使用寿命超过3年等优势同时其还具有大柔顺性好、负载匹配性良好等优点，这些特点使得该材料制成的驱动器具有广阔的应用领域[7]。

3.1.2　电活性材料发展及展望

21世纪是科学发现和技术发展出现密集创新的时代。其中，新材料的开发及利用已被世界公认为最重要、发展最快的高新技术之一，它对工业、农业、社会以及国防和其他高新技术的发展都起着重要的支撑作用[8]。

在各种新材料中，聚合物类智能材料由于具有质量轻、变形大、生物兼容性好、疲劳寿命好、成本低、易于成形等优点而引起了学术界的广泛关注。这类智能材料能对多种外界激励产生响应，如电、热、光、磁、化学浓度、生理 pH 等，响应包括体积扩张、形状重构、颜色变化等多种形式，因而为物理学、化学、力学、机械结构学等多学科的研究提供了良好的契机，同时也促进了学科之间的交叉发展 [9-10]。

3.2   介电弹性体材料的定义和特点

电致形变材料，简称电致材料，是一类能够在外界电刺激下发生形变的材料。电致形变材料在电刺激下能产生显著的体积伸缩或弯曲旋转等外观形状变化，从而产生力或运动，将电能转化为机械能，广泛应用于驱动器、传感器、发电机、执行器、微机电系统等领域。许多聚合物可以在外界因素，如光、电、pH 等的刺激下产生形变，其中在电刺激下可以产生形变的聚合物称为电致变形聚合物（electro-induced shape-changing polymer, EISCP）。EISCP 材料在某一电场或电流的间歇或持续刺激下，形状会做出特定的变形响应，当电场或电流消失后，形状又会趋于恢复。根据变形机理的不同，电致变形聚合物可以分为电流响应型 EISCP 和电场响应型 EISCP。

电流响应型 EISCP 的变形机理有两种。第一种是基于电流热效应引起的电致变形，通电时电流通过材料（电阻体）产生热效应，使得材料温度升高，引起材料产生形变，当切断电流时，材料的温度下降，恢复原状。这种情况的代表材料有聚苯乙烯复合材料电致形状记忆聚合物、聚氨酯电致形状记忆聚合物等。第二种是基于电化学反应引起的电致变形，当对材料施加某一方向的电流时，材料中的离子发生氧化还原反应，价态发生变化，影响了离子的物理性质（如离子的亲疏水性、极性等），使得该类材料吸收或排出溶剂，或者发生内部离子的分布变化，从而产生变形。当施加相反方向的电流后，阴阳电极调换，离子价态恢复，进而形变恢复。这种情况的代表材料有聚吡咯导电聚合物、聚苯胺导电聚合物、聚噻吩导电聚合物、聚丙烯酸水凝胶等。

电场响应型 EISCP 的变形机理有三种。第一种是基于离子迁移引起浓度差异的电致变形，一些含有离子的材料，在外电场作用下，正负离子发生定向迁移，使得材料中的离子浓度分布产生差异，进而使得材料发生变形。当外电场消失后，离子分布恢复，材料形状恢复。这种情况的代表材料有羧酸基离子聚合物 - 金属复合材料、磺酸基离子聚合物 - 金属复合材料等。第二种是基于分子固有偶极定向极化引起的电致变形。极性分子由于正负电荷中心不重合而具有固有偶极，当受到某一方向外电场的作用，会发生分子的定向极化。在电场的进一步作用下，产生诱导偶极，使分子发生变形，从而在宏观上表现为材料的形状变化。当该电场撤除后，定向极化及诱导偶极自行消失，分子重新恢复为原来的状态，从而在宏观上表现为材料的形状变化恢复。这种情况的代表材料有铁电聚合物、液晶弹性体等。第三种是基于电极产生静电吸引导致的电致变形。将电极复合（电镀、黏附等）在弹性体薄膜的两侧（类似于平板电容器的三明治结构），当对电极板通电后，上下两层电极板分别带异种电荷，电极板间产生静电场，使得两电极板相互吸引，挤压中间的弹性体，产生麦克斯韦应力，同时每层电极板上的同性电荷相互排斥，当电场力足够大时，薄膜将产生明显的面积和厚度变化。当切断电刺激时，两电极板间的静电场消失，两电极板之间的静电吸引消失，不再挤压弹性体，使得中间弹性体的形状得到恢复，继而使材料恢复到变形前的状态。例如介电弹性体薄膜两侧电镀上柔性电极，当对电极板通电时，中间的介电弹性体会发生变形；取消通电后，变形即可恢复。这种情况的代表材料有硅橡胶弹性体、聚氨酯弹性体、丙烯酸类弹性体等介电弹性体材料 [11]。

3.2.1 介电弹性体材料的定义

介电弹性体材料是一种电子型电活性聚合物，是一种在外界电刺激下能够发生大形变的新型柔性智能材料，其本质上是一种柔性的电容器。介电弹性体在受到外加电场作用时，其内部电荷发生分离，材料上下表面会有积累的电荷，不同电性的电荷相互吸引，形成麦克斯韦（Maxwell）静电力，使材料平面方向发生横向扩展，而在厚度方向发生压缩，撤去电场后介电弹性体材料恢复原状（如图3-5所示），此过程产生应力、应变的同时会发生电能向机械能的转化。相反地，这一过程的逆过程可以将机械能转化为电能。

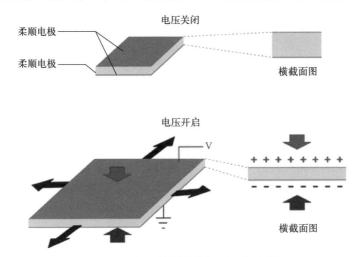

图3-5　**介电弹性体薄膜电致变形机理**[12]

3.2.2 介电弹性体材料的特点

通过表3-1对比各种智能软材料的主要性能指标，总结了其应用于驱动器的优缺点，其中DE具有极大的驱动应变，毫秒级的响应速度，高的能量密度等突出优点。并且与传统的电活性材料相比，介电弹性体具有形变大、质量轻、电驱动效率高、机电响应速度快、黏弹滞后损耗小等优点，在仿生人工肌肉、驱动器、传感器、航空航天等领域有广泛的应用前景。

表3-1　**智能软材料的性能对比**[13]

智能软材料	优点	缺点
生物肌肉	大应变（40%），应力（0.35MPa），弹性能密度（8~40kJ/m³），高效率（40%），带宽（20Hz），毫秒级响应，可再生	非工程材料，工作温度受限
介电弹性体（DE）	大应变（大于100%），应力（10MPa），弹性能密度（10kJ/m³~3.4MJ/m³），机电耦合效率（90%），带宽（1kHz），毫秒级响应	高电压驱动（＞1kV），低弹性模量（1MPa）
离子聚合物金属复合材料（IPMC）	低电压（小于10V）	力电转化效率较低，需要封装，响应较慢
形状记忆高分子（SMP）	高应力	响应较慢
液晶弹性体	高应力，机电耦合效率（75%）	响应较慢
压电聚合物	高应力，响应速度快，弹性能密度（100kJ/m³）	小应变

3.3　介电弹性体材料驱动器机理

本节主要介绍介电弹性体材料作为驱动器时的机理。包括机理推导前所作的假设，相应的公式推导，以及介电弹性体材料驱动时影响其电致形变的因素三个部分。介电弹性体驱动机理首先由 Wilhelm Conrad Röntgen 于 1880 年发现，当时高压电晕放电产生的空气离子沉积在橡皮筋的两侧，并且使橡皮筋发生延伸响应。DE 材料本身具有柔顺性，可以成为任意结构的微型驱动器。DE 的小型电机具有更轻，更安静，更节能，响应速度更快，以及更好的可控系统等优点。DE 薄膜柔软灵活的特点允许电机和执行器有多种不同的外形和配置。

3.3.1　假设

介电弹性体是由介电高分子薄膜和薄膜两侧的电极组成的"三明治"形复合结构，类似于平行板电容器。如图 3-6 所示；中间蓝色的部分为介电弹性体材料，上下黑色的部分为相容性的电极，这种电极导电性极好，同时非常柔软，不会对介电弹性体的形变造成约束和影响［图 3-6 (a)］。当施加电压时，膜的两侧电极上会产生并积累电荷，同一表面上电荷之间相互排斥，异面电荷相互吸引，产生麦克斯韦应力（Maxwell's stress），从而导致薄膜沿电场方向收缩以及薄膜面积的增加［图 3-6 (b)］。当薄膜两侧的电压被撤除后，薄膜又会恢复到未变形的状态。这一过程可以视为电能向机械能的转换。相对地，这一过程的逆过程可以将机械能转换为电能，用于进行能量收集 [14]。

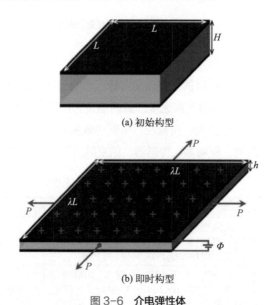

(a) 初始构型

(b) 即时构型

图 3-6　介电弹性体

介电弹性体在工作时存在力电耦合，且其力学行为具有大变形、非线性的特点。为了对介电弹性体驱动器的结构进行设计与优化，相关理论也得到了发展。目前被广泛采用的是由哈佛大学锁志刚教授课题组基于热力学框架建立的理想介电弹性体模型，已经被用于对多种不同的介电弹性体驱动器结构进行变形和失效分析。下面对这一模型进行简单介绍。

考虑图 3-7 中上下表面均匀涂覆柔性电极的介电弹性体薄膜，参考状态（无外加载荷）

下薄膜在三个主方向的初始尺寸分别是 L_1，L_2 和 L_3 [图 3-7（a）]。在即时状态下，介电弹性体受机械力及电场的共同作用，其三个主方向的机械力分别为 P_1，P_2 和 P_3，并且在柔性电极上作用电压 Φ [图 3-7（b）]。在外载荷的作用下，介电弹性体的长度分别变为 l_1，l_2 和 l_3，上下两个电极上积累的电荷量分别为 $+Q$ 和 $-Q$。此时，介电弹性体薄膜系统的亥姆霍兹（Helmholtz）自由能是 H。在该模型中，我们对理想介电弹性体作出以下四点假设：①假设高分子材料是不可压缩的，即弹性体在形变过程中体积不发生变化；②假设介电弹性体的介电行为类似于液态电介质，介电常数为常值且不随介电弹性体变形而变化；③介电弹性体自由能不受温度的影响；④介电弹性体是均质的。

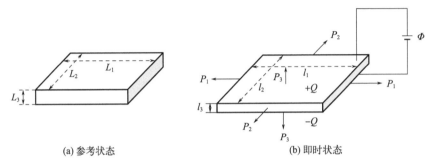

(a) 参考状态　　　　　　　　　　　　(b) 即时状态

图 3-7　参考状态和即时状态下的介电弹性体薄膜 [15]

3.3.2　公式推导

当薄膜在外部机械载荷作用下产生微小变形 δl_1，δl_2 和 δl_3 时，机械力做的功为 $P_1\delta l_1 + P_2\delta l_2 + P_2\delta l_3$；当薄膜在外部电载荷作用下柔性电极上的电荷量产生微小变化 δQ 时，电载荷做功为 $\Phi\delta Q$。因此，当介电弹性体薄膜在外部机械载荷和电载荷共同作用下处于平衡态时，自由能的变化 δH 等于外载荷做功，如式（3-1）所示：

$$\delta H = P_1\delta l_1 + P_2\delta l_2 + P_2\delta l_3 + \Phi\delta Q \tag{3-1}$$

定义介电弹性体 Helmholtz 自由能的名义密度为 $W = H/(L_1L_2L_3)$，三个主方向的拉伸率是 $\lambda_1 = l_1/L_1$，$\lambda_2 = l_2/L_2$ 和 $\lambda_3 = l_3/L_3$，三个主方向的名义应力分别是 $s_1 = P_1/(L_2L_3)$，$s_2 = P_2/(L_1L_3)$ 和 $s_3 = P_3/(L_1L_2)$，作用于介电弹性体薄膜厚度方向的名义电场为 $\tilde{E} = \Phi/L_3$，名义电位移为 $\tilde{D} = Q/(L_1L_2)$，因此薄膜上面的电荷的变化量可以表示为 $\delta Q = L_1L_2\delta\tilde{D}$，将式（3-1）的两边同时除以体积 $L_1L_2L_3$，整理得到式（3-2）：

$$\delta W = s_1\delta\lambda_1 + s_2\delta\lambda_2 + s_3\delta\lambda_3 + \tilde{E}\delta\tilde{D} \tag{3-2}$$

不考虑温度的影响，自由能密度是 4 个独立变量 $\lambda_1, \lambda_2, \lambda_3$ 和 $\tilde{D}$ 的函数，即 $W = W(\lambda_1, \lambda_2, \lambda_3, \tilde{D})$，在外加载荷的作用下，介电弹性体机电耦合系统的自由能的改变可以表达为式（3-3）：

$$\delta W = \frac{\partial W(\lambda_1, \lambda_2, \lambda_3, \tilde{D})}{\partial\lambda_1}\delta\lambda_1 + \frac{\partial W(\lambda_1, \lambda_2, \lambda_3, \tilde{D})}{\partial\lambda_2}\delta\lambda_2$$
$$+ \frac{\partial W(\lambda_1, \lambda_2, \lambda_3, \tilde{D})}{\partial\lambda_3}\delta\lambda_3 + \frac{\partial W(\lambda_1, \lambda_2, \lambda_3, \tilde{D})}{\partial\tilde{D}}\delta\tilde{D} \tag{3-3}$$

对比式（3-2）和式（3-3）整理得到式（3-4）：

$$\left(\frac{\partial W}{\partial \lambda_1}-s_1\right)\delta\lambda_1 + \left(\frac{\partial W}{\partial \lambda_2}-s_2\right)\delta\lambda_2 + \left(\frac{\partial W}{\partial \lambda_3}-s_3\right)\delta\lambda_3 + \left(\frac{\partial W}{\partial \tilde{D}}-\tilde{E}\right)\delta\tilde{D}=0 \tag{3-4}$$

由于式（3-4）对于任意的微小变分$\delta\lambda_1,\delta\lambda_2,\delta\lambda_3$和$\delta\tilde{D}$均成立，则各变分前的系数为0，因此介电弹性体的名义应力以及作用在薄膜上的名义电场如式（3-5）所示：

$$s_1 = \frac{\partial W\left(\lambda_1,\lambda_2,\lambda_3,\tilde{D}\right)}{\partial \lambda_1}$$

$$s_2 = \frac{\partial W\left(\lambda_1,\lambda_2,\lambda_3,\tilde{D}\right)}{\partial \lambda_2}$$

$$s_3 = \frac{\partial W\left(\lambda_1,\lambda_2,\lambda_3,\tilde{D}\right)}{\partial \lambda_3} \tag{3-5}$$

$$\tilde{E} = \frac{\partial W\left(\lambda_1,\lambda_2,\lambda_3,\tilde{D}\right)}{\partial \tilde{D}}$$

式（3-5）为通过名义物理量描述的介电弹性体薄膜的状态方程，当系统的自由能密度函数$W = W\left(\lambda_1,\lambda_2,\lambda_3,\tilde{D}\right)$确定时，由状态方程可以确定薄膜系统在外加载荷作用下的状态$\left(\lambda_1,\lambda_2,\lambda_3,\tilde{D}\right)$。

考虑真实物理量，定义介电弹性体3个主方向上的真实应力分别为$\sigma_1 = P_1/\left(l_2l_3\right)$，$\sigma_2 = P_2/\left(l_1l_3\right)$和$\sigma_3 = P_3/\left(l_1l_2\right)$，真实电场为$E = \Phi/l_3$，真实电位移是$D = Q/\left(l_1l_2\right)$，则薄膜电极上的电荷变化量$\delta Q$如式（3-6）所示：

$$\delta Q = Dl_2\delta l_1 + Dl_1\delta l_2 + l_1l_2\delta D \tag{3-6}$$

结合式（3-1）和式（3-6），并根据真实物理量的表达式，可得式（3-7）：

$$\delta W = \left(\sigma_1+DE\right)\lambda_2\lambda_3\delta\lambda_1 + \left(\sigma_2+DE\right)\lambda_1\lambda_3\delta\lambda_2 + \sigma_3\lambda_1\lambda_2\delta\lambda_3 + \lambda_1\lambda_2\lambda_3 E\delta D \tag{3-7}$$

给定通过真实电位移表示的系统的自由能名义密度$W = W\left(\lambda_1,\lambda_2,\lambda_3,D\right)$，类似可以得到介电弹性体真实物理量的状态方程即式（3-8）为

$$\sigma_1 = \frac{\partial W\left(\lambda_1,\lambda_2,\lambda_3,D\right)}{\lambda_2\lambda_3\partial\lambda_1} - ED$$

$$\sigma_2 = \frac{\partial W\left(\lambda_1,\lambda_2,\lambda_3,D\right)}{\lambda_1\lambda_3\partial\lambda_2} - ED$$

$$\sigma_3 = \frac{\partial W\left(\lambda_1,\lambda_2,\lambda_3,D\right)}{\lambda_1\lambda_2\partial\lambda_3} \tag{3-8}$$

$$E = \frac{\partial W\left(\lambda_1,\lambda_2,\lambda_3,D\right)}{\lambda_3\partial D}$$

一般认为高分子材料是不可压缩的，即$\lambda_1\lambda_2\lambda_3 = 1$，因此可以取$\lambda_1$和$\lambda_2$为独立变量，则$\lambda_3$的变分可表示为式（3-9）：

$$\delta\lambda_3 = -\frac{1}{\lambda_1\lambda_2}\left(\frac{\delta\lambda_1}{\lambda_1}+\frac{\delta\lambda_2}{\lambda_2}\right) \tag{3-9}$$

式（3-7）变为式（3-10）所示形式：

$$\delta W = \frac{\sigma_1 - \sigma_3 + DE}{\lambda_1}\delta\lambda_1 + \frac{\sigma_2 - \sigma_3 + DE}{\lambda_2}\delta\lambda_2 + E\delta D \tag{3-10}$$

理想介电弹性体模型中假设介电弹性体的介电行为类似于液体电介质，介电常数 ε 为常值且不随介电弹性体变形而变化，即真实电场与真实电位移满足线性关系 $E = D/\varepsilon$。代入式（3-10）中，并在 λ_1 和 λ_2 保持不变的情况下对 D 进行积分可得式（3-11）：

$$W(\lambda_1, \lambda_2, D) = W_s(\lambda_1, \lambda_2) + \frac{D^2}{2\varepsilon} \tag{3-11}$$

式中，$D^2/2\varepsilon$ 为薄膜上存储的静电能；$W_s(\lambda_1, \lambda_2)$ 为与弹性体变形有关的自由能函数，可以从高分子材料的超弹性本构模型中选取，包括 Neo-Hookean 模型，Mooney-Rivlin 模型，Ogden 模型，Gent 模型等。从式（3-11）可以看出，薄膜的变形与极化对自由能的贡献是相互独立的，因此在理想介电弹性体模型中，力电耦合仅为几何效应。结合式（3-10）和式（3-11）可以得到不可压缩理想介电弹性体的状态方程如式（3-12）所示：

$$\sigma_1 - \sigma_3 = \frac{\lambda_1 \partial W_s(\lambda_1, \lambda_2)}{\partial \lambda_1} - \varepsilon E^2$$
$$\sigma_2 - \sigma_3 = \frac{\lambda_2 \partial W_s(\lambda_1, \lambda_2)}{\partial \lambda_2} - \varepsilon E^2 \tag{3-12}$$

这些状态方程几乎适用于介电弹性体的所有分析，并与实验测量的状态方程吻合得很好。这些方程通常是用麦克斯韦应力来证明的，并且可以用理想的电介质弹性体的模型来解释。也就是说，当材料的介电行为是类似液体的，不受变形的影响时，麦克斯韦应力是有效的。

DE 材料的驱动机制有许多种推导方法，最为常用的为 Pelrine 等所提出的方案。Pelrine 假设一个平板电容器，电容为 C，厚度为 z，面积为 A，在电压为 U 的电场下产生电荷量为 Q。假定恒定体积（$Adz = -zdA$）可得式（3-13）：

$$dU = \frac{Q}{C}dQ - 2U\left(\frac{1}{A}\right)dA = \frac{Q}{C}dQ + 2U\left(\frac{1}{z}\right)dz \tag{3-13}$$

DE 薄膜所受到的静电力 P 等价于单位面积上单位厚度形变量所产生的电能的变化，如（3-14）所示：

$$P = \left(\frac{1}{A}\right)\left(-\frac{dU}{dz}\right) \tag{3-14}$$

假设材料不可压缩，即泊松比为 0.5，将式（3-14）代入式（3-13）又有式（3-15）：

$$P = \varepsilon_0\varepsilon'\left(\frac{U}{z}\right)^2 = \varepsilon_0\varepsilon'(E)^2 \tag{3-15}$$

式中，ε_0 为真空介电常数，其数值为 8.85×10^{-12}，F/m；ε' 为 DE 的介电常数，F/m。

也就是说对于一种具有各向异性，弹性模量 Y 与形变量无关，泊松比为 0.5 的材料，根据胡克定律，薄膜在厚度方向上的形变 S_z 与静电力 P 之间的关系如式（3-16）所示：

$$S_z = -\frac{P}{Y} = -\frac{\varepsilon_0\varepsilon'(E)^2}{Y} \tag{3-16}$$

值得注意的是该公式对限制条件进行了许多简化，同时假设 Y 和 ε' 不随形变量和电场强度变化，只适用于低形变量（<10%）的情况下。根据式（3-16）若需提高 DE 电致形变量，最有效的方法是提高电场强度 E，其次还可以通过提高 ε'，降低 Y 等。然而电场强度受到 DE 本身介电强度（E_b）的制约，电场强度高于 E_b 时，DE 材料将发生击穿破坏。DE 材料同时有一个极限边界条件，即稳定性极限，发生在厚度应变为 33%，也即 $S_z=-1/3$ 时。此时对于线性弹性体（Y 恒定）材料薄膜将不再稳定，并会由于这种机电不稳定而发生破坏，这个过程称为 pull-in 效应。

DE 薄膜在电场作用下，产生驱动变形，变形又改变了电场强度，存在力电耦合现象，这一耦合过程具有强非线性的特征，在许多情形下，会产生一种被称为力电失稳的现象。力电失稳（electromechanical instability，EMI）是介电弹性体的一种独特的失效模式。在外加电场的作用下，介电弹性体薄膜会产生变形而使得其厚度减小，厚度的减小会增加作用在薄膜上的电场使得薄膜的厚度进一步减小。这是一个正反馈的过程，其结果是作用在薄膜上的电场会迅速增加至临界电场之上从而导致失效。

如图 3-8（a）所示为 DE 膜在电场驱动下发生厚度收缩和面积扩张，其驱动电压和应变曲线并不是简单的单调趋势，据此可以把 DE 驱动器的失效模式分成三类，主要有：驱动电压达到介电强度时其应变仍然很小 [类型一，图 3-8（b）]；电压超过某一临界值时应变急剧增加，其中可能存在着力电耦合失稳而导致电击穿失效 [类型二，图 3-8（c）]；在加电压过程中不发生力电失稳现象，实现大变形 [类型三，图 3-8（d）]。图中驱动电压和拉伸比的曲线可由式（3-17）得到，DE 驱动器的介电强度与拉伸比的曲线可由式（3-18）得到。

$$\Phi(\lambda) = h\lambda^{-2}\sqrt{\frac{\sigma(\lambda)}{\varepsilon}} \tag{3-17}$$

$$\Phi_B(\lambda) = E_b h\lambda^{-2} \tag{3-18}$$

式中，$\sigma(\lambda)$ 为双轴拉伸曲线；λ 为双轴拉伸曲线对应的拉伸比；$\Phi(\lambda)$ 为不同驱动变形下对应的驱动电压；ε 为介电常数，$\varepsilon = \varepsilon_0\varepsilon'$；$h$ 为薄膜初始厚度。

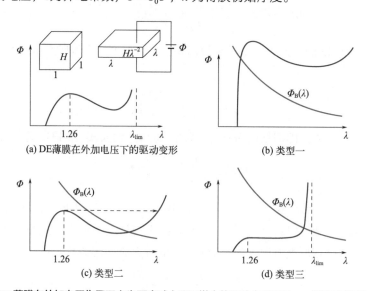

图 3-8　DE 薄膜在外加电压作用下产生厚度减小面积增大的驱动变形以及 DE 驱动器的三种失效类型

据两曲线的轮廓及交点可以判断 DE 薄膜发生电击穿失效的类型，理想的类型应该是第三种类型，其对应的 DE 薄膜的初始模量较小，较低电压下可实现大变形，而后期薄膜的应变硬化曲线明显进一步驱动变形时薄膜产生的弹性恢复力能够抵抗不断增加的 Maxwell 应力避免发生力电失稳，只有进一步增加驱动电压时才会发生电击穿失效。

3.3.3　影响电致形变的因素

（1）介电常数

介电常数（ε）可以表征电介质材料储存电荷能力大小，是评判电介质材料最重要的参数。通过计算电介质存在条件下的电容值 C 与真空状态下的电容值 C_0 的比值，我们可以获得电介质的介电常数，如公式所示：$\varepsilon = C / C_0$。由上述公式可知，电介质的极化程度越大，C 与 C_0 比值越大，也就是介电常数 ε 越大。宏观上介电常数是材料极化程度的度量。材料的极化可以有多种形式，大致可以分为四种极化形式，即电子极化、离子极化、取向极化、界面极化。通过提高材料的介电常数来提高介电弹性体的电致形变性能是一种简单有效的方法。通过在聚合物基体中添加高介电常数填料或者添加导电粒子均可以达到此目的。

（2）介电强度

在强电场（$10^5 \sim 10^6 \mathrm{V/cm}$）作用下，聚合物的电绝缘性能会随着电压升高逐渐下降。当电压升到一定数值时，聚合物完全失去电绝缘性，发生电击穿，此时材料的化学结构遭到破坏。介电强度是表征材料作为绝缘体的重要指标。材料的介电强度越大，表示电绝缘性越好。它定义为材料发生击穿时单位厚度承受的最大电压。由于介电弹性体的电致形变与电场强度的平方成正比，因此通过提高材料的介电强度来提高介电弹性体的电致形变性能是一种显著有效的方法。

（3）弹性模量

依据介电弹性体驱动器工作原理，弹性体的弹性模量与材料的电致形变成反比，所以弹性模量对材料的电致形变性能起到至关重要的作用。如果介电弹性体材料的弹性模量足够低，那么只需施加很小的电场力就可以让介电弹性体产生很大的电致形变。因此通过降低材料的弹性模量为实现介电弹性体在小驱动应力下产生大驱动应变提供了新的思路。目前已经有不少研究工作者对介电弹性体材料的弹性模量进行研究。主要方法是通过在聚合物基体中填充小分子增塑剂及调节弹性体的交联密度来调控聚合物基体的弹性模量。

3.4　介电弹性体材料发电机机理

本节主要介绍介电弹性体材料作为发电机时的机理。包括机理推导前所作的假设，相应的公式推导，以及介电弹性体材料发电时影响其发电性能的因素三个部分。介电弹性体发电机（dielectric elastomer generator, DEG）是由 Pelrine 于 2001 年提出的，利用可变电容器原理，将机械能转变为电能。DEG 具有高机电转换效率、高能量密度、柔性可穿戴、结构灵活、质轻的优点，其能量密度比电磁发电机和压电发电机高一个数量级，在低频率阵列式发电如潮汐发电和风力发电，以及从人体运动中收集能量的应用领域中有广阔的前景。近十年来，DEG 成为了新型发电机研究和开发的热点，逐渐引起国际关注。

3.4.1　假设

　　DEG 由 DE 材料与负载在其上下表面的柔顺电极组成，其整体构成了一个可变电容器的结构［图 3-9（a）］。DEG 的能量收集过程是，首先将 DE 材料拉伸，使其发生形变，然后对 DE 材料施加偏置电压，并使 DE 材料在带电的状态下恢复。在这个过程中将 DE 拉伸与恢复的弹性势能转变为电势能从而实现机械能向电能的转化。

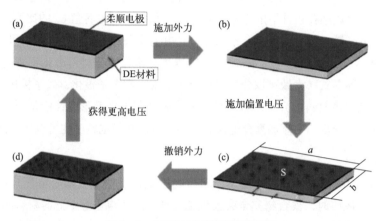

图 3-9　**介电弹性体发电机工作原理**

　　为了更具体地描述这一过程，以 DEG 发电过程中的四个状态来阐述机电转换的过程，如图 3-9 所示：（a）DE 材料处于初始状态，其两端既不受力，也不受偏置电压，整体能量最低，此时其电容为 $C_{\min}$；（b）在 DE 材料两侧输入外界应力，材料受力产生压缩变形，即外界机械能的输入导致 DE 材料弹性势能上升，此时 DEG 的电容逐渐上升至 $C_{\max}$；（c）当外界机械能输入完成后，材料的弹性势能达到最大，此时，通过外接电路向 DEG 电极中引入电荷形成偏置电场，使 DEG 转变为有负载的可变电容器，输入电能记为 $E_{\min}$；（d）在 DEG 充满偏置电能后，撤销外力，断开电路连接，此时 DEG 在弹性势能的作用下开始逐渐恢复形变，克服偏置电场做功，导致能量上升，在 DEG 完全恢复后达到 $E_{\max}$。收集 DE 材料所储存的电能，通过外界机械能所转化收集的电能 $\Delta E = E_{\max} - E_{\min}$[16]。

3.4.2　公式推导

　　在介电弹性体发电机的实际应用中，介电弹性体发电机薄膜可能经历多种变形模式。为简化模型，可考虑介电弹性体发电机薄膜在等双轴拉伸模式下的能量收集。如图 3-10 所示，图 3-10（a）为初始状态下的介电高弹聚合物薄膜，厚为 H，长宽均为 L。图 3-10（b）表示在工作过程中，介电高弹聚合物薄膜发生变形。若薄膜面内方向加载的等双轴拉力为 P，厚度方向电压为 Φ，此时薄膜两侧电极带电 $\pm Q$，薄膜等双轴拉伸变形 λ，长宽均为 λL，厚 $h = H / \lambda^2$。若不考虑耗散，薄膜状态可由以下四个变量描述：P，λ，Φ，Q，又由定义，电位移：$D = Q / (\lambda L)^2$，真实电场强度：$E = \Phi / H\lambda^2$；且 $D = \varepsilon E$，这里 ε 是材料介电常数，被认为不随材料的拉伸程度而变化。

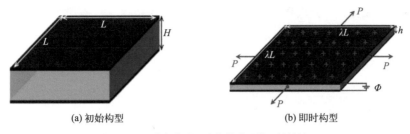

(a) 初始构型　　　　　　　　(b) 即时构型

图3-10　介电高弹聚合物薄膜受等双轴拉伸

将介电高弹聚合物薄膜视为一可变形的电容器，以上关系可以描述为式（3-19）：

$$Q = \frac{\varepsilon L^2 \lambda^4}{H} \Phi \tag{3-19}$$

由定义，薄膜方向的名义应力为 $s = P/(LH)$，真实应力为 $\sigma = P\lambda/(LH)$。在未施加电压时，薄膜的应力应变关系为：$s = F(\lambda)$，其中 $F(\lambda)$ 用来表征薄膜的弹性特征。在等双轴拉力为 P，厚度方向电压 Φ 耦合加载时，介电高弹聚合物薄膜满足平衡方程式（3-20）：

$$\frac{P}{LH} + \varepsilon \left(\frac{\Phi}{H}\right)^2 \lambda^3 = F(\lambda) \tag{3-20}$$

此方程决定了介电高弹聚合物薄膜在受力电耦合加载时变形程度与力电载荷的关系。式（3-19）、式（3-20）构成换能器的状态方程，连接四个状态变量 P，λ，Φ，Q，一旦规定了两个状态变量，则可以从式（3-19）和式（3-20）求解另外两个状态变量。因此，换能器具有两个自由度。

薄膜的变形程度受到电击穿、力电失稳、失拉和断裂等失效机制限制，对这些失效机制的描述如下。

介电高弹聚合物薄膜受到一定程度的拉伸后，将发生断裂。而最大拉伸变形程度则受到高弹聚合物材料和电极材料所限制。将最大拉伸变形程度定义为式（3-21）：

$$\lambda = \lambda_{\max} \tag{3-21}$$

在换能器工作过程中，介电高弹聚合物薄膜需保持拉伸状态。如果介电高弹聚合物在薄膜方向受到压缩或失去拉力，薄膜将会发生褶皱，从而影响器件功能实现。将这种失效方式定义为失拉，失效发生条件可描述为式（3-22）：

$$P = 0 \tag{3-22}$$

施加在介电高弹聚合物薄膜上的电场强度达到材料介电强度 E_b 后，薄膜局部将形成通路而发生电击穿。介电强度受到诸多因素的影响，如材料拉伸程度、材料厚度等。电击穿发生时，施加在薄膜上的电压如式（3-23）所示：

$$\Phi = E_b H \lambda^{-2} \tag{3-23}$$

随着施加在介电高弹聚合物薄膜上的电压不断升高，薄膜厚度不断减小，真实电场强度不断上升，这种变形机制会引发正反馈现象，并最终导致力电失稳。力电失稳发生的条件可通过以下过程来描述：介电高弹聚合物薄膜受到恒定的拉力 P，施加在薄膜上的电压 Φ 却是一个依赖于薄膜变形 λ 的函数 $\Phi(\lambda)$，该函数曲线上的峰值 [即 $\mathrm{d}\Phi(\lambda)/\mathrm{d}\lambda = 0$] 对应着力电失稳点。将式 (3-20) 两边对 λ 求导，保持 P 不变，设 $\mathrm{d}\Phi(\lambda)/\mathrm{d}\lambda = 0$，得到式 (3-24)：

$$3\varepsilon\left(\frac{\Phi}{H}\right)^2 \lambda^2 = \frac{\mathrm{d}F(\lambda)}{\mathrm{d}\lambda} \tag{3-24}$$

这个方程和状态方程式 (3-19) 和式 (3-20) 确定了在给定力 P 下 EMI 的 Φ、λ、Q 的临界值。需要注意的是，由于聚合物在大变形时的应变硬化，当 P 足够大时，可以消除 EMI。

DEG 发电性能主要指标包括单循环发电量、能量密度以及机电转换效率。假设 DE 是不可压缩的电绝缘理想材料，则发电过程中无电荷损耗，根据电荷守恒则有式 (3-25)：

$$Q_1 = C_1 U_1 = C_2 U_2 = Q_2 \tag{3-25}$$

式中，用下标 1 和 2 表示介电弹性体的拉伸和收缩两种状态，即在任何给定时刻，薄膜上的电能都可以通过电容器公式来计算。其中单循环发电量 (ΔE) 为在一次拉伸回缩周期内，输出与输入电能的差值，其计算公式为式 (3-26)：

$$\Delta E = E_2 - E_1 = \frac{1}{2}C_2 U_2^2 - \frac{1}{2}C_1 U_1^2 = \frac{1}{2}C_1 U_1^2\left(\frac{C_1}{C_2} - 1\right) \tag{3-26}$$

DEG 作为一种利用可变电容器原理进行发电的装置，其电容 (C) 的计算公式为式 (3-27)：

$$C = \frac{\varepsilon_0 \varepsilon_r A}{z} = \frac{\varepsilon_0 \varepsilon_r V}{z^2} = \frac{Q}{U} \tag{3-27}$$

式中，ε_0 为真空介电常数；ε_r 为材料相对介电常数；V、A 和 z 为 DE 材料的体积、面积和厚度；Q 为 DE 薄膜中电荷量。因此，单循环发电量也可表示为式 (3-28)：

$$\Delta E = \frac{1}{2}C_1 U_1^2\left(\frac{C_1}{C_2} - 1\right) = \frac{1}{2}\frac{\varepsilon_0 \varepsilon_r A_1}{z_1}U_1^2\left(\frac{A_1^2}{A_2^2} - 1\right) \tag{3-28}$$

式中，用下标 1 和 2 表示介电弹性体的拉伸和收缩两种状态。

而能量密度 (ω_e) 包括质量能量密度或体积能量密度，为单循环发电量与质量或体积的商值，可表示为式 (3-29)：

$$\omega_e = \frac{\Delta E}{m} \text{ 或 } \omega_e = \frac{\Delta E}{V} \tag{3-29}$$

机电转换效率 (η) 为一次工作周期内产生的发电量与所消耗机械功的商值；如式 (3-30) 所示：

$$\eta = \frac{\Delta E}{W} = \frac{\Delta E}{\int F \mathrm{d}L} \tag{3-30}$$

式中，W 为一次工作周期内所消耗的机械功；F 为施加的力；L 为在力方向上的位移。

针对循环过程中消耗的机械功 ($W_{机械}$)，可以通过"载荷-位移"曲线在单个拉伸-恢复过程中围成的闭合曲线面积来确定，如式 (3-31) 所示：

$$W_{机械} = \sum_{Z_0}^{Z}(F_{拉伸} - F_{恢复})dz \qquad (3\text{-}31)$$

式中，Z_0 为初始厚度；Z 为即时厚度；$F_{拉伸}$ 为拉伸力；$F_{恢复}$ 为恢复力。

从式（3-31）可以得出，介电弹性体发电机的发电量与介电弹性体的介电常数以及形变量的比值呈正相关。由介电弹性体驱动器的机理分析可知，介电弹性体的形变量与其介电常数和杨氏模量相关，所以提高介电弹性体发电机的发电效率可以通过提高介电弹性体的介电常数和降低介电弹性体的杨氏模量实现。

根据上述 DEG 力电转换过程中控制的变量不同，介电弹性体发电机循环方式可以分为恒电荷循环、恒电场循环和恒电压循环。

恒电荷循环即在 DEG 回缩阶段，DEG 内部电荷总量 Q 保持不变，如式（3-32）所示：

$$Q = C_1 U_1 = C_2 U_2 \qquad (3\text{-}32)$$

式中，C_1 为拉伸结束时 DEG 对应的电容等效值；C_2 为初始预拉伸时 DEG 的电容等效值；U_1 为充电电压；U_2 为 DEG 输出电压。

恒电场循环是在 DEG 回缩阶段保持 DEG 内部电场强度 E 不变，回缩阶段，DEG 厚度增加，电极有效面积减小，即通过外部电路调节 DEG 内部电荷量减小来控制其内部电场强度不变如式（3-33）所示：

$$\begin{cases} E = \dfrac{U(t)}{d(t)} \\[2mm] U(t) = \dfrac{Q(t)}{C(t)} \Rightarrow E = \dfrac{Q(t)}{\varepsilon_0 \varepsilon_r S(t)} \\[2mm] C(t) = \dfrac{\varepsilon_0 \varepsilon_r S(t)}{d(t)} \end{cases} \qquad (3\text{-}33)$$

式中，d 为电场中两点间沿场强方向的距离；t 为时间。

恒电压循环是在 DEG 回缩阶段保持 DEG 两端电压不变，由于 DE 发电单元在拉伸回缩过程体积 V 保持不变，导致厚度变大的同时电极有效面积变小，即通过外部电路控制 DEG 内部电荷量减少来控制其两端电压不变如式（3-34）所示：

$$\begin{cases} U(t) = \dfrac{Q(t)}{C(t)} \\[2mm] C(t) = \dfrac{\varepsilon_0 \varepsilon_r S^2(t)}{V} \end{cases} \Rightarrow U(t) = \dfrac{Q(t)V}{\varepsilon_0 \varepsilon_r S^2(t)} \qquad (3\text{-}34)$$

图 3-11 为控制不同循环变量时对应的 DEG 拉伸率 λ 和电场强度 E 关系图 [17]。

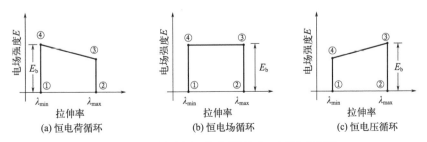

图 3-11　三种发电循环方式"拉伸率 - 电场"关系图

3.4.3　影响发电性能的因素

DEG 的拉伸模式影响 DE 材料的形变程度，因此对发电性能有较大影响，根据文献报道主要有四种拉伸模式，分别为基于平面拉伸的等双轴拉伸、纯剪切拉伸、单轴拉伸以及基于面外拉伸的（d）锥形拉伸。不同的应用环境对应不同的拉伸模式，因此研究不同拉伸模式下的 DEG 性能具有重要的应用意义。

① 等双轴拉伸。等双轴拉伸指在沿着平行电极平面上以 n 个支点均匀地拉伸 DE 膜。等双轴方式使 DE 薄膜平面面积变化最大化，因此这种拉伸方式可以最大程度地利用材料的形变，获得最大的电容变化，从而收集尽可能多的能量，得到最大的能量密度。

② 纯剪切拉伸。纯剪切拉伸可被看作为一种等双轴拉伸的"一维方向"版，其使用仅在一个方向上的拉伸。由于弹性体材料体积不变的特性，在一维方向进行拉伸时其余方向将不可避免地有收缩的趋势，即泊松效应。而纯剪切拉伸则是在垂直拉伸方向上使用固定装置消除泊松效应，使得 DEG 形变与拉伸位移成正比，获取一维拉伸下最大的能量收集效率。

③ 单轴拉伸。等双轴拉伸与纯剪切拉伸虽然可以有效控制材料在平面方向上获得最大拉伸，在厚度方向上获得最大压缩，但这些拉伸模式都需要较多的拉伸装置与较复杂的器件结构去实施，在实际发电过程中往往难以满足。相比较而言，单轴拉伸是一种更为简单易于实现的拉伸方式，是通过两侧固定装置的位移变化，获得长度方向上的形变。

④ 锥形拉伸。锥形拉伸是将环形 DEG 材料的内周和外周分别连接到固定的环形夹具上，形成同心圆环，通过中央圆环的位置变化使 DE 材料变形为截头锥形，改变电容。由于拉伸主要发生在垂直平面的子午线方向上，且平面形变达到最大，因此较前几者更易实现，同时电容变化也较大，具有大的能量密度与转换效率。

除了拉伸模式外，DE 材料也能很大程度上影响 DEG 的发电性能。DE 材料是 DEG 的核心材料，决定了 DEG 发电性能的上限，具体表现在：① DE 材料的介电常数越高，理论发电量越大；② DE 材料的介电强度限制了可施加的临界偏置电压，直接影响发电量；③ "拉伸 - 恢复"过程中，材料的应力松弛效应和电荷损耗往往会降低机电转换效率；④具有高柔顺性的 DE 材料能够在小应力下发生较大应变，有利于收集微小能量。

因此为了设计并制备具有高能量收集性能的 DEG 设备，研究人员对 DE 材料提出了几点要求：① DE 材料应可储存大量电能，即需要其同时具有高介电常数和高介电强度，其中介电常数的提高可以通过引入偶极矩大于零的极性基团来实现；② DE 材料的电导率应非常低，因为具有高漏电率的材料在能量转换方面效率较低，并且由于电阻加热而可能会导致 DEG 过早发生故障；③由于 DEG 应易于变形，因此要求 DE 材料的玻璃化转变温度尽可能低；④多次循环的拉伸 - 回缩状态需要材料具有较高的机械弹性，即高断裂伸长率和低应力松弛；⑤对于在高负载电压下能够产生大变形的设备，DE 材料需要具有较低的弹性模量；⑥ DE 材料还应具有抗撕裂性、化学和热稳定性，同时应考虑使用寿命问题。目前主要的几种 DE 材料为丙烯酸酯类弹性体、聚氨酯、天然橡胶、聚二甲基硅氧烷弹性体等。

3.5   常见的用于驱动器的介电弹性体材料

高分子量聚合物的概念虽然只诞生了不到百年，但是由于具有一系列传统材料并不具备的优异性能因而发展迅速。其中 DE 由于具有一系列优异的综合性能而成为一种理想的换能器材料，并在近二十年内受到了越来越多的关注和研究。介电弹性体驱动器和 DE 的概念最早在 20 世纪 90 年代由斯坦福研究所（Stanford Research Institute，SRI）提出，随后 Ron Pelrine 等进一步完善了其理论基础，结构设计和基本配置。2000 年，Pelrine 等在基于 VHB4910 这种 DE 薄膜制成的驱动器上成功产生了超过 100% 的应变。该文章在 *Science* 上一经发表后，介电弹性体的电致大变形能力便引起了学术界的极大兴趣。目前，常用的介电弹性体材料主要有硅橡胶、丙烯酸酯弹性体、聚氨酯弹性体、聚磷腈橡胶以及它们的复合材料等[18]。

3.5.1   丙烯酸酯橡胶

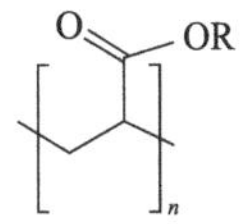

丙烯酸酯橡胶由脂肪族丙烯酸酯混合物制成，结构如图 3-12 所示，其弹性源于柔顺的支链脂肪族基团和丙烯酸聚合物链的轻度交联。目前介电弹性体材料的研究中，应用最多的商品化丙烯酸酯橡胶有 3M 公司商业化黏合胶带 VHB4910（表 3-2）和 VHB4905。如表所示，丙烯酸酯橡胶具有较高的介电常数和介电强度，还具有较低的弹性模量，电致形变大。此外，丙烯酸酯橡胶还具有较高的能量密度，且价格低廉，与柔顺电极的粘接性好，无需加工即可使用，因而成为了介电弹性体研究的首选材料。丙烯酸酯橡胶无自补强行为，在高形变下仍具有较低的模量，这使驱动前施加较大的预应变成为可能[19]。在大预应变条件下，丙烯酸酯橡胶能够产生的最大应力与应变分别可以达到 7.7MPa 与 380%，且在预拉伸后，丙烯酸酯橡胶具有无可比拟的介电强度。因此，丙烯酸酯橡胶被视为介电弹性体驱动器设计的首选材料。

图 3-12   丙烯酸酯橡胶结构通式

表 3-2   3M 公司 VHB4910 丙烯酸酯橡胶基本参数

性能	数值
介电常数 /(F/m)	4.7
介电强度 /(kV/mm)	630
体积电阻率 /(Ω·cm)	3×10^{15}
弹性模量 / MPa	1~2
伸长率 /%	> 60
耐受温度 /℃	93

3.5.2   硅橡胶

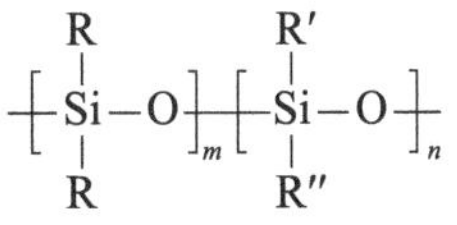

硅橡胶化学名称为聚硅氧烷，由 Si—O 键和两个烃基作为基本单位，聚合形成长链，结构如图 3-13 所示。硅橡胶主链为 Si—O 键，键长较长，对侧基转动位阻小，分子链比较柔顺，且分子链间

图 3-13   硅橡胶结构通式

相互作用力较弱，这些特征使得其具有使用温度范围广、杨氏模量小、应变大、转换效率高、响应速度快、循环寿命长等一系列优异的特点。

如表 3-3 所示，硅橡胶具有很高的电绝缘性，相较于丙烯酸酯橡胶，硅橡胶具有更少的电流损耗，在电驱动循环中能量损失更少，致使更多的电能转化为机械能，机电转换效率更高；并且具有良好的橡胶弹性，黏弹性低，在高频下产生的损耗小，响应速度快。另外，硅橡胶的使用温度范围较宽，对环境湿度不像丙烯酸橡胶那样敏感，电致形变性能受环境影响小，具有比较高的可靠性，使用寿命较长[20]。

表 3-3 硅橡胶的产品性能

性能	数值
介电常数 /(F/m)	2.5～3.0
介电强度 /(kV/mm)	80
体积电阻率 / (Ω•cm)	10^{13}
杨氏模量 /MPa	0.1～1.0
断裂伸长率 /%	422
使用温度 /℃	−40～0

3.5.3 聚氨酯橡胶

聚氨酯（polyurethane，PU）为主链含—NHCOO—重复结构单元的一类聚合物，是一种介于普通橡胶和坚硬塑料之间的高分子量聚合物，它是典型的嵌段共聚物，一般由二异氰酸酯、多种醇类以及不同硫化剂聚合构成，结构如图 3-14 所示。

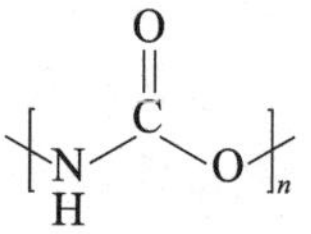

图 3-14 聚氨酯橡胶结构通式

PU 的相关性能参数如表 3-4 所示，从表中可以看出热塑性聚氨酯（TPU）具有较高的介电常数、较大的形变量以及较高的介电强度。PU 是一种极性聚合物，其硬段和软段上均具有一系列极性基团，大量的极性基团能够提高分子链的极化能力，这使得 PU 的介电常数通常很高（可以达到 7F/m 左右），在较低的外加电场下就能产生较大驱动应力，较高的介电常数是 PU 作为 DEA 使用的重要优势之一。

表 3-4 PU 的产品性能

产品	材料厚度 /μm	最大形变量 /%	弹性模量 /MPa	介电常数 （ 1/8Hz)/(F/m)	介电强度 / (kV/mm)
TPU LPT 4210 UT50	50	421	3.36	6.0	218
TPU Bayfol EA 102	50	300	1.44	7.1	130

3.5.4 聚磷腈橡胶

聚磷腈材料（polyphosphazene）分子主链是由氮原子和磷原子以单双键交替的形式连接而成的（如图 3-15 所示），具有较好的热稳定性，在电场下也有较好的稳定性。相关研究表明聚磷腈材料具有较好的力学性能和较高的介电常数，在 1000Hz 的频率下的介电

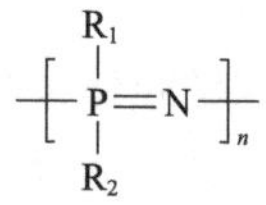

图 3-15 聚磷腈结构通式

常数为 5F/m 左右，在低电场下便可达到较大形变，这是聚磷腈作为介电弹性体材料使用的优势之一。Wu 等首次使用聚磷腈材料作为介电弹性体材料，并设计了基于聚磷腈材料的全柔性人工心脏 [21]。

3.6 常见的用于发电机的介电弹性体材料

从 19 世纪开始，法拉第电磁发电方式一直是获取电能的主要方式，以传统电磁发电机为核心的火电、水电以及核电发电扮演着供电的主要角色。但随着科技发展，电能的需求与使用方式都发生了翻天覆地的变化，对收集电能的方式提出了新的挑战。一方面，小体积、小功耗的微型电子设备（如可穿戴设备、传感设备、便携式设备等）的兴起使得传统电池不再是最佳选择，设计轻质、便携、绿色环保的能量收集和供电方式获得了广泛的关注；另一方面，伴随着化石资源带来的温室效应等危害，开发新式的可持续再生能源也成为一个重要挑战。近些年来，研究人员将目光聚焦到难以用传统电磁发电方式收集的微小能量上，例如人类或其他生物体的运动、潮汐变化、风能等可再生能源，致力于将这些能量转化为电能。

收集这些微小能量的发电机主要有纳米压电发电机、纳米摩擦发电机与介电弹性体发电机等。基于不同发电方式发电机的优缺点（表 3-5），介电弹性体发电机受到了研究人员的青睐。介电弹性体发电机（dielectric elastomer generator, DEG）是 Pelrine[22] 于 2001 年提出的，本质上是一种可变电容器，通过将电荷从低电位转移到高电位，将机械能转化为储存的电能。DEG 具有高机电转换效率、高能量密度、柔性可穿戴、结构灵活、质轻等优点，其能量密度比电磁发电机和压电发电机高一个数量级 [23]，可以用于制备鞋跟发电机、微型水力发电装置、耐腐蚀的波浪能发电机等，是最有发展潜力的新型发电装置之一。

表 3-5　几种不同发电方式发电机的优缺点

发电机	优势	不足
传统电磁发电机	设备原理简单、制造成本低、发电量高	设备笨重、机电转化率低、难以收集微小能量
太阳能发电机	可再生能源、清洁能源	设备成本高、维护困难、
纳米摩擦发电机	设备简单、便携、应用环境广泛	寿命较短、发电量低
纳米压电发电机	应用环境广泛	发电量低、设备结构笨重
介电弹性体发电机	设备简单、轻质、应用环境广泛、机电转换率高	高压危险

DE 材料的力学性能和电学性能是影响 DEG 的发电性能的关键因素。具体表现在 DE 材料：①断裂伸长率越高，可操作的拉伸应变范围越大，发电过程中拉伸 - 恢复前后的电容比越大；②介电常数越高，理论发电量越大；③介电损耗和电导率越低，材料绝缘性越好，发电过程中因材料漏电所致的电荷损耗越少；④介电强度越大，可设置的偏置电压测试范围越广，直接影响 DEG 的最大单次循环发电量和机电转换效率 [24]。早期从 1890 年

Roentgen 使用天然橡胶条，随后在 2000 年 Pelrine 使用市售的硅橡胶和 VHB 黏合带，此后开始了 DE 材料的研究。目前常见用于发电机的介电弹性体材料有丙烯酸酯类橡胶、硅橡胶、天然橡胶等。

3.6.1　丙烯酸酯橡胶

丙烯酸酯材料的介电常数较高，理论发电量较高；丙烯酸酯弹性体相对较低的模量也使得其能够在小应力下发生较大应变，与 DEG 收集微小能量的设计目标相吻合。此外，丙烯酸酯类材料具有良好的力学性能，面积方向上最大可以双轴拉伸为原始的 36 倍才发生破裂，能够满足 DEG 结构设计中调节预拉伸比的需要。同时，拉伸后丙烯酸酯类材料具有很高的介电强度，偏置电压具有大范围的可调节性，有利于提高能量密度，进而提高发电性能。

目前用于研究的丙烯酸酯弹性体仅限于 3M 公司的 VHB 系列的 VHB4910 和 VHB4905。2013 年，Huang Jiangshui 等 [25] 使用自制的等双轴拉伸装置（图 3-16），通过使用商业丙烯酸酯弹性体 VHB4905 材料进行测试，成功获得了当时的最高质量能量密度（560J/kg）以及同种材料的最高机电转换效率（27%），较使用充气半球形拉伸模式的结果提高了 7.5%。

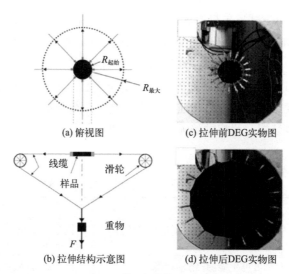

(a) 俯视图　　(c) 拉伸前DEG实物图

(b) 拉伸结构示意图　　(d) 拉伸后DEG实物图

图 3-16　等双轴拉伸 DEG 器件

3.6.2　硅橡胶

硅橡胶也是一类在 DEG 应用中具有很高潜力的材料，目前有多种商业化的硅橡胶可供选择，包括 Neukasil RTV-23，Dow Corning 的 DC3481、Nusil CF19-2186 和 BJB TC5005 等。

由于硅橡胶主链为 Si—O 键，键长较长，对侧基转动位阻小，分子链比较柔顺，且分子链间相互作用力较弱，这些特征使得其具有一系列优异的特性：①适用温度范围宽，对湿度不敏感，能够适应多种发电场合；②转换效率高，良好的弹性使得发电过程中硅橡胶的滞后损失小，大部分机械能可以转变为电能；③响应速度快，通常对形变的响应为 3s 左右；④稳定性好，使用寿命长，室温下能够使用 10^9 周期以上，即使在 65℃ /85% 相对湿度（RH）下依然能够使用超过 $2×10^6$ 周期。但由于硅橡胶本身是非极性橡胶，介电常数较低，因此能量密度较低，往往需要很高的偏置电压才能进行发电，在很大程度上限制了硅橡胶作为 DEG 的研究。

关于硅橡胶的研究早已有了诸多报道[26]，Iskandarani 等[27] 选用 PolyPower™ 硅橡胶进行发电实验，当工作形变为 15%，偏置电压为 1.8kV 时，硅橡胶能够具有 0.028J/g 的能量密度，但由于充电过程中相当于驱动模式，若将电压提高到 2.5kV，形变将近 20%，增加了材料被击穿的概率。Vu-Cong 等[28] 通过在硅橡胶表面引入驻极体（半永久性的带电绝缘体），替代了发电中的充电过程，简化了发电装置，在工作应变为 50% 时能量密度为 0.55mJ/g；Bortot 等[29] 考查了铌镁酸铅 - 钛酸铅（PMN-PT）和锆钛酸铅（PZT）两种填料对硅橡胶发电性能的影响，发现加入填料后介电常数都大幅提高，达到 10F/m 左右。相同测试条件下，添加 10%（质量分数，下同）PMN-PT 的能量密度比纯硅橡胶提高了 63%，达到 2.91mJ/cm^3；而添加 1% 的 PZT 能够提高 37%。但加入填料引起的介电强度降低以及材料的不稳定性，导致能量密度无法进一步提高。Liu 等[30] 通过将液体的 Silastic DC3481 和聚乙二醇共混，添加 5phr（每 100 份橡胶添加的份数）时能够将介电常数提高到 5.4F/m，同样也存在介电强度降低的现象。

3.6.3　天然橡胶

天然橡胶是由天然胶乳制造的，一般天然橡胶中橡胶烃占有 92%～95%，而非橡胶烃占 5%～8%。橡胶烃的大分子链主要是由顺式 -1,4- 聚异戊二烯构成的，其结构单元为异戊二烯。由三叶橡胶树收集到的橡胶中，顺式含量占 97% 以上，约有 2% 的以 3,4- 聚合方式存在于大分子链中。分子链上存在着醛基和环氧基。其中，对于醛基数量的说法不一，一种说法是每条大分子链上平均有 9～35 个醛基，另一种说法是每条大分子链上平均有 1 个醛基。大分子链的两个末端上，一端为二甲基烯丙基，另一端为焦磷酸酯基，因此天然橡胶的分子式写成：

$$H_3C-\underset{H_3C}{C}=CH-CH_2+CH_2-\underset{CH_3}{C}=CH-CH_2 \big)_n CH_2-\underset{CH_3}{C}=CH-CH_2-O-\underset{O^-}{\overset{O}{P}}-O-\underset{O^-}{\overset{O}{P}}-O^-$$

由于端基、醛基、环氧基以及 3,4- 聚合结构都很少，因此天然橡胶的结构式通常写成下式：

$$+CH_2-\underset{CH_3}{C}=CH-CH_2 \big)_n$$

天然橡胶在海洋和其他恶劣环境下使用已经有一个多世纪的历史，表 3-6 展示了天然橡胶的部分性能参数，由于天然橡胶具有高弹性和高断裂伸长率的特点，使得它的可操作拉伸应变范围大，在发电过程中拉伸 - 恢复前后的电容比更大，可以用于 DEG 的制作。

表 3-6   天然橡胶的部分性能参数

材料	介电常数 (1Hz)/(F/m)	断裂伸长率 /%	介电强度 /(kV/mm)
天然橡胶	3.4	> 500	120

天然橡胶的介电常数不会随着拉伸倍数的变化而改变，有利于其在发电领域的应用。2014 年哈佛 Rainer Kaltseis 等 [31] 使用市售的天然橡胶设计获得了 DEG 器件；Suo 等通过调整发电过程的各项参数，最高获得了超过 0.1J/g 的能量密度。

3.7   介电弹性体材料的应用

介电弹性体材料在外电场刺激下可以显著改变其自身形状，当外部电场被消除时，DE 材料可以恢复到原来的形状。此外，这种效应也是可逆的，介电弹性体材料发生形变，能产生相应的电信号的变化，因此介电弹性体材料可以用作驱动器与发电机，也可用于传感器。

3.7.1   介电弹性体驱动器

通过设计不同的驱动系统结构或硬质框架结构，结合介电弹性体驱动系统的驱动机理，可以实现介电弹性体的弯曲、往复、扩张等不同运动方式，从而实现多种驱动形式和不同的实际应用功能。介电弹性材料作为基础的驱动单元已经被广泛应用于柔性机器人、扬声器、振动控制器以及医学等多个领域 [32]。

（1）机器人领域

近年来，介电弹性体被广泛用于设计软体机器人。Pei 等利用介电薄膜和弹簧的结合的方式设计了一个可拉伸和弯曲变形的三自由度卷轴结构，并将其作为机器人的腿制作了六足行走机器人［图 3-17（a）］[33]。Chen 等则利用介电高弹聚合物高驱动频率带宽以及高能量密度的特点，使用多叠层 DE 驱动器作为翅膀制造了一个质量为 100mg 的飞行机器人［图 3-17（b）］[34]。Li 等开发了一种自带能源的基于介电高弹聚合物驱动的水下软体机器鱼，通过预拉伸 DE 薄膜的舒张收缩带动外部硅胶鱼鳍扑动［图 3-17（c）］[35]。J.Shintake 等发明了一种采用梳状几何结构的介电高弹聚合物软抓手，这种软抓手在兼顾介电驱动的同时，还通过极化物体表面实现了电吸附功能，能够抓起不同表面性质的物体［图 3-17（d）］[36]。

（2）扬声器

介电弹性体隔膜作为介电弹性体驱动器的一种，能在驱动电压下产生形变。如果以高频交流电压驱动，介电弹性体隔膜会在交流电下高频振动，高频的振动会产生声音，这就是介电弹性体扬声器工作的主要原理 [37]。2013 年，Christoph 等 [38] 以 1mm 厚的 VHB4910 丙烯酸酯胶布（3M）和 100mm 厚的聚丙烯酰胺水凝胶（含 NaCl）制备了介电弹性体，并在两侧制作具有高度可拉伸性和透明性的扬声器。音频信号经过高压放大器反馈送到扬声器，高压交流电下介电弹性体产生振动，能在 20～20000Hz 的整个可听范围内发出声音，其工作原理如图 3-18 所示。

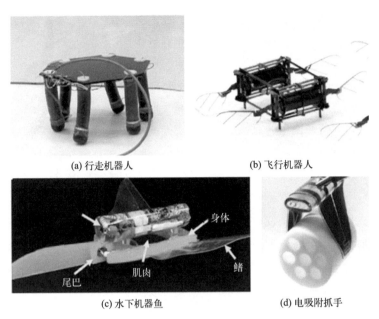

(a) 行走机器人　　　　　　　(b) 飞行机器人

(c) 水下机器鱼　　　　　　　(d) 电吸附抓手

图 3-17　基于介电高弹聚合物的软体驱动器件

（3）振动控制器

介电弹性体本身属于高分子量聚合物弹性体材料，其高弹性特征在被动减振降噪领域已被广泛应用。介电弹性体驱动器在直流电场中可控的大变形行为，使介电弹性体的刚度和阻尼能够随形变产生规律的变化，这为介电弹性体在主动减振降噪领域的应用提供了可能。2012年，美国约克大学的 Rahimullah 等[39] 使用波形微结构的 PolyPower™ 有机硅弹性体薄膜制造了介电弹性体材料，并设计了一套自适应前馈振动控制系统用于降低振动的传播（图 3-19）。

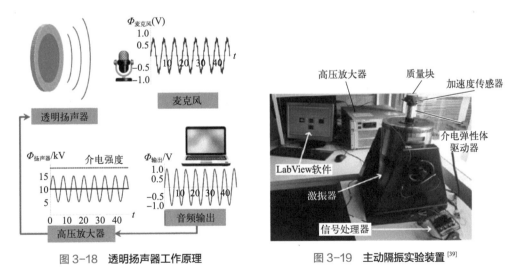

图 3-18　透明扬声器工作原理　　　　　　图 3-19　主动隔振实验装置[39]

（4）医学领域

基于介电弹性体与生物组织相似的特性，许多学者已经在探究介电弹性体驱动器在医学领域的应用。Almanza 等[40] 开发了一种管状硅橡胶介电弹性体心脏辅助器，如图 3-20 所示。管状介电弹性体驱动器是由硅橡胶制成的，可以取代部分主动脉，基于介电弹性体刚度可控性，再现天然主动脉的软化和硬化行为，以此为血液流动提供能量。由于介电弹性体驱动器体积小并且能量密度大，相对于体积较大的气动驱动装置，更有希望植入心脏的主动脉中。此外，所应用的硅橡胶无毒，与人体组织不粘连，自带抗凝血作用，是一种具有生理惰性材料，相对于目前普遍使用的冠状动脉金属支架，将更适用于心脏手术。

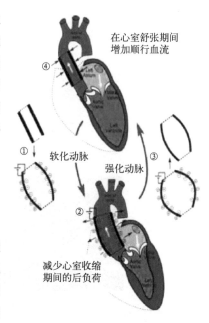

图 3-20　心脏辅助器

3.7.2　介电弹性体发电机

（1）利用人体能的便携式发电机

Pelrine 等设计出一款收集人体步行时产生能量的鞋跟发电机，如图 3-21 所示。他们将介电弹性体发电机放到鞋跟里，既不会给佩戴者带来任何负担，又可以在人体走路时挤压材料使其发生变形，从而收集到一定的机械能，再通过电池对 DEG 施加偏置电压，在鞋跟不受力时材料形变恢复完成机械能到电能的转换过程，最后收集电能，收集到的电能可以用来给电池充电，也可以给单兵装备中的夜视仪提供能量[41]。

（2）利用波浪能量的发电机

科研人员不断深入研究介电弹性体发电机对于海洋波浪能量的收集和利用，设计出一套完整的能量收集体系并将能量转换装置在美国西海岸圣克鲁兹海域进行试验，图 3-22 为装置的实物图和测试场景。经过数月的海洋测试，介电弹性体发电机完成了超过 500000 次的工作循环，能量转换效率达到 78%，展现了其卓越的性能[42]。

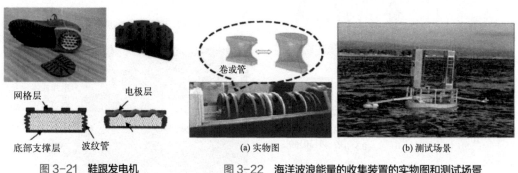

图 3-21　鞋跟发电机　　　图 3-22　海洋波浪能量的收集装置的实物图和测试场景

（3）风能发电机

风能是一种绿色能源，因其总储量巨大、分布广泛和可再生等特点，风电行业已经得到大力发展。最初的风力发电依据的是电磁感应原理，从而将机械能转化为电能，但结构较为复杂、能量转换效率较低及成本较高。随着科技的进步，出现了利用压电材料进行发电的新方式，压电换能是利用压电材料的压电效应将机械能转换为电能，具有结构简单、无污染等特点，但其力学变形小，不易采集大型能源[43]。近几年，DE 制造发电机已成为研究热点，DE 发电机最大优势是其高能量密度，理论上达到了 3.4J/g，远高于其他形式的发电机。

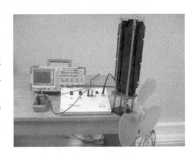

陈明等[44] 选用丹佛斯生产的电活性聚合物材料，建立了电活性聚合物风力发电机实验装置，如图 3-23 所示，主要由 4 大部分组成：①电活性聚合物能量转换装置；②收集风能的机械装置；③机械结构转换装置，该部分利用一对滚珠轴承和曲柄连杆机构，把风扇的旋转运动转换成电活性聚合物的垂直往复运动；④电路部分。实验结果表明，在 10% 的应变下一个循环能够收集 13.7mJ 的电能。

图 3-23　风力发电实验装置

3.8　展望

介电弹性体材料作为一种可以通过材料本身实现电能和机械能转换的功能材料，具有独特的应用价值，在特定场景下具有不可替代的重要位置。明确介电弹性体材料电致形变和发电的作用机理，是提高材料性能的理论基础；基于计算机模拟的仿真工具，是开发介电弹性体材料的重要工具。未来介电弹性体材料需要朝着低压驱动，高频响应的方向发展。

 参考文献

[1] 樊绍彦 . 聚氨酯 / 铜酞菁新型储能材料的介电性能研究 [D]. 大连：大连理工大学，2015.

[2] 胡亚茹，杨正棒，庄雲棠，等 . 纤维素基驱动材料的研究进展 [J]. 材料导报，2023,37(S01):461-468.

[3] 阮梦楠 . 介电填料的表面改性及其对介电弹性体复合材料的性能研究 [D]. 北京：北京化工大学，2018.

[4] 谢光忠，赵明静，蒋亚东，等 . 聚吡咯薄膜的制备及其氨气敏感特性的研究 [J]. 电子科技大学学报，2008,37(2):289-292.

[5] 陈梁 . 电活性苯胺齐聚物的分子设计及其性质的研究 [D]. 长春：吉林大学，2005.

[6] 赵汉青 . 纳米层状双氢氧化物的插层组装及其阻燃性能的研究 [D]. 哈尔滨：东北林业大学，2011.

[7] 陶雪钰，陈骁，王晓磊，等 . 原位聚合沉积制备高质量透明导电聚苯胺 (PANI) 薄膜 [C]// 全国高分子学术论文报告会，2005.

[8] 刘浩亮，于迎春，颜莎妮，等 . 介电性弹性体的研究进展 [J]. 特种橡胶制品，2011,32(1): 6.

[9] 王岚，赵淑金，王海燕，等 . 电活性聚合物的研究进展 [J]. 稀有金属材料与工程，2005,34(z2):728-733.

[10] 董馨雨，丁文超，陈美玲 . OLED 照明技术的应用研究进展 [J]. 中国照明电器，2023(10):40-43.

[11] 李允译，史礼君，豆波，等 . 电致变形聚合物材料及其应用 [J]. 高分子通报，2020(06):1-15.

[12] Qiu Y, Zhang E, Plamthottam R, et al. Dielectric elastomer artificial muscle: Materials innovations and device explorations[J]. Accounts of chemical research, 2019, 52(2): 316-325.

[13] 肖友华 . 嵌段共聚物介电弹性体薄膜高性能化与低电压柔性驱动器 [D]. 杭州：浙江大学，2020.

[14] Koh S J A, Keplinger C, Li T, et al. Dielectric elastomer generators: How much energy can be converted?[J]. IEEE/ASME Transactions on Mechatronics, 2011, 16(1):33-41.

[15] Suo Z. Theory of dielectric elastomers[J]. Acta Mechanica Solida Sinica, 2010, 23(6):549-578.

[16] 黎俊杰 . 介电弹性体发电机用硅橡胶基电极材料的制备与性能 [D]. 北京：北京化工大学，2022.

[17] 张冬阳 . 介电弹性体发电特性及电能收集系统的研究 [D]. 北京：北京化工大学，2022.

[18] 孙海斌 . 点击化学接枝改性设计制备新型介电弹性体及机电性能研究 [D]. 北京：北京化工大学 , 2019.

[19] 姚洋 . 低电压下大电致形变聚氨酯介电弹性体的设计与制备 [D]. 北京：北京化工大学 , 2016.

[20] 刘苏亭 . 碳系填料介电弹性体复合材料的结构调控及电力学性能研究 [D]. 北京：北京化工大学 ,2017.

[21] 武文杰 . 基于橡胶纳米复合材料的高性能机电换能器的设计和应用研究 [D]. 北京：北京化工大学 , 2022.

[22] Pelrine R, Kornbluh R, Eckerle J, et al. Dielectric elastomers: Generator mode fundamentals and applications [C]// SPIE, 2001.

[23] 陈浩杰 . 基于二阶自偏置电路的介电弹性体发电机优化设计 [D]. 金华：浙江师范大学 ,2023.

[24] 雷楠 . 单轴拉伸模式下介电弹性体材料机电性能与发电性能的关系 [D]. 北京：北京化工大学 , 2021.

[25] Huang J-S, Shian S, SUO Z, et al. Maximizing the energy density of dielectric elastomer generators using equi‐biaxial loading [J]. Advanced Functional Materials, 2013, 23(40): 5056-5061.

[26] 戈风行，杨丹，田明，等 . 可将机械能转变成电能的介电弹性体研究进展 [J]. 材料科学与工艺 , 2016, 24(05): 1-8.

[27] Iskandarani Y H, Jones R W, Villumsen E. Modeling and experimental verification of a dielectric polymer energy scavenging cycle[C]//SPIE. Smart Structures and Materials + Nondestructive Evaluation and Health Monitoring. [S.I.]: International Society for Optics and Photonics,2009: 72871Y-72871Y 12.

[28] Vu-Cong T, Jean-Mistral C, Sylvestre A. Electrets substituting external bias voltage in dielectric elastomer generators: application to human motion[J]. Smart Materials and Structures, 2013, 22 (2):025012.

[29] Bortot E, Springhetti R, Gei M. Enhanced soft dielectric composite generators: The role of ceramic fillers[J]. Journal of the European Ceramic Society, 2014,34(11):2623-2632.

[30] Liu H, Zhang L, Yang D, et al. A new kind of electro-active polymer composite composed of silicone elastomer and polyethylene glycol[J]. Journal of Physics D: Applied Physics, 2012, 45(48):485303.

[31] Kaltseis R, Keplinger C, Koh S J A, et al. Natural rubber for sustainable high-power electrical energy generation [J]. RSC Advances, 2014, 4(53): 27905-27913.

[32] 李智，陈国强，徐泓智，等 . 介电弹性体驱动系统建模及控制方法综述 [J]. 控制与决策 , 2023, 38(08): 2283-2300.

[33] Pei Q, Rosenthal M, Stanford S, et al. Multiple-degrees-of-freedom electroelastomer roll actuators[J]. Smart materials and structures, 2004, 13(5): N86.

[34] Chen Y, Zhao H, Mao J, et al. Controlled flight of a microrobot powered by soft artificial muscles[J]. Nature, 2019, 575(7782): 324-329.

[35] Li T, Li G, Liang Y, et al. Fast-moving soft electronic fish[J]. Science advances, 2017, 3(4): e1602045.

[36] Shintake J, Rosset S, Schubert B E, et al. Versatile soft grippers with intrinsic electroadhesion based on multifunctional polymer actuators[J]. Advanced materials, 2016, 28(2): 231-238.

[37] 程文露，曹江勇，刘洪福，等 . 介电弹性体智能材料的应用 [J]. 弹性体 , 2022, 32(05):91-97.

[38] Keplinger C, Sun J Y, Foo C C, et al. Stretchable, transparent, ionic conductors[J]. Science, 2013, 341(6149): 984-987.

[39] Sarban R, Jones R W, Rustighi E. Active vibration isolation using a dielectric electro-active polymer actuator[J]. Journal of System Design and Dynamics, 2011, 5(5): 643-652.

[40] Almanza M, Clavica F, Chavanne J, et al. Feasibility of a dielectric elastomer augmented aorta[J]. Advanced science, 2021, 8(6): 2001974.

[41] 查勇 . 基于可拉伸驻极体的串 / 并输出型自偏置介电弹性体发电机研究 [D]. 金华：浙江师范大学 ,2023.

[42] 赵玉 . 聚丙烯酸酯基介电弹性体制备及其性能研究 [D]. 北京：北京科技大学 , 2019.

[43] 李铁风 . 介电高弹聚合物力电行为研究与器件设计 [D]. 杭州：浙江大学 , 2012.

[44] 陈明，林桂娟，宋德朝 . 电活性聚合物微型发电机 [J]. 光学精密工程 , 2010, 18(11):2413-2420.

4

可回收的热固性聚合物材料

热固性聚合物材料因为综合性能突出，已在多种技术领域获得广泛应用，但难以回收再利用，不仅造成资源浪费，而且会带来环境污染。本章内容主要围绕解决上述难题展开，首先概述了传统热固性树脂的结构、性能、应用情况及其回收现状；然后阐述了新型可回收热固性树脂即可逆共价聚合物的发展过程、定义、制备方法和研究进展；最后对可逆共价聚合物的重点研究方向进行了展望。

4.1　热固性聚合物材料回收现状

4.1.1　传统热固性树脂结构与性能

聚合物是指由共价键重复连接而成的高分子量（通常可达 $10^4 \sim 10^6$）化合物。根据受热后状态通常将聚合物分为热塑性塑料（thermoplastics）和热固性树脂（thermosetting resins）。传统热塑性塑料是通过非共价键结合在一起的线型聚合物，可反复通过加热软化或熔化、冷却凝固，可采用挤出、注塑、吹塑和压延等加工工艺进行热加工和热回收，韧性较高，但硬度较小、高温下结构不稳定、耐磨性和耐溶剂性较差、熔融黏度较高。传统热固性树脂，是通过不可逆共价键形成的永久交联三维网络聚合物，种类主要包括不饱和聚酯、环氧树脂、酚醛树脂、氨基树脂、双马来酰亚胺、热固性聚酰亚胺、氰酸酯等，约占全球塑料生产量的 18%，全球年产量约为 6500 万吨，在所有的高技术领域和各工业部门，包括航空航天、电子/电气、能源、化工、机械、汽车和轨道交通、建筑等领域得到大量应用。传统热固性树脂以预聚物或单体为原料采用模压成型、树脂传递模塑、浇铸成型等工艺进行加工，具有较高的力学性能、良好的热稳定性、优良的尺寸稳定性和耐化学药品等特点，但固化后形成不溶不熔的三维网状交联结构，这种转变不可逆，加热时不能熔融塑化，也不溶于溶剂，难以像热塑性塑料一样易于回收利用，极大地限制了热固性聚合物材料的重复利用。

4.1.2　热固性树脂及其复合材料回收现状

聚合物工业的快速发展使得聚合物的产量和消费量在 20 世纪 80 年代初就已经超过了钢铁。面对日益严重的环境污染和日益减少的化石资源危机，随之而来的挑战是它们的回收利用。

热固性树脂通常与增强材料配合使用，主要包括各种无机填料和增强纤维等。以连续纤维增强热固性树脂基复合材料为例，这类复合材料具有比强度和比刚度高、结构尺寸稳定、可设计性好等特点，已在航空航天、风力发电、交通运输等高新科技领域得到广泛应用。例如，采用玻璃纤维增强不饱和聚酯复合材料为主生产的风机叶片，随风电产业快速发展数量越来越多，预计到 2029、2050 年全球将分别有近 50 万、200 万吨报废。传统的处理方法是露天堆放、填埋或焚烧。露天堆放及填埋占地面积大，同时析出的有毒物质将污染土壤、地下水系统等；直接焚烧处理，会产生大量热、有毒气体和烟尘，严重污染环境。目前废弃叶片回收技术主要有机械回收法、热回收法和化学回收法[1]。考虑到回收过程比较困难、回收产物价值较低，机械回收法适合成为当前废旧风机叶片循环利用的主要技术手段，回收产物有望在道路沥青和塑料制品中获得广泛应用。在最新型的民航客机波音 B787 中以碳纤维增强环氧树脂为首的复合材料用量已达到 50%（质量分数，下同），在空客 A350XWB 中碳纤维复合材料用量达到 53%，在中国商飞 C919 大型客机中碳纤维复合材料用量达到 12%，C929 碳纤维复合材料用量预计将提升到 50% 以上。该类复合材料在无人机和部分体育器材中的用量通常达到 90% 以上。随着碳纤维复合材料的大量应用，其废弃物数量也急剧增加。碳纤维复合材料废弃物来源主要包括生产过程中产生的预混料、边角料和到达使用寿命的零部件等。考虑到碳纤维自身价值昂贵，制造过程能耗大，而回收能耗仅为制造能耗的 1/20 左右，回收碳纤维将有利于大幅降低能耗、节约能源。因此，从废弃物中去除热固性树脂基体、回收得到高性能的碳纤维成为目前主要回收目标。热解法是通过直接加热或微波辐射等技术在高温（不燃烧）下对热固性树脂基体进行降解后回收碳纤维，同时还可以回收部分有机液体燃料，是目前唯一实现商业化运营的回收方法。但回收得到的碳纤维原有编织结构遭到严重破坏、表面结构受到不同程度损伤，仅能用来加工短切纤维或纤维毡，无法再应用回原使用的高科技领域，大大降低了其使用和商业价值[1]。

热固性树脂除了在纤维增强复合材料领域广泛应用之外，在涂料、胶黏剂等领域也有大量应用，其难以回收再利用的缺点已经造成和带来严重的资源浪费和环境污染。问题的关键在于没有从源头上通过绿色化设计和制备兼具高性能、长寿命和易于循环回收利用的热固性树脂。

4.2 可逆共价聚合物

4.2.1 可逆共价聚合物概念发展历程

可逆共价聚合物网络的建立为高效和环保地解决热固性聚合物材料的回收利用问题带来了新的曙光[2-16]。可逆共价聚合物概念的发展经历了多个阶段，不同概念分别从不同角度进行了概括和总结。

2010 年，Bowman 等将对外界刺激具有化学响应性的含可逆共价键交联网络定义为共价自适应网络（covalent adaptable networks，CANs）[17]。CANs 根据可逆反应机理可以分

为聚合 - 解聚平衡［如第尔斯 - 阿尔德（Diels-Alder）反应］和可逆交换平衡（如加成 - 断裂 - 链转移反应）两大类。具有可交换网络的 CANs 可以通过光化学或热激活键交换反应，在其拓扑冻结转变温度（T_v）以上重新排列其拓扑结构，可赋予材料自修复（自愈）、光致形变和消除聚合物内应力等功能。在 T_v 之上，CANs 变得可延展和可热处理。它们的流变性能，包括黏度和松弛时间作为温度的函数，遵循阿伦尼乌斯定律，在动力学上受键交换反应控制。在 T_v 以下，具有极慢甚至休眠的键交换反应，CANs 表现为典型的热固性聚合物。

2011 年，Leibler 等采用环氧预聚物与羧酸和酸酐反应制备得到含有 β- 羟基酯可逆共价键结构的交联环氧树脂网络[18]。发现该材料存在两个重要特征转变温度，即材料从玻璃态向橡胶态转变的玻璃化转变温度和材料从黏弹固体向黏弹液体转变的拓扑冻结转变温度。研究表明，该材料可以通过酯交换反应重新排列其拓扑结构而基本不改变交联密度，不解聚，不溶于有机溶剂；当环境温度高于 T_v 时，网络可以通过拓扑重排流动，表现得像黏弹性液体。不像有机化合物和热塑性塑料的黏度在玻璃化转变附近会突然发生变化，该材料拥有与玻璃相似的流变性质，交联网络表现出像玻璃状二氧化硅一样的阿伦尼乌斯式的逐渐黏度变化，即黏度随着温度降低增长缓慢。在加工过程中，即使局部温度降低也不至于立即停止流动，并且加工中的内应力也更加容易消除。当温度降低时，酯交换速率减慢，网络的拓扑结构逐渐冻结。当环境温度低于 T_v 时，材料具有与传统环氧树脂类似的永久交联热固性结构。在酯交换催化剂的存在下，环氧 - 酸和环氧 - 酸酐热固性网络具有高温愈合（修复）能力。模型分子的研究证实，愈合动力学受酯交换反应速率控制，而酯交换催化剂的浓度和性质以及网络中羟基的浓度是影响酯交换反应速率的关键因素。Leibler 等将这类材料命名为"Vitrimer"，张希将其翻译为"类玻璃高分子"[6]。类玻璃高分子概念限定必须通过热激发（或者光热转换效应）使材料温度超过 T_v，以便实现网络重排。它不包括其他可逆交换反应激发条件，例如太阳光诱导二硫键交换反应实现交联聚氨酯的模压成型和塑性形变、水诱导聚亚胺网络的重塑变形等[9]。因此，类玻璃高分子概念具有一定局限性，如果将凡是能够利用可逆键动态交换反应进行加工的交联聚合物均称为类玻璃高分子并不准确。

2017 年谢涛等发展了动态共价高分子网络概念（dynamic covalent polymer network，DCPN），认为拓扑结构能转变的 DCPN 可以被看作活性网络（living network）[7,13]。网络拓扑结构改变包括高分子网络的持续进化和增长，利用活性链增长实现拓扑转换、模板诱导拓扑切换和拓扑异构。利用动态键能操纵高分子网络的拓扑结构，可以便捷地对拓扑结构进行后编程，对功能材料网络结构进行设计。

2018 年，在共价自适应网络、类玻璃高分子等概念的基础上，章明秋等提出将可逆共价化学反应分为普通可逆共价反应和动态可逆共价反应，将含有可逆共价键的热固性聚合物统称为可逆共价聚合物（reversible covalent polymers）[9-10]。利用普通可逆共价反应的逆反应（例如水解、分解、还原等）完全解离共价键，可以对热固性树脂进行可控降解回收，得到合成原料；利用动态可逆共价反应，可以像传统热塑性塑料一样，对热固性聚合物进行热加工、重塑、自修复、形状记忆和回收等。

4.2.2　可逆共价键和可逆共价聚合物定义

可逆共价键是一类在一定外界条件刺激作用下（如热、光、pH 值、水和催化剂等）能够发生可逆交换的共价键。它们在外界刺激下发生可逆"断裂"与"结合"，从而在分子间进行热力学平衡反应，实现分子的动态交换与重组，形成新的共价化合物。可逆共价键结合了非共价键的可逆性和不可逆共价键的稳定性，在没有刺激的普通情况下，共价键可以保持其稳定性，直到其可逆的动态行为被触发，启动网络重排。每个可逆共价键都有一个特定的窗口，在这个窗口中，平衡可以被操纵来影响交联的破坏或形成。从键能角度进行比较，可逆共价键的键能约为 21.3～183kJ/mol，虽然远低于构成有机化合物骨架结构的 C—C 键的键能（约 376kJ/mol），但与部分共价键（键能一般为 150～800kJ/mol）和配位键（键能一般为 80～350kJ/mol）键能相当，且远高于氢键键能（0～20kJ/mol），因此，在无外界条件刺激下可逆共价键具有较好的稳定性。

如表 4-1 所示，可逆共价化学反应可分为两种类型：①普通可逆共价反应，其反应方式可表示为 A+B $\rightleftharpoons$ C+D 或 A+B $\rightleftharpoons$ C，如可逆加成、可逆缩合、可逆氧化还原等。普通可逆共价反应的正反应和逆反应起始反应物类型不同，在大多数情况下，正反应和逆反应是在不同的触发条件（温度、pH 值、氧化还原试剂等）下进行，而且解离反应会导致交联网络的解聚；②动态可逆共价反应，反应方式可表示为 $A_1+B_1 \rightleftharpoons A_2+B_2$，如可逆交换、可逆裂解 / 重组等。动态可逆共价反应的正反应和逆反应在同一刺激条件下同步进行，而且没有发生可逆共价键的完全解离，宏观上不会导致聚合物的解聚。动态可逆共价键也通常称为动态共价键。相同的可逆共价键可以参与不同类型的可逆反应[9]。

含有可逆共价键的热固性聚合物统称为可逆共价聚合物。当在聚合物中引入可逆共价键时，该聚合物同样可以发生可逆键的断裂和重组，在反应物和键合产物之间建立一个可逆平衡，从而往往在固态下就可实现聚合物拓扑结构的重组，并且在外界刺激撤销后，又可以像不可逆共价聚合物一样保持结构的稳定。如图 4-1 所示，在这种情况下，前述热塑性和热固性聚合物之间的严格界限在很大程度上不复存在，该特性不仅可以解决交联聚合物加工成型难题，而且原本被认为不能进行二次加工的交联聚合物完全有可能进行二次加工，特别是可以对此过程进行干预和调控。该特性将带来新的材料研发方法和功能，使得

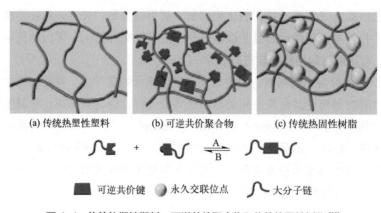

(a) 传统热塑性塑料　　　(b) 可逆共价聚合物　　　(c) 传统热固性树脂

■ 可逆共价键　● 永久交联位点　⌇ 大分子链

图 4-1　传统热塑性塑料、可逆共价聚合物和传统热固性树脂[10]

表 4-1　普通可逆共价反应与动态可逆共价反应比较 [9]

项目	普通可逆共价反应	动态可逆共价反应
反应式	$A+B \rightleftharpoons C$ 或 $A+B \rightleftharpoons C+D$	$A_1+B_1 \rightleftharpoons A_2+B_2$
Diels-Alder 键		
缩醛键		
亚胺键		
肟键		
酰腙键		
脲键		

续表

项目	普通可逆共价反应	动态可逆共价反应
氨基甲酸酯键		
酯键		
硼酸酯键		
二硫键		
六氢三嗪键		

聚合物制品种类更加多样，因而一个基于可逆共价化学的聚合物工程新领域就此诞生[10]。毫无疑问，可逆共价聚合物的出现，有望从源头上解决热固性聚合物材料难以回收再利用的难题。

4.2.3 可逆共价聚合物制备方法

如图 4-2 所示，到目前为止，已经提出了 4 种方法来制备可逆共价聚合物网络[9]。下面具体分析各种合成过程和所得到的聚合物结构，以及它们各自优缺点。

（1）通过含可逆基团的大分子与单体间相互反应原位生成可逆共价键

可逆共价键本质上是由相互匹配可逆基团之间在一定条件下通过化学反应而生成的。如图 4-2（a）所示，在大分子链中引入含可逆基团的侧基或末端结构，然后与含可逆基团的单体进行反应，可逆共价键由含可逆基团的大分子与含可逆基团的单体之间相互反应原位生成。这是合成可逆共价聚合物最常用的方法，有利于树脂加工成型和反应热控制。与合成方法（3）小分子单体体系相比，本方法采用的反应体系黏度和流动性适中，易于加工成型。但含可逆基团大分子的合成相对比较复杂，必须通过自下而上的方法或对现有高分子材料进行改性来获得。

（2）通过含可逆基团的大分子间相互反应原位生成可逆共价键

如图 4-2（b）所示，可逆共价键由含可逆基团的大分子与含相互匹配可逆基团的大分子之间相互反应原位生成。该方法提供了所合成聚合物的组成和功能的多元可调性，有利于创造具有特定结构的聚合物杂化材料，如多嵌段共聚物、接枝聚合物和核心交联星型聚合物。这种合成途径的缺点包括含可逆基团大分子的合成相对比较复杂，大分子间反应的异质性和复杂性会影响可逆基团之间的反应程度。

（3）通过含可逆基团的单体间相互反应原位生成可逆共价键

如图 4-2（c）所示，可逆共价键由含可逆基团的小分子单体与含相互匹配可逆基团的小分子单体之间相互反应原位生成。与上述前两种制备方法相比，该制备方法不涉及大分子前驱体制备，不需要复杂的合成和纯化过程，含可逆基团的小分子单体前驱体可以通过简单的化学修饰或从市场上直接获得。因此，该方法为可逆共价聚合物网络的生成提供了方便。但小分子单体体系起始材料的高流动性会给加工带来不便，通过这种方法产生的聚合物结构很难精确控制，交联网络通常具有随机性。

（4）通过含可逆共价键的单体间相互反应引入可逆共价键

采用前 3 种方法合成的可逆共价聚合物都是以可逆反应为基础进行的，而第 4 种方法与传统高分子材料的制备方法一样，主要涉及不可逆反应。如图 4-2（d）所示，在这种情况下，含有可逆键的单体被功能化以携带乙烯基、羟基、环氧等反应基团，根据反应基团的种类进行逐步或链式等聚合，同时将可逆键引入聚合物网络。通过结合不同的聚合方法，可以生产出具有定制拓扑结构的不同类型的聚合物。当然，必须保证可逆单体在聚合过程中的稳定性，防止可逆键解离反应。由于可逆反应平衡的限制，含可逆键单体的合成和纯化要求都比较高，导致最终产率相对较低。

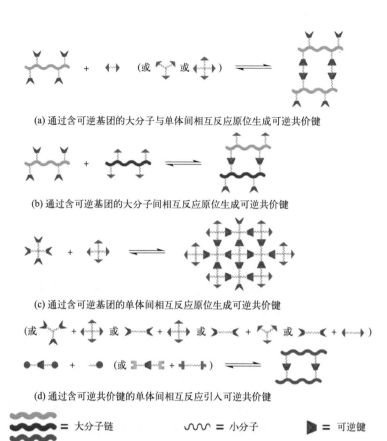

(a) 通过含可逆基团的大分子与单体间相互反应原位生成可逆共价键

(b) 通过含可逆基团的大分子间相互反应原位生成可逆共价键

(c) 通过含可逆基团的单体间相互反应原位生成可逆共价键

(d) 通过含可逆共价键的单体间相互反应引入可逆共价键

〜〜〜 = 大分子链　　〜〜 = 小分子　　▶ = 可逆键

● = 用于链式聚合的乙烯基　　▮ 和 ▮ = 用于逐步聚合的官能团

图 4-2　可逆共价聚合物制备方法 [9]

4.3　可逆共价聚合物及其复合材料研究进展

4.3.1　含缩醛/酮可逆共价键结构的热固性树脂及其复合材料

醛类化合物中的羰基是个强极性基团，碳显较强的正电性，因而易与亲核试剂反应。而醇中羟基上的氧具有孤对电子，有较强的亲核性，氧以其孤对电子进攻羰基碳形成半缩醛。半缩醛的羟基不稳定，极易与另一分子醇脱水缩合形成缩醛。如表 4-1 和图 4-3 (a)、(b) 所示，缩醛/酮是醛类（或酮类）与醇类物质经缩合反应（即普通可逆共价反应）生成的。

缩醛/酮一般在中性及碱性条件下比较稳定，但在酸性条件下缩醛/酮容易发生水解反应而生成原来的醛和醇，即图 4-3 (a) 和 (b) 中普通可逆共价反应的逆反应。如表 4-1 和图 4-3 (c) 所示，缩醛/酮在一定条件下能够发生交换反应（即动态可逆共价反应）。采用含有醛基、酮基、醇羟基、乙烯醚或缩醛/酮结构的化合物为原料，通过直接或间接方式把缩醛/酮结构（—O—C(R_1R_2)—O—）引入环氧预聚物或固化剂中，利用缩醛/酮结构可交换和在酸性环境中能够分解的原理，可制备含缩醛/酮可逆共价键结构的可降解回收的环氧树脂及其复合材料。

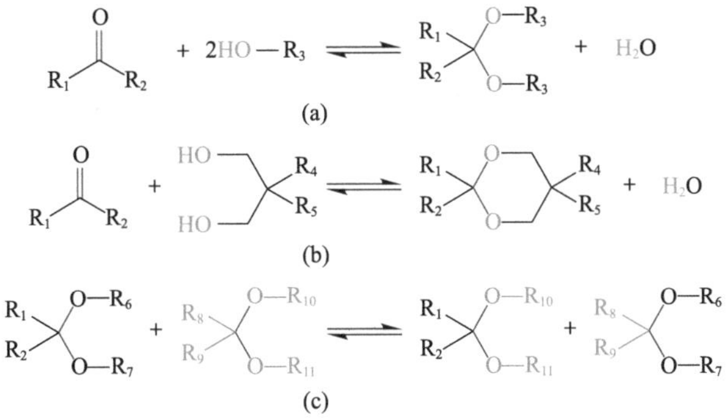

图4-3　含缩醛/酮结构的可逆共价反应

（1）含缩醛/酮可逆共价键结构的环氧预聚物

如图4-4所示，Buchwalter 等早在1996年已经合成出含缩醛/酮结构的脂环族环氧预聚物，通过含可逆共价键的单体间相互反应引入可逆共价键，这些预聚物的固化性能及固化物力学性能等与普通商用脂环族环氧预聚物相似，采用酸酐固化，玻璃化转变温度达到90～120℃[19]。含缩醛/酮可逆共价键结构的环氧固化物在醋酸、对甲苯磺酸、甲磺酸与有机溶剂构成的混合酸性溶液中能够快速降解，利用普通可逆共价反应的特点，可实现对合成原料的回收。

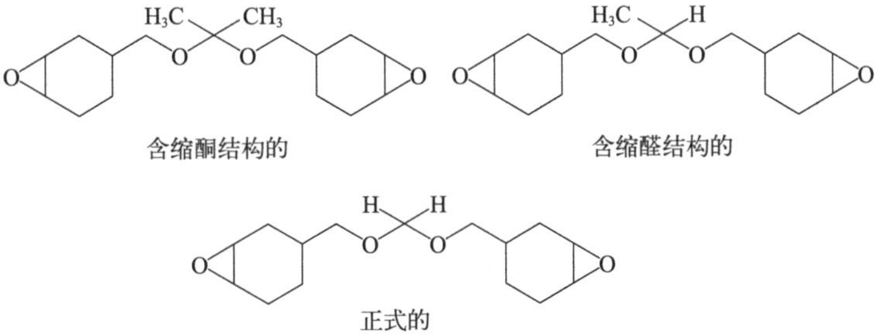

图4-4　含缩醛/酮结构的脂环族环氧预聚物[19]

如图4-5所示，Hashimoto 等采用乙烯醚为原料将乙缩醛结构引入到双酚A和酚醛环氧预聚物中，用四乙烯五胺固化后获得玻璃化转变温度介于21～91℃、起始热分解温度介于225～273℃、拉伸强度和杨氏模量分别介于52～65MPa和1.20～2.96GPa的环氧树脂片材[20]。常温下采用0.1mol/L的HCl/THF（四氢呋喃）/H$_2$O（V_{THF}/ V_{H_2O} =9/1）混合溶液降解树脂片材，可得到原料双酚A和酚醛树脂。

在此基础上，Hashimoto 等进一步制备了碳纤维增强环氧树脂基复合材料。如图4-6所示，具体过程为：首先通过酚醛树脂的酚羟基和含有环氧丙基的乙烯基醚的反应向预聚物结构中引入缩醛结构，再经双氰胺固化得到含缩醛结构的环氧树脂及其复合材料[21]。复合材料的力学性能与传统双酚A环氧树脂基复合材料相当。通过缩醛可逆共价键结构的酸解，该复合材料在酸性条件下可以回收得到化学结构组成、力学性能等均得到很好保持的碳纤维。由于该类缩醛结构的柔韧性和不稳定性，环氧树脂固化物及其复合材料的热稳定性和耐热性与普通双酚 A 环氧树脂及其复合材料相比明显偏低。

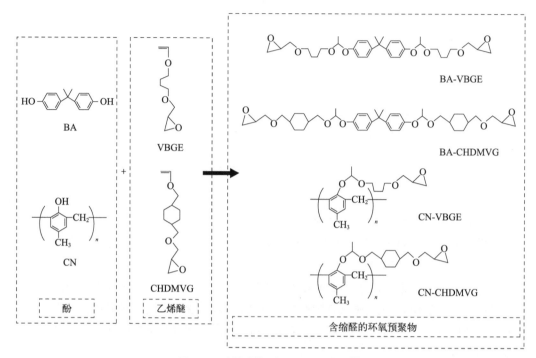

图 4-5　含缩醛的环氧预聚物的合成 [20]

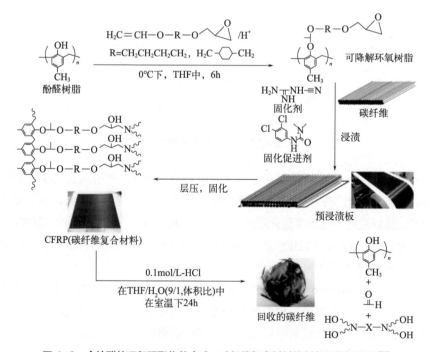

图 4-6　含缩醛的环氧预聚物的合成、碳纤维复合材料的制备及降解回收 [21]

如图 4-7 所示，马松琪等采用香草醛为主要原料合成多种含有缩醛和双缩醛结构的环氧预聚物，并通过甲基、乙基、甲氧基等侧基降低预聚物结晶能力进而可得到室温下黏度较低的液态预聚物，改善树脂加工性能[22-24]。将预聚物与异佛尔酮二胺、二氨基二苯甲烷、二氨基二苯砜等固化剂进行加热固化后，所得树脂及复合材料的力学性能和热性能与普通双酚 A 缩水甘油醚固化物及复合材料相当。如图 4-8、图 4-9 所示，这些树脂及复合材料在 0.1mol/L 盐酸 / 溶剂 / 水混合溶液中可以快速水解、降解，降解速率与溶剂极性、水含量、酸种类都有密切关系，回收得到的碳纤维保持了原始碳纤维的形貌、表面化学结构以及力学性能（图 4-9）。

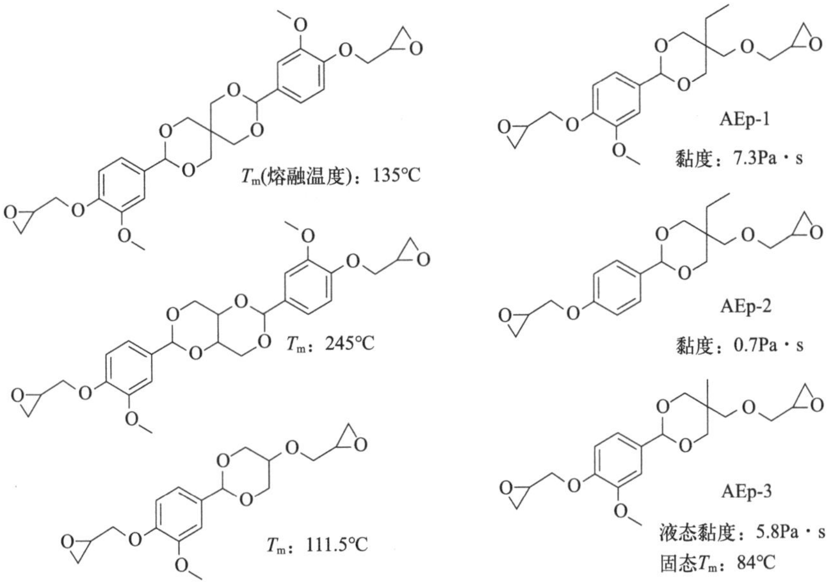

图 4-7　含双缩醛结构环氧预聚物 [22]

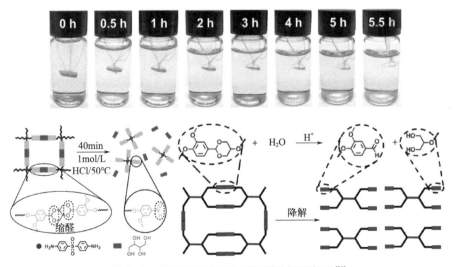

图 4-8　含双缩醛结构环氧树脂降解过程及机理 [23]

(a) 降解过程　　　　　　　　　　(b) 回收的碳纤维

图 4-9　含双缩醛结构环氧树脂基复合材料降解和回收[24]

（2）含缩醛／酮可逆共价键结构固化剂

如图 4-10 所示，梁波等开发了多种含有缩醛或缩酮结构的脂肪胺、芳香胺、酰肼、腙、硫醇等固化剂，进一步结合普通环氧树脂预聚物制备可回收热固性环氧树脂及其复合材料[25-28]。该类固化剂可广泛应用于纤维增强复合材料，复合材料力学性能与传统环氧树脂复合材料制品相当。不同于传统的环氧树脂系列，这种复合材料能够在低浓度酸性有机溶剂（约5%）、100～150℃的温度和常压条件下，通过破坏三维交联立体网状结构中的缩醛或者缩酮可逆共价键使热固性树脂完全降解为线型热塑性聚合物，溶解在降解液中。环氧树脂和增强材料质量回收率大于 95%，回收的纤维材料可以被再利用到复合材料生产，而降解后的树脂可以作为工程塑料实现再利用[1]。

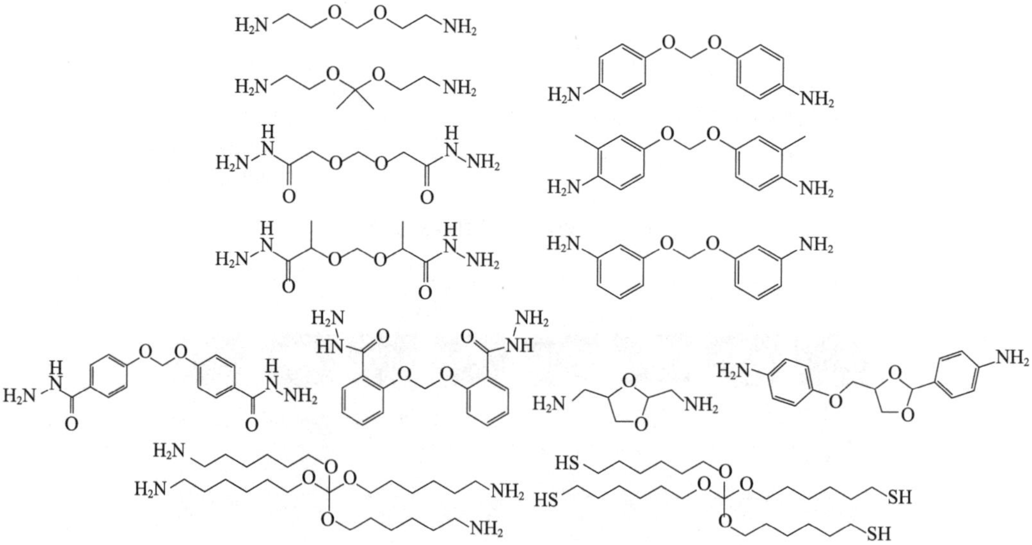

图 4-10　含缩醛／酮可逆共价键结构固化剂[25-28]

4.3.2　含二硫可逆共价键结构的热固性树脂及其复合材料

如表 4-1 和图 4-11（a）所示，二硫键是硫原子之间由两个硫醇基团氧化形成的共价键（属于普通可逆共价反应），由于二硫键可以通过还原剂的还原而裂解（普通可逆共价反应的逆反应），还可以和硫醇发生交换反应［图 4-11（c）］以及在没有刺激或热、紫外线或催化剂作用下二硫键和二硫键之间的复分解反应［图 4-11（b）］，赋予了材料可降解、可回收再加工、自修复以及形状记忆等功能。

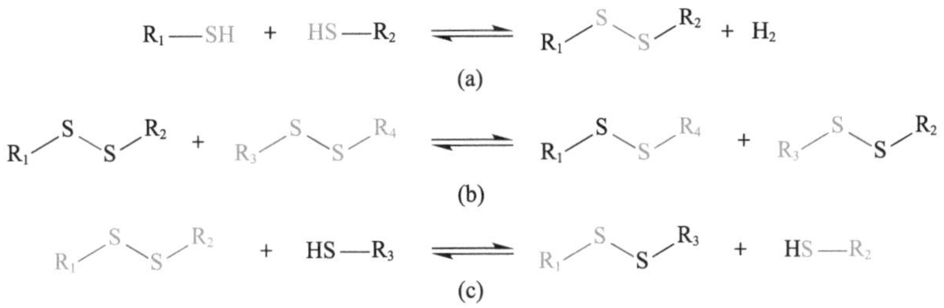

$$R_1—SH + HS—R_2 \rightleftharpoons R_1\diagdown S—S\diagup R_2 + H_2$$

(a)

(b)

(c)

图 4-11　含二硫键结构的可逆共价反应

如图 4-12 所示，1990 年 Sastri 等尝试采用 4,4′- 二硫代二苯胺、2,2′- 二硫基双 - 苯甲酸二酰肼、3,3′- 二硫代二丙酸二酰肼固化普通双酚 A 环氧预聚物（Shell Epon 828），对环氧树脂的可逆交联进行了初步研究[29-30]。结果表明，在环氧预聚物与交联剂化学计量比下，固化树脂的固化动力学、胶凝行为、交联密度和玻璃化转变温度与普通固化剂固化的树脂基本相当；在含有二硫键结构的交联剂固化的环氧树脂中，交联的断裂和重组是可行的，降解速度与树脂交联密度有关，得到的降解产物可以被再加工和再利用。Johnson 等采用 4,4′- 二硫代二苯胺和 4,4′- 二氨基二环己基甲烷组成的混合固化剂来固化双酚 F 缩水甘油醚，得到了在恶劣环境中力学性能不受影响且能够在 2- 巯基乙醇中可控降解回收的新型环氧树脂[31]。

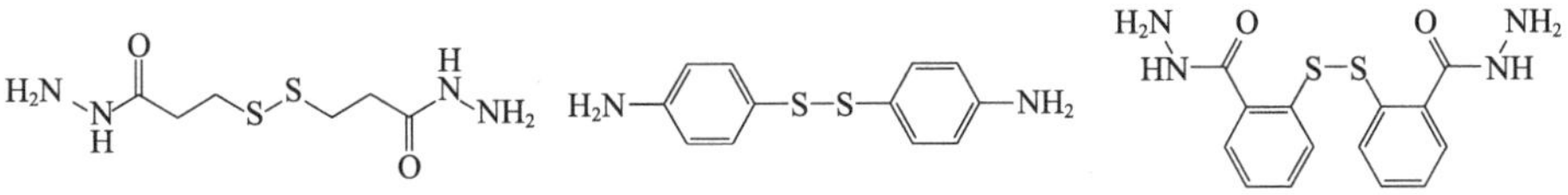

图 4-12　含二硫键结构的胺和酰肼固化剂 [29-30]

如图 4-13 所示，Luzuriaga 等采用 4,4′- 二硫代二苯胺作为固化剂来固化双酚 A 缩水甘油醚得到含动态二硫键的环氧树脂，该树脂的玻璃化转变温度和 5%（质量分数，下同）热分解温度分别达到 130℃、300℃，拉伸模量、拉伸强度和断裂伸长率分别为 2.6GPa、88MPa、7.1%[32]。这种新型环氧树脂与作为参照的普通环氧树脂（固化剂为二乙基甲基二胺）相比，除 5% 热分解温度低约 50℃之外，其他热学和力学性能相当，并且能够在热压条件下重新成型，具有可修复、可回收等特殊性能（图 4-14）。将此树脂作为基体与玻璃纤维、碳纤维制备复合材料，利用二硫键的动态共价反应，复合材料同样具有二次成型、可修复、可回收性能。利用二硫键在巯基乙醇 / 二甲基甲酰胺（DMF）的介质中发生的交换反应 [反应机理如图 4-11（c）所示] 可实现树脂及其玻璃纤维和碳纤维增强的复合材料的回收利用。

以上几种体系的动态二硫键是通过固化剂引入的，Takahashi 等则通过环氧预聚物向体系内引入二硫键（图 4-15）[33]。当采用二氨基二苯甲烷为固化剂时，该树脂的玻璃化转变温度和 5%（质量分数，下同）热分解温度分别达到为 151℃、290℃，拉伸模量、拉伸强度和断裂伸长率分别为 0.84GPa、29MPa、4.7%。在相同制备条件下与双酚 A 缩水甘油醚 /4,4′- 二硫代二苯胺树脂相比，其热学和力学性能略差。

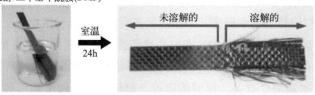

图 4-13 含有二硫动态共价键结构的环氧树脂 [32]

图 4-14 碳纤维复合材料化学回收、玻璃纤维增强环氧树脂的热回收及二次复合材料片材制备过程 [32]

图 4-15 采用含有二硫键结构的环氧预聚物与普通二胺固化剂制备环氧树脂 [33]

如图 4-16 所示，Zhou 等进一步采用分别含有二硫键结构的环氧预聚物和固化剂为原料，经过直接加热熔融聚合固化制备环氧树脂，该树脂的玻璃化转变温度和 5% 热分解温度分别达到 133℃、275℃，拉伸模量、拉伸强度和断裂伸长率分别为 2.2GPa、38MPa、6.8%[34]。由于可逆二硫键含量较高，该树脂在 200℃下能够于 9s 内快速完成应力松弛，在二硫基苏糖醇 /DMF 溶液中 50℃、24h 内能够完全降解。进一步与碳纳米管复合可制备抗静电材料，基体树脂热力学和动态加工性能能够保持不变。

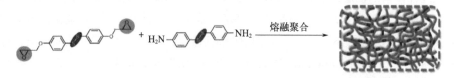

图 4-16 采用分别含有二硫键结构的环氧预聚物和固化剂制备环氧树脂 [34]

如图 4-17 所示，Xiang 等受并行电路启发，以双酚 A 缩水甘油醚和两种分别含有芳香二硫和亚胺可逆共价键结构的固化剂为原料，通过一锅反应制备了互锁共价自适应网络（ICANs），在均相环氧网络中形成了双动态平行交联结构[35]。ICANs 依靠拓扑互锁结构表现出优异的固有性能，其存储模量约 1.71GPa，玻璃化转变温度（T_g）约为150℃，抗拉强度约为 78.7MPa。同时，它们在单一刺激下表现出更好的稳定性和耐溶剂性，只有同时施加两种刺激以完全破坏二硫键和亚胺键的交联时，ICANs 才能解锁并降解。当将 ICANs 作为基体形成碳纤维增强聚合物复合材料时，所得到的复合材料继承了 ICANs 的互锁特性，具有优异的力学性能，表现出更好的稳定性和无损可回收性。在保持可降解性能的同时，网络的互锁结构为优化树脂及其复合材料的稳定性提供了一种简便的方法。

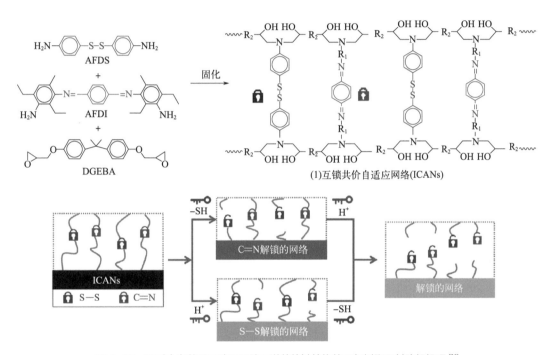

图 4-17　同时含有芳香二硫和亚胺可逆共价键结构的环氧树脂及其降解机理 [35]

动态共价键会影响可逆共价聚合物的断裂韧性等力学性能，但细节尚不清楚。动态键对力学性能的影响很难从理论上确定，可能取决于网络玻璃化转变温度、动态键在网络拓扑中的位置、动态共价交换机制和动态化学的表观活化能。Lewis 等研究了动态二硫键对环氧树脂力学行为的影响[36]。通过动态力学分析、单轴拉伸和压缩、微压痕和断裂韧性测试等多种技术，研究了热固性环氧树脂中动态二硫键对力学性能的影响。由于二硫键比C—C、C—N 或 C—O 键等有机网络中常见的其他共价键略弱，二硫键的解理和随后的重组可以作为一种可能的能量耗散机制。结果表明，动态二硫键在裂纹扩展之前优先解理，提高了破坏区域的延展性，从而起到对环氧树脂的增韧作用。如图 4-18 所示，在样品压缩过程中能够观察到机械变色现象，样品中心逐渐变成绿色，这是芳香族巯基自由基特征，充分说明压缩过程引起的较高应变会造成部分动态二硫键的解离。

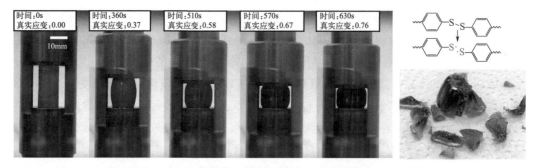

图 4-18   含动态二硫键环氧树脂样品压缩测试过程及机械变色现象 [36]

4.3.3   含酯可逆共价键结构的热固性树脂及其复合材料

如表 4-1 和图 4-19（a）所示，羧基与羟基可以通过普通可逆共价反应制备得到含可逆酯键结构的聚合物。利用可逆酯键与醇羟基发生交换反应 [图 4-19（b）]，可以实现对聚合物的可控降解。在没有刺激或热、催化剂等作用下，可逆酯键之间能够发生交换反应 [图 4-19（c）]，可赋予材料热加工、重塑、回收、自修复以及形状记忆等功能。

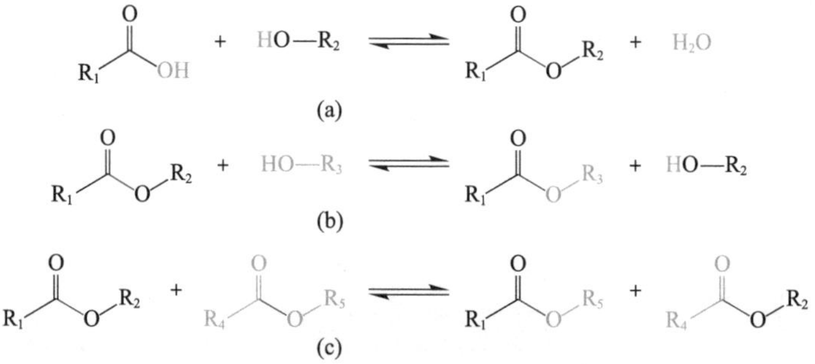

图 4-19   含酯键结构的可逆共价反应

如图 4-20、图 4-21 所示，2011 年，Leibler 等以醋酸锌和乙酰丙酮锌为酯交换催化剂，以双酚 A 缩水甘油醚和脂肪族二元羧酸、三元羧酸以及戊二酸酐为原料，通过酯交换催化剂促进网络内部酯基和羟基之间的可逆交换，旧键断裂的同时以关联交换机理形成新键，制备得到含有 β- 羟基酯可逆共价键结构的交联环氧树脂网络，即 Vitrimer（类玻璃高分子）[18,37]。为提高类玻璃高分子较低的力学和耐热性能，Li 等采用醋酸锌为催化剂、双酚 A 缩水甘油醚和邻苯二甲酸酐为原料合成了一种强度、刚度和玻璃化转变温度与传统热固性环氧树脂相似的新型可回收热固性环氧树脂，该材料在 12MPa、150℃下热压 10min 后，自愈合率可达到 88.1%，且可重复利用 [38]。

如图 4-22 所示，针对环氧树脂 Vitrimer 脆性大和强度低的缺点，黄鑫等采用羧酸封端的超支化聚合物 Hyper C102 来增强增韧双酚 F 环氧预聚物（BPF）/ 戊二酸 /N- 甲基咪唑（酯交换促进剂）树脂 [39]。傅里叶变换红外线光谱测试和溶胀实验证明了环氧树脂 Vitrimer 中共价交联网络的形成，差示扫描量热法和动态热力学性能分析测试材料的酯交换速率和动态力学性能，发现 Hyper C102 改性的环氧树脂 Vitrimer 在高温下仍然可以发生高效率的酯交换反应，材料的模量可在 30min 内松弛到初始模量的 1/e。力学性能测试表明，Hyper

C102 改性环氧树脂 Vitrimer 的拉伸强度和断裂能分别提高了 136% 和 504%，并拥有着良好的自修复和可重复加工性能。因此，采用羧酸封端的超支化聚合物改性不仅可以保持环氧树脂 Vitrimer 的动态酯交换特性，还可以极大地改善其力学性能。

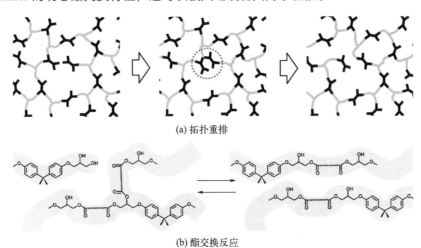

(a) 拓扑重排

(b) 酯交换反应

图 4-20   通过酯交换反应进行拓扑重排，保持网络的完整性[18]

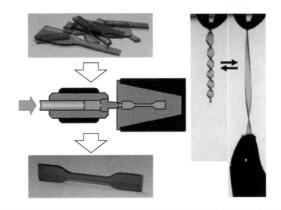

图 4-21   含有 β- 羟基酯可逆共价键结构的环氧树脂热回收加工和局部受热可逆变形[18]

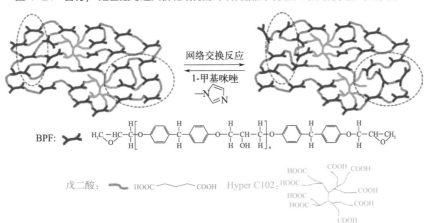

图 4-22   环氧树脂类玻璃高分子结构和酯交换[39]

如图 4-23 所示，汪东等采用戊二酸酐固化双酚 A 缩水甘油醚、乙酰丙酮锌为催化剂制备了一种综合性能优异的高性能可回收环氧树脂[40]。系统研究了固化剂及催化剂含量对树脂结构、热学及动态性能的影响，实现了树脂组成的优化设计。基于酯交换反应的热可逆性，制备的 Vitrimer 树脂通过物理热压方法可实现良好回收，机械强度保持率可达 80%。采用树脂传递模塑（RTM）工艺制备的碳纤维织物增强 Vitrimer 树脂复合材料表现出与传统热固性树脂基复合材料相当的力学性能，并且通过醇类溶剂热降解树脂的方法，可实现复合材料中碳纤维的高效无损回收，回收率近 100%。

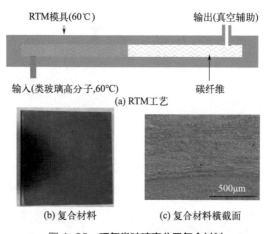

(a) RTM工艺

(b) 复合材料　　(c) 复合材料横截面

图 4-23　环氧类玻璃高分子复合材料

如图 4-24、图 4-25 所示，Yu 等利用多官能度脂肪酸分子、双酚 A 缩水甘油醚为原料、

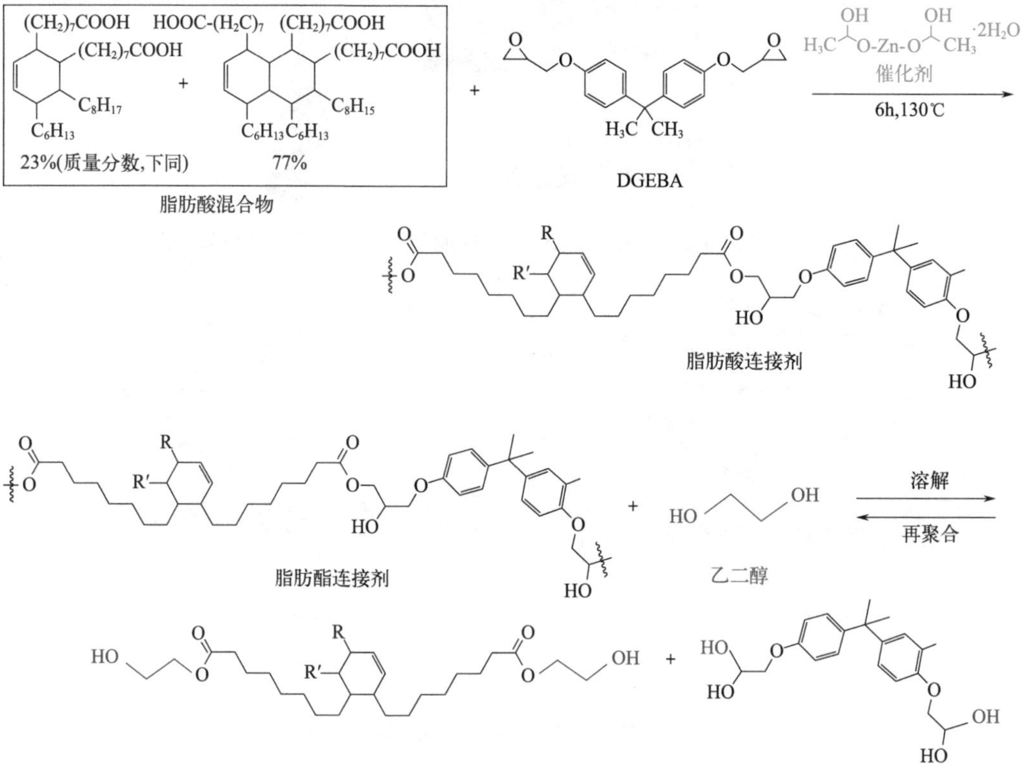

图 4-24　含酯环氧树脂共价键可逆反应[41]

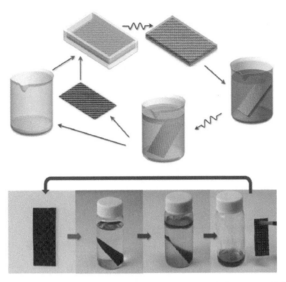

图 4-25   含酯可逆共价键结构环氧树脂和复合材料的循环回收 [41]

醋酸锌为催化剂，合成含酯可逆共价键结构的新型环氧树脂及其碳纤维复合材料 [41]。通过其与乙二醇在 180℃下发生酯交换反应，造成交联网络逐步降解为小分子并被乙二醇溶解，实现树脂与碳纤维的分离。回收的碳纤维性能几乎不受影响，模量可以保持 97%，拉伸强度保持 95%，并可以实现多次循环回收。

虽然环氧树脂类 Vitrimer 材料合成单体容易获得、合成方法也较为简单，但广泛使用的金属催化剂（如醋酸锌）除了使酯交换程度难以控制外，与聚合物的相容性较差，并会加速其老化，严重限制了材料的大规模应用。因此，开发新型无催化剂的含酯可逆共价键结构的 Vitrimer 材料成为重要发展方向。为此，研究人员尝试通过构建超支化结构、加入柔性链段、引入邻近基团参与作用、缩短可逆共价键理论等策略制备无催化剂 Vitrimer 材料。Zhong 等首先以阿魏酸和三羟甲基丙烷为原料分别合成了阿魏酸环氧及其超支化环氧预聚物，进一步与柠檬酸反应制备无催化剂的全生物基环氧 Vitrimer 材料 [42]。具有超支化拓扑结构的阿魏酸超支化环氧预聚物通过原位增强和增韧机制提高了环氧树脂的抗拉强度、模量和韧性，含量为 10% 时树脂抗拉强度为 126.4MPa，T_g 为 94℃，140℃时弛豫时间为 45s，回收后抗拉强度保持在 88.3% 以上。研究发现，阿魏酸超支化环氧预聚物的羟基催化了环氧树脂的动态酯交换反应，使树脂具有优异的可焊性、可锻性、可编程性和降解回收再利用功能。

如图 4-26 所示，Zhang 等采用邻苯二甲酸酐、甘油、4,5- 环氧环己烷 -1,2- 二羧酸二缩水甘油酯为原料制备了一系列无催化剂的 Vitrimer 材料（DPG），具有较高的力学性能和热性能，玻璃化转变温度为 140～165℃，5% 热降解温度为 289～322℃，断裂强度为 65～78MPa，杨氏模量为 3.2～3.9GPa [43]。而且交联网络中多个羟基位点使其具有快速酯交换反应能力，在 180℃下，最短的弛豫时间仅为 205s，有利于材料再加工、修复和降解。此外，制备的碳纤维增强复合材料具有较强的力学性能和良好的焊接能力（剪切强度为 19MPa）。该复合材料可以在 190℃的乙二醇中完全降解，可以实现碳纤维和基体树脂的循环利用。

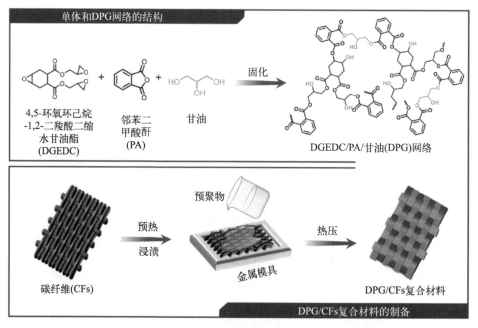

图 4-26　无催化剂含酯可逆共价键结构环氧树脂和复合材料的制备 [43]

4.3.4　含 Diels-Alder 可逆共价键结构的热固性树脂及其复合材料

如图 4-27 所示，DA 加成反应主要是通过环戊二烯、呋喃衍生物等富电子的双烯体和马来酰亚胺等缺电子的亲双烯体进行环加成反应形成稳定的六元环状化合物。该反应在低温下趋向成环正向进行，高温趋向开环分解。因此在加热条件下，由该反应得到的热固性高分子材料可以实现降解回收。并且 DA 反应所需条件温和，一般不需要金属催化剂。在聚合物动态化学研究中，DA 反应早在 20 世纪 70 年代就引起了关注，2002 年 Wudl 等开创性地提出一种由多呋喃和多马来酰亚胺单体 DA 环加成形成的交联热固性材料 [2]。这种具有热可逆键的热固性聚合物在加热到 130℃ 以上时，可以解聚回单体，使流动填充裂缝界面。降温冷却后发生再聚合，恢复本体和开裂界面的热固性。

如图 4-27 所示，Tian 等 [44] 通过将糠醛胺中的伯氨基缩水甘油醚化反应得到一种含呋喃基团的新型环氧预聚物（DGFA），然后在较低的温度下和 N,N'-(4,4'- 亚甲基二苯基) 双马来酰亚胺（BMI）发生 DA 加成反应得到 DA 加成环氧预聚物。环氧基团可以与传统固化剂如酸酐反应形成交联网络，使材料具有优异的力学性能和耐热性。同时，网络结构中的呋喃基团可以与马来酰亚胺反应，在环氧网络中引入热可逆的 DA 键。最终，固化材料中的分子网络由两种类型的单体连接组成。在这种情况下，环氧树脂的优点和自修复能力结合在一起。经过裂纹修复实验表明，树脂在一系列较高的温度下，通过 DA 逆反应断开共价键，随后在较低温度下经过一段时间 DA 反应正向进行，裂纹得到了不同程度的修复，如图 4-28 所示。然而，这种用 DA 基团改性环氧单体的方法过于昂贵，难以广泛应用，并且由于具有 DA 结构的环氧树脂在高温下容易流动导致材料使用温度上限较低。

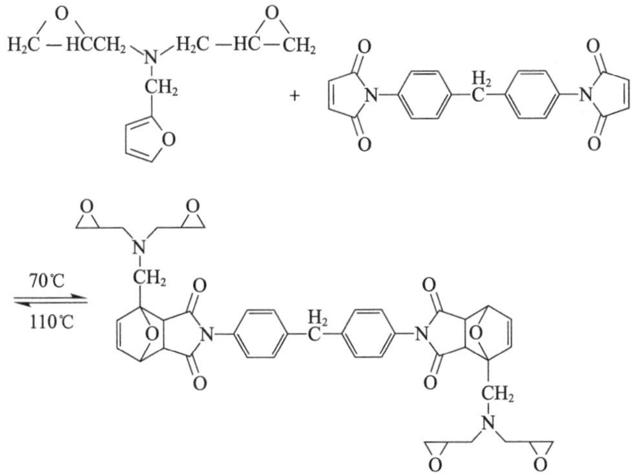

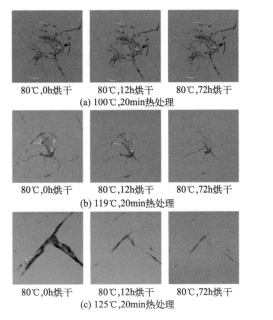

图 4-27　DGFA 和 DPMBMI 的可逆共价反应[44]

80℃,0h烘干　80℃,12h烘干　80℃,72h烘干
(a) 100℃,20min热处理

80℃,0h烘干　80℃,12h烘干　80℃,72h烘干
(b) 119℃,20min热处理

80℃,0h烘干　80℃,12h烘干　80℃,72h烘干
(c) 125℃,20min热处理

图 4-28　DGFA 聚合物的热修复过程[44]

Sandip Das 等[45] 报道了一种基于 DA 动态共价键的热熔胶。通过甲基丙烯酸羟乙酯（HEMA）和甲基丙烯酸己酯（HMA）在偶氮二异丁腈（AIBN）催化剂作用下自由基聚合，得到无规共聚物。在此基础上，利用异氰酸糠酯进行改性修饰，使其大分子侧链上携带大量双烯体，得到呋喃改性共聚物（FMP），如图 4-29 所示。利用市售 N,N′-(4,4′- 亚甲基二苯基) 双马来酰亚胺和呋喃基的动态 DA 反应使 FMP 分子间实现动态交联。由于所有的 FMP 都包含侧基呋喃部分，可以调整黏结性能，除此之外，FMP 含有甲基丙烯酸己酯链，以保持柔韧性和刚性的平衡。结果表明：随着 HMA 添加量的增加，从 FMP1 到 FMP6（-19℃）T_g 值逐渐降低，FMP1 的玻璃化转变温度 T_g（10℃）最大。因此，FMP 的 T_g 值可以通过单体组成的简单变化来调节，这对黏结过程具有重要意义。FMP4/xlFMP4[1.1]（FMP4

的交联网络）作为热熔胶使用时，将 FMP4 制备的拉伸剪切试样在 80℃、2h 交联固化，在 150℃下处理 10min，快速冷却至室温，得到的拉伸剪切强度为 2.0MPa±0.4MPa，明显低于热处理前 xlFMP4[1.1] 的拉伸剪切强度（7.9MPa±1.1MPa），但与 FMP4 的拉伸剪切强度（1.1MPa±0.1MPa）相差不大。这一结果直接说明了分子级解交联与宏观黏结性能之间的密切关系。热处理后拉伸剪切强度降低的主要原因是交联点在 150℃时解离，由于冷却过程迅速，交联点无法重新连接。在缓慢冷却过程中，试样有足够的时间通过 DA 反应部分 / 完全恢复断裂交联点，这可能是拉伸剪切强度恢复的原因。再搭接试样的拉伸剪切实验也证明了其可重用性。第一次再搭接和第二次再搭接后的拉伸剪切强度分别为 7.0MPa±0.6MPa 和 7.5MPa±0.2MPa，分别相当于初始值（7.9MPa±1.1MPa）的 88% 和 95%。结果表明，由于 DA 反应形成的碳 - 碳键较弱，胶黏剂具有良好的重复使用性能。

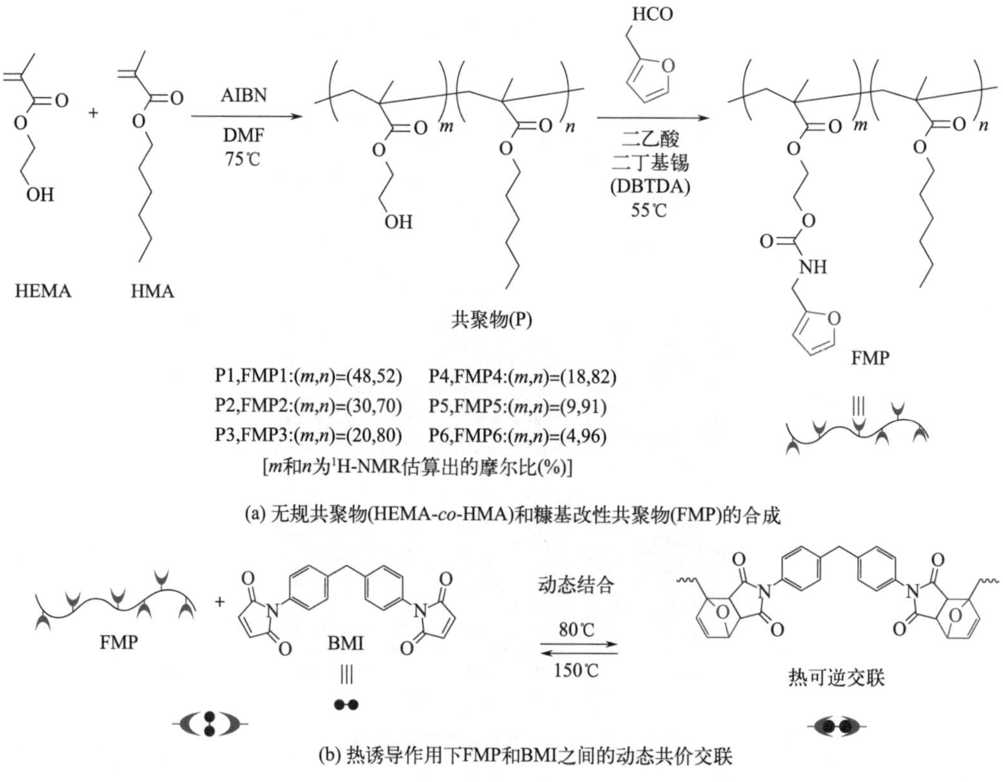

P1,FMP1:(*m*,*n*)=(48,52)　P4,FMP4:(*m*,*n*)=(18,82)
P2,FMP2:(*m*,*n*)=(30,70)　P5,FMP5:(*m*,*n*)=(9,91)
P3,FMP3:(*m*,*n*)=(20,80)　P6,FMP6:(*m*,*n*)=(4,96)
[*m* 和 *n* 为 ^{1}H-NMR 估算出的摩尔比 (%)]

(a) 无规共聚物 (HEMA-*co*-HMA) 和糠基改性共聚物 (FMP) 的合成

(b) 热诱导作用下 FMP 和 BMI 之间的动态共价交联

图 4-29　**无规共聚物（HEMA-*co*-HMA）和糠基改性共聚物（FMP）的合成以及热诱导作用下 FMP 和 BMI 之间动态共价交联**[45]

4.3.5　含六氢三嗪可逆共价键结构的热固性树脂及其复合材料

如表 4-1 和图 4-30（a）所示，醛与二胺可以通过普通可逆共价反应制备得到含可逆六氢三嗪键结构的聚合物。利用可逆六氢三嗪键普通可逆共价反应的逆反应，在酸催化下发生水解，从而实现对聚合物的可控降解。与其他可逆共价聚合物类似，含可逆六氢三嗪键结构的聚合物具有热加工、重塑、回收、自修复等功能，说明可逆六氢三嗪键能够发生动态共价反应，推测其交换机理如图 4-30（b）所示。

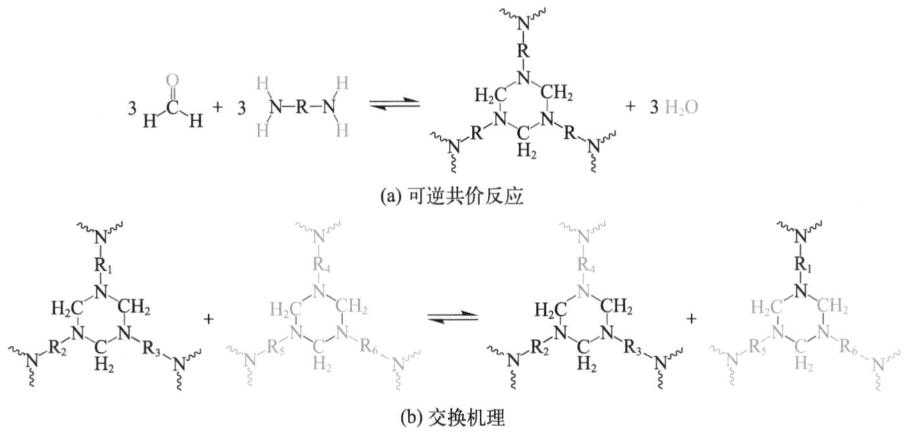

(a) 可逆共价反应

(b) 交换机理

图 4-30   含六氢三嗪键结构的可逆共价反应

García 等 [46] 利用多聚甲醛（POM）与芳香二胺——4,4′-二氨基二苯醚（ODA）制备了一种含有六氢三嗪结构的可回收新型聚六氢三嗪热固性树脂（PHT）。多聚甲醛与芳香二胺的反应历经加成、缩合和高温脱水环化过程，在较低温度 50℃反应时（如图 4-31 所示），POM 与二胺的加成和缩合反应形成有水分子参与的半缩醛动态共价网络（HDCN），HDCN 在高温 200℃进一步脱水环化形成六氢三嗪环，并最终得到 PHT 树脂。PHT 树脂表现出突出的力学性能和高玻璃化转变温度，尤其是以 4,4′-二氨基二苯醚作为芳香二胺单体时，PHT 树脂的杨氏模量和拉伸强度分别约为 10.3GPa 和 90MPa，T_g 为 222℃，优于传统环氧树脂，但脆性较大，断裂伸长率小于 3%。这种 PHT 树脂可在 0.5mol/L 硫酸溶液中完全降解并获得合成原料单体 ODA。

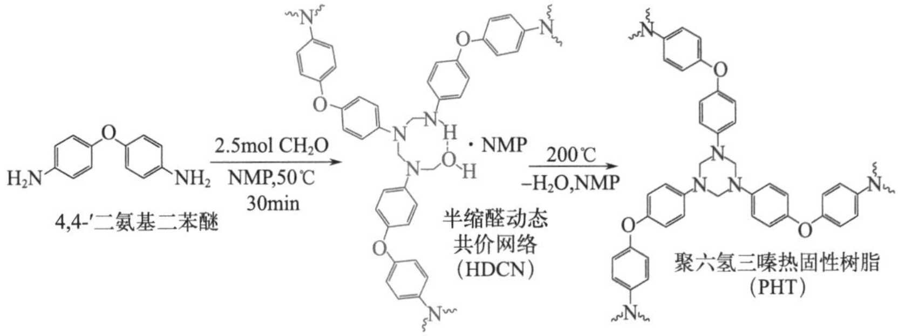

图 4-31   4,4′-二氨基二苯醚和多聚甲醛反应 [46]

如图 4-32、图 4-33 所示，Lee 和 Kim 等 [47-48] 分别采用 ODA、对苯二胺和多聚甲醛为原料合成 HDCN、PHT 粉末，进一步与六方氮化硼（hBN）混合均匀后热压固化制备氮化硼/聚六氢三嗪复合材料，主要对该复合材料的热红外图像与降解过程进行了研究。由于基体与 hBN 之间具有良好的界面相互作用以及复合材料制造过程中产生较强剪切力，通过简单的熔体挤压即可获得高度有序排列结构的 hBN 复合材料，热导率分别高达 14 和 28W/(m·K)。此外，填充 2.7%（体积分数）hBN，可使复合材料氧渗透降低 62%。基于尼尔森方程模型预测证实了高导热性是由于复合材料内部形成了特殊的填料网络。PHT 对许多有机溶剂具有良好耐受性，包括四氢呋喃、丙酮、N-甲基吡咯烷酮（NMP）、二甲亚砜、二甲基甲酰胺。通过酸解聚基体树脂，可以从复合材料中回收掺入填料，且性能保持不变，可重复使用。

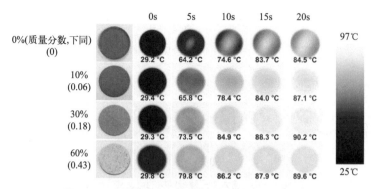

图 4-32　氮化硼 / 聚六氢三嗪复合材料热红外图像 [47]

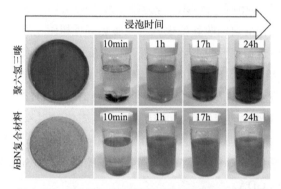

图 4-33　聚六氢三嗪及其氮化硼复合材料降解过程 [47]

　　为避免在树脂合成过程中使用有机溶剂，如图 4-34 所示，Kaminker 等 [49] 采用甲苯二甲胺等低熔点胺与多聚甲醛直接反应，在无溶剂条件下制备高性能聚六氢三嗪树脂。块状树脂固化后体积没有明显收缩，但副产物水和甲醛挥发会造成孔洞残留在树脂内，导致其拉伸强度较低，仅达到 16.3～45.7MPa。树脂在室温下 1mol/L 盐酸溶液中 20 小时可完全降解。树脂可以作为胶黏剂使用，对不锈钢拉伸剪切强度最高可达 10.9MPa。采用上述方法制备薄膜材料应该能够促进副产物水和甲醛挥发、减少孔洞残留，进而提高树脂性能。

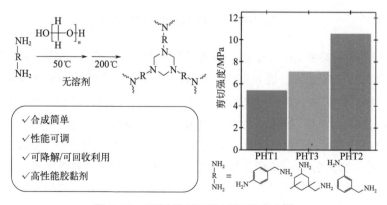

图 4-34　无溶剂条件下聚六氢三嗪合成 [49]

如图 4-35 所示，张彦峰等[50] 采用常温下为液态的 4,4'- 二氨基二苯甲烷（MDA）、聚醚胺（PEDA）和甲醛水溶液为原料，利用二胺与甲醛之间的缩合反应制备了一种 HDCN，在无催化剂、常温下制备得到热固树脂粉末，进一步采用热压工艺进行加工成型。样品具有良好的形状记忆、自修复、可循环回收和耐溶剂性能。其中，利用 MDA 与甲醛制备的 HDCN 具有较强的力学性能，杨氏模量和拉伸强度分别为 1.6GPa 和 60MPa，形状恢复率能够达到 93.5%，自修复后材料的力学性能能够恢复至修复前的 95% 以上。另外，通过向体系中引入不同含量的聚醚胺能够调节材料力学性能，同时改变加工条件。当 PEDA 含量为胺总量的 30%（摩尔分数）时，其杨氏模量和拉伸强度仍然能保持在 0.8GPa 和 35MPa 之上，形状恢复速率较纯 MDA 体系明显加快，30s 内即可完成形状恢复，形状恢复率保持在 95%。

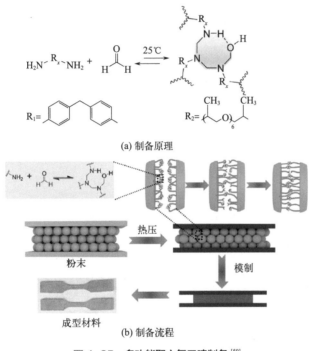

(a) 制备原理

(b) 制备流程

图 4-35　多功能聚六氢三嗪制备 [50]

如图 4-36 所示，袁彦超等[51] 对 PHT 树脂合成工艺进行了改进优化，采用 2,2'- 双 [4-(4- 氨基苯氧基苯基)] 丙烷与解聚后的 POM 反应，合成可降解回收的新型高性能热固性树脂，进一步采用碳纤维增强、制备可多次循环回收利用的先进复合材料，这种复合材料的力学、耐热等性能达到，甚至超过世界上部分现有同类商用先进复合材料的性能指标。该研究首次实现了碳纤维在先进复合材料领域的多次无损回收和循环再利用，得益于碳纤维的重要特征（性能、长度和编织结构）在回收过程中能够完美保存，用其制备的再生复合材料性能与回收前性能相比几乎保持不变。

如图 4-37 所示，马松琪等[52] 采用合成的六氢均三嗪 - 三对苯甲酰胺基脂肪胺（HT-A）为固化剂与普通双酚 A 缩水甘油醚（DGEBA）反应，制备含六氢三嗪可逆共价键结构的环氧树脂。树脂玻璃化转变温度达到 151℃，拉伸强度约 80MPa，杨氏模量约 2GPa，性能与采用二氨基二苯甲烷固化环氧树脂接近。但不同于普通环氧树脂，这种新型环氧树脂在 pH ≤ 0 的强酸溶液中 2 小时内可以完全降解。

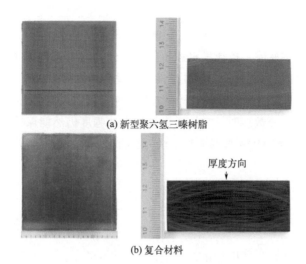

(a) 新型聚六氢三嗪树脂

(b) 复合材料

图 4-36　新型聚六氢三嗪树脂及其碳纤维增强先进复合材料 [51]

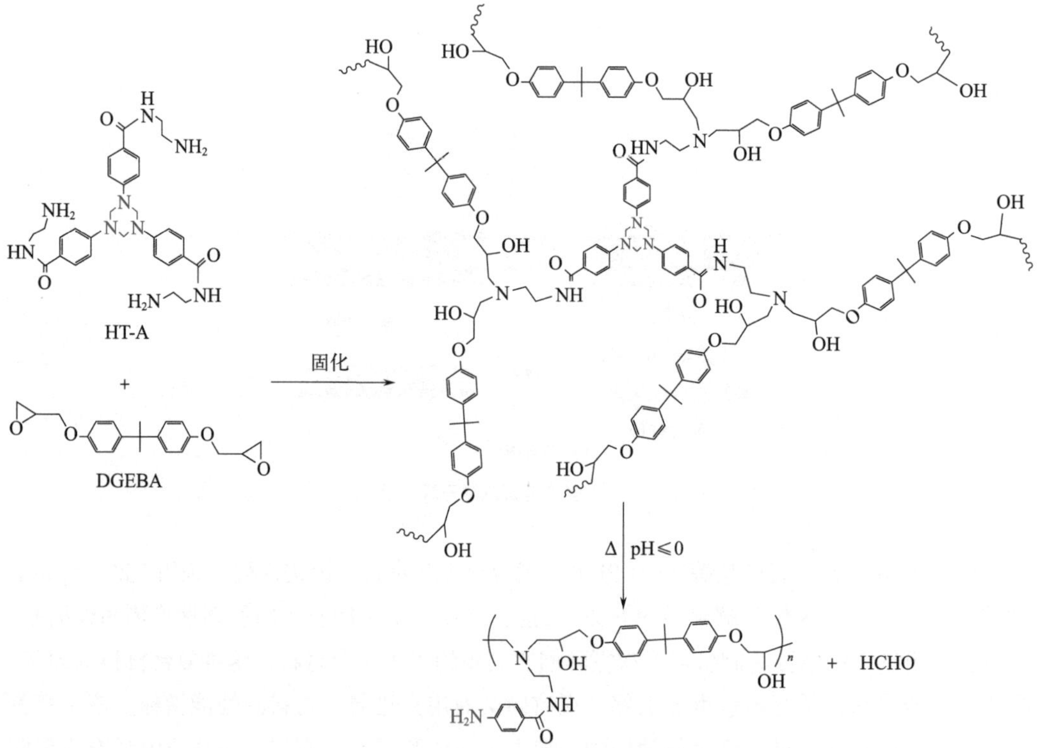

图 4-37　含六氢三嗪结构环氧树脂的制备和降解 [52]

4.3.6　含亚胺可逆共价键结构的热固性树脂及其复合材料

如图 4-38（a）所示，亚胺通常指通过伯胺和醛发生缩合反应制备得到含有碳 - 氮双键的一类有机化合物，也可以由醛或酮与胺（伯胺、羟胺、肼等）通过可逆缩合反应形成。

反应机理是带有孤电子对的胺进攻羰基发生亲核加成，得到半缩醛胺中间体，而后继续消除一分子水得到亚胺。为纪念该反应的发现者德国化学家雨果·席夫，该反应又称为席夫碱反应。

亚胺键是一种典型的可逆共价键，通常是由酸催化形成，但也可以在较高的酸度下水解，即反应在有水的条件下逆向进行，水解为醛和胺等合成原料。与芳香亚胺键相比，脂肪亚胺键具有较低的热力学和动力学稳定性，因此它的水解倾向更强。为了使反应朝着形成脂肪族亚胺键的方向发展，必须不断地除去小分子副产物（水）。同时，亚胺也可以直接与残留反应物（醛和胺）或其他亚胺产物进行交换反应、氨基转换反应等[4,13]，反应机理如图 4-38（b）（c）所示。利用亚胺键和类似键的多功能性，聚合物被赋予了多功能性和可加工性。

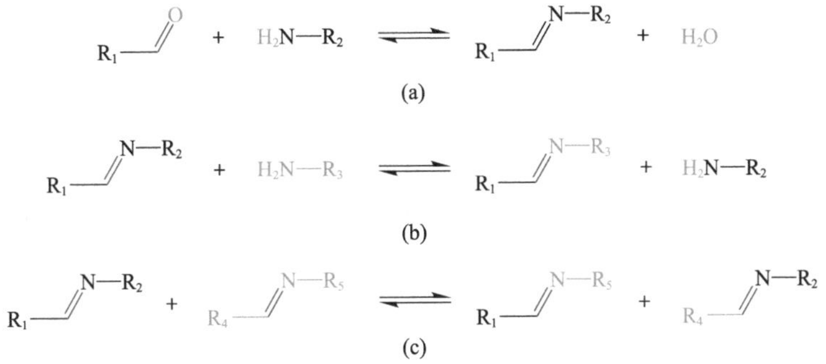

图 4-38　亚胺键可逆反应

由于亚胺水解可逆反应的限制，聚亚胺网络的力学性能和实际应用不可避免地具有水解敏感性。为此，Zhang[53] 等选用对苯二甲醛、脂肪三胺和不同种类的二胺为原料合成聚亚胺树脂，如图 4-39 所示，研究聚亚胺网络结构对耐水性的影响，以及吸水前后对力学性能造成的影响。选用的二胺包括由不同长度的烷基链组成的烷基二胺（$2C_2 \sim 2C_{12}$）和由不同长度的带有仲氨基的氮烷基二胺（$2N_1 \sim 2N_4$）。为了检验可能出现的氢键作用，还选择了二胺单体骨架上甲基化的仲氨基 2NMe 作为对比。力学性能测试表明，随着二胺链长的增加，聚亚胺的断裂伸长率增大，抗拉强度降低。拉伸强度依次为 $4N_1 > 4N_2 > 4N_4$、4NMe、$4C_2 > 4C_6 > 4C_8$、$4C_{12}$，断裂伸长率依次为 $4N_1 < 4N_2 < 4N_4 < 4NMe$、$4C_2$、$4C_6 < 4C_8 < 4C_{12}$。此外发现由氮烷基二胺组成的聚亚胺 $4N_4$ 与 $4C_{12}$ 具有相同的链长，但其弹性要小得多，断裂伸长率约为 40%。这表明聚亚胺链上的亚甲基被—NH—取代造成的额外氢键对聚亚胺的弹性有负面影响。当使用 N,N- 双 (3- 氨基丙基) 甲胺（2NMe）去除氢键位点时，合成的聚亚胺 4NMe 表现出优异的弹性（断裂伸长率 162%±22%）。24 小时去离子水浸泡实验则表明，随着二胺含氮量的增加，聚亚胺树脂吸水率逐渐增大，具体为 4NMe < $4N_1 < 4N_2 < 4N_4$，最大吸水率达到 90%。这是因为—NH—基体是亲水基团，含量越多，树脂亲水性越强。而 $4C_2 \sim 4C_{12}$ 则因为由疏水烷基链构成吸水率仅为 6%。这说明聚亚胺的水分敏感性可以通过合理选择单体来进行调节，从而得到亲水性或疏水性的聚亚胺网络。吸水前后的力学性能数据显示，吸水后 $4N_1 \sim 4N_4$ 失去了约 90% 的原始抗拉强度，$4C_2 \sim 4C_{12}$ 则失去了约 50%。断裂伸长率则不同程度地增大了，其中 $4N_1$ 增大最多，约 20 倍。这是因为水主要起

到增塑剂的作用，通过插入聚合物链之间，降低聚合物分子间作用力，从而降低聚合物的刚性，提高断裂伸长率。

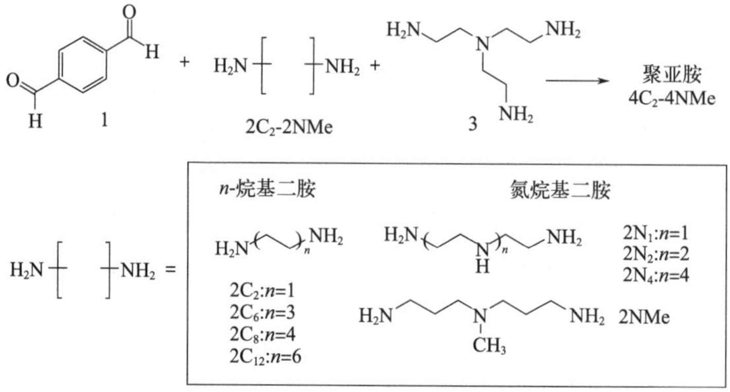

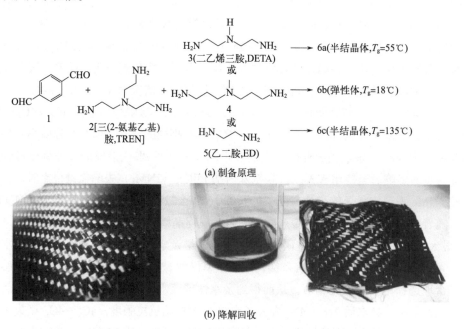

图 4-39 不同二胺基团合成的聚亚胺[53]

Zhang Wei 等[54] 采用芳香二醛、脂肪二胺和脂肪三胺在无催化剂溶剂中进行共聚，得到具有交联结构的聚亚胺树脂，不仅具有良好耐水解性，而且在热和水的作用下具有良好的可塑性、再加工性。经过研磨，回收后力学性能不降反而略微上升。当选用不同结构的脂肪二元胺，得到的聚亚胺体系可变度大，有弹性体（断裂伸长率＞200%，拉伸强度约为10MPa）、半结晶体（断裂伸长率＜5%，拉伸强度可达 65MPa），其玻璃化转变温度从 18℃变化到 135℃。他们以此为基础，进行了碳纤维复合材料的制备。如图 4-40 所示，对于 6a型聚亚胺，在 121℃、45MPa 条件下，热压时间仅需要 60s，便可得到复合材料层压板。利用亚胺的氨基转换反应，可实现碳纤维的回收。例如在体系中加入一定量的脂肪二元胺或含二元胺的乙醇溶液，聚亚胺降解为可溶性低聚物，并且回收的碳纤维保持了良好的编织结构以及力学性能。

图 4-40 聚亚胺树脂及复合材料的制备原理与降解回收[54]

如图 4-41 所示，马松琪等[55]以香草醛为原料制备单官能度环氧单体，进而通过二胺固化，采用环氧固化过程中原位形成席夫碱的合成方法，得到香草醛基亚胺环氧树脂。树脂 T_g 约 172℃、拉伸强度约 81MPa、模量约 2112MPa、断裂伸长率约 15%，优于陶氏 DER331 环氧树脂。由于希夫碱的动态化学键性质，得到的香草醛基希夫碱环氧树脂具有优异的可重塑性能，180℃ 热压 20min 就可以使碎片样品重新变成完整的材料。通过不同温度下的松弛曲线经阿伦尼乌斯方程拟合计算得到拓扑冻结转变温度为 70℃。并且通过席夫碱结构在酸性条件下的水解，可以实现环氧树脂的降解，其碳纤维复合材料在常温下浸泡，就可以实现碳纤维的回收（图 4-42），回收得到的碳纤维保持了原始碳纤维的织物结构、微观形貌、表面化学结构以及力学性能；同时力学性能与 DER331 环氧树脂基复合材料相当。

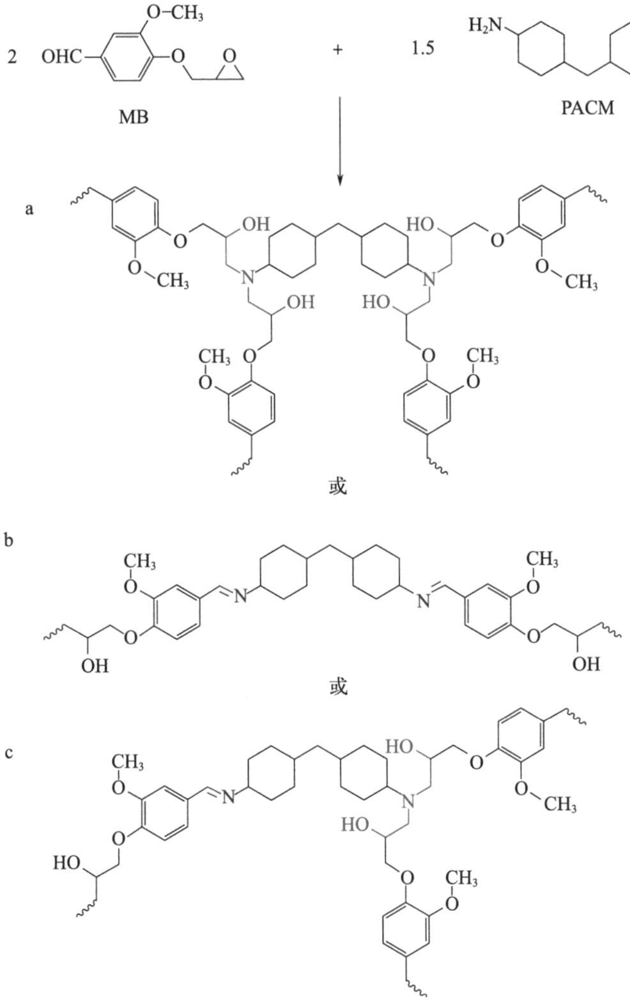

图 4-41　香草醛基单环氧化物 MB 和 4,4′- 亚甲基双（环己胺）（PACM）的交联网络结构[55]

Liu 等[56]则以此种香草醛基单环氧预聚物 BE 和 4,4′- 二氨基二苯甲烷（DDM）环氧交联网络为基体，以石墨纳米片（GNP）为导热填料，采用研磨、热压工艺制备了 BE/DDM/

GNP 纳米复合导热材料，如图 4-43 所示。结果表明，BE 基体作为功能化改性剂直接微包覆 GNP 形成微胶囊结构，提高了 GNP 在基体中的分散性和界面相容性。BE/DDM/GNP-10%（质量分数，下同）热导率提高到 2.21W/(m·K)，是传统环氧树脂（EP）的 10 倍左右，也高于 EP/DDM/GNP@PDA-10%（GNP@PDA 为多巴胺非共价功能改性的 GNP）纳米复合材料 [1.817W/(m·K)]。并且基于 BE/DDM 的席夫碱动态网络结构，复合材料在 0.1mol/L HCl/ 丙酮（体积比为 2∶8）溶液中 50℃加热 180 分钟可以实现完全降解，实现 GNP 的回收。

图 4-42　**香草醛基亚胺环氧树脂碳纤维复合材料回收**[55]
（图中时间为浸泡时间）

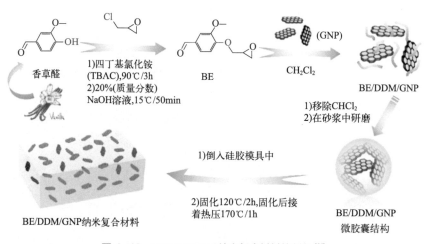

图 4-43　**BE/DDM/GNP 纳米复合材料的制备**[56]

马松琪等[57] 以香草醛为原料合成了一种含磷三醛单体，进而通过与不同二胺单体反应制备了 3 种聚亚胺树脂 TFMP-M、TFMP-P、TFMP-H（图 4-44）。其中 TFMP-M 树脂 T_g 约为 178℃，拉伸强度约为 69MPa，拉伸模量约为 1.9GPa，垂直燃烧试验达到 V-0 级别。由于亚胺键的存在，该类热固性树脂展现出了优异的热延展性，在 180℃热压下，10 分钟内就可重新加工成型回收，并且在重塑后，其主体化学结构能够保持，力学性能没有明显下降；同时可在温和酸性条件下水解，实现了热固性树脂的降解以及单体的回收。

芳香醛和脂肪胺固化得到的半芳香聚亚胺在耐水性、耐热性、耐化学试剂方面较差，稳定性不足，难以满足复杂场景下的使用要求。研究发现，芳香族共轭结构能显著提高共价有机骨架的耐热性和耐化学性，但具有多孔结构和结晶结构的共价有机框架（COFs）和热固性树脂的结构和性能有很大差异，不能用作热固性树脂。而在半芳香族和芳香族结构中，苯环与—C≡N—的共轭效应可以显著提高稳定性。在此基础上，袁彦超等[58]以三羟基甲基乙烷为原料合成一种带有烷氧基的新型芳香三醛 TFE，通过控制三醛和对苯二甲醛的计量比和芳香胺交联固化得到不同交联度的芳香聚亚胺薄膜 PIM1～PIM4，如图 4-45、图 4-46 所示。耐水性实验表明，所有 PIM 吸水率仅为 0.14%～0.15%，在目前已报道的聚亚胺树脂中吸水率最低，甚至低于常见热固性树脂的吸水率。这表明相对于脂肪亚胺，芳香苯环结构可以显著提高聚亚胺的耐水性，这是由于苯环和—C≡N—的共轭结构对极性—C≡N—键的保护和屏蔽作用提高了树脂的疏水性。此外使用烷氧基的三胺 TFE 代替脂肪族二胺作为合成单体，对提高聚亚胺的耐水性也起到了重要作用。接触角测试证实了这一点，随着交联度增大，PIM 接触角增大，PIM4 达到了 92.8°。说明交联点越密集，苯环和—C≡N—起到的共轭效应越明显，材料疏水性越强。耐溶剂实验结果表明，除几种特殊溶剂外，该树脂对多种典型酸、碱、氧化剂、盐、溶剂和油均有良好的耐受性。甚至在强酸和弱酸的水溶液中［如 10%（质量分数，余同）硫酸、盐酸、硝酸和乙酸］浸泡 24 小时几乎没有降解。为了使树脂快速降解，使用浓度为 1mol/L 的四氢呋喃和水的混合溶液作为降解液，以增强对树脂表面的润湿渗透效果，实验结果表明，随着 THF 含量的增加，树脂的接触角值呈线性减小。并且在 THF/H₂O 比例为 8/2 时，降解时间最短，进一步增加 THF 含量改善了溶液的润湿性，但却延长了降解时间，而理论上完全降解只需 0.005mL 的水。这说明水分不仅起到水解亚胺键的作用，还可能起到转移质子或催化水解的作用。因此水过少会减慢降解速度，延长降解时间。想要获得最佳的降解效果，需要保持一定的水量。

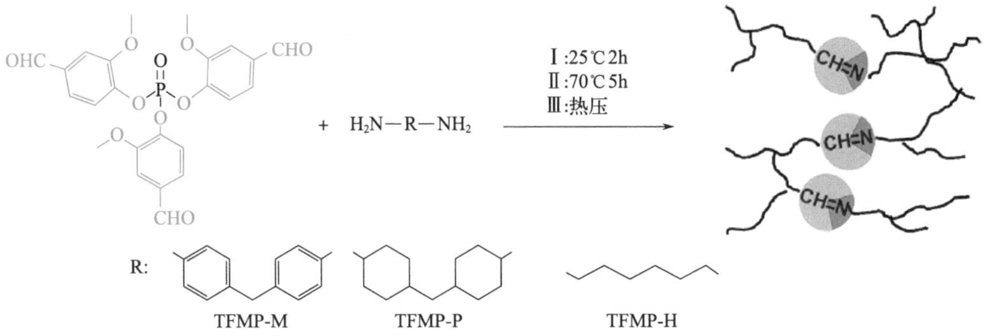

图 4-44　基于含磷三醛聚亚胺树脂的制备[57]

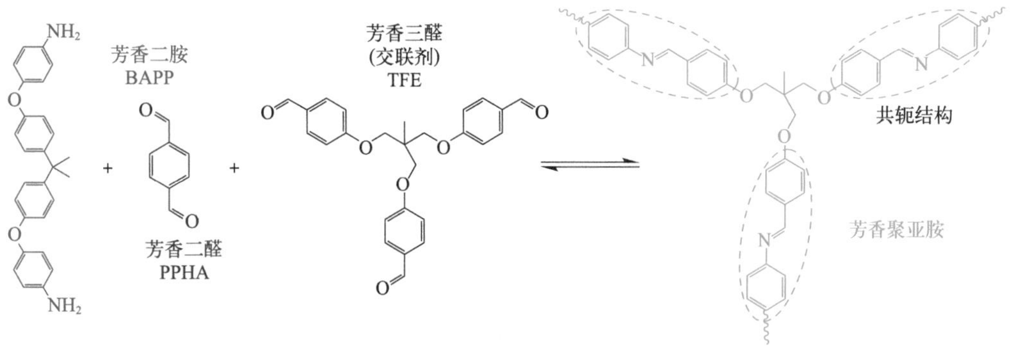

图 4-45　芳香二醛、二胺和三醛单体制备芳香聚亚胺[58]

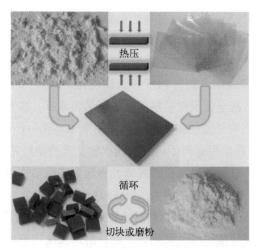

图 4-46　全芳香结构聚亚胺树脂热加工和循环回收利用 [58]

　　该方法合成的聚亚胺树脂还具有优异的热力学性能和热加工性能（见图 4-46），氮气气氛中热分解温度达到 434～441℃，在目前已报道的聚亚胺树脂中最高，接近聚酰亚胺。700℃残炭率高达 40%，这是因为在达到分解温度前，亚胺键可发生环化交联反应，形成密度更大的环三嗪结构交联网络，从而显著提高树脂的热稳定性。此外，随着交联程度的增加，PIM 的 T_g 从 217℃增加到 239℃，拉伸强度逐渐增大，断裂伸长率减小，其中交联程度较完善的 PIM4 拉伸强度达到 94.5MPa，抗拉模量 3.5GPa，断裂伸长率 6%，综合力学性能明显优于已报道的半芳香型和芳香型聚亚胺。

　　如图 4-47、图 4-48 所示，陈华岩等采用芳香四醛四 [(4- 甲酰苯氧基) 甲基] 甲烷（TFM）、芳香二胺联大茴香胺（DTB）为原料，利用苯环与亚胺键形成的共轭结构提高树脂本征导热性能，制备出绝缘性能较好、热导率高达 0.76W/(m·K) 的聚亚胺树脂 [59]。该

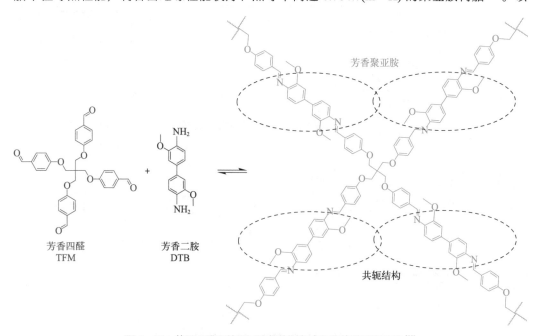

图 4-47　芳香四醛和芳香二胺单体制备本征导热芳香聚亚胺 [58]

树脂具有优异的热回收、热稳定性和力学性能，5% 热分解温度、玻璃化转变温度分别为 390℃、281℃，800℃残炭率为 51.63%，树脂拉伸强度、断裂伸长率、杨氏模量分别为 79.0MPa、3.74%、5.01GPa。树脂具有优异的化学稳定性，能够耐受常见酸、碱、盐、油、氧化剂等的侵蚀。通过改善降解液对树脂表面润湿性，树脂在 1mol/L HCl：THF=2：8（体积比）混合溶液中浸泡 24h 可完全降解，且降解产物为树脂合成原料，可循环回收再利用。

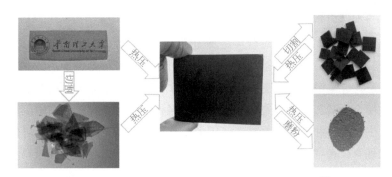

图 4-48　本征导热芳香聚亚胺热加工和循环回收利用[58]

　　除了上述 6 种可逆共价聚合物及其复合材料之外，以脲键、酰腙键、硼酸酯键、氨基甲酸酯键、碳 - 碳键等可逆共价键构筑的可逆共价聚合物及其复合材料也取得了很大进展，感兴趣的话请参考相关综述文章，这里就不再赘述。

4.4　展望

　　传统热固性树脂难以像热塑性塑料一样易于回收利用，可逆共价聚合物的出现打破了热固性和热塑性之间的严格界限，赋予热固性聚合物可热加工、热回收、溶液回收、可控降解、自愈合、形状记忆等多重功能，不仅有望从源头上解决热固性聚合物材料加工成型和回收再利用难题，而且还能为材料增加某些特殊性能、扩大应用范围。

　　实际上，除了含缩醛 / 酮、亚胺可逆共价键结构的固化剂已经开始尝试用于生产可回收碳纤维增强环氧树脂基复合材料产品外，可逆共价聚合物的总体发展基本处于起步阶段，尽管在可逆共价聚合物的制备、概念验证、应用方面取得了很大进展，所提出方法的商业化还有很长的路要走。未来发展趋势主要包括如下几个方面 [9-17]。

　　（1）加强基础理论研究，改善可逆共价聚合物力学、热学等性能

　　全部或部分替代传统热固性树脂作为结构材料使用，是研究可逆性共价聚合物的重要目标之一。目前可逆性共价聚合物的基础理论研究仍旧处于探索阶段，且研究主要集中在弹性体和凝胶材料等方面，力学、热学等性能相对较低，尚不适合用作结构材料，既与可逆共价键键能较低有关，也跟树脂分子结构设计有关。因此，可通过采用键能较高的可逆共价键、结合非共价键相互作用、优化树脂分子结构设计等手段改善树脂的力学、热学等性能，平衡结构与性能关系，实现材料性能精确调控，整体上提高树脂综合性能。

（2）提高可逆共价聚合物使用安全性

可逆共价聚合物发挥可逆功能，需要确保在合适刺激条件下具有足够快的交换动力学速率，同时必须抑制或者降低其在服役环境条件下因可逆交换反应产生的结构不稳定性，这对确保可逆共价聚合物及其复合材料使用安全性非常重要，也是阻碍其获得实际应用的主要因素之一。不同材料或不同用途，服役环境可能千差万别，需要根据具体服役环境选择满足结构稳定要求的可逆共价聚合物种类。

（3）优化可逆共价聚合物制备方法

目前可逆共价聚合物主要通过含可逆基团的大分子与单体间相互反应原位生成可逆共价键、含可逆基团的大分子间相互反应原位生成可逆共价键、含可逆基团的单体间相互反应原位生成可逆共价键和含有可逆共价键的单体间相互反应引入可逆共价键 4 种方法制备。原料结构和性能、合成工艺不仅是影响可逆共价聚合物结构和性能的关键因素，同时也涉及生产成本、生产效率和环境友好性等。因此，从原料成本等方面考虑，可优先采用含有内置可逆键的现有聚合物或市场上可用的携带可逆键的单体为主要合成原料，或利用可再生的生物基原料代替石油化工原料。进一步通过优化可逆共价聚合物合成工艺，提高树脂综合性能，降低生产成本，提高生产效率。

（4）加强辅助材料与可逆反应之间的相互作用研究

像传统热固性树脂一样，可逆共价聚合物需要与增强材料、填料、增韧剂、稀释剂、阻燃剂、偶联剂等辅助材料组成复合材料使用，且辅助材料含量通常超过基体树脂含量。只有明确辅助材料与可逆反应之间的相互作用机理和规律，才能根据需要通过辅助材料协助调控可逆反应、调整复合材料结构、优化复合材料加工工艺、改善复合材料性能。

（5）加强可逆共价聚合物及其复合材料加工性能研究

目前可逆共价聚合物的加工大多是通过由不可逆键合聚合物专用设备进行，主要采用加热、阳光、水等辅助的压缩成型方式，而注射成型等则很少使用，因其不适用于复杂结构的规模化生产和具有高级性能聚合物的高通量制造。因此，需要加强可逆共价聚合物热力学和流变学研究，结合开发新型配备外部刺激源的特殊高效加工设备，满足不同激发可逆条件聚合物的加工成型，改善可逆共价聚合物及其复合材料加工性能。

理论上，可逆共价聚合物同时具备热塑性塑料和热固性树脂的特有性能，打破了传统塑料的概念和界限，随着所面临挑战的逐步解决，有望在某些应用领域（尤其是智能器件）部分或全部取代传统塑料，并逐渐形成独立的可逆共价聚合物学科，具有良好的发展前景。

 参考文献

[1]　杨斌，侯相林，刘杰，等．复合材料回收再利用 [M]．北京：中国铁道出版社有限公司，2021: 5-16.

[2]　Bergman S D, Wudl F. Mendable polymers[J]. J Mater Chem, 2008, 18(1): 41-62.

[3]　Maeda T, Otsuka H, Takahara A. Dynamic covalent polymers: Reorganizable polymers with dynamic covalent bonds[J]. Progress in Polymer Science, 2009, 34(7): 581-604.

[4] Xin Y, Yuan J Y. Schiff's base as a stimuli-responsive linker in polymer chemistry[J]. Polymer Chemistry, 2012, 3(11): 3045-3055.

[5] Denissen W, Winne J M, Du Prez F E. Vitrimers: Permanent organic networks with glass-like fluidity[J]. Chemical Science, 2016, 7(1): 30-38.

[6] 张希 . 可多次塑型、易修复及耐低温的三维动态高分子结构 [J]. 高分子学报 , 2016, 6: 685-687.

[7] Xie T, Zou W K, Dong J T, et al. Dynamic covalent polymer networks: From old chemistry to modern day innovations[J]. Advanced Materials, 2017, 29(14): 1606100.

[8] Ma S Q, Webster D C. Degradable thermosets based on labile bonds or linkages: A review[J]. Progress in Polymer Science, 2018, 76: 65-110.

[9] Zhang Z P, Rong M Z, Zhang M Q. Polymer engineering based on reversible covalent chemistry: A promising innovative pathway towards new materials and new functionalities[J]. Progress in Polymer Science, 2018, 80: 39-93.

[10] 张泽平 , 容敏智 , 章明秋 . 基于可逆共价化学的交联聚合物加工成型研究—聚合物工程发展的新挑战 [J]. 高分子学报 , 2018, 7: 829-852.

[11] 陈兴幸 , 钟倩云 , 王淑娟 , 等 . 动态共价键高分子材料的研究进展 [J]. 高分子学报 , 2019, 50(5): 469-484.

[12] 吴坤红 , 顾雪萍 , 冯连芳 , 等 . 基于动态共价键制备可重复加工交联聚合物 [J]. 高校化学工程学报 , 2020, 34(1): 1-8.

[13] Xie T, Zheng N, Xu Y, et al. Dynamic covalent polymer networks: A molecular platform for designing functions beyond chemical recycling and self-Healing[J]. Chemical Reviews, 2021, 121(3): 1716-1745.

[14] 何恩健 , 姚艳锦 , 张宇白 , 等 . 类玻璃高分子的再加工 [J]. 化学学报 , 2022, 80: 1021-1041.

[15] 李懿轩 , 李天奇 , 陆星远 , 等 . 可逆交联聚合物材料 : 修复、循环利用与降解 [J]. 中国材料进展 , 2022, 41(1): 39-51.

[16] 纪拓 , 张跃宏 , 马菲 , 等 . 可循环利用的生物质基环氧树脂类玻璃高分子材料的研究进展 [J]. 高分子材料科学与工程 , 2023, 39(8): 165-174.

[17] Kloxin C J, Scott T F, Adzima B J, et al. Covalent adaptable networks (CANs): A unique paradigm in cross-linked polymers[J]. Macromolecules, 2010, 43(6): 2643-2653.

[18] Leibler L, Capelot M, Tournilhac F, et al. Silica-like malleable materials from permanent organic networks[J]. Science, 2011, 334(6058): 965-968.

[19] Buchwalter S L, Kosbar L L. Cleavable epoxy resins: Design for disassembly of a thermoset[J]. Journal of Polymer Science Part A: Polymer Chemistry, 1996, 34(2): 249-260.

[20] Hashimoto T, Meiji H, Urushisaki M, et al. Degradable and chemically recyclable epoxy resins containing acetal linkages: Synthesis, properties, and application for carbon fiber-reinforced plastics[J]. Journal of Polymer Science Part A: Polymer Chemistry, 2012, 50(17): 3674-3681.

[21] Yamaguchi A, Hashimoto T, Kakichi Y, et al. Recyclable carbon fiber-reinforced plastics (CFRP) containing degradable acetal linkages: Synthesis, properties, and chemical recycling[J]. Journal of Polymer Science Part A: Polymer Chemistry, 2015, 53(8): 1052-1059.

[22] Li P Y, Ma S Q, Wang B B, et al. Degradable benzyl cyclic acetal epoxy monomers with low viscosity: Synthesis, structure-property relationships, application in recyclable carbon fiber composite[J]. Composites Science and Technology, 2022, 219: 109243.

[23] Wang B B, Ma S Q, Li Q, et al. Facile synthesis of "digestible", rigid-and-flexible, bio-based building

block for high-performance degradable thermosetting plastics[J]. Green Chemistry, 2020, 22(4): 1275-1290.

[24] Ma S Q, Wei J J, Jia Z M, et al. Readily recyclable, high-performance thermosetting materials based on a lignin-derived spiro diacetal trigger[J]. Journal of Materials Chemistry A, 2019. 7(3): 1233-1243.

[25] Liang B, Qin B, Pastine S J. Reinforced composite and method for recycling. WO 2013007128A1[P]. 2013-01-17.

[26] Pastine S J, Liang B, Qin B. Novel agents for reworkable epoxy resins. US 20130245204A1[P]. 2013-09-19.

[27] 梁波, 覃兵, 斯蒂芬派斯丁, 等. 一种增强复合材料及其回收方法. CN 103517947A[P]. 2014-01-15.

[28] 覃兵, 李欣, 梁波. 可降解有机芳香胺类和有机芳香铵盐类潜伏型环氧树脂固化剂及其应用. CN 103254406A[P]. 2013-08-21.

[29] Sastri V R, Tesoro G C. Reversible crosslinking in epoxy resins. II. New approaches[J]. Journal of Applied Polymer Science, 1990, 39(7): 1439-1457.

[30] Tesoro G C, Sastri V R. Reversible crosslinking in epoxy resins. I. Feasibility studies[J]. Journal of Applied Polymer Science, 1990, 39(7): 1425-1437.

[31] Johnson L M, Ledet E, Huffman N D, et al. Controlled degradation of disulfide-based epoxy thermosets for extreme environments[J]. Polymer, 2015, 64: 84-92.

[32] Luzuriaga A R de, Martin R, Markaide N, et al. Epoxy resin with exchangeable disulfide crosslinks to obtain reprocessable, repairable and recyclable fiber-reinforced thermoset composites[J]. Materials Horizons, 2016, 3(3): 241-247.

[33] Takahashi A, Ohishi T, Goseki R, et al. Degradable epoxy resins prepared from diepoxide monomer with dynamic covalent disulfide linkage[J]. Polymer, 2016, 82: 319-326.

[34] Zhou F T, Guo Z J, Wang W Y, et al. Preparation of self-healing, recyclable epoxy resins and low-electrical resistance composites based on double-disulfide bond exchange[J]. Composites Science and Technology, 2018, 167: 79-85.

[35] Xiang S P, Zhou L, Chen R Q, et al. Interlocked covalent adaptable networks and composites relying on parallel connection of aromatic disulfide and aromatic imine cross-links in epoxy[J]. Macromolecules, 2022, 55(23): 10276-10284.

[36] Lewis B, Dennis J M, Shull K R. Effects of dynamic disulfide bonds on mechanical behavior in glassy epoxy thermosets[J]. ACS Applied Polymer Materials, 2023, 5(4): 2583-2595.

[37] Leibler L, Capelot M, Montarnal D, et al. Metal-catalyzed transesterification for healing and assembling of thermosets[J]. Journal of the American Chemical Society, 2012, 134(18): 7664-7667.

[38] Lu L, Pan J, Li G Q. Recyclable high-performance epoxy based on transesterification reaction[J]. J Mater Chem A, 2017, 5(40): 21505-21513.

[39] 黄鑫, 刘汉超, 樊正, 等. 超支化聚合物增韧增强的自修复环氧 Vitrimer[J]. 高分子学报, 2019, 50(5): 535-542.

[40] 汪东, 李丽英, 柯红军, 等. 高性能可回收环氧树脂及其复合材料的制备与性能研究 [J]. 高分子学报, 2020, 51(3): 303-310.

[41] Yu K, Shi Q, Dunn M L, et al. Carbon fiber reinforced thermoset composite with near 100% recyclability[J]. Advanced Functional Materials, 2016, 26(33): 6098-6106.

[42] Zhong L Y, Hao Y X, Zhang J H, et al. Closed-loop recyclable fully bio-based epoxy vitrimers from ferulic acid-derived hyperbranched epoxy resin[J]. Macromolecules, 2022, 55(2): 595-607.

[43] Zhang B Y, Cui T T, Jiao X W, et al. Reprocessable and recyclable high-performance carbon fiber-reinforced composites enabled by catalyst-free covalent adaptable networks[J]. Chemical Engineering Journal, 2023, 476: 146625.

[44] Tian Q, Yuan Y C, Rong M Z, er al. A thermally remendable epoxy resin[J]. Journal of Materials Chemistry, 2008, 19: 1289-1296.

[45] Sandip D, Sadaki S, Yasuyuki N, et al. Thermo-resettable cross-linked polymers for reusable/removable adhesives[J]. Polymer Chemistry, 2018, 9: 5559-5565.

[46] Garcia J M, Jones G O, Virwani K, et al. Recyclable, strong thermosets and organogels via paraformaldehyde condensation with diamines[J]. Science, 2014, 344(6185): 732-735.

[47] Lee J, Hwang S, Le S K, et al. Optimizing filler network formation in poly(hexahydrotriazine) for realizing high thermal conductivity and low oxygen permeation[J]. Polymer, 2019, 179: 121639.

[48] Shin H, Ahn S, Kim D, et al. Recyclable thermoplastic hexagonal boron nitride composites with high thermal conductivity[J]. Composites Part B: Engineering, 2019, 163: 723-729.

[49] Kaminker R, Callaway E B, Dolinski N D, et al. Solvent-free synthesis of high-performance polyhexahydrotriazine (PHT) Thermosets[J]. Chemistry of Materials, 2018, 30: 8352-8358.

[50] Zhang Y F, Wang S N, Liaw D J, et al. Tunable and processable shape-memory materials based on solvent-free, catalyst-free polycondensation between formaldehyde and diamine at room temperature[J]. ACS Macro Letters, 2019, 8(5): 582-587.

[51] Yuan Y C, Sun Y X, Yan S J, et al. Multiply fully recyclable carbon fibre reinforced heat-resistant covalent thermosetting advanced composites[J]. Nature Communications, 2017(08): 14657.

[52] You S S, Ma S Q, Dai J Y, et al. Hexahydro-s-triazine: A trial for acid-degradable epoxy resins with high performance[J]. ACS Sustainable Chemistry & Engineering, 2017, 5(6): 4683-4689.

[53] Taynton P, Yu K, Zhang W, et al. Heat- or water-driven malleability in a highly recyclable covalent network polymer[J], Adv Mater, 2014, 26: 3938-3942.

[54] Taynton P, Ni H, Zhang W, et al. Repairable woven carbon fiber composites with full recyclability enabled by malleable polyimine networks[J], Adv Mater, 2016, 28: 2904-2909.

[55] Wang S, Ma S Q, Li Q, et al. Facile in situ preparation of high-performance epoxy vitrimer from renewable resources and its application in nondestructive recyclable carbon fiber composite[J], Green Chem, 2019, 21: 1484-1497.

[56] Liu Y, Wu K, Lu M, et al. Enhanced thermal conductivity of bio-based epoxy-graphite nanocomposites with degradability by facile in-situ construction of microcapsules[J]. Composites Part B: Engineering, 2021, 218(1):108936.

[57] Wang S, Ma S Q, Li Q, et al. Robust, fire-safe, monomer-recovery, highly malleable thermosets from renewable bioresources[J], Macromolecules, 2018, 51: 8001-8012.

[58] Yuan Y C, Chen H Y, Jia L, et al. Aromatic polyimine covalent adaptable networks with superior water and heat resistances[J], European Polymer Journal, 2023, 187: 111912.

[59] 陈华岩. 可循环回收利用的碳纤维增强聚亚胺树脂基导热复合材料 [D]. 广州: 华南理工大学, 2024.

5 柔性电子与传感材料

随着电子信息技术的进步和社会需求不断增长，互联网走向了万物互联、大数据时代，刚性电子器件不可避免地制约了电子产品的广泛应用和发展。具有独特柔性的电子器件以其适应性强、功能化、多样化和个性化等特点在信息、能源、医疗、国防等领域展现出重要的应用前景。其中，柔性可穿戴电子更是将生物传感和人机交互结合，推动了一场电子技术的革命。柔性电子材料作为一种特种新兴材料，不仅要求其兼具柔韧性和导电性等特点，还需满足工艺及应用场景的需求，成为了材料学科中新的重要的分支，对柔性电子的发展起着重要的推动作用。

本章介绍柔性电子器件的基本组成、各部分材料的性能要求和特点，重点阐述了柔性互连电路的制备方法、界面作用及拉伸性的调控；针对柔性传感材料，重点介绍了柔性力敏传感材料、柔性温度传感材料、柔性湿度传感材料、柔性气体传感材料、柔性光学传感材料及柔性化学传感材料的工作原理及性能特点，并举例说明了柔性传感材料在电子皮肤、可穿戴织物及植入电子设备等领域的应用前景。

5.1 柔性电子材料

柔性电子（flexible electronics）是将有机/无机材料电子器件制作在柔性/可延性基板（塑料、薄膜和金属等）上的新兴电子技术。它的概念起步于 20 世纪 60 年代，当时科研人员试图用有机半导体替代硅等无机半导体，使有机电子器件具备柔性特点。20 世纪 70 年代以来，随着光导有机材料、导电聚合物、共轭半导体聚合物等的相继发现，极大地促进了有机/柔性电子的发展。相对于传统的硅基刚性电子器件，柔性电子器件采用轻薄柔性的基底材料与器件结合，在弯曲、折叠、扭曲、压缩、拉伸，甚至变形成任意形状时仍可稳定工作；还具有共形性好、可定制、可大面积制造等优点，在信息、能源、医疗、国防等领域展现出广阔的应用前景。

作为柔性电子领域的重要分支，柔性传感材料拓宽了传感器的机械柔韧性和可拉伸性、形状适应性和制造可扩展性，弥补了传统传感器的应用缺陷。其通常是指拥有自由变形能力，且能将环境或生物体中收集到的信息以电信号的形式收集、记录的一类柔性导电材料。按照用途可以分为柔性力敏传感材料、柔性气体传感材料、柔性湿度传感材料、柔性温度传感材料、柔性光学传感材料和柔性化学传感材料。由柔性传感材料制备的柔性传感器，具有优异的柔韧性与延展性，能够自由弯曲甚至折叠，并且结构形式灵活多样，可实现动态或在形状变化的物体上及大面积非平面上的信号的监测。当前，柔性传感器已在包括电子皮肤、医疗健康、可穿戴织物和人机交互界面等领域得到了广泛的研究和应用。

尽管柔性电子的种类众多，但基本结构类似，按其组成可分为柔性衬底与封装材料、柔性互连电路以及柔性电极与功能组件（图5-1），下面将按其结构组成来进行详细阐述。

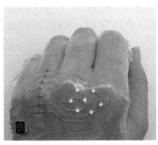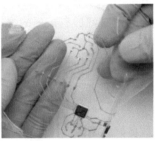

图5-1　**典型柔性电子结构**[1]

5.1.1　柔性衬底材料

柔性电子应用中，柔性衬底材料是承载柔性电子器件的基础，作为器件的骨架，起到支持器件后续加工、散发热量、保持电信号完整性等作用；还需保护器件免受水分、灰尘和气体的影响。因此，柔性衬底材料不仅要具有优异的绝缘性及低成本，还应具有轻、薄、软等优点，以保证在弯曲、卷绕、折叠、扭曲、拉伸等复杂的机械形变下电学性能稳定，且不发生屈服、疲劳和断裂等。同时，柔性衬底的尺寸稳定性、热稳定性、水分/气体阻隔性及对导电填料的化学亲和力等均会对所制备的柔性电子器件的力学性能和电气性能产生影响。此外，针对不同的应用需求，柔性衬底有时还应具有如耐高温性、透气性、透光性等特性。

目前常用的柔性衬底材料主要包括聚酰亚胺（polyimide，PI）、硅橡胶（如聚二甲基硅氧烷，polydimethylsiloxane，PDMS）、聚氨酯（polyurethane，PU）、聚对苯二甲酸乙二醇酯（polyethylene terephthalate，PET）和热塑性弹性体（如苯乙烯-乙烯-丁烯-苯乙烯嵌段共聚物，styrene-ethylene-butylene-styrene block copolymer，SEBS）等。

（1）聚酰亚胺

1960年代初期，杜邦公司首次实现了PI的商业化生产。20世纪70年代初，高纯度和高耐热PI薄膜首次被用作双金属半导体器件的层间介质。此后，PI薄膜在微电子领域的应用迅速扩展，尤其是作为柔性衬底材料广泛应用于电子器件。

PI是主链上含有酰亚胺环（—CO—NH—CO—）的聚合物，按照化学组成可以分为芳香族聚酰亚胺和脂肪族聚酰亚胺；按照加工特性可以分为热塑性聚酰亚胺以及热固性聚酰亚胺。目前聚酰亚胺最为常用的合成方法是二步法：即二元酸酐单体和二胺单体在非质子极性溶剂中反应形成聚酰胺酸前驱体溶液；然后再脱水环化，得到聚酰亚胺。如先通过均苯四酸二酐（PMDA）和4,4′-二氨基二苯醚的缩聚反应，形成前驱体聚酰胺酸（PAA）；然后在300℃的高温下进行亚胺化反应，或者在吡啶或其他有机碱的催化下与乙酸酐进行化学脱水反应，最终形成PI。

由于 PI 在分子链中引入了高度稳定和刚性的杂环结构，惰性酰亚胺环和链间相互作用强，赋予了 PI 的高热稳定性和优异的综合性能。PI 具有优异的热稳定性（−190～540℃）：其 T_g 一般可达到 300℃左右，热分解温度（T_d）高达 500℃左右；并具有较低的热膨胀系数。PI 还具有优异的力学性能，这得益于 PI 分子链中大量的芳杂环提供了共轭效应，使其力学性能表现出较高的拉伸、弯曲和压缩强度，优异的抗蠕变性，可承受加工或热循环过程中产生的应力。PI 的抗拉和抗压强度可超过 100MPa，断裂伸长率大于 10%。此外，PI 具有耐常见有机溶剂的能力，对稀酸有较强的耐水解性，对氧化剂和还原剂稳定性高。介电性能上，PI 的介电常数和损耗因子都较低，其相对介电常数（D_k）为 3.1～3.5（10^6Hz），损耗因子可达 $1.0×10^{-3}$～$1.5×10^{-3}$（10^6Hz）；同时 PI 还具有良好的电绝缘性，它的体积电阻率约为 10^{14}～10^{15}Ω·m，表面电阻率 10^{15}～10^{16}Ω，属 F～H 级绝缘。另外，PI 还具有优异的抗辐射性，通常 PI 薄膜在 $5×10^7$Gy 剂量辐照后，强度仍保持 86%；同时其具有对普通的无机、金属和介电材料良好的黏附性能和良好的可加工性。正是因为 PI 优异的热稳定性、耐化学稳定性、良好的介电性能、出色的力学性能等优点，使其成为了目前柔性电子广泛采用的衬底材料。

（2）硅橡胶

硅橡胶的主链由硅和氧原子交替构成，其柔韧性使分子链运动能力强且易于重排，为侧甲基提供了存在空间，因此，硅橡胶具有超低的弹性模量和玻璃化转变温度，以及气体透过性能。另外，由于 Si—O 的键能（504.6kJ/mol）远远强于 C—C 键（344.4kJ/mol），因此硅橡胶比有机塑料更稳定，并更能抵抗电磁和粒子辐射。此外，硅橡胶还具有优异的耐高温、低温性。硅橡胶可在 150℃下长期使用；低温下也可在 −100℃～−60℃下长期使用。这使得硅橡胶作为基底的柔性电子器件在经过高低温储存后仍能保持力学性能，具有出色的环境稳定性。同时，硅橡胶主链的饱和硅氧键赋予了它优异的耐热氧、耐臭氧老化性能和耐候性，以及长时间使用中力学性能的高稳定性。硅橡胶的透光率非常高，可以达到 90% 以上，并且可以透过的光谱带宽要远高于聚甲基丙烯酸甲酯（PMMA）、聚碳酸酯（PC）等透明材料。硅橡胶还具有活性低、生理惰性、生物相容性优良等特点，能够直接接触人体皮肤，保障对信号监测的精确性和人体的安全性。

正因为硅橡胶具有较低的杨氏模量（1MPa）、良好的拉伸性（约 100%）、高透光率（约 95%）、优异的耐候性和良好的生物兼容性，故被广泛应用于柔性电子电路的封装材料和可拉伸电子器件常用的衬底材料，以及软体机器人的结构本体等。

（3）聚氨酯弹性体

聚氨酯（polyurethane，PU），全名聚氨基甲酸酯，常采用多元醇（分子内有两个或多个羟基的醇）和二异氰酸酯之间的反应制得。其主要重复单元氨酯基团是由醇（—OH）和异氰酸酯（—NCO）之间的反应产生的；一般还含有如醚、酯、尿素和芳香族化合物等其他基团。通过改变多元醇、异氰酸酯或添加剂的含量和类型，可以调控 PU 的拉伸强度、断裂伸长率和弹性模量等性能，其被广泛应用于涂料、弹性体、硬质泡沫和黏合剂中。

聚氨酯主链中较长的脂肪链段和醚键链段，可极大地提高分子链的柔顺性，使其表现出优异的机械强度和韧性、良好的耐磨性、耐腐蚀性、耐化学性以及低温柔韧性等特殊性能。另外，聚氨酯主链本身为软硬段两相结构，并含有大量极性基团，因此聚氨酯具有较强的分子间作用力，并对其他物体具有较好的黏附性。此外，PU 具有较高的相对介电常数（一般为 7～9），通过调控其结晶和定向排列的过程可进一步提高聚氨酯的介电性能，以上这些特性使得 PU 成为了常用的可拉伸柔性电子的衬底材料。

（4）聚对苯二甲酸乙二醇酯

聚酯因其重量轻、维护要求低，并且具有耐候性、低毒性、透明度和低生产成本等优异性能，广泛应用于生活的各个方面。其中，聚对苯二甲酸乙二醇酯（PET）是通过对苯二甲酸（TPA）和乙二醇（EG）的缩聚或对苯二甲酸二甲酯（DMT）和 EG 的酯交换反应合成的，是消费量最大的合成聚合物之一。

PET 属于芳香族聚酯，它由刚性的苯基、极性的酯基和柔性的脂肪烃基组成，常具有优良的力学性能、优异的强韧性、高尺寸稳定性、高透明度（透光率为 90%），且可兼顾耐热性能和耐低温性能。它能在 120℃条件下长时间使用，短期使用温度最高达到 150℃，最低达到 -70℃。此外，由于 PET 分子结构规整，且其高极性的酯基受到苯环和晶区限制，具有较低的相对介电常数（通常在 3～4 之间）。另外，PET 的电绝缘性能好，受温度影响小。因此，PET 由于其易于加工、良好的力学性能以及耐高低温性和低介电常数等特性，广泛应用于柔性衬底材料。

（5）苯乙烯-乙烯-丁烯-苯乙烯嵌段共聚物

SEBS 是指苯乙烯-乙烯-丁烯-苯乙烯嵌段共聚物，它是由特种线性 SBS（苯乙烯-丁二烯-苯乙烯嵌段共聚物）在催化剂存在的条件下定向加氢使聚丁二烯链段氢化成聚乙烯（E）和聚丁烯（B）链段，故称 SEBS，也称饱和型 SBS，或氢化 SBS。SEBS 具有优异的热塑性、耐候性、耐热性、耐压缩变形性和力学性能，因此被广泛应用。

SEBS 含有两个刚性相段（聚苯乙烯，PS）和一个橡胶相段［聚（乙烯-丁烯）］相互连接组成。常温下，SEBS 中的 PS 嵌段硬而强，与中间的乙烯/丁烯饱和烯烃弹性体（EB）嵌段不相容，呈微相分离状态。这种以弹性链段为连续相，以 PS 嵌段为分散相的网络结构，赋予了 SEBS 常温下具有类似橡胶的弹性，加工条件下具有类似塑料的加工流动性。

在 SEBS 中，苯乙烯含量是决定 SEBS 力学性能和加工性能的主要因素。在相同分子量下，适当提高嵌段比值时，可提高 SEBS 的拉伸强度、硬度和扯断永久变形。此外，由于 SEBS 分子键上的不饱和双键加氢饱和后，具有比 SBS 更优良的稳定性和耐热性，使用温度可达 130℃（SBS 仅为 65℃），及优良的耐氧化性能和耐紫外线性能。另外，SEBS 还具有优良的电气绝缘性，较好的柔韧性和耐磨性，能和多种聚合物共混，具有良好的共混性能。因此，SEBS 因其优异的拉伸性能、良好的弹性及恢复性能，常被作为可拉伸电子器件的基体材料。

（6）纸基材料

纸张是由含植物纤维的原材料经过加工得到的片层材料，因其柔性、可降解、环境友好、对不同分析物良好的亲和力以及多孔亲水结构等特性，已成为柔性电子材料中重要的衬底材料之一。纸张通常是由直径数十微米、长度可达毫米级的纤维素微纤维组成；这些微纤维进一步分解成纳米级的基元原纤维，它们由有序的线性纤维素分子链组成。在微纤维中，密集堆积的羟基之间存在分子间和分子内氢键及范德瓦耳斯力作用，产生了强烈的界面相互作用，形成了纤维素链以高度有序结构（结晶）排列区域和无序排列（非晶状）区域[2]；同时随机分布的纤维网络提供了形成多孔结构的物理纠缠，因此，纸张表现出轻质、高机械柔韧性和透气性等特性。

此外，纸张可完全分解，且纸张的制作和处理过程对环境友好。可见，纸不仅能满足柔性电子器件柔韧性的需求，而且资源可持续利用，在大规模生产中有显著优势。纸张还具有较好化学稳定性，纤维素不溶于常见的有机溶剂；同时纸张还表现出高尺寸稳定性和低热膨胀性，使其能够在高温下实现功能化应用，这有利于制造稳定的柔性电子元器件。

5.1.2　柔性互连电路

柔性互连电路最早可追溯到 1903 年，Ken Gileo 展示了一种安装在石蜡涂层纸上的扁平金属导体的电子设备[3]。在此之后，研究者们分别在多种柔性基底上（如聚酰胺、柔性玻璃、金属箔、纸等）实现了复杂电路的构建。近年来，导电聚合物、有机半导体和非晶硅的迅猛发展，使得柔性电路在更为复杂的环境（需要弯曲、滚动、折叠、拉伸等）下更具有应用潜力，并且凭借着轻量化、灵活、可弯曲和可拉伸的特点，在如智能家居、传感器、软体机器人、医疗保健、电子皮肤、可拉伸晶体管等各个领域中备受关注。

柔性互连电路是将集成电路中各个有机组成部分连接在一起的关键，起到导线的作用（图 5-2）。柔性电子器件的形变场景对互连电路提出了柔性或可拉伸的要求。常见的柔性互连电路可通过两种方式构建，分别是通过传统微电子加工技术或印刷等方式将导电油墨在柔性衬底表面图案化，以及制备导电高分子材料。

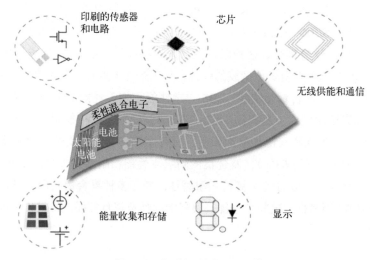

图 5-2　典型的柔性电子设备[4]

5.1.2.1　柔性互联电路的图案化方法

传统柔性电路一般采用聚酰亚胺或聚酯薄膜作为柔性基板材料，铜薄膜作为导电线路材料，然后利用微电子加工技术制备而成，该方法目前已经实现了商业化应用。与之不同，新兴的柔性电路是以柔性高分子弹性体为基板材料，其具有优异的柔韧性和拉伸性，能确保电子产品在弯曲、拉伸、折叠等不规则变形情况下正常工作，其制备方法主要包括印刷和打印技术，相对来说更加多样化。目前常见的柔性电路加工技术主要有以下几种方式。

（1）传统微电子加工技术

传统微电子加工技术是以微米级加工技术作为基础工艺，在半导体材料上制备微型电路的加工技术，该方法一般用于制备柔性电路板以及拉伸性能较好的柔性电路。在柔性电路中制备的金属薄膜导电线路一般先采用物理气相沉积（physical vapor deposition，PVD）技术，或化学气相沉积（chemical vapor deposition，CVD）等技术，再经由以蚀刻为主的工艺制备而成。蚀刻法的工艺流程包括成膜、涂覆光刻胶、曝光、显影、烘焙、蚀刻、去除光刻胶、清洗等流程，耗时较长且存在环境污染。此外，这类技术通常需要苛刻的洁净条件、造价高昂的设备、化学试剂要求及劳动密集型工艺流程。

（2）印刷技术

印刷电路是将导电材料按照一定形状印刷在柔性基底材料上，形成具有可导电图案的线路。印刷电子由于其制造成本低、制造过程工艺简单、可大面积制备多功能电子电路和器件以及在扭曲、弯曲甚至拉伸时保持工作性能稳定等优点，在柔性电子中有重要的应用前景。在印刷过程中，主要通过带有图案化的电路结构与柔性基板之间直接以物理方式接触来制备柔性电路。目前常见的印刷技术主要分为丝网印刷、凹版印刷、喷墨打印等，表 5-1 为不同印刷技术的比较[5]。

表 5-1　不同印刷技术特点 [5]

印刷技术	优势	缺点
丝网印刷	技术成熟，墨水选择多，印刷速度快	针对不同图案化，需要定制印版
凹版印刷	可在不同基板上印刷，印刷精度高，速度快，可调控印刷厚度	需要特殊印版，装配成本高，适用墨水有限
微接触印刷	印刷精度高，速度快	需要特殊印版，印刷耐久性差
喷墨印刷	印刷精度高，数码定制，无需印版，非接触方法	喷嘴设备复杂，印刷速度慢
挤出印刷	无需印版，可大规模制备生产	印刷精度低，速度慢

尽管目前制备柔性互连电路的工艺已经十分成熟，但实际应用于人体皮肤的可穿戴领域上对于电路结构设备也提出了更高的要求：①这些打印设备必须小、薄、轻、柔软，并且应该很好地黏附在人体复杂的三维曲率上，而不会引起任何不适及产生异物感；②互联电路应在严重的机械变形下保持导电通路，并且能在各种环境条件（体表温度、高湿度）下正常运行；③设备材料应由无害的生物相容性材料制成，不会在佩戴过程中引起过敏及排斥反应。为了满足这些要求，需要从材料角度开发一种新型可打印油墨以实现打印技术在高性能可穿戴器件上的进步。

5.1.2.2　导电油墨

导电油墨是印刷电子设备中的重要组成部分，其构成了互联电路的基本结构，并决定了电路的基本性能，如柔性、可拉伸性、自愈合性等。导电油墨是一种多组分系统，通常是由导电填料、黏合剂、添加剂和溶剂组成。根据具体应用需求不同，导电填料可以是分散的纳米材料（零维颗粒、一维线管、二维片层等），也可以是溶解的有机金属化合物或导电聚合物。黏合剂是导电油墨中另一重要成分，主要起到促进导电填料在油墨中的均匀分散，并在印刷过程中将油墨黏合在打印基材表面、固定导电网络的作用。目前已开发出了多种油墨黏合剂，如聚丙烯酸、硅橡胶、氟橡胶、聚氨酯等。溶剂是导电油墨的重要载体，为聚合物黏合剂提供了良好的溶解性，并赋予导电油墨良好的黏度、表面张力和均匀性，可根据 Hillenbrand 和 Hansen 溶解度参数来选择特定的黏合剂和填料适用的理想溶剂。为了进一步调整导电油墨的流变性、润湿性、可拉伸性等，还需添加合适的表面活性剂、附着力改进剂、保湿剂、渗透促进剂和稳定剂等。

按添加的导电填料不同，导电油墨可分为金属基导电油墨、碳纳米材料基导电油墨、多维杂化材料基导电油墨及液态金属基导电油墨等。

（1）金属基导电油墨

金属材料因其高导电性，如银（电阻率 $\rho=6.3\times10^7$S/m）、铜（$\rho=5.96\times10^7$S/m）和金（$\rho=4.42\times10^7$S/m）被广泛应用于导电油墨中。金属纳米材料根据形貌可分为零维纳米颗粒、一维纳米线和二维纳米片三种。传统的柔性复合导电材料通常为聚合物基体与金属纳米/微米颗粒共混制备而成。但由于颗粒间的接触面积较小，常需要较高的填充量才能达到高导电性，而这往往对复合材料的力学性能影响较大，且影响其柔性；此外，由于稳定剂和其他组分的存在会形成绝缘层，阻止金属纳米颗粒的紧密接触，因需通过烧结的方法使纳米颗粒间形成连续的金属相，来提高导电性。对于在热稳定性较差的基底，也可通过化学、毛细作用或光诱导等方式烧结，以提高电导率和稳定性，且不破坏基底的力学性能。如采用非热等离子体低温烧结银纳米颗粒的方法（图 5-3），可实现在表面温度低于 50℃的条件下构筑电导率高达 1.4×10^6S/m 的印刷电路[6]。此外，一维金属纳米线因具有较高的长径比，也可以在较低的填充量下达到渗流阈值，并具备较高的电导率，还能提高复合材料的力学性能，也被应用于柔性油墨中[7]。

（2）碳纳米材料基导电油墨

碳纳米材料在导电油墨中应用最为广泛的是石墨烯和碳纳米管等，其具有精细几何尺寸、优异的导电性和高机械强度，可实现高导电性和高柔韧性，图 5-4（a）为采用碳纳米管（CNT）印刷的 PET 基导电电路[8]。

石墨烯具有较大的比表面积和层间的范德瓦耳斯力，且具有优越的理论值，如室温电子迁移率为 2.5×10^5cm²/(V·s)，杨氏模量为 1TPa，本体强度为 130GPa，导热系数高达 3000W/(m·K)，吸光系数 $\alpha\approx2.3\%$，且对任何气体都完全不渗透，能够维持极高密度的电流（比铜高一百万倍）。但石墨烯片层也极易团聚，只有单层和少数层的石墨烯片层（FGO）能表现出高超的性能。此外，石墨烯化学性质稳定，与其他介质的相互作用较弱，仅溶于几种特定的强极性溶剂，难以溶于水和普通有机溶剂，这也限制了石墨烯在导电油墨中的研究和应用。因此，在柔性电子器件的制备中，通常采用复合和改性的策略来加工石墨烯和多维组装（薄膜、纤维、气凝胶等），以满足性能需求。

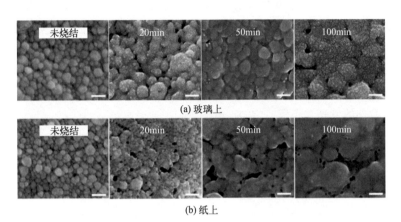

图 5-3　玻璃上、纸上烧结不同时间的银纳米颗粒形貌[6]

　　另一种常用的碳材料是碳纳米管。它由一种卷曲的石墨片组成的中空封闭的一维碳材料，其外径一般为几纳米到几十纳米，长度一般在微米级。由于 CNT 具有较大的表面张力和比表面积，容易在基体中结块，限制了其在导电油墨中的应用。目前，制备碳纳米管导电油墨的方法主要有：①将碳纳米管分散在纯有机溶剂或超强酸中；②用分散剂或表面改性剂将碳纳米管分散在水溶液中；③在碳纳米管表面接枝改性基团，使其分散在水溶液中[5]。如采用丝胶蛋白为分散剂与 CNT 混合，制备的油墨电导率高达 $4.21×10^3$S/m$±0.18×10^3$S/cm，能稳定保存数月，可在纸张、PET 薄膜、纺织品等各种柔性基底上实现喷墨印刷、直接书写、模板印染等电路制备［图 5-4（b）］[9]。

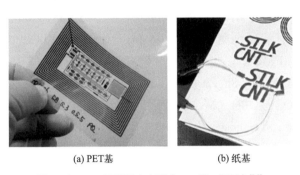

(a) PET基　　　　　(b) 纸基

图 5-4　CNT 印刷导电电路（PET 基、纸基）[8-9]

（3）杂化材料基导电油墨

　　由于每种纳米材料都具备固有的优势和劣势，通过将零维、一维、二维纳米导电材料间进行多维杂化，如零维银颗粒与二维银片杂化网络，或零维银纳米颗粒、一维碳纳米管与二维银片杂化网络（图 5-5），可构筑复合导电网络，同时实现高导电性、机械柔韧性和光学透明度[10-11]。此外，还可利用不导电的水滑石纳米片层与银纳米线（Ag NWs）进行杂化，来削弱 Ag NWs 之间较强的相互作用，促进它在聚合物基体（如水性聚氨酯）中的分散，在保证低体积电阻率的同时，大幅度降低渗流阈值，有效地解决了材料柔性与导电的矛盾[12]。同样地，采用银纳米颗粒（Ag NPs）或 Ag NWs 与石墨烯构筑杂化导电网络，不仅表现出高的电导率，还具有高拉伸性和高工作稳定性[13]。另外，通过引入多级、多尺度的 Ag NWs/CNT 杂化导电填料，可制备兼具良好的机械柔顺性、导电性和透明度的可拉伸电路[14]。在这种分层的多尺度结构中，改性后的小型单壁碳纳米管（直径：约 1.2nm）包裹着 Ag NWs 接触点并防止其分离，使其在大拉伸率下保持稳定连接，制备的高可拉伸导体被应用于可拉伸的发光二极管（LED）电路。

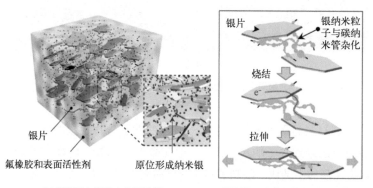

(a) 银颗粒与银片杂化网络[10]　　(b) 银颗粒、碳纳米管与银片杂化网络[11]

图 5-5　杂化导电网络的导电机制[10-11]

（4）液态金属基导电油墨

液态金属（liquid metals, LMs）是指在室温附近及标准大气压（atm,1atm=101325Pa）下呈液态的金属，具有所有流体材料中最高的电导率（约 $3.4×10^6$S/m）和热导率[约 40W/(m·K)]。典型的镓基液态金属主要有 $Ga_{75.5}In_{24.5}$（EGaIn）和 $Ga_{68.5}In_{21.5}Sn_{10}$（Galinstan），熔点分别为 15.5℃ 和 13.2℃。此外，目前研究较多的还有铋基液态金属，其熔点为 50～60℃，典型的有 $Bi_{35}In_{48.6}Sn_{16}Zn_{0.4}$（58.3℃）。由于镓的存在，在空气中 LMs 表面容易形成超薄氧化层 Ga_2O_3；且由于 LMs 的表面张力较大（约 0.55N/m），液态金属颗粒一般为类球状。室温下 EGaIn 和 Galinstan 为低黏度流体（约 $0.3mm^2/s$，水的 1/3），展现其作为导电油墨的优异流动性。因此，当 LMs 互连电路被拉伸或弯曲时，电路电阻仅发生微小变化，保证了 LMs 柔性印刷电路的电气稳定性。

制备液态金属油墨通常采用聚合物对液态金属包覆的方式，如将液态金属与 PDMS 共混，制备可直接书写的墨水（LME）（图 5-6）[15]。室温固化下，较大的 LMs 颗粒沉降在底部形成富金属区，而外围的贫金属区则形成绝缘外壳。该柔性 LME 印刷电路无需后续封装步骤，电阻率达到 0.7Ω/cm。此外，也可通过 EGaIn 液态金属混合适量的镍粉，制备具有良好塑性的黏性液态金属。包裹镍粉的氧化膜形成了额外氧化产物的骨架，对基材具有优异的附着力，并实现稳定的电气连接[16]。

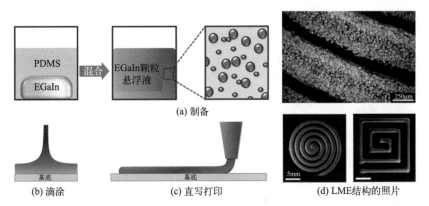

图 5-6　用 PDMS 和 EGaIn 创建可打印液态金属弹性体（LME）复合材料的制备步骤[15]

　　然而，由于聚合物、分散剂以及液态金属氧化层的存在，液态金属基导电油墨形成柔性互连电路后，初始导电性较差，需要通过烧结的方法使液态金属颗粒的氧化层破裂，提高电导率。目前，最常见的烧结方式为机械烧结，即利用外力挤压使 LMs 颗粒的氧化层破裂，流动态 LMs 形成导电通路。但此方法可能造成柔性衬底/互连电路变形等问题。另一种烧结方法是激光或热烧结方式，即通过在 LMs 颗粒上产生热应力，导致 Ga_2O_3 外壳破裂，导通电路。尽管 Ga_2O_3 外壳会由于热膨胀而破裂，但加热也同时会加速 LMs 颗粒表面氧化，而且热烧结不适用于多种柔衬底材料，因此需要非破坏性的烧结方法。如利用液态金属"热缩冷涨"的特殊性质，可实现复合材料从绝缘体（$R > 2 \times 10^8 \Omega$）到导体（0.05Ω）的转变[17]。此外，还可利用声场作用，声场的振动可在微米级液态金属颗粒表面形成纳米级液态金属颗粒，从而桥接微米粒子，提高导电性[18]。

　　（5）柔性/可拉伸油墨

　　当前，由于柔性互连电路需在经多次弯曲、拉伸变形时，仍保持结构完整性，因此也要求导电油墨具有柔性或可拉伸性。一般而言，当器件拉伸或弯曲时，基材和互联电路内产生应变，导致电路内部导电填料网络间的滑移，甚至导电填料会被强制分开，使得电路的电阻增加，造成电路失效。因而，通过在导电油墨中适当引入黏结剂，提供打印互连电路的柔性，甚至拉伸性是必不可少的。此外，考虑到柔性互连电路应用环境的动态性及复杂性，通常还希望其具有自修复性，以适应长期动态下稳定使用及延长使用寿命的要求，这就要求使得印刷的导电油墨应具有自修复等特性。

　　目前，由聚氨酯、环氧树脂、丙烯酸树脂、硅橡胶、氟橡胶、乙烯基主链组成的聚合物黏结剂已被成功应用于柔性/可拉伸导电油墨中。如将银片、氟橡胶和氟表面活性剂复合制备的可印刷柔性导电油墨，不仅初始电导率高达 7.38×10^4S/m，还具有高拉伸性。当拉伸到 110% 应变时，其功能不会受到影响[19]。此外，也可采用导电高分子如聚（3,4-乙烯二氧噻吩）-聚（苯乙烯磺酸盐）（PEDOT∶PSS）、聚苯胺等作为黏结剂，在提高柔性的同时保证其导电性[20]。

　　油墨中导电填料（如碳纳米管、石墨烯等）间强的范德瓦耳斯力相互作用，是影响分散性的重要原因。此外，印刷电路中填料的聚集也会导致局部刚性产生，使得电路弯曲后应力分散不均匀，造成电路柔性丧失。为此，各种表面活性剂如十二烷基硫酸和十二烷基苯磺酸钠、十六烷基三甲基溴化铵等被采用来减轻导电填料聚集,帮助实现填料的均匀分散。此外,通过填料的表面处理,如酸处理碳纳米管/石墨烯表面产生极性官能团,或在极性溶液中利用类似电荷的官能团间的静电排斥作用实现稳定分散,都是制备柔性导电油墨的重要手段。

(6)自愈合导电油墨

自愈合性是自然界一种非凡的特性,它允许一些生物系统在受伤时恢复,从而延长寿命。可穿戴设备经常面临可能导致损坏和设备故障的机械变形,如何在电路机械损坏时自我修复裂纹,并恢复原有导电性能是延长可穿戴设备使用寿命的重要解决措施。

目前,自愈合导电油墨主要分为胶囊型和本征型两种。胶囊型自愈合系统主要基于装有自愈剂的微胶囊。这些微胶囊可以很容易地包含在可打印的油墨中,以实现自修复的印刷电子设备。例如,在银导电线路上印刷填充有愈合剂(乙酸己酯)的微胶囊组成的弹性体涂层来制造自修复导电油墨。当设备机械损坏时,微胶囊破裂并释放封装的愈合剂,乙酸己酯局部溶解黏合剂并引起导电银颗粒的重排,从而促进损伤处电接触的恢复[21]。与大多数其他自愈系统不同,基于胶囊型自愈合油墨的愈合过程相当快(几秒钟),并且不需要外部触发来启动愈合过程。如将胶囊(疏水性丙烯酸树脂)与导电碳、Ag/AgCl共混制得的复合型油墨,该胶囊直接装载在电路层中,其较低的负载不会造成电路的电学性能下降,并对电路的损坏在几秒钟内可实现愈合(图5-7)[22]。本征型导电油墨则是通过具有自愈合性能(如液态金属)的导电填料,在破损时自行修复导电通路。如在液态金属颗粒表面原位包覆纳米银制备了核壳结构Ag@LMs颗粒,并通过丝网印刷制备了柔性电路,该电路无需额外的激光或机械烧结便可以实现导通,具有高初始导电性,并且在200ms以内即可实现电路的自修复[23]。

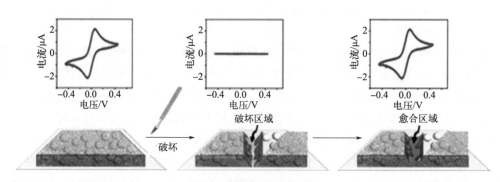

图5-7　自愈合导电电路[22]

5.1.3　柔性互连电路与柔性衬底的界面作用

柔性互连电路与衬底的黏附稳定性极大影响着柔性传感器的电气性能。优异的黏附性能够使互连电路与衬底良好贴合,实现高度稳定的电路传输,而较低的附着力可能会导致互连电路与衬底部分分离甚至电路中断,从而影响柔性传感器的正常使用。因此,柔性互连电路与衬底之间的附着力即柔性互连电路与柔性衬底的界面作用是研究重点。

5.1.3.1　表 / 界面处理方法

通常而言，可通过对柔性基体表面进行处理，在不改变基体本身结构同时，大幅度提高基体表面的浸润性及活性，从而有效地增强导电线路与基体间的界面结合力，这对于提高印刷图案化质量及分辨率，增强电路的稳定性具有重要的研究意义。常见的表面处理手段有等离子体处理、紫外 - 臭氧处理、机械互锁结构设计等。

（1）等离子体处理

等离子体处理是通过等离子体中的高能态粒子轰击聚合物基体表面，引发聚合物表面共价键断裂并产生大量的极性基团，从而有效地提高基体表面活性，增强了与导电油墨的附着力。等离子体气氛条件（如 Ar、Ar/O$_2$、Ar/N$_2$）、处理功率和时间等对材料表面性能影响较大。如在 Ar/N$_2$ 的气氛中条件下用等离子体处理（射频功率 250W）180s 后，PI/TiO$_2$ 薄膜与 Cu 之间的黏附强度增大，相较于未处理前提升了 10 倍，并主要归因于界面间形成 C—O—C、C=O 和 C—OH 键合作用 [24]。

（2）紫外 - 臭氧处理

紫外 - 臭氧（UV-O$_3$）处理则是利用紫外线照射下的臭氧分解产生的原子氧、处于激发态的分子氧及活性自由基等活性粒子，引发聚合物表面形成羟基、羰基、羧基等含氧基团，改善基体表面的润湿性，实现活化表面的作用。与等离子体处理法相比，紫外 - 臭氧法对表面的损坏更小。

利用 UV-O$_3$ 处理可以增强 Cu、Au 金属薄膜与 PMMA 基板间的附着力。在 10mW/cm^2 功率下处理 5min 后，PMMA 表面粗糙度及极性含氧官能团量大幅提高，提高了基板表面的浸润性并与沉积的金属原子构建强相互作用，从而使得磁控溅射的 Cu 膜附着力提高了 6 倍、Au 膜附着力提高了 10 倍，大幅度提高了器件的长期稳定性 [25]。

（3）机械互锁结构设计

机械互锁结构主要是通过扩大界面接触面积，以增强两个表面之间的范德瓦耳斯力，并且可以在界面处产生额外的力，如分子水平互锁的链缠绕、纳米到宏观水平互锁的摩擦力和机械力等，从而大幅度地增强导电线路与基材间的附着力。例如引入仿生根系结构，在金属膜和弹性基板间引入纳米桩互锁层，提供高附着力的互锁效应，并且可重新分布和释放施加的拉伸应变，有效避免应变集中引起的裂纹，实现了在拉伸过程中的高层间黏附稳定性。相较于光滑金属膜，纳米桩互锁结构附着力增强 10 倍以上（2.6MPa）[26]。也有利用砂纸在水凝胶与活性炭电极间构筑了微结构界面，来改善电化学性能以及电极与电解质之间的附着力，制备的超级电容器具有高度可拉伸性（150%）及循环稳定性 [27]。

5.1.3.2　表面接枝改性

由于导电填料本身的化学惰性，其通常缺少足够的反应基团，因而只有部分导电材料能通过原位聚合的方式接枝到柔性基材上。如通过对聚苯乙烯 - 聚异戊二烯 - 聚苯乙烯嵌段共聚物纤维膜表面进行氨基改性，将聚苯胺共价接枝到了纤维膜表面上（图 5-8）。尽管聚苯胺本身是一种刚性导电材料，但得益于软基板的共价键合，赋予了整个传感器优异的可拉伸性（＞900%）以及稳定的电气和传感性能，从而能够精确地区分不同角度和速度的弯曲和扭曲刺激[28]。

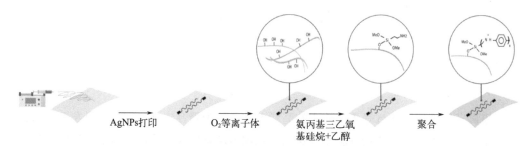

AgNPs打印　O₂等离子体　氨丙基三乙氧基硅烷+乙醇　聚合

图 5-8　聚苯胺的原位聚合在纤维膜表面[28]

　　另外，由于聚合物单体本身具有较好的引发活性，因而可通过对导电填料进行表面处理形成自由基，引发聚合物链段在填料表面接枝聚合，形成坚韧的界面结合。如液态金属在超声条件下，无需额外的引发剂，即可引发乙烯基单体在其颗粒表面快速聚合，从而得到了具有高拉伸性（1500%）的液态金属接枝水凝胶[29]。同样，利用了液态金属在超声条件下表面产生自由基的这一特点，可制备具有透明性和可拉伸性的纤维素增强的聚丙烯酸/氯化胆碱可聚合低共熔溶剂材料，具有较好的电学稳定性，在 100% 应变下进行 500 次拉伸 - 释放循环后，电阻值基本不变[30]。

5.1.3.3　界面化学桥接

　　与表面接枝聚合相比，直接利用改性剂将填料与聚合物进行化学键合，也是一种常用的有效加强界面作用的方法。如利用（3- 巯基丙基）三甲氧基硅烷作为桥接分子，一端通过巯基与金膜反应形成硫酸盐 - 金键，另一端 Si—OCH₃ 官能团与 PDMS 预聚物反应形成 Si—O—Si 键 ［图 5-9（a）］，从而实现了金膜与 PDMS 薄膜间的高附着力[31]。也有利用氢键缩合的多巴胺与官能化硅烷作为桥接分子，通过氨基与银层的配合作用，再结合多巴胺自身的邻苯二酚基团，实现了银层与 PDMS 强化学键合，并在应变下表现出优异的电稳定性[32] ［图 5-9（b）］。此外，还可利用导电层中的功能聚合物与基板表面反应性基团之间的界面点击化学反应（巯基 - 二硫键交换反应、巯基与双键的反应、环氧基与氨基反应）来增强界面黏结强度 ［图 5-9（c）］[33]。

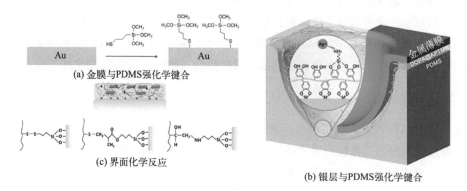

(a) 金膜与PDMS强化学键合

(c) 界面化学反应

(b) 银层与PDMS强化学键合

图 5-9　化学桥接界面[31-33]

此外，将共价键整合到可拉伸电子器件中，可以解决传统各向异性导电膜在连接点承受变形的弱点。如在基板表面引入功能基团，再与聚苯乙烯 - 聚（乙烯 - 丁烯）- 聚苯乙烯接枝马来酸酐（SEBS-*g*-MA）形成共价键，可显著增加界面断裂能量，并降低接合加工温度[34]。通过与氨基、硫醇和羟基基团的化学反应，SEBS-*g*-MA 与两个基板表面形成稳定的化学键，实现了可拉伸电子器件与其他电路的强黏附，防止了界面剥离和断裂。

5.1.3.4　嵌入型界面调控

嵌入结构也是获得导电聚合物复合材料优异传感性能的有效策略之一。在该结构中，导电填料嵌入聚合物基体的表层或表层有限的区域内，由于填料的含量低且分布均匀，聚合物基体固有的优异力学性能如高弹性等得以保留。同时，半嵌入结构通过机械力使导电填料与聚合物基体之间的相互作用得到增强，可大幅提高导电聚合物复合材料的动态稳定性和导电性。另外，半嵌入结构也使填料的暴露表面积减少，在一定程度上提高导电填料的抗氧化、防潮等耐候性能。

以银纳米线（Ag NWs）为代表的一维金属纳米线因其优异的光学透明度、导电性和机械柔韧性，成为嵌入型导电聚合物复合材料最常用的导电填料之一。早期研究多使用浇铸预聚物的方式构筑半嵌入结构。柔性透明电极与应变传感器多采用此法制备，可形成表面粗糙度低、高透明高导电的薄膜电极，或制备具有特殊表面微结构，如金字塔形、半球形等的柔性应变传感器。如通过旋涂 Ag NWs 分散液和 UV 固化聚合物的方式，制备了超光滑且极易变形的柔性透明电极（图 5-10），具有与透明电极（ITO）相当的高透明度（82.3%）和低表面电阻（16Ω/sq±1.75Ω/sq，以方块电阻计）[35]。

银纳米线旋涂在刚性基板上　旋涂液态光聚物　紫外光固化后从基板上剥离　银纳米线半包埋在柔性透明电极上

图 5-10　浇铸预聚物制备银纳米线半嵌入导电薄膜[35]

原位嵌入导电填料是另一种策略，它是通过在成型的基体表面直接构筑导电层。该方法步骤简单，且可根据需要定制导电层图案，实现导电线路的图案化，降低物料成本。如通过原位溶解的方式使导电油墨半嵌入聚合物基底表面，制得半嵌入的导电印刷电路层，最小线宽可达 20μm，电导率 6.65×10⁶S/m，100% 应变下的电阻变化为 2.7[36]。也可以通过原位溶胀的方式使银前驱体油墨嵌入弹性基底中，经过原位还原后形成半嵌入的银粒子导电层，并选择浸润液态金属形成高导电线路，线路电导率 1.2×10⁵S/m，200% 应变下电阻变化为 0.4[37]。

近年来发展迅速的动态共价键聚合物也被用于制备半嵌入导电薄膜。动态键的解离 - 缔合过程有利于填料通过聚合物链重排嵌入基体内部，从而避免嵌入过程对基底力学性能或形貌的破坏。如利用受阻脲键的解离过程，通过喷涂 Ag NWs 实现嵌入弹性基底表面，制得的导电薄膜可承受外力作用如超声、剥离、刮擦等，在 100 次 10% 拉伸 - 恢复循环后电阻提升至 100%，具有良好的动态稳定性 [1]。

5.1.4　柔性互连电路的拉伸性调控

当前，柔性互联电路的可拉伸性主要分为两种策略，即"基于结构"和"基于材料"的方法。基于结构的方法，主要是利用传统电子技术来构建可伸缩的电子系统，其充分利用传统电子产品的卓越的电气性能；基于材料的方法则是通过零维、一维和二维纳米材料以及导电 / 半导体共轭聚合物在内的各种导电填料在弹性体中构建电子渗流网络以实现在拉伸过程中的载流子迁移途径。

5.1.4.1　可拉伸结构设计

对可拉伸导体的结构设计是实现可拉伸互连电路的最广泛使用的方法之一。一般而言，材料的弯曲应变大小与材料厚度成正比，利用微电子加工工艺（机械切割、光刻、激光切割、蒸镀、溅射等）对薄层导电材料构建可拉伸结构，以局部微小弯曲的形式来承受应变，从而实现宏观的可拉伸性。常见的可拉伸结构有波纹、蛇形、螺旋、剪纸（Kirigami）结构等。

（1）面外波纹结构

面外波纹结构电路是利用电极材料与可拉伸衬底之间弹性模量的不匹配，将高模量的电极材料薄膜沉积在预应变下的可拉伸衬底上，释放预应变后会对电极薄膜产生压应力，从而形成波浪形结构，利用这种"波浪"的波长和振幅的几何变化来适应机械变形。最早是通过在薄的钛金属层上蒸镀金电极，在蒸镀过程中衬底 PDMS 受热膨胀；由于金属薄膜的热膨胀系数远小于 PDMS，而模量远高于 PDMS，故在冷却后热应力释放，自然形成周期为 20～50μm 的面外波纹结构 [38]。此外，产生预应变的方式还可以采用溶剂溶胀、机械预拉伸等方法，一般机械预拉伸方式比热膨胀或溶剂溶胀会产生更高的预应变水平。Rogers 团队 [39] 则是将超薄硅膜转移到预拉伸的 PDMS 表面上，形成周期性波纹，实现了在不改变硅的电学性能的情况下，使整个电子器件具有可达 20% 的拉伸性。波纹结构易于制备，但是它产生的不平整表面会显著造成光的散射，降低镜面透射率，增加透明电极的模糊度，这限制其在柔性器件中的应用范围。

（2）面内蛇形结构

面内蛇形结构是指在平面内以蛇形排布的刚性导电材料与弹性基底相结合或嵌入弹性基底内；蛇形结构拉伸性源于其弯曲的"二维弹簧"结构的伸缩，将局部的弯曲应变，转化成整体拉伸应变。不同于仅提供一个方向拉伸性的波纹结构，它允许器件在平面内各个方向都能拉伸。通常制备工艺有基于平面印刷的微加工、剪切和粘贴制造以及激光烧结等。面内蛇形结构拉伸性仅取决于轮廓长度与头尾直线距离的比率，但蛇形互连网络会导致电子器件功能组件覆盖率比较低，不适用许多要求有高密度像素化阵列的设备中。

（3）空间螺旋结构

平面结构的可拉伸性结构（如蛇形结构）由于受到刚性材料的局部应力集中或基底变

形的限制，可能会导致结构被破坏。而螺旋线与基底的物理耦合很小，可以有效抑制应变集中，有更高的拉伸性。在施加应变时，空间螺旋结构表现出像弹簧一样的行为，可以很好地吸收应变。

可拉伸材料的大应变取决于线圈形状在缓解最大局部应变的有效性，类似于线圈弹簧的变形，通过增加结构的复杂性和去除基底来进一步提高可拉伸性。空间螺旋结构有着广泛的应用，但要实现微/纳米尺度高度可弹性变形的螺旋结构，要求制备工艺能对螺旋纳米结构的成分、长度、直径和节距的严格控制。

（4）Kirigami 结构

Kirigami 结构是一种结合了裁纸和折纸技术的设计方法，对预定图案进行切割和折叠所创建的具有弯曲和柔性的三维结构。柔性电子器件在折叠、弯曲和拉伸过程中，Kirigami 结构中的中空部分可以充分释放应力，实现更大的拉伸变形能力。Kirigami 结构的拉伸性能往往由切割的形状所决定。由于切割单元的自由旋转和屈曲不会损坏单个单元，并通过将平面薄膜转化为复杂的 3D 结构，借由平面外的变形赋予 Kirigami 结构大的可逆形变。

5.1.4.2　可拉伸复合材料

实现可拉伸互联电路的另一种方法是制备导电纳米填料与弹性体的复合材料，其导电机理依赖于弹性体中导电填料间的渗透作用。根据复合材料的形成过程，加工方法主要分为两类，即"均匀分散"和"非均相组装"方法。其中，均匀分散是通过将导电填料和弹性体混合均匀，从而使得导电填料的三维渗流网络均匀地嵌入弹性体基质中；而在非均相组装方法中，则是单独制备了渗流导电网络，并随之与弹性基体构建复合材料。

（1）均匀分散法

均匀分散法是通过均匀混合导电填料及弹性体，以模具成型或印刷的方式直接图案化沉积制得导电复合膜或互连电路 [图 5-11（a）]。在该方法中，弹性基体完全包覆了导电填料的渗流网络，从而保护了导电网络免受拉伸应变下的滑移断裂。该方法制备的可拉伸导电复合材料常表现出优异的耐应变性，但沉积过程产生的图案的相对分辨率较低[40]。

根据导电渗流理论，增加导电填料的添加量能够有效地增强可拉伸导电复合材料的电导性。然而，导电填料的高填充量会导致填料的严重聚集，影响弹性体力学性能，降低复合材料的拉伸性和柔性。因此，降低渗流阈值或加入分散剂避免填料聚集，对保证导电复合材料的柔性或可拉伸性非常重要。除了选择一维或二维导电填料外，多维导电填料的杂化也有利于构筑可拉伸的导电网络。如采用微米级银片和银纳米粒子修饰的多壁碳纳米管杂化材料制备的可拉伸导电复合材料 [图 5-11（b）]，微米银片和碳纳米管杂化导电网络确保了复合材料在大应变下保持良好的导电途径，在 140% 的应变下，其仍能具有 2×10^3 S/m 的电导率[41]。此外，也可以在 SBS 弹性体中引入己胺修饰的 Au-Ag 芯鞘结构的纳米纤维 [图 5-11（c）]。富含 Ag-Au 纳米线的区域确保拉伸时导电的稳定性；而富含 SBS 的区域则形成弹性微结构支柱，确保了复合材料的柔软性和可拉伸性[42]。此外，还可以通过引入离子添加剂（如磺基琥珀酸二辛酯钠盐、十二烷基苯磺酸钠、十二烷基苯磺酸和离子液体等）来大幅度提高了 PEDOT∶PSS 薄膜的导电性及可拉伸性 [图 5-11（d）][43]。

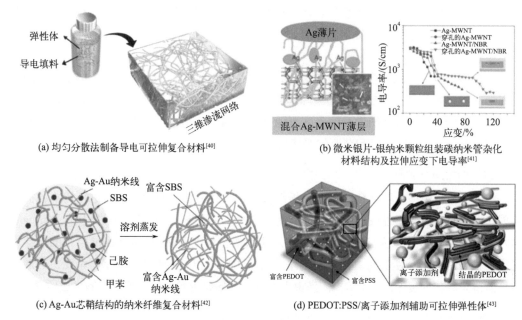

(a) 均匀分散法制备导电可拉伸复合材料[40]

(b) 微米银片-银纳米颗粒组装碳纳米管杂化材料结构及拉伸应变下电导率[41]

(c) Ag-Au芯鞘结构的纳米纤维复合材料[42]

(d) PEDOT:PSS/离子添加剂辅助可拉伸弹性体[43]

图 5-11　均匀分散法

(2) 非均相组装法

非均相组装通常是将导电填料网络层位于弹性体基板的表面上，底层的弹性体主要作为导电填料的支撑基材，并在保护导电网络免受外部机械损伤方面发挥着关键作用[图 5-12 (a)][40]。由于导电填料与基体层分开沉积，从而无需考虑两者之间的混溶性，其适用的材料范围更广。导电填料网络可通过旋涂、喷涂、丝网印刷等多手段实现图案化制备，并且由于大多数导电填料都可以通过干/湿蚀刻工艺轻松蚀刻，因而可以使用普通光刻技术对沉积的导电网络进行高分辨率的图案化。

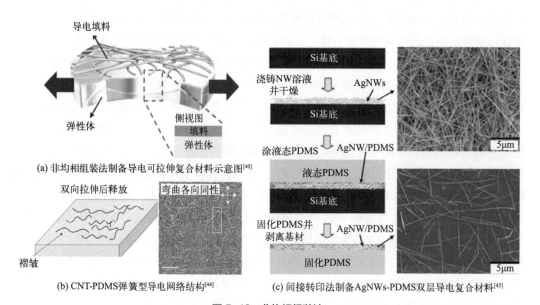

(a) 非均相组装法制备导电可拉伸复合材料示意图[40]

(b) CNT-PDMS弹簧型导电网络结构[44]

(c) 间接转印法制备AgNWs-PDMS双层导电复合材料[45]

图 5-12　非均相组装法

如通过在 PDMS 薄膜表面喷涂碳纳米管，并多次沿轴向施加 - 释放应变，构建弹簧型的导电网络结构［图 5-12（b）］，制备的可拉伸导电薄膜可承受高达 150% 的应变[44]。此外，也可通过转印的方式间接制备双层结构的导电复合材料。如通过在硅晶圆上形成厚度从一微米到几微米不等的均匀导电的 AgNWs 网络膜，再将 PDMS 浇筑在 AgNWs 薄膜上。由于 AgNWs 薄膜包埋在 PDMS 基体中，有效地保护了导电网络，避免在拉伸过程中产生纳米线间滑移失效［图 5-12（c）］。制备的电极在 0～50% 的拉伸应变下，仍具有稳定的电导率；即使在反复拉伸、黏附胶带剥离和表面摩擦后，仍没有观察到复合材料分层、磨损或电阻值增加的现象[45]。

5.2　柔性传感材料

在柔性化技术的进步、连接设备的普及，以及对健康意识日益增长的渴望推动下，柔性传感设备已经快速发展成各种成熟的消费产品。人们开始倾向于使用更便携的柔性传感设备，其具有体积小、质轻，且能任意弯曲、延展等特点，可以实现长时间人体穿戴。柔性传感材料是指拥有自由变形能力，且能将环境或生物体中收集到的信息以电信号的形式收集、记录的一种柔性材料。柔性传感材料的种类较多，按照用途可以分为柔性力敏传感材料、柔性温度传感材料、柔性湿度传感材料、柔性气体传感材料、柔性光学传感材料和柔性化学传感材料等。

5.2.1　柔性力敏传感材料

柔性力敏传感材料是指对各种不同应力具有敏锐感知能力，并能将其转化为电信号的一类柔性材料。因其具备柔韧性、可拉伸性等特点，可以贴附于不规则物体的表面，包括黏贴在人体皮肤上对人体的运动及生理信号的监测，包括大幅度运动（如跳跃、四肢运动）和微小运动（如情绪表达、呼吸），及生理信号（如心率、呼吸率、脉搏率和血压等）的监测，在医疗健康监测设备、消费电子、柔性显示等领域有重要的应用前景。

5.2.1.1　柔性力敏传感器分类与传感机理

柔性力敏传感机制主要是基于施加外力而引起的电信号的变化，这种电信号的变化可以是电阻变化、电容变化或电压变化。除此之外，基于摩擦电、场效应晶体管等新型传感机制的柔性力敏传感器也具有良好的研究前景。下面将主要介绍以下几种不同机制的力敏传感材料（图 5-13）。

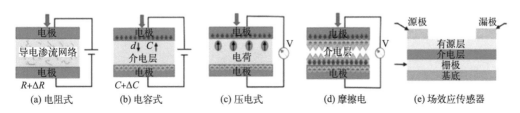

图 5-13　不同机制的力敏传感材料

（1）柔性电阻式力敏传感器

在典型的柔性电阻式力敏传感器中，当施加外力时，柔性传感器通过变形改变了导电介质和导电通道的接触面积，导致电阻变化。柔性电阻式力敏传感器因其结构简单、成本低、线性度高、传感性能优异等特点，作为可穿戴电子设备的核心潜在元器件，具有广泛的应用范围。

（2）柔性电容式力敏传感器

柔性电容式力敏传感器的工作原理是传感层电容的变化。平行电极之间在压力下延长或缩短的距离会导致电容信号变化，从而给出相应的力信息。电容式工作模式和器件设计赋予了柔性应变传感器更多样化的结构和功能。柔性电容式传感器大多通过将弹性体介电层夹在弹性电极之间来制备的。与电阻式传感器相比，电容式传感器具有频率响应更好、功耗更小等优点。

（3）柔性压电式力敏传感器

压电式力敏传感器的基本原理是受到外力时，压电膜变形导致内部极化，导致薄膜表面带正负电荷以及电输出信号。压电系数越高，材料的能量转换效率越高。压电活性材料可分为有机型和无机型。与有机压电材料（如聚偏二氟乙烯）相比，典型的无机压电材料氧化锌、铅钛酸铅、钛酸钡（$BaTiO_3$）等具有较高的介电常数和压电常数。

（4）柔性摩擦电力敏传感器

柔性摩擦电力敏传感器主要基于接触起电及静电感应所产生的耦合效应，当两种具有不同电子增益和损耗特性的摩擦材料相互接触时，两个摩擦电极具有相同数量的不同电荷，形成电位差。在压力作用下这两种材料在接触和分离过程中，由于距离和静电感应引起的电位差变化，导致连接到外部电路的感应电极的内部电荷重新排列，并在外部电路中发生电荷转移以达到新的平衡，从而输出电流／电压信号。与以自供电方式工作的柔性压电应变传感器相比，摩擦电应变传感器具有更多样化的活性材料选择和器件设计。

（5）柔性场效应力敏传感器

场效应器件是现代物理学中最重要的微电子元器件，是一种具有电气开关功能的三端器件。电流可以通过施加在沟道和栅电极之间的小电场来接通或断开，其中微弱的电流信号可以呈指数级地被放大。将场效应器件作为信号放大器或使用敏感材料作为功能层制备的柔性传感器，能够检测来自外部的敏感刺激。因此，场效应晶体（field effect transistor, FET）柔性传感器具有优异的信号放大性、高阵列均匀性、快速响应时间等特性，成为柔性传感领域的研究热点。

表 5-2 总结了以上几种不同力敏传感器的相关性能。

5.2.1.2 柔性力敏传感器性能调控

大量的研究表明，材料的微结构化可以有效提高柔性压力传感器的性能。对于微结构传感器来说，提高传感器性能的不同微结构的共同本质是降低材料的杨氏模量。微结构的引入会使得传感器内部接触面产生较大的变形，从而导致更明显的信号变化。其机理是接触面积变大，使得导电路径增加［图 5-14（a）］[51]和隧道效应累积［图 5-14（b）］[52]，从而提高传感器的灵敏度和检测范围等性能。

表 5-2　不同力敏传感器的性能比较

传感器类型	拉伸性/%	检测范围	稳定性/圈数	检测限	响应时间/ms	灵敏度	参考文献
电阻式	400	0.098～2N	＞4000	0.098N	35	0.12kPa^{-1} (0～0.4N)	[46]
电容式	60	0.14～600Pa	5000	0.14Pa	50	44.5kPa^{-1} (0～100Pa)	[47]
压电式	弯曲角度：90°	0.25～6N	4500	0.25N	70	7.91V/N (0～1N)	[48]
摩擦电	弯曲角度：30°	2.5～710Pa	40000	2.5Pa	＜5	45.7mV/Pa(0～0.71kPa)	[49]
场效应	弯曲角度：90°	10Pa～1.5kPa	10000	10Pa	1.8	514kPa^{-1} (0～250Pa)	[50]

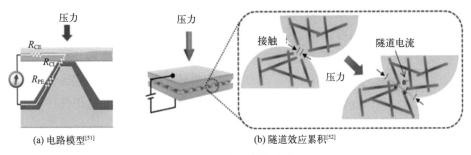

(a) 电路模型[51]　　　　(b) 隧道效应累积[52]

图 5-14　微结构传感器

　　按结构形状，获得的微结构可以分为六类，包括尖锐凸起微结构、微起伏结构、波浪/脊状微结构、多级微结构、复合微结构和多孔微结构。不同的微结构具有不同的形状特征，赋予柔性压力传感器不同的灵敏度和检测范围等性能。

　　微观结构的形状因子是指压缩面积与自由膨胀的总空载表面积的比率[51]。在相同的压力下，形状因子越小，微观结构越容易变形，接触电阻或电容在低压下发生显著变化，传感器具有高灵敏度。形状因子小的微观结构实际上具有高纵横比。受应力集中效应的影响，施加在传感器上的压力集中在微观结构的尖端。随着压力的增加，形状因子小（高纵横比）的微观结构的高度将急剧下降，接触面积将大大增加，在微压下导电路径显著增加，具有高的灵敏度。如 PDMS 表面构筑的丘状结构与聚吡咯（PPy）薄膜的褶皱图案相结合，制备的传感器具有超高灵敏度（70kPa^{-1}，＜0.5kPa）、超低检测极限（0.88Pa）、宽压力检测范围（32kPa）和快速响应时间（30ms）[53]。

　　微起伏也是一种常见的微观结构，具有像尖锐凸起的微观结构一样小的形状因子。微圆顶是最常见的微起伏结构［图 5-14（b）］。如以碳纳米管作为导电填料的 CNT/PDMS 复合导电薄膜，可以通过简单地堆叠两片复合薄膜来制造柔性压力传感器[52]。当压力诱导表面变形时，导致接触面积快速变化，且由于互锁微圆顶之间存在巨大的隧道压阻，该柔性压力传感器表现出对压力的高灵敏度（15.1kPa^{-1}）低检测限（0.2Pa）和快速响应 / 松弛时间（40ms）。

在材料表面仅沿一个方向起伏或凸起的微观结构（类似于波浪或脊的形状），可以解决高压下应力分散和低变形时灵敏度低的问题。如采用预拉伸 / 紫外曝光的方法获得了具有脊状微结构的 PDMS 基片，然后将聚乙烯醇（PVA）/H$_3$PO$_4$ 溶液倒置固化在基片上，形成具有正弦褶皱的离子电子膜。以 PVA/H$_3$PO$_4$/AgNWs 为柔性电极组装的电容式压力传感器，具有灵敏度高（37.78kPa^{-1}，＜4kPa）、响应时间短（23ms）、传感范围宽（350kPa）、机械稳定性高等优点[54]。

为了进一步提高传感器的检测范围，通常需进行分层微结构处理。当压力逐渐增加时，传感器不同级别的微观结构可以依次被激活和变形，拓宽了高压下电学特性变化的通道，从而提高了高压下的灵敏度性能[55]。此外根据 Archard 理论，与单一微观结构相比，引入复合结构还可以进一步增强压力传感器的线性度。

5.2.2　柔性温度传感材料

体温正常是我们身体健康的重要标志，体温的不规则升高是许多异常状况导致的结果，它发生在体温系统受到感染、炎症或其他健康风险的影响时，如发热是新冠感染患者的典型症状。可穿戴温度传感器可以反映体温水平，并能够监测患者的体温变化。此外，温度也是反映被测物体和周围环境状态的最基本物理参数之一。在冶金工业、塑料制造、航天航空和食品存储领域中发挥重要作用。通过及时监测与评估周围环境的温度信息，可以有效降低因温度波动对半导体器件产生的不良影响。因此，无论是工业上的器件制造，还是日常生活中的医疗检测，高效稳定的温度传感器都是不可或缺的。

5.2.2.1　柔性温度传感器分类与传感机理

目前广泛应用的温度传感器主要有电阻温度传感器、热电偶及热敏电阻。

（1）电阻温度传感器

电阻温度传感器（RTD）主要是基于金属电阻对温度依赖性来确定实际温度。通常而言，温度的升高会导致金属材料电阻的增加，这是由于电子在较高温度下的振动会阻止电子在导电材料中的自由流动[56]。电阻温度传感器通常具有高精度、高线性度和快速响应特性，一般将电阻温度系数（TCR）定义为分析材料温度敏感性的关键参数，如式（5-1）所示：

$$\text{TCR} = \frac{1}{R(T_0)} \frac{R(T) - R(T_0)}{T - T_0} \tag{5-1}$$

式中，$R(T)$ 为温度为 T 时的电阻；$R(T_0)$ 为被测样品在温度为 T_0 时的初始电阻。TCR 值越高，表示精度越高。目前常用的温敏金属材料为铜、金、镍、铂及银。其中，尽管铂的 TCR 水平较低和成本高，但良好的耐热性和不氧化性使其成为首选。

（2）热电偶

热电偶是一种由两种不同的热电性质的导体材料构成的温度传感器，其主要是基于塞贝克效应，当两种导体材料处于不同的温度下时，导体间就会产生一个热电压，驱使电子从热端移动到冷端。根据热电压与温度的函数关系即可得到实际温度。目前常用的热电材料有碲化铋、碲化锑、碲化铅、硅锗基合金等。热电偶坚固耐用、低成本和自供电的特性使其在温度传感器上广泛应用。但由于其分辨率较低，信号抗干扰性较差，它在可穿戴传感器的应用上受到限制。

（3）热敏电阻

热敏电阻是检测微小温度变化的理想选择，其主要由电阻随温度显著变化的材料制造。热敏电阻有两种类型：一种是具有负电阻温度系数（NTC）的热敏电阻，即其电阻值随温度升高而降低，另一种是具有正电阻温度系数（PTC）的热敏电阻，其电阻值随温度的升高而增加。热敏电阻中使用的材料一般是陶瓷型半导体材料，如镍、锰或钴的氧化物。该类基于氧化物的热敏电阻通常在刚性基板上制造，容易在使用过程中受损，因此，为了拓展热敏电阻在电子皮肤、生物医学热成像和健康监测中的应用领域，研究者们开发了基于有机半导体、纳米复合材料和石墨烯等的柔性/可拉伸热敏电阻[57]。

5.2.2.2　柔性温度传感器性能调控

聚合物和导电材料传感层的选择和结构设计是获得高性能柔性电阻温度传感器（FRTD）的主要途径。通常采用导电高分子或碳系导电填料来实现温度传感。如将 PEDOT∶PSS 与聚苯胺混合，制备的温度敏感材料的电阻温度系数达 −0.803%/℃，检测分辨率达 0.1℃，响应时间达 200ms，且可感知空间温度[58]。还原氧化石墨烯（r-GO）、单壁碳纳米管（SWCNT）和多壁碳纳米管（MWCNT）也是制备温度传感器常用的导电填料[59]。相比之下，采用 r-GO制备的温度传感器性能更为优异，电阻随温度的变化接近线性，且灵敏度高。此外，也可采用温敏高分子如聚（N-异丙基丙烯酰胺）（PNIPAM）来制备柔性温度传感器。如通过碳纳米管、PNIPAM 水凝胶和 PEDOT∶PSS 的复合组成的温度传感器，不仅具有很好的柔性，还具有超高的热灵敏度，在 25～40℃范围内可以准确检测到 0.5℃的皮肤温度变化[60]。

为了获得灵敏度更高、响应速度更快的温度传感器，另一种有效的途径是采用纳米/微孔结构。如通过制备基于多孔石墨烯/聚二甲基硅氧烷传感层的柔性温度传感器，实现在30～70℃范围内高达 5.203%/℃的灵敏度，这远高于其他由碳基传感材料组成的温度传感器[61]。另一方面，该传感器还表现出优异的线性度，相关系数 R^2 的线性拟合曲线为 0.996。基于其优异的性能，该传感器可用于呼吸监测和实时、连续的体温监测。

5.2.3　柔性湿度传感材料

5.2.3.1　柔性湿度传感器分类与传感机理

根据工作原理的不同，柔性湿度传感器主要可以分为电容式湿度传感器、电阻式湿度传感器和压阻式湿度传感器等。与传统的传感器相比，这些柔性湿度传感器具有成本低、精度高、可靠性高、稳定性高等众多优点，成为湿度传感器研究中的主要目标。

（1）电容式湿度传感器

电容式湿度传感器的工作原理是利用湿敏材料吸收了水分子后，材料与水分子形成混合介质；随着环境湿度的变化，介质中水分子的体积分数将会发生变化，导致混合介质的介电常数以及传感器的总电容发生变化。电容式湿度传感器具有成本低、功耗小等优点，因此成为了商业和研究中应用最广泛的一种湿度传感器。

（2）电阻式湿度传感器

电阻式湿度传感器的工作原理是当环境湿度发生变化时，一些湿敏材料（如氧化锌纳米粒子）的阻抗因吸附水分子而发生变化。其结构与电容式湿度传感器相似。惠斯通电桥结构的引入可以有效地减小环境对传感器测量结果的影响，使其具有极高的温度稳定性、良好的线性度与很快的响应速度。

（3）压阻式湿度传感器

压阻式湿度传感器的工作原理是受到应力的作用时，半导体硅会产生应变，使其电阻发生变化。由于该传感器的湿度响应依赖于压阻元件的变化，压阻式湿度传感器较容易受到外部机械应力的干扰。

5.2.3.2　柔性湿度传感器性能调控

基于单一活性材料的柔性湿度传感器由于其固有特性，在平衡湿度灵敏度和响应/恢复速度方面受到限制。因此，引入了化学掺杂、结构工程、焦耳加热等多种策略来优化湿度传感性能。

化学掺杂是增加活性纳米材料亲水位点的可靠方法之一，有助于提高湿度传感器的灵敏度。常见的掺杂剂包括金属、离子和氮/氧原子。掺杂剂能够有效地调控传感材料的电性能和能带结构。如通过 Li/K 共掺杂制备的三维孔隙结构的氧化钨湿度传感器，具有高响应（阻抗变化 5 个数量级）、低湿度滞后（相对湿度从 11% 到 95% 的最大滞后为 3%）、长期稳定性、良好的响应性和恢复性等优点，这主要归因于结构缺陷和吸附氧以及 Li/K 掺杂剂的共同作用[62]。

大多数基于纳米材料和聚合物的湿度传感器通常具有相对较厚的固有膜和较强的亲水性，水分子难以从厚而大的结构中逃脱，这会导致响应慢、滞后大、稳定性差等问题。为此，通过将传感材料或电极设计成微/纳结构或多孔结构，可促进水分子的充分吸收和解吸[63-64]。如以激光诱导石墨烯（LIG）作为指间电极，它具有高密度的多孔结构，再将 $ZnIn_2S_4$ 纳米片作为传感材料沉积在 LIG 电极上，形成高度稳定的湿度传感器，其性能与商用同类产品相当[65]。另外，通常采用印刷碳和银作为电极的湿度传感器性能较差，为此可采用疏水性聚偏氟乙烯为模板和底物，将导电高分子 PANI 单侧沉积在 PVDF 微孔膜上，制备单侧集成的柔性湿度传感器（IFHS）[66]。该 IFHS 具有独特的微/纳结构和良好的透气性，不仅具有快速且可逆的湿度响应和滞后小的特点，微/纳结构还可以减轻变形时对 PANI 导电网络的破坏，该传感器在弯曲变形下仍能稳定湿度响应。

5.2.4　柔性气体传感材料

5.2.4.1　柔性气体传感器工作原理与性能要求

根据工作原理的不同，柔性气体传感器主要可以分为电容式气体传感器和电阻式气体传感器两种。其中，电容式气体传感器是指将外界气体的刺激转换为传感器中的电容值变化，从而引起电路中电信号变化的传感器。电阻式传感器是将外界气体的刺激转换为传感器中电阻值的变化，从而引起电路中电信号变化的传感器。不同机理的传感器可以实现不同物理量的测量，电容式传感器存在灵敏度不佳、滞后性大等问题，而电阻式传感器可以避免这些缺点。因此电阻式传感器在柔性可穿戴设备中被广泛应用。

对于柔性气体传感器，其关键性能要求如下：

① 灵敏度：它主要是指气体传感器检测目标气体的感应强度，通常的公式是 R_g/R_0，R_g 是检测目标气体后气体传感器的电阻值；R_0 是没有检测目标气体时传感器的初始电阻值。当 R_g/R_0 越大时说明传感器对目标气体越敏感。

② 稳定性：是指气体传感器对检测气体响应的稳定性，与零点漂移和区间漂移密切相关。零点漂移是在没有检测气体的情况下传感器的响应变化；而区间偏移是指在有检测气体的情况下传感器的响应变化。

③ 选择性：由于气体传感器对不同的目标气体的灵敏度有高有低，甚至有些根本没有响应，这就造成了气体传感器对于目标气体在其他气体干扰的条件下依然能够检测出来，即气体传感器的选择性。对于目前气体环境污染严重，污染物种错综复杂的情况，气体传感器的选择性显得尤为重要。

5.2.4.2　柔性气体传感器性能调控

金属氧化物最早应用于柔性气体传感器，然而其传感机理依赖于传感层表面吸附氧之间的相互作用，因此金属氧化物气体传感器的灵敏度取决于其表面吸附氧的浓度。通常而言，加热传感层可以增强对氧分子的吸附，使其能够与更多的气体分子相互作用，提高灵敏度及响应/恢复的速度[67]。因而在高温下能满足传感要求，但在室温下传感性能相对较差。如 ZnO 纳米棒柔性气体传感器在 180℃下的响应速度是室温下的 2.5 倍[68]。目前，该问题主要通过金属氧化物纳米化或多孔化，增加比表面积，提高传感材料与目标气体之间的化学相互作用速率来解决。

碳纳米管是另一种常用于气体传感器的功能材料[69]。然而，基于 CNT 的传感器存在不可逆性和缺乏选择性的缺点。为此，常通过金属、金属氧化物纳米颗粒或聚合物对碳纳米管进行化学功能化改性来解决。功能化的碳纳米管可以提高其对目标气体的敏感性和选择性，并缩短其响应/恢复时间。如 Fe_2O_3 功能化的 SWCNT-Fe_2O_3 薄膜，与原始的 SWCNT 薄膜相比，对 NO_2 的灵敏度增加了 15%[70]。此外，碳纳米管/石墨烯杂化层相比于纯碳纳米管层，对 $10\times10^{-6}NO_2$ 的灵敏度从 2% 提高到 19%[71]。钯修饰也可增强 CNT 的灵敏度，钯纳米颗粒修饰的 MWCNT 对 H_2 的灵敏度可达 17%[72]。

另外，聚合物基气体传感器也存在响应速度慢、回收率低和缺乏选择性的问题。通过对聚合物功能化改性，能使这些问题得到解决。如聚苯胺（PANI）修饰的多壁碳纳米管复合材料对 10×10^{-6} 氨（NH_3）的传感响应较纯碳管体系增加了 30%，且该传感器具有选择性，与其他挥发性气体（乙醇、甲醇、丙酮、异丙醇）相比，对氨表现出更高的灵敏度[73]。基于石墨烯 -PEDOT：PSS 的气体传感器表现出对 $500\times10^{-6}NH_3$ 的高灵敏度和快速响应和恢复性，且在长达 3 个月的时间内表现出良好的稳定性[74]。

5.2.5 柔性光学传感材料

5.2.5.1 柔性光学传感器分类与传感机理

光学传感器（光电探测器）是将光信号转换为电信号，以重现静态或动态图像、运动、生物信号等的传感器。由于光的非侵入性、多样性和高速性，可用来监测人体的生命体征。如某些波长的光很容易穿过人体皮肤和邻近组织，被血液中的携氧分子血红蛋白强烈吸收。通过连续监测人体血液和组织吸收的反射光强度，光传感器可以产生包含血管容量变化信息的读数，从而计算出心率、血压、氧饱和度、脱氧血红蛋白浓度等信息。此外，光学传感还可广泛用于军事（如夜视、导航、通信等）、商业产品（如食品生产、相机、智能手表等）、成像（如人工视觉、X 射线检测等）、可穿戴生物医学（如表皮和植入式传感器）、人机接口（如身份验证和虚拟现实 / 增强现实）等方面。随着光敏材料和化学材料的发展，在很大程度上推动了这一领域的发展。目前常用材料包括半导体材料和本征柔性材料（如聚合物、低维材料、混合钙钛矿等）。

柔性光电探测器根据其不同的结构和工作原理可分为三种类型：光电导器件、光电晶体管和光电二极管（图 5-15）[75]。光电导器件和光电晶体管属于横向结构，而光电二极管属于垂直结构。每种类型的光电探测器由于其工作原理不同而具有其独特的性能和优势，以满足各种应用场景的要求。

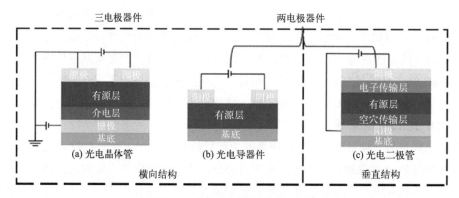

图 5-15　不同光学传感器的结构[75]

（1）光电导器件

光电导器件通常由作为有源层的半导体薄膜和两个电极组成［图 5-15（b）］。当在两个电极之间施加外部电压时，半导体层起着导电通道的作用。半导体层中产生的电子和空穴被分离并分别输送到阳极和阴极。在光照条件下，由于半导体材料的光导作用，半导体层会产生更多的电子 - 空穴对，增加了载流子浓度并增强半导体层的导电性。当施加相同的外部电压时，器件的光电流大于暗电流，从而达到光检测效果。由于半导体层中的高外部偏置电压和不平衡载流子（空穴、电子），少数载流子在传输过程中会被相反的多数载流子捕获，而多数载流子可以在电流中被利用和回收，直到与少数载流子重新组合[76]。因此，光电导器件表现出高光电流、开 / 关比和外部量子效率（EQE）。然而，出于同样的原因，它也受到高暗电流的影响，这将降低器件的检测能力。此外，由于横向结构具有较长的载流子传输距离，因此通常需要高工作电压和长响应时间。

（2）光电晶体管

与光电导器件类似，光电晶体管也是横向结构器件。如图 5-15（a）所示，它由一个有源层、一个介电层和三个电极（包括源极、栅极和漏极）组成。光电晶体管的工作原理与光导体相似，可以在光照条件下提供光生载流子，并通过源漏电压驱动的有源层导电通道形成光电流。此外，由于栅极电压，在有源层中可以产生更多的载流子，这使得电信号的进一步放大成为可能。因此，与光电导器件相比，具有栅极电压的光电晶体管表现出更高的开 / 关比和 EQE。但是，光电晶体管的响应速度相对降低，因此它需要更复杂的光电晶体管结构和制备工艺。

（3）光电二极管

与上述结构不同，光电二极管是典型的垂直器件，由功能层、顶部和底部电极组成 [图 5-15（c）]。光电二极管光学传感器的结构和原理与太阳能电池相似，都是利用半导体的光伏效应：光照时，有源层吸收光子能量产生激子，激子扩散到界面分离形成电子和空穴，并分别传输到阳极和阴极，形成光电流。与太阳能电池不同，光电二极管光学传感器通常在反向偏置电压下工作，这促进了电子 - 空穴对的分离，实现了高开 / 关比和快速响应速度。与光电导器件和光电晶体管相比，光电二极管具有较低的 EQE 和响应度。然而，由于暗电流低，光电二极管通常表现出高检测率和大线性动态范围（LDR）。同时，垂直结构提供了较短的载流子传输距离，有利于响应速度的提高和工作电压的降低，甚至可以实现光电二极管的自供电。因此，光电二极管 - 光学传感器已成为研究最广泛的光电探测器。在柔性光电探测领域，研究人员提出了材料合成、界面修饰、结构工程等多种方法，以进一步完善光电二极管的优点，弥补光电二极管的缺点。

5.2.5.2　柔性光学传感器性能调控

为了满足特定的应用需求，柔性光学传感材料的性能可以通过多种途径进行调控，如改性有源层的活性材料和设计集成电路等。通常活性材料的结构与形貌、载流子浓度与比表面积决定了其光电特性。活性材料的低维化，能很好地提升其光电性能。目前，常用的二维活性材料有石墨烯、过渡金属硫化物（TMDs）、二维钙钛矿；一维和零位活性材料有纳米线、纳米管、纳米棒以及量子点等。

将不同的低维材料进行堆叠会在界面产生强烈的相互作用，形成异质结，表现出强烈的范德瓦耳斯力相互作用，导致快速光电流产生。如通过单壁碳纳米管与石墨烯形成异质结，大幅度提高器件响应度。与单异质结柔性光电探测器相比，双异质结柔性光电探测器的响应度增加了近 10 倍 [77]。此外，还可通过构建放大电路，以提高柔性光学传感器的性能。如将 Ga 掺杂 In_2O_3 纳米线场效应晶体管集成到光学传感器中，构建一个简单且高度集成的红外检测放大（IRDA）系统，能大幅提高系统的光敏性。所得系统在 1342nm 光照射下表现出 7.6×10^4 的较高光敏度、1508% 的外量子效率和 4.9×10^{12} cm·$Hz^{\frac{1}{2}}$/W 的归一化探测率，实现高性能红外成像应用[78]。

5.2.6 柔性化学传感材料

5.2.6.1 柔性化学传感器分类与传感机理

生物标志物可以客观测量并用作人体正常状况或疾病的指标分子，反映了身体的健康状况，为疾病的筛查、诊断和治疗提供了基础。使用灵活的可穿戴设备对生物标志物进行连续实时监测，可以更深入地监测和诊断个人身体状况。对于体液（如汗液、唾液和眼泪等）的长期检测已成为商用可穿戴健康检测设备未来的发展方向。

化学传感器通常指基于化学原理的、以化学物质成分为检测对象的一类传感器。其主要是利用敏感材料与被测物中的离子、分子或生物物质互相接触而产生的表面化学反应（电化学分析）、电极电位变化或引起材料表面的电势变化（电位分析），从而直接或间接地转化为电信号，用于后续检测。表 5-3 是汗液中的分析物及对应检测方法。

表 5-3 汗液中的分析物及对应检测方法[79]

分析物	数值范围	识别元素	测试技术
Na^+	10～100mmol/L	Na^+ 载体	电位分析
Cl^-	10～100mmol/L	Ag/AgCl	电位分析
K^+	1～18.5mmol/L	K^+ 载体	电位分析
Ca^{2+}	0.41～12.4mmol/L	Ca^{2+} 载体	电位分析
pH	3～8	聚苯胺	电位分析
NH_4^+	0.1～1mmol/L	NH_4^+ 载体	电位分析
葡萄糖	100～1000μmol/L	葡萄糖氧化酶	电化学分析
乳酸	5～20mmol/L	乳酸氧化酶	电化学分析
乙醇	2.5～22.5mmol/L	酒精氧化酶	电化学分析
尿酸	2～10mmol/L	碳	电化学分析

5.2.6.2 柔性化学传感器性能调控

对于依赖于电化学反应的柔性化学传感材料，调控其传感性能的基本思路是放大电化学信息。通过增加活性位点可以有效地提高柔性化学传感材料的传感性能。如将铂纳米粒子均匀分散在石墨烯基底上（Pt/rGO），用于甲醇的电化学监测。由于石墨烯基底不仅具有优秀的导电性和高比表面积，还能够防止铂催化剂的团聚，由此暴露了更多的活性位点，进一步提升了传感器的传感性能。该传感器在多种温度或湿度中，及在蒸汽和液体中，都表现出高选择性、灵敏度、稳定性和可恢复性[80]。

此外，增大单位氧化还原反应转移电荷数也是提高柔性化学传感材料传感性能的方法。如唾液中葡萄糖的监测，可通过将葡萄糖氧化为甲酸盐和碳酸，转移最多 24 个电子（通常葡萄糖初步氧化成葡萄糖酸仅转移 2 个电子），使得葡萄糖氧化的电催化活性显著提高了40 倍。基于该方法制备的非酶葡萄糖传感器，具有高灵敏度、0.1μmol/L 至 22mmol/L 的宽检测范围和 0.086μmol/L 的低检测限[81]。

5.2.7　柔性传感材料与互联电路界面调控

柔性传感器中各种刚性元件如电阻器和集成电路（IC）芯片等，对于实现典型的器件功能是不可或缺的。然而，由于软性互连电路与刚性元件存在模量不匹配，器件形变时易在两者接合处产生应力集中，导致接触不良或失效。因此，柔性互连电路与刚性元件之间的界面性能调控是研究的重点内容。

目前，刚性元件和柔性互连电路之间一般通过导电胶黏剂连接，以确保在拉伸时有效地电子转移和牢固地结合。然而，大多数导电黏合剂难以同时在柔性互连电路和刚性元件间形成良好界面粘接，可以采用应变定位法适当改进。即预先加固连接区域，并用刚性支撑层或刚性顶部封装层锚定刚性芯片，使得器件在拉伸时变形仅发生在柔性互连电路上。如使用高比例（16.7%）固化剂的硬质 PDMS 来封装刚性元件，而低比例（6.3%）固化剂的软质 PDMS 来保护柔性互连电路[82]。所制造的包含刚性电阻器、电容器和微控制单元（MCU）芯片的可拉伸 LED 电路，可在 100% 拉伸应变下的正常使用。这种"刚性岛"和"柔性桥"策略也被应用于打印高性能可拉伸电化学设备，如生物燃料电池[83]和可穿戴超级电容器等[84]。

此外，利用某些胶黏剂的特殊性质（如凝胶态转变）也为连接刚性元件和柔性互连电路提供了新方法。如以热塑性弹性体苯乙烯 - 异戊二烯嵌段共聚物（SIS）为导电油墨基材和弹性衬底，在印刷完液态金属基柔性互连电路以及安装刚性芯片后，将整个电路置于溶剂蒸气环境中，利用溶剂蒸气使印刷的互连电路转化为凝胶态，实现对刚性芯片的部分嵌入和包埋。该方法将柔性可拉伸电子器件的最大拉伸率扩展到 500% 以上，可满足大多数应用场景的需求（图 5-16）[85]。

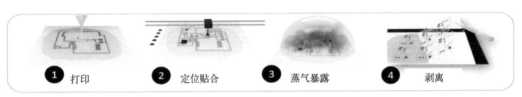

(a) 柔性电子器件中刚性芯片与柔性互连电路的溶剂蒸气诱导焊接

(b) 通过聚合物凝胶化过程实现互连电路与刚性芯片的稳定连接

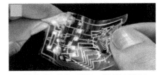

(c) 带有集成传感器、微处理器和LED显示屏的柔性电路

(d) 柔性电路在不同拉伸应变下LED正常发光的照片

图 5-16　**柔性电路的应用**[85]

开发自黏性的可拉伸导电弹性体是制备"即插即用"电路的一种新方法。通过在自黏性的 SEBS 热塑性弹性体表面蒸镀 Au 纳米颗粒，构筑具有双相纳米互渗（BIND）结构的高导电（<10Ω/sq，以方块电阻计）、自黏附（0.12N/mm）、可拉伸电路（图 5-17）。通过控制 SEBS 弹性体表面导电粒子和黏附基团的暴露比例，实现了电路对其他电路（S-S）、对硬质功能组件（S-R）以及对封装基底（E-S）的自由组合与界面拼接。该方法通过在黏附性弹性体表面直接制备具有自黏附和导电性的可拉伸电路，可实现对硬质功能组件的"即插即用"。由于软/硬界面兼具了低阻抗电子传输和高能量耗散，与硬质功能组件集成而得的可拉伸电子器件的导电拉伸率可达 200%。

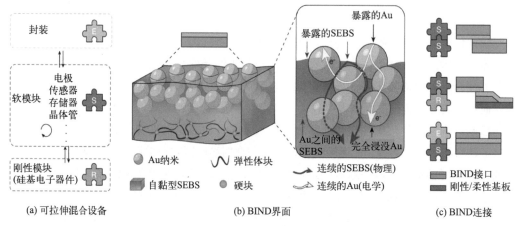

图 5-17　**柔性可拉伸混合设备的 BIND 连接** [86]

5.2.8　柔性传感材料应用

5.2.8.1　电子皮肤

皮肤作为人体最大的器官，具有丰富的神经感知器用来探知外界的复杂环境下的刺激（如压力、振动、温度、湿度等物理化学信号），通过将其转化为生物电信号，经神经传输到大脑，从而在我们脑海中形成触觉、冷觉、温觉和痛觉等诸多感觉。基于此，通过仿生皮肤结构，模拟人体皮肤感知功能，将外界刺激转换为电信号的电子皮肤应运而生。其具备轻薄化、可穿戴化、高集成化、高传感功能化等特点，在智慧医疗、人机交互和人工智能等领域具有广阔的应用前景 [87-89]。

（1）性能要求

作为人体皮肤的仿生电子器件，理想的电子皮肤应具有与人体皮肤相似的柔顺性、在一定应变下可重复拉伸形变能力，并具有受损自修复的能力。

一般而言，皮肤/组织的模量在 0.5～1.95MPa，并且能承受 15% 的机械应变而不会产生损伤，这就要求电子皮肤材料应具有与之相匹配的性能要求，以保持与皮肤的适形及亲和接触，确保在皮肤变形过程中稳定地监测。因此，通常要求电子皮肤应具有低模量（约 1MPa）和可拉伸性（>15%）。

自我修复能力能有效地赋予电子皮肤像人类皮肤一样的长期稳健性和可靠性，从而适用于复杂及动态表皮应用环境，大幅度延长其使用寿命。而电子皮肤的自愈功能不仅需要修复柔性基底材料的机械损伤，还应修复其内在导电通路，其一般可由以下两种形式来实现：①通过自修复聚合物的动态性能诱导导电填料重排，构建渗流网络；② 通过材料内部的含愈合剂的微胶囊结构（如液态金属颗粒）受机械力作用下的释放，来修复导电网络。此外，对于水凝胶而言，因本身存在着大量的氢键和超分子作用，赋予了其良好的自愈能力和自我恢复能力，使得其成为了自愈合电子皮肤的理想选择之一 [90-91]。

此外，随着电子皮肤佩戴空间及时间尺度的拓宽，对皮肤/组织的友好性及舒适性也成为了电子皮肤开发的重要内容，这就要求电子皮肤还需具有高生物相容性、自黏附性和透气性等。

通常为了提高生物相容性，采用天然聚合物材料，如蛋白质（丝素蛋白、胶原蛋白）、多糖（海藻酸钠）、纤维素、明胶等。对于电子皮肤的活性功能材料，通常大部分材料受其化学成分、形态结构、表面电荷、pH 值等因素影响而具有较差的生物相容性，尽管目前也已有一些被证实考虑具有低细胞毒性的活性材料，如液态金属、PPy、PEDOT 衍生物等，但仍有必要严格把控其浓度用量，确保其不会在电子设备中浸出，保证使用中的安全性。此外，天然小分子如靛蓝及其衍生物和类胡萝卜素多烯等也可用于活性材料，虽然该类小分子的电学性能需要优化才能用于电子皮肤应用，但不失为一条很有前途的提高生物相容性的途径。

高黏附贴合性可让电子皮肤牢固贴合于皮肤/组织上，特别是当皮肤严重变形或电子皮肤层压在布满汗水的皮肤表面上时，要求电极和皮肤间不要发生分层现象。此外，高黏附性也可降低电子皮肤与皮肤间的界面阻抗，确保了采集信号的高保真度和精度。一般而言，电子皮肤可通过压敏胶与皮肤/组织贴合，然而额外的黏附剂引入会降低电子皮肤的相容性，也不适用于复杂的环境，特别是潮湿的组织上，因此开发具有保形和高自黏附的电子皮肤对于获得准确可靠的生理信号至关重要。

人体皮肤无时无刻不在与环境进行着气体和热量交换，而电子皮肤的贴合使用阻碍了正常的汗液挥发，带来皮肤不适，严重时会引发皮肤过敏炎症等，因此，电子皮肤的透气性是提高佩戴舒适性的重要因素。然而，目前大部分电子皮肤都是由透气性有限的柔性基底材料构成，限制了人体皮肤的气体交换。为此，通过吹泡法、模压法、静电纺丝法等构建了多孔气体转移通道，实现高透气表皮电极的制备。另外，基于表面不对称性质的 Janus 膜结构在透气的同时，还能实现汗液单向输送，也是提高电子皮肤佩戴舒适性的重要手段之一 [92]。

（2）电子皮肤的功能应用

随着人口老龄化现象的日益加重，人们对家庭护理和个人健康福祉的需求不断增加，远程及个性化的健康监测成为了健康管理和预防疾病的最及时有效的策略之一。电子皮肤作为一种非侵入性工具，可实现对用户的脉搏波、血压、体温等生理参数的实时监测。如在铁电薄膜中制备类似人类表皮及真皮层的图案和互锁的微结构，可增强静态和动态机械热信号的压电、热释电和压阻传感性能，实现同时检测压力和温度变化，并通过不同的信号生成模式（压阻式—持续大压力、压电式—微小压力、热电式—温度），实现对动脉脉压、皮肤温度的同时感知 ［图 5-18（a）］ [93]。

此外，电子皮肤与人体组织之间的保形接触也使得其能够长时间精确监测人体生物电信号。以心电信号为例，通过制备基于 PEDOT：PSS/WPU 的本征导电性的干电极，在水性聚氨酯（WPU）中引入 *D*- 山梨糖醇，可提高电极的黏附性，并牢固地黏附在干甚至湿皮肤表面，能准确识别心电信号中的 PQRST 波形，并且即使在皮肤拉伸变形、震动及长期贴合等状态下依旧监测到高质量的心电信号 ［图 5-18（b）］，因而有望应用于临床环境中长期精确识别心房颤动及心律失常问题 [94]。

电子皮肤还能实时监测及分析人体的运动状态、纠正运动姿态，并通过判定个人对训练的适应性与不良反应等，从而最大限度地避免疲劳受伤的发生。与传统的基于金属及半导体的传感器相比，电子皮肤可紧密贴合于人体皮肤上，顺应性地产生相应形变，从而对各种运动姿态（如关节弯曲角度、肌肉紧绷位置、压力分布等）进行反馈，实现更为便携、准确化的运动监测。如基于全纳米纤维摩擦纳米发电机的透气、可生物降解和抗菌的电子皮肤，其主要由银纳米线（Ag NWs）电极夹在顶部聚乳酸 - 共乙醇酸（PLGA）摩擦电层和底部聚乙烯醇基板之间构成，并通过 Ag NWs 层与 PLGA 层的接触分离过程，将外部负载产生的应变转化成电子皮肤内部的交变电位，从而在无需外接供电的情况下，实现对人体全身各处运动状态（如面部表情、呼吸、脉搏、声音、四肢运动等）的监测（图 5-19）[95]。

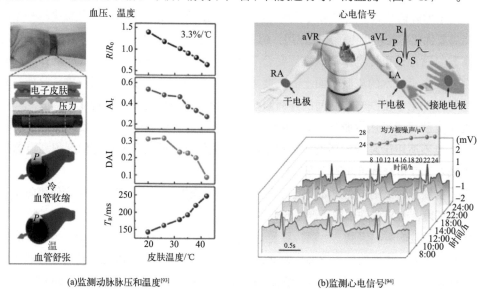

(a)监测动脉脉压和温度[93]　　　　(b)监测心电信号[94]

图 5-18　电子皮肤在健康监测上的应用

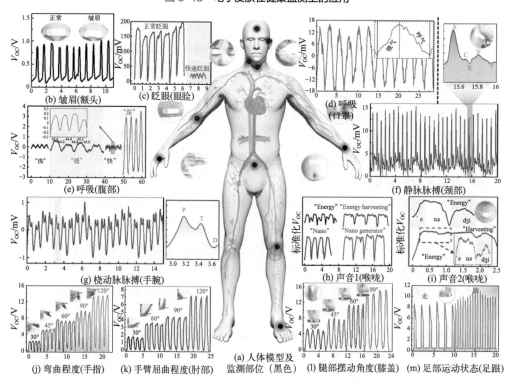

图 5-19　电子皮肤在全身各处运动监测上应用 [95]

5.2.8.2 可穿戴织物

自古以来，具有保暖和保护身体作用的纺织品是我们日常生活中不可缺少的部分。随着科技的进步和生活水平的提高，人们对纺织品的功能性和智能化的要求大大提高，智能电子纺织品（E-textiles）成为了新一代舒适便携的可穿戴设备。E-textiles 是指将电子产品集成到传统织物中，赋予其感知、显示、运动和计算等多重功能，在医学、体育、康复和个性化医疗、安全、虚拟现实等多个领域有重要的应用前景（图 5-20）。

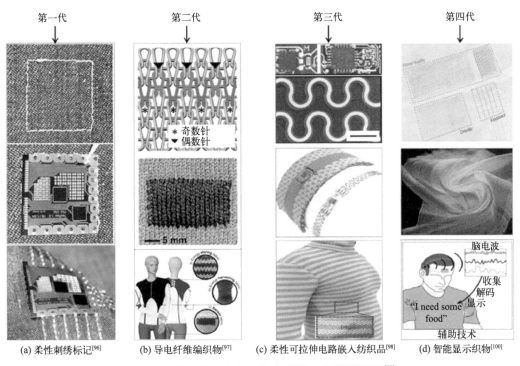

图 5-20 **电子纺织品从第一代到目前第四代的发展历程** [99]

(a) 柔性刺绣标记[96]   (b) 导电纤维编织物[97]   (c) 柔性可拉伸电路嵌入纺织品[98]   (d) 智能显示织物[100]

可穿戴织物最初是将电子纺织品硬质功能组件缝合或黏附在服装表面，使用基本的纱线刺绣工艺进行电气和机械连接，如图 5-20（a）所示[96]。然而，第一代电子纺织品比日常用品更为笨重和坚硬。为此，第二代电子纺织品随之产生，它主要是采用导电纱线，将其针织或编织到纺织品结构中，使纺织品具有电子功能。导电纱线可通过工业规模的针织机缠绕成各种针迹图案，以制造功能齐全的可穿戴电子纺织品，如图 5-20（b）所示[97]，这个工艺简单方便，且制备的电子纺织品通常比较柔软，可用于开发电子功能服装等，但在舒适性和适应性方面受到限制。第三代智能纺织品是将传感器和电子元件嵌入服装中，将技术和面料集成在一起 [图 5-20（c）] [98]。相比于前两代电子纺织品，第三代智能纺织品更耐用、舒适、可靠、功能更强。目前 Samsung、Alphabet、Ralph Lauren、AdvanPro、Tamicare 和 BeBop Sensors 等公司已经开发了第三代产品，并朝着这个方向迅速发展[99]。未来一代或第四代智能电子纺织品还处于实验室规模制造阶段，它是指将电子功能完全无缝集成到纺织品中，因此，第四代智能电子纺织品更符合电子纺织品对柔软性、舒适性、柔韧性、耐洗性和耐用性的基本要求。图 5-20（d）显示了由显示器、键盘和电源组成的下一代完全集成的智能纺织品系统，以及展示纺织品的照片和概念设计，脑电波可以解码为展示在衬衫上的信息[100]。无缝发光或交互式纺织品可以将可穿戴电子纺织品展示的概念直接转移到人体皮肤上，还可通过蓝牙或 Wi-Fi（无线保真）等无线通信系统连接到用户的智能手机，并传输数据以促进大数据云计算。目前，电子纺织技术正处于发展和升级阶段，正在从嵌入或刺绣方法转向更人性化的电子纺织品，在可穿戴运动监测、生物电信号监测及人机交互等领域具有广泛的应用前景。

（1）身体动作监测

由于可穿戴织物具有很好的柔顺性，可以直接附着在人体不同身体部位，感知身体不同角度下关节的变化。如将银/涤纶织物应变传感器佩戴在脚跟、膝盖下部和膝盖上部 [图 5-21 (a)]，可以监测活动过程中的脚跟和膝盖运动，并区分与行走相关的肢体运动和其他运动 [图 5-21 (b) 和 (c)][101]。另外，可穿戴织物也可检测语音过程中与喉肌相关的微小动作。如当 PVA/石墨烯涂层的织物传感器连接到人的脖子上时 [图 5-21 (d)][102]，

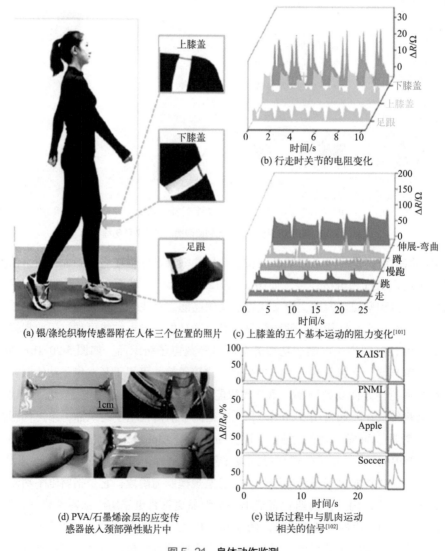

(a) 银/涤纶织物传感器附在人体三个位置的照片

(b) 行走时关节的电阻变化

(c) 上膝盖的五个基本运动的阻力变化[101]

(d) PVA/石墨烯涂层的应变传感器嵌入颈部弹性贴片中

(e) 说话过程中与肌肉运动相关的信号[102]

图 5-21　身体动作监测

电阻变化的模式与单词的发音方式相关 [图 5-21（e）]。每个单词都会引起声带肌肉的独特运动，当发声肌肉运动增加，感应信号会随着音量的增加而增加，在声音识别上表现出很好的优势。

（2）生理信号的监测

可穿戴织物传感器因具有良好的透气性和舒适性，还可用来与人体紧密贴合，实时监测人体生理状况，包括脉搏、呼吸和肢体运动等生命体征，并进行汗液、唾液等成分分析。如连接在手腕上的智能织物心率传感器，可在正常条件下监测桡动脉脉搏波形以及运动后的收缩和舒张峰值 [图 5-22（a）～（c）][103]。连接在胸部 PVA/ 石墨烯涂层尼龙包覆橡胶和碳化丝绸织物应变传感器，能够检测与呼吸相关的生理变化 [图 5-22（d）和（e）][104]。此外，织物传感器还可用于检测人脸上各种肌肉的微小运动[105]，如用于监测面部表情和人类情绪（如幸福和悲伤）[图 5-22（f）]。

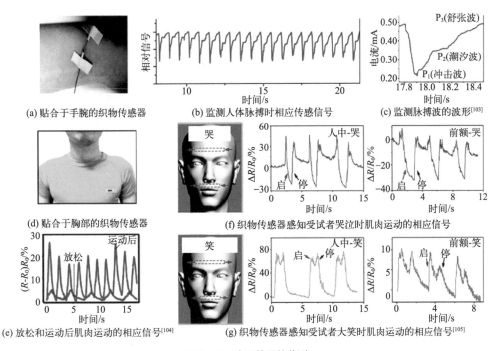

(a) 贴合于手腕的织物传感器　　　(b) 监测人体脉搏时相应传感信号　　　(c) 监测脉搏波的波形[103]

(d) 贴合于胸部的织物传感器　　　(f) 织物传感器感知受试者哭泣时肌肉运动的相应信号

(e) 放松和运动后肌肉运动的相应信号[104]　　　(g) 织物传感器感知受试者大笑时肌肉运动的相应信号[105]

图 5-22　生理信号的监测

汗液中存在很多生物化学物质，包括离子、葡萄糖、皮质醇等。通过对汗液中生物物质的检测，可以对身体健康状况做出评估。如制备的基于蚕丝的 Janus 电子纺织品，可以用于管理和分析生物流体[106]。这种电子纺织品为皮肤提供舒适的微环境，可以减少湿黏附，同时对人体汗液中的多种待测目标物进行快速非侵入式的检测分析。此外，也可以利用湿法纺丝技术制备还原氧化石墨烯 / 聚氨酯纤维，通过在其表面涂覆 Ni-Co 金属有机框架（Ni-Co MOF）银纳米片制备纤维电极[107]，用于高灵敏、高准确地连续监测汗液中的葡萄糖水平。将基于纤维的三电极系统与吸水织物缝制在一起，并固定在可拉伸的 PDMS 薄膜基底上，制成的无酶汗液葡萄糖可穿戴传感器，具有高灵敏度，以及 10μmol/L～0.66mmol/L 的宽线性范围。

(3) 人机交互

织物传感器也经常用于人机交互领域（如机械人控制、虚拟现实和手势识别等）。如通过将石墨烯涂层的羊毛纱线和尼龙包覆橡胶传感器分别缝合在手套的食指和中指上，组装出数据手套[108]。该数据手套可以同时检测食指和中手指的运动。通过将导电聚合物复合材料涂层的 PU 纱线应变传感器手工编织到针织手套的每个手指中，还创建了一个数据手套。该手套检测到包括抓握、握持和松开在内的几个手势。这个集成的可穿戴数据手套系统可显示不同的手指手势，如 "ONE" "TWO" "OK" "FOUR" 和 "GOOD" [图 5-23 (a)]。该数据手套展示了基于手指弯曲状态（如部分弯曲）的复杂表示的多级应变传感。还可以通过织物传感器和机器互联互通，例如聚酯针织面料上的可穿戴织物键盘[109]。这种数字织物键盘有 10 个键（由 0 到 9 的数字组成），触摸每一个按键时，按键的电容都超过了某个阈值，计算机屏幕上显示了相应的数字。这项工作表明，针织物传感器可以感知来自人类手指的触觉输入 [图 5-23 (b) 和 (c)]。在另一项工作中，固定在机器人腰部、肘部和膝盖上的还原氧化石墨烯应变传感器可以监测复杂的动作，如跳舞等动作 [图 5-23 (d)和 (e)] [110]。

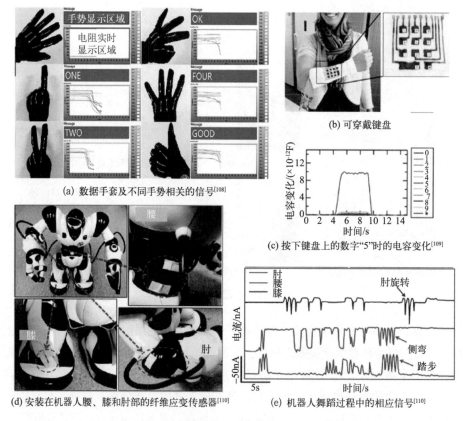

(a) 数据手套及不同手势相关的信号[108]

(b) 可穿戴键盘

(c) 按下键盘上的数字"5"时的电容变化[109]

(d) 安装在机器人腰、膝和肘部的纤维应变传感器[110]

(e) 机器人舞蹈过程中的相应信号[110]

图 5-23　人机交互

5.2.8.3　植入式电子设备

植入式电子设备是一种可埋置在生物体或人体内的设备，用来测量生命体内的生理、生化参数或诊断、治疗某些疾病，以实现生命体在自然状态下的直接测量和控制，也可用于代替功能已丧失的器官。目前有一些成熟的植入式设备已投入到人体内使用，如深部脑刺激器、人工耳蜗、心脏起搏器等。然而，刚性的植入式设备和接口与人体组织之间的机械不匹配可能会导致严重的医疗问题。此外，该类设备由于电池容量有限需要更换电池，也存在成本和手术风险方面的问题，给患者带来了负担。

柔性电子学的进步使得柔性植入设备与软组织、器官和肌肉的共形界面成为可能，提供了多种治疗策略。例如，柔性药物递送微装置（f-DDM）可及时给药，并维持有效剂量，以最小的副作用最大限度地提高治愈效果[111]。该装置无线接收电源，并且足够灵活，可以植入弯曲的大脑皮层，提供两种不同的化学物质或使用抗癫痫药物预防癫痫发作活动［图5-24（a）］。此外，柔性和软性电子元件被应用于视网膜假体。如开发了一种可折叠的光伏宽视野视网膜前假体，能够刺激无线视网膜神经节细胞[112]。由聚二甲基硅氧烷（PDMS）制备的接口和圆顶形支架能够与眼睛的曲率相匹配［图5-24（b）］。

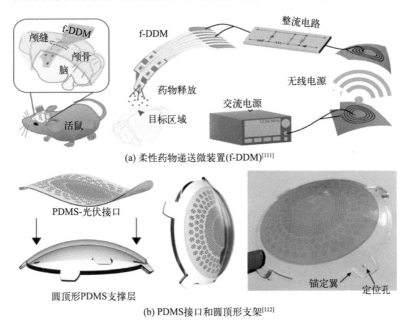

(a) 柔性药物递送微装置(f-DDM)[111]

(b) PDMS接口和圆顶形支架[112]

图 5-24　植入式电子设备

5.3　总结与展望

近年来，柔性可穿戴传感器在医疗检测、疾病诊断、人机交互和智能机器人等领域的广泛研究和应用，极大推动了柔性电子学的快速发展，使其成为了新一代电子技术的重要组成部分和重点发展方向，而柔性电子材料也随之发展成一门重要的学科，其主要发展方向集中在以下几个方面：

① 适用于柔性基底的强韧聚合物的研制：考虑到柔性可穿戴材料通常在动态下使用，因此对其力学性能的稳定性和强韧性有了更高的要求。目前，该方向主要是通过设计多重键合作用，如多种动态键（动态共价键和动态非共价键）的协同作用，在提高聚合物的强

韧性的同时，赋予自黏附性和自修复性。

② 通过结构设计，实现对柔性电子材料性能的调控：针对柔性传感材料，可通过微结构的设计来提高器件的灵敏度和响应性；针对可拉伸电路，通过结构设计提高电路的拉伸性等。

③ 软／硬界面的研究：包括提升刚性元件与柔性互联电路间的导电胶黏层可拉伸性及黏附性，实现两者间的稳定结合；分析界面处应力集中及破坏位置，控制界面几何结构以改变应力分布，提高混合电子的可靠性等。

④ 器件功能化的研究与应用：赋予器件自修复性能，具有机械和电气修复能力，延长器件的使用寿命；生物可吸收、可降解材料的使用将允许制造具有可编程寿命的瞬态电子器件；此外通过整合太阳能电池、机械能量收集器、超级电容器、电池和无线天线等设备，实现器件的自供电性，有助于提高柔性电子设备的可穿戴性、便捷性等。

⑤ 传感器的实时、长时监控和稳定性研究：在长期使用过程中，传感器因面临复杂多变的环境条件，要求其具有高动态稳定性和长时稳定性。动态稳定的导电网络构筑、新材料的研发、柔性基体表面结构和性能的调控，适形机械界面及稳固电学界面的兼顾，将有利于提高柔性传感器的可靠性和稳定性。此外，用于长期健康监测的柔性传感器还应该具有良好的生物相容性。

总之，柔性电子材料带来了新的设计理念，推动了材料科学的发展，为可持续发展和环境友好型材料、智能材料的开发提供了新思路。尽管目前柔性电子材料方面取得了极为显著的研究进展和大量的研究成果，但仍然面临一些挑战和难点，如：软、硬及多层界面间的粘接结合、器件环境／动态稳定性、外在抗干扰能力、多功能及集成化等。因此，柔性电子领域仍需要进一步深入地开展基础研究和跨学科的合作，推动该领域的发展和实际应用。

 参考文献

[1]　Liu S, Chen S, Shi W, et al. Self‑healing, robust, and stretchable electrode by direct printing on dynamic polyurea surface at slightly elevated temperature [J]. Advanced Functional Materials, 2021,31(26):2102225.

[2]　Nishiyama Y. Structure and properties of the cellulose microfibril [J]. J. Wood Sci, 2009, 55(4): 241-249.

[3]　Baruah R K, Yoo H, Lee E K. Interconnection technologies for flexible electronics: Materials, fabrications, and applications [J]. Micromachines, 2023, 14(6): 1131.

[4]　Khan Y, Thielens A, Muin S, et al. A new frontier of printed electronics: Flexible hybrid electronics [J]. Adv Mater, 2020, 32(15): e1905279.

[5]　Sun J, Sun R, Jia P, et al. Fabricating flexible conductive structures by printing techniques and printable conductive materials [J]. Journal of Materials Chemistry C, 2022, 10(25): 9441-9464.

[6]　Turan N, Saeidi-Javash M, Chen J, et al. Atmospheric pressure and ambient temperature plasma jet sintering of aerosol jet printed silver nanoparticles [J]. ACS Appl Mater Interfaces, 2021, 13(39): 47244-47251.

[7]　Kamyshny A, Magdassi S. Conductive nanomaterials for printed electronics [J]. Small, 2014, 10(17):

3515-3535.

[8]　Jung Y, Park H, Park J-A, et al. Fully printed flexible and disposable wireless cyclic voltammetry tag [J]. Sci Rep, 2015, 5(1): 8105.

[9]　Liang X, Li H, Dou J, et al. Stable and biocompatible carbon nanotube ink mediated by silk protein for printed electronics [J]. Advanced Materials, 2020, 32(31): 2000165.

[10]　Matsuhisa N, Inoue D, Zalar P, et al. Printable elastic conductors by in situ formation of silver nanoparticles from silver flakes [J]. Nature Materials, 2017, 16(8): 834-840.

[11]　Lee J W, Cho J Y, Kim M J, et al. Synthesis of silver nanoparticles embedded with single-walled carbon nanotubes for printable elastic electrodes and sensors with high stability [J]. Scientific Reports, 2021, 11(1): 5140.

[12]　Wei Y, Chen S, Li F, et al. Hybrids of silver nanowires and silica nanoparticles as morphology controlled conductive filler applied in flexible conductive nanocomposites [J]. Composites Part A: Applied Science and Manufacturing, 2015, 73: 195-203.

[13]　Chen S, Wei Y, Yuan X, et al. A highly stretchable strain sensor based on a graphene/silver nanoparticle synergic conductive network and a sandwich structure [J]. Journal of Materials Chemistry C, 2016, 4(19): 4304-4311.

[14]　Lee P, Ham J, Lee J, et al. Highly stretchable or transparent conductor fabrication by a hierarchical multiscale hybrid nanocomposite [J]. Advanced Functional Materials, 2014, 24(36): 5671-5678.

[15]　Neumann T V, Facchine E G, Leonardo B, et al. Direct write printing of a self-encapsulating liquid metal-silicone composite [J]. Soft Matter, 2020, 16(28): 6608-6618.

[16]　Chang H, Guo R, Sun Z, et al. Direct writing and repairable paper flexible electronics using nickel-liquid metal ink [J]. Adv Mater Interfaces, 2018, 5(20): 1800571.

[17]　Wang H, Yao Y, He Z, et al. A highly stretchable liquid metal polymer as reversible transitional insulator and conductor [J]. Adv Mater, 2019, 31: 1901337.

[18]　Lee W, Kim H, Kang I, et al. Universal assembly of liquid metal particles in polymers enables elastic printed circuit board [J]. Science, 2022, 378(6620): 637-641.

[19]　Matsuhisa N, Kaltenbrunner M, Yokota T, et al. Printable elastic conductors with a high conductivity for electronic textile applications [J]. Nature Communications, 2015, 6(1): 7461.

[20]　Xu Y, Schwab M G, Strudwick A J, et al. Screen - printable thin film supercapacitor device utilizing graphene/polyaniline inks [J]. Adv Energy Mater, 2013, 3(8): 1035-1040.

[21]　Odom S A, Chayanupatkul S, Blaiszik B J, et al. A self-healing conductive ink [J]. Adv Mater, 2012, 24(19): 2578-2581.

[22]　Bandodkar A J, Mohan V, López C S, et al. Self - healing inks for autonomous repair of Printable Electrochemical Devices [J]. Adv Electron Mater, 2015, 1(12): 346-349.

[23]　Zheng R, Peng Z, Fu Y, et al. A novel conductive core-shell particle based on liquid metal for fabricating real-time self-repairing flexible circuits [J]. Adv Funct Mater, 2020, 30(15):1910524.

[24]　Chiang P-C, Whang W-T, Wu S-C, et al. Effects of titania content and plasma treatment on the interfacial adhesion mechanism of nano titania-hybridized polyimide and copper system [J]. Polymer, 2004, 45(13): 4465-4472.

[25]　Liu J, He L, Wang L, et al. Significant enhancement of the adhesion between metal films and polymer substrates by UV-ozone surface modification in nanoscale [J]. ACS Appl Mater Interfaces, 2016, 8(44): 30576-30582.

5

[26] Liu Z, Wang X, Qi D, et al. High-adhesion stretchable electrodes based on nanopile interlocking [J]. Adv Mater, 2017, 29(2):1603382.

[27] Fang L, Cai Z, Ding Z, et al. Skin-inspired surface-microstructured tough hydrogel electrolytes for stretchable supercapacitors [J]. ACS Appl Mater Interfaces, 2019, 11(24): 21895-21903.

[28] Horev Y D, Maity A, Zheng Y, et al. Stretchable and highly permeable nanofibrous sensors for detecting complex human body motion [J]. Adv Mater, 2021, 33(41): e2102488.

[29] Ma J, Lin Y, Kim Y W, et al. Liquid metal nanoparticles as initiators for radical polymerization of vinyl monomers [J]. ACS Macro Lett, 2019, 8(11): 1522-1527.

[30] Wang M, Lai Z, Jin X, et al. Multifunctional liquid - free ionic conductive elastomer fabricated by liquid metal induced polymerization [J]. Adv Funct Mater, 2021, 31(32):2101957.

[31] Pan S, Liu Z, Wang M, et al. Mechanocombinatorially screening sensitivity of stretchable strain sensors [J]. Adv Mater, 2019, 31(35): e1903130.

[32] Wu C, Tang X, Gan L, et al. High-adhesion stretchable electrode via cross-linking intensified electroless deposition on a biomimetic elastomeric micropore film [J]. ACS Appl Mater Interfaces, 2019, 11(22): 20535-20544.

[33] Shi X, Zhu L, Yu H, et al. Interfacial click chemistry enabled strong adhesion toward ultra - durable crack - based flexible strain sensors [J]. Adv Funct Mater, 2023, 33(27):2301036.

[34] Hwang H, Kong M, Kim K, et al. Stretchable anisotropic conductive film (S-ACF) for electrical interfacing in high-resolution stretchable circuits [J]. Science Advances, 7(32): eabh0171.

[35] Nam S, Song M, Kim D-H, et al. Ultrasmooth, extremely deformable and shape recoverable Ag nanowire embedded transparent electrode [J]. Scientific Reports, 2014, 4(1): 4788.

[36] Silva A F, Paisana H, Fernandes T, et al. High resolution soft and stretchable circuits with PVA/liquid - metal mediated printing [J]. Advanced Materials Technologies, 2020,5(9):2000343.

[37] Liu Z, Chen S, Zhang G, et al. Interfacial engineering for highly stable and stretchable electrodes enabled by printing/writing surface - embedded silver and its selective alloying with liquid metals [J]. Advanced Materials Interfaces, 2022, 9(11):2102121.

[38] Bowden N, Brittain S, Evans A G, et al. Spontaneous formation of ordered structures in thin films of metals supported on an elastomeric polymer [J]. Nature, 1998, 393(6681): 146-149.

[39] Khang D Y, Jiang H, Rogers J A, et al. A stretchable form of single-crystal silicon for high-performance electronics on rubber substrates [J]. Science, 2006, 311(5758): 208-212.

[40] Kim D C, Shim H J, Lee W, et al. Material-based approaches for the fabrication of stretchable electronics [J]. Adv Mater, 2020, 32(15): e1902743.

[41] Chun K Y, Oh Y, Rho J, et al. Highly conductive, printable and stretchable composite films of carbon nanotubes and silver [J]. Nat Nanotechnol, 2010, 5(12): 853-857.

[42] Choi S, Han S I, Jung D, et al. Highly conductive, stretchable and biocompatible Ag-Au core-sheath nanowire composite for wearable and implantable bioelectronics [J]. Nat Nanotechnol, 2018, 13(11): 1048-1056.

[43] Wang Y, Zhu C, Pfattner R, et al. A highly stretchable, transparent, and conductive polymer [J]. Sci Adv, 2017, 3(3): e1602076.

[44] Lipomi D J, Vosgueritchian M, Tee B C, et al. Skin-like pressure and strain sensors based on transparent elastic films of carbon nanotubes [J]. Nat Nanotechnol, 2011, 6(12): 788-792.

[45] Xu F, Zhu Y. Highly conductive and stretchable silver nanowire conductors [J]. Adv Mater, 2012,

24(37): 5117-5122.

[46] Wei Y, Chen S, Yuan X, et al. Multiscale wrinkled microstructures for piezoresistive fibers [J]. Advanced Functional Materials, 2016, 26(28): 5078-5085.

[47] Shao T, Wu J, Zhang Y, et al. Highly sensitive conformal pressure sensing coatings based on thermally expandable microspheres [J]. Advanced Materials Technologies, 2020, 5(5): 2000032.

[48] Wang Z, Liu Z, Zhao G, et al. Stretchable unsymmetrical piezoelectric $BaTiO_3$ composite hydrogel for triboelectric nanogenerators and multimodal sensors [J]. ACS Nano, 2022, 16(1): 1661-1670.

[49] Meng K, Chen J, Li X, et al. Flexible weaving constructed self‑powered pressure sensor enabling continuous diagnosis of cardiovascular disease and measurement of cuffless blood pressure [J]. Advanced Functional Materials, 2018, 29(5):1806388.

[50] Wang Z, Guo S, Li H, et al. The semiconductor/conductor interface piezoresistive effect in an organic transistor for highly sensitive pressure sensors [J]. Adv Mater, 2019, 31(6): e1805630.

[51] Choong C-L, Shim M-B, Lee B-S, et al. Highly stretchable resistive pressure sensors using a conductive elastomeric composite on a micropyramid array [J]. Advanced Materials, 2014, 26(21): 3451-3458.

[52] Park J, Lee Y, Hong J, et al. Giant tunneling piezoresistance of composite elastomers with interlocked microdome arrays for ultrasensitive and multimodal electronic skins [J]. ACS Nano, 2014, 8(5): 4689-4697.

[53] Yu S, Li L, Wang J, et al. Light‑boosting highly sensitive pressure sensors based on bioinspired multiscale surface structures [J]. Advanced Functional Materials, 2020, 30(16):1907091.

[54] Qin Y, Zhang X, Zheng A, et al. Bioinspired design of hill‑ridge architecture‑based iontronic sensor with high sensibility and piecewise linearity [J]. Advanced Materials Technologies, 2021, 7(1):202100510.

[55] Bai N, Wang L, Wang Q, et al. Graded intrafillable architecture-based iontronic pressure sensor with ultra-broad-range high sensitivity [J]. Nature Communications, 2020, 11(1):209.

[56] Prajapati H, Deshmukh N N. Design and development of thin wire sensor for transient temperature measurement [J]. Measurement, 2019, 140: 582-589.

[57] Trung T Q, Lee N E. Flexible and stretchable physical sensor integrated platforms for wearable human-activity monitoringand personal healthcare [J]. Adv Mater, 2016, 28(22): 4338-4372.

[58] Song J C, Wei Y, Xu M Z, et al. Highly sensitive flexible temperature sensor made using PEDOT:PSS/PANI [J]. ACS Applied Polymer Materials, 2022, 4(2): 766-772.

[59] Liu G Y, Tan Q L, Kou H R, et al. A flexible temperature sensor based on reduced graphene oxide for robot skin used in internet of things [J]. Sensors, 2018, 18(5):1400.

[60] Oh J H, Hong S Y, Park H, et al. Fabrication of high-sensitivity skin-attachable temperature sensors with bioinspired microstructured adhesive [J]. Acs Applied Materials & Interfaces, 2018, 10(8): 7263-7270.

[61] Chen L, Yao X Y, Liu X C, et al. High throughput in-situ temperature sensor array with high sensitivity and excellent linearity for wireless body temperature monitoring [J]. Small Structures, 2022, 3(9):2200080.

[62] Wang Z, Fan X, Li C, et al. Humidity-sensing performance of 3DOM WO_3 with controllable structural modification [J]. ACS Applied Materials & Interfaces, 2018, 10(4): 3776-3783.

[63] Wu J, Sun Y-M, Wu Z, et al. Carbon nanocoil-based fast-response and flexible humidity sensor for multifunctional applications [J]. ACS Applied Materials & Interfaces, 2019, 11(4): 4242-4251.

[64] Wu J, Wu Z, Tao K, et al. Rapid-response, reversible and flexible humidity sensing platform using a hydrophobic and porous substrate [J]. Journal of Materials Chemistry B, 2019, 7(12): 2063-2073.

[65] Lu Y, Xu K, Zhang L, et al. Multimodal plant healthcare flexible sensor system [J]. ACS Nano, 2020, 14(9): 10966-10975.

[66] Zhao H J, Wang Z, Li Y, et al. Single-sided and integrated polyaniline/ poly(vinylidene fluoride) flexible membrane with micro/nanostructures as breathable, nontoxic and fast response wearable humidity sensor [J]. Journal of Colloid and Interface Science, 2022, 607: 367-377.

[67] Alrammouz R, Podlecki J, Abboud P, et al. A review on flexible gas sensors: From materials to devices [J]. Sensors and Actuators A: Physical, 2018, 284: 209-231.

[68] Mohammad S M, Hassan Z, Talib R A, et al. Fabrication of a highly flexible low-cost H_2 gas sensor using ZnO nanorods grown on an ultra-thin nylon substrate [J]. Journal of Materials Science-Materials in Electronics, 2016, 27(9): 9461-9469.

[69] Yun W, Yeow J T W. A review of carbon nanotubes-based gas sensors [J]. J Sensors (USA), 2009, 2009: 493904.

[70] Hua C, Shang Y, Wang Y, et al. A flexible gas sensor based on single-walled carbon nanotube-Fe_2O_3 composite film [J]. Applied Surface Science, 2017, 405: 405-411.

[71] Jeong H Y, Lee D-S, Choi H K, et al. Flexible room-temperature NO_2 gas sensors based on carbon nanotubes/reduced graphene hybrid films [J]. Applied Physics Letters, 2010, 96(21): 213105.

[72] Han M, Jung D, Lee G S. Palladium-nanoparticle-coated carbon nanotube gas sensor [J]. Chemical Physics Letters, 2014, 610: 261-266.

[73] Wan P B, Wen X M, Sun C Z, et al. Flexible transparent films based on nanocomposite networks of polyaniline and carbon nanotubes for high-performance gas sensing [J]. Small, 2015, 11(40): 5409-5415.

[74] Seekaew Y, Lokavee S, Phokharatkul D, et al. Low-cost and flexible printed graphene-PEDOT : PSS gas sensor for ammonia detection [J]. Organic Electronics, 2014, 15(11): 2971-2981.

[75] Yang G, Li J, Wu M, et al. Recent advances in materials, structures, and applications of flexible photodetectors [J]. Adv Electron Mater, 2023, 9(10):2300340.

[76] Zhao Z, Xu C, Niu L, et al. Recent progress on broadband organic photodetectors and their applications [J]. Laser & Photonics Reviews, 2020, 14(11):2000262.

[77] Zhang Z, Ji P, Li S, et al. High-performance broadband flexible photodetector based on $Gd_3Fe_5O_{12}$-assisted double van der Waals heterojunctions [J]. Microsyst Nanoeng, 2023, 9: 84.

[78] Ran W, Wang L, Zhao S, et al. An integrated flexible all-nanowire infrared sensing system with record photosensitivity [J]. Adv Mater, 2020, 32(16): e1908419.

[79] Yang Y, Gao W. Wearable and flexible electronics for continuous molecular monitoring [J]. Chem Soc Rev, 2019, 48(6): 1465-1491.

[80] Ma H, Jiang Y, Ma J, et al. Highly selective wearable smartsensors for vapor/liquid amphibious methanol monitoring [J]. Anal Chem, 2020, 92(8): 5897-5903.

[81] Shi X, Ling Y, Li Y, et al. Complete glucose electrooxidation enabled by coordinatively unsaturated copper sites in metal-organic frameworks [J]. Angew Chem Int Ed Engl, 2023: e202316257.

[82] Yuan W, Wu X, Gu W, et al. Printed stretchable circuit on soft elastic substrate for wearable application [J]. J Semicond, 2018, 39: 015002.

[83] Yin L, Kim K N, Lv J, et al. A self-sustainable wearable multi-modular E-textile bioenergy microgrid

system [J]. Nat Commun, 2021, 12: 1542.

[84]　Lv J, Yin L, Chen X, et al. Wearable biosupercapacitor: Harvesting and storing energy from sweat [J]. Adv Funct Mater, 2021, 31: 2102915.

[85]　Lopes P A, Santos B C, Almeida A T D, et al. Reversible polymer-gel transition for ultra-stretchable chip-integrated circuits through self-soldering and self-coating and self-healing [J]. Nat Commun, 2021, 12: 4666.

[86]　Jiang Y, Ji S, Sun J, et al. A universal interface for plug-and-play assembly of stretchable devices [J]. Nature, 2023, 614(7948): 456-462.

[87]　Wang M, Luo Y, Wang T, et al. Artificial skin perception [J]. Adv Mater, 2021, 33(19): 2003014.

[88]　Yang J C, Mun J, Kwon S Y, et al. Electronic skin: Recent progress and future prospects for skin-attachable devices for health monitoring, robotics, and prosthetics [J]. Adv Mater, 2019, 31(48): 1904765.

[89]　Chen J, Zhu Y, Chang X, et al. Recent progress in essential functions of soft electronic skin [J]. Advanced Functional Materials, 2021, 31(42): 2104686.

[90]　Liu Y-J, Cao W-T, Ma M-G, et al. Ultrasensitive wearable soft strain sensors of conductive, self-healing, and elastic hydrogels with synergistic "Soft and Hard" hybrid networks [J]. ACS Appl Mater Interfaces, 2017, 9(30): 25559-25570.

[91]　Wei P, Chen T, Chen G, et al. Conductive self-healing nanocomposite hydrogel skin sensors with antifreezing and thermoresponsive properties [J]. ACS Appl Mater Interfaces, 2020, 12(2): 3068-3079.

[92]　Zheng S, Li W, Ren Y, et al. Moisture-wicking, breathable and intrinsically antibacterial electronic skin based on dual gradient poly(ionic liquid) nanofiber membranes [J]. Adv Mater, 2021: e2106570.

[93]　Park J, Kim M, Lee Y, et al. Fingertip skin-inspired microstructured ferroelectric skins discriminate static/dynamic pressure and temperature stimuli [J]. Sci Adv, 2015, 1(9): e1500661.

[94]　Zhang L, Kumar K S, He H, et al. Fully organic compliant dry electrodes self-adhesive to skin for long-term motion-robust epidermal biopotential monitoring [J]. Nat Commun, 2020, 11(1): 4683.

[95]　Peng X, Dong K, Ye C, et al. A breathable, biodegradable, antibacterial, and self-powered electronic skin based on all-nanofiber triboelectric nanogenerators [J]. Sci Adv, 2020, 6(26): eaba9624.

[96]　Linz T, Kallmayer C, Aschenbrenner R, et al. Embroidering electrical interconnects with conductive yarn for the integration of flexible electronic modules into fabric[C]// proceedings of the Ninth IEEE International Symposium on Wearable Computers (ISWC'05), Oct, 18-21, 2005.

[97]　Uzun S, Seyedin S, Stoltzfus A L, et al. Knittable and washable multifunctional MXene-coated cellulose yarns [J]. Adv Funct Mater, 2019, 29(45): 1905015.

[98]　Wicaksono I, Tucker C I, Sun T, et al. A tailored, electronic textile conformable suit for large-scale spatiotemporal physiological sensing in vivo [J]. npj Flexible Electron, 2020, 4(1): 5.

[99]　Meena J S, Choi S B, Jung S B, et al. Electronic textiles: New age of wearable technology for healthcare and fitness solutions [J]. Mater Today Bio, 2023, 19: 100565.

[100]　Shi X, Zuo Y, Zhai P, et al. Large-area display textiles integrated with functional systems [J]. Nature, 2021, 591(7849): 240-245.

[101]　Li Y, Li Y, Su M, et al. Electronic textile by dyeing method for multiresolution physical kineses monitoring [J]. Advanced Electronic Materials, 2017, 3(10):1700253.

[102]　Zhang M, Wang C, Wang Q, et al. Sheath-core graphite/silk fiber made by dry-meyer-rod-coating

for wearable strain sensors [J]. ACS Appl Mater Interfaces, 2016, 8(32): 20894-20899.

[103] Zhong W, Liu C, Xiang C, et al. Continuously producible ultrasensitive wearable strain sensor assembled with three-dimensional interpenetrating Ag nanowires/polyolefin elastomer nanofibrous composite yarn [J]. ACS Appl Mater Interfaces, 2017, 9(48): 42058-42066.

[104] Wang C, Li X, Gao E, et al. Carbonized silk fabric for ultrastretchable, highly sensitive, and wearable strain sensors [J]. Adv Mater, 2016, 28(31): 6640-6648.

[105] Yin B, Wen Y, Hong T, et al. Highly stretchable, ultrasensitive, and wearable strain sensors based on facilely prepared reduced graphene oxide woven fabrics in an ethanol flame [J]. ACS Appl Mater Interfaces, 2017, 9(37): 32054-32064.

[106] He X, Fan C, Xu T, et al. Biospired Janus silk E-textiles with wet-thermal comfort for highly efficient biofluid monitoring [J]. Nano Lett, 2021, 21(20): 8880-8887.

[107] Shu Y, Su T, Lu Q, et al. Highly stretchable wearable electrochemical sensor based on Ni-Co MOF nanosheet-decorated Ag/rGO/PU fiber for continuous sweat glucose detection [J]. Anal Chem, 2021, 93(48): 16222-16230.

[108] Chen S, Lou Z, Chen D, et al. Polymer‐enhanced highly stretchable conductive fiber strain sensor used for electronic data gloves [J]. Advanced Materials Technologies, 2016, 1(7): 1600136.

[109] Takamatsu S, Lonjaret T, Ismailova E, et al. Wearable keyboard using conducting polymer electrodes on textiles [J]. Adv Mater, 2016, 28(22): 4485-4488.

[110] Cheng Y, Wang R, Sun J, et al. A stretchable and highly sensitive graphene-based fiber for sensing tensile strain, bending, and torsion [J]. Adv Mater, 2015, 27(45): 7365-7371.

[111] Sung S H, Kim Y S, Joe D J, et al. Flexible wireless powered drug delivery system for targeted administration on cerebral cortex [J]. Nano Energy, 2018, 51: 102-112.

[112] Ferlauto L, Airaghi Leccardi M J I, Chenais N A L, et al. Design and validation of a foldable and photovoltaic wide-field epiretinal prosthesis [J]. Nature Communications, 2018, 9(1): 992.

超浸润油水分离材料

　　本章介绍了表面浸润性的基本知识、油水分离理论、油水混合物和分离性能评价指标，重点对包括超疏水型油水分离材料、超亲水型油水分离材料、Janus 型油水分离材料（膜）和功能性油水分离材料在内的各种超浸润油水分离材料的特点、制备方法和在油水分离中的应用以及相关机理进行了阐述。

　　2021 年 10 月 2 日，在太平洋沿岸靠近美国加利福尼亚海岸发生了大规模漏油事故，约有 3000 桶（约合 47.7 万升）原油从距离海岸 5km 的海上钻井平台"Elly"溢出，导致约 35km² 的海洋和海滩受到严重污染。实际上，从 1967 年利比里亚籍超级油轮"托利卡尼翁"号在英国康沃尔郡锡利群岛附近海域触礁失事造成的原油污染事故开始，海洋原油泄漏就开始频繁发生。同时，随着化学化工、纺织印染、金属冶炼、食品加工、造纸、电子等现代产业的快速发展，每年会产生数百亿吨的含油工业废水，不乏部分小企业为节省成本而将未经处理的废水向河流、湖泊和海洋中违规排放。原油和含油工业废水不仅会对海洋或淡水生物的生存环境造成严重破坏并导致大量生物死亡或产生畸变，而且也会污染地下水或饮用水资源。当含油废水浸入土壤中时，废水中含有的石油烃、酚类和聚芳香烃会在土壤的孔隙中形成油膜阻止空气进入土壤，从而减缓植物和农作物的生长，并增加人体癌变风险，对人类的健康和生存造成威胁[1-3]。此外，海洋中泄漏的原油及含油废水中的有机相属于高附加值组分，直接废弃会造成资源浪费，而有效回收利用将会产生巨大的经济效益。因此，对受污染海水以及工业含油废水进行高效经济的分离并实现资源化利用，十分有助于环境保护和节能减排，对实现我国"碳达峰"和"碳中和"的目标具有十分重大的意义。

　　目前，传统的油水分离方法主要有沉降法、重力分离法、吸附法、机械分离法、电解法、生物氧化法等。这些方法能够实现含油废水或油水混合物的分离，但是存在分离效率低下、分离过程复杂、成本高、易产生二次污染等缺点，从而限制了其大范围的推广和应用。在自然界中存在许多神奇的现象，不断给予人类灵感和启发。1997 年，德国植物学家Bathlott 和 Neinhuis 发现，当水滴落到荷叶上后会在很小角度的情况下自由滑落并带走荷叶表面的灰尘，这种现象被称为"荷叶效应"，能够赋予荷叶自清洁能力。同时，他们还发现芋叶也同样具有类似的效应。通过扫描电镜观察和化学分析，他们指出这种超疏水特性是由叶子表面的微/纳米尺寸乳突结构（图 6-1）与疏水性蜡状物质共同作用引起的[4-5]。2002 年，中国科学院院士江雷课题组进一步研究发现，在荷叶表面微米级乳突上还存在纳米级绒毛结构，这种微/纳分级结构对超疏水表面的构造具有关键作用[6]。猪笼草的口缘或轮辐具有超亲水性能，主要是因其微观表面为粗糙的微纳结构，并且带有黏稠状的亲水性液膜[7]。一些水生动物如鲨鱼，其皮肤表面的超亲水性使它们在水中游动时大大降低了水的阻力，从而能在水中快速移动，同时其水下超疏油的特性可以使其皮肤表面保持清洁，这都归功于其皮肤的表面微观形貌（图6-2）及亲水性物质[8]。除此之外，在自然界中的蝉翼、蝴蝶翅膀、水黾腿、玫瑰花瓣、水稻叶等动植物局部组织的微纳结构也使其具有超浸润的特征，对油和水表现出截然不同的润湿性[9-10]。同时，由于表面能的巨大差异，油和水难以形成均匀的溶液，这有助于实现超浸润材料对油水混合物的高效分离。因此，通过对生物表面微观形貌和化学性质的揭示以及润湿机理的探究，可为超浸润油水分离材料的设计、制备及其应用提供新思路。

图 6-1　荷叶的自清洁现象及其表面微观形貌

图 6-2　鲨鱼皮肤、蝉翼和蝴蝶翅膀的表面微观形貌

6.1　表面润湿性

表面润湿性是材料表面固有的特性之一，可以被定义为液体与固体表面接触的能力。

具体来讲，润湿是液体与固体接触将液 - 气界面和固 - 气界面变为固 - 液界面并使固体表面能降低的过程，比如水滴在干净平滑的铝片上铺展形成的铝 - 水界面取代原有的铝 - 气界面和水 - 气界面。润湿是否能够发生，与液体和固体的表面张力密切相关。

6.1.1　表面张力

在日常生活中，我们经常会看到一些有趣的现象：下雨时雨滴总是呈现球形使其表面积最小、往玻璃杯中加水往往可以高过杯沿、大头针可以在水面上漂浮等。这些现象的发生都是因为表面张力的存在。

为什么会有表面张力？这是由于液体表面分子受周围分子的作用力不平衡所导致的。如图 6-3 所示，液相内部分子受到的四周邻近相同分子的作用力是对称的，各个方向的力彼此抵消。而表层分子受到液相分子的拉力大，受到气相分子的拉力小，所以表面分子会受到被拉入液相内部的作用力，使得表面有自动收缩到最小的趋势[11]。

如果把液体制成液膜（如肥皂液膜），则为保持表面平衡（不收缩），就必须施加一个与表面相切的力 f 在宽度为 l 的液膜上，$f=mg$，如图 6-4 所示。而此时必定有一个与 f 大小相等、方向相反的力存在，即为表面张力。l 越长，则 f 值越大，如式（6-1）：

$$f = \gamma \times l \times 2 \tag{6-1}$$

式中，γ 为比例系数，称为表面张力系数或表面张力。在等式右边乘以 2，是因为液膜有两个表面。

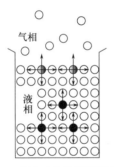

图6-3　**液相表层分子所受作用力**

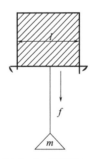

图6-4　**表面张力**

表面张力 γ 就是与液体表面任一方向上单位长度垂直且与表面相切的表面收缩力，是液体的基本物理性质之一。在一定温度和压力下，γ 值是固定的，以达因每厘米（dyne/cm）或毫牛顿每米（mN/m）为单位，1dyne/cm=1mN/m。一些常见物质的表面张力如表 6-1 所列。

由于液体表面分子的受力情况与其内部中的不同，如果要把分子从内部移到界面处，或者可逆地增加表面积，就必须克服体系内部分子间的作用力，对体系做功。因此，液体表面自动收缩的趋势也可以从能量角度来解释。例如，将图 6-4 中的外力 f 增大 $\mathrm{d}f$，则液膜下降 $\mathrm{d}x$。这表明液膜表面积扩大时，必须要有外力对其做功，即表示其自身是有自由能的。若下降 $\mathrm{d}x$，则对其所做的功为式（6-2）：

$$\mathrm{d}W = f\mathrm{d}x = 2l\gamma\mathrm{d}x = \gamma\mathrm{d}A \tag{6-2}$$

表6-1　常见物质的表面张力

物质名称	温度/℃	表面张力/(mN/m)	物质名称	温度/℃	表面张力/(mN/m)
汞	20	484	乙酸乙酯	20	23.9
铝	700	750	氯仿	20	27.1
银	1000	920	聚全氟丙烯	20	16.2
金	1120	1128	聚四氟乙烯	20	18.5
铜	1120	1270	聚氟乙烯	20	28
铁	1570	1835	聚氯乙烯	20	39
氧化亚铁	1420	585	聚偏二氯乙烯	20	40
氧化铝	2080	700	聚甲基硅氧烷	20	20.1
钠钾硅酸盐玻璃	1000	225~290	聚乙烯	20	31
水	20	72.7	聚苯乙烯	20	33
乙醇	20	22.8	聚乙烯醇	20	37
丙酮	20	23.7	聚甲基丙烯酸甲酯	20	39
苯	20	28.9	聚对苯二甲酸乙二醇酯	20	43
甲苯	20	28.4	尼龙66	20	46
己烷	20	18.4	纤维素	20	45

式中，A 为液膜收缩的面积；W 为液膜收缩（表面收缩）单位面积时所作的功，即为单位液体表面的过剩自由能，称为表面过剩自由能，简称表面能。

表面能就是指增加单位表面面积时液体自由能的增加值，也可以称之为与液体内部的同量分子相比单位表面上液体分子的自由能过剩值，以尔格每平方厘米（erg/cm²）或焦耳每平方厘米（J/cm²）为单位。1erg=1dyne·cm，因此表面能与表面张力同量纲、同数值。由于固体表面不能收缩，仅有收缩的趋势。所以严格来讲，固体表面无表面张力，只有表面能。

一般地，润湿性的好坏取决于两相的表面张力，只有液体的表面张力低于固体的表面张力时，润湿才可以发生。对于同一种液体来讲，材料表面的润湿性主要受其表面自由能和粗糙结构的影响。通常情况下，材料的表面自由能越低，则液滴越难润湿其表面。材料表面的粗糙度对润湿性同样有重要影响。对于高表面自由能的材料而言，水滴在其表面的润湿能力会随粗糙度的增大而增强；反之，对于低表面自由能的材料，其表面憎水性随粗糙度的提高而增强，水滴的润湿能力呈逐渐下降的趋势。

6.1.2　接触角、接触角滞后和滚动角

用以表征固体材料表面润湿性的参数主要包括接触角、接触角滞后和滚动角。

当液体与固体表面接触时，处于界面的两种分子在朝向各相内部的方向会受到同种分子的吸引作用，而在朝向界面方向则会受到来自界面分子力的作用。这两种吸引力的合力称为液体和固体的界面张力γ_{SL}。在固（S）、液（L）、气（V）三相交界处，自固-液界面经过液体内部到气-液界面的切线间夹角称为接触角 θ，如图6-5（a）所示。

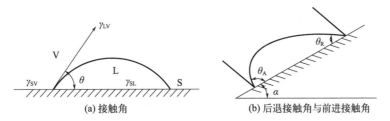

(a) 接触角   (b) 后退接触角与前进接触角

图 6-5　液体在固体表面的平衡情况

　　早期研究认为，当材料表面的水接触角（WCA）小于 90° 时为亲水性表面，WCA 大于 90° 时为疏水性表面。进一步地，当材料表面的 WCA 小于 10° 时称为超亲水表面，WCA 大于 150° 时则称为超疏水表面。通过更为深入的研究，认为亲水和疏水之间的界限并非 90°。在 1998 年，美国的材料学家 Erwin A. Vogler 研究发现，WCA 小于 65° 的固体表面与水分子之间存在引力，而 WCA 大于 65° 时则存在斥力，因此他将 WCA ≈ 65° 作为判断亲水性和疏水性的标准[12]。江雷院士团队采用砂纸打磨聚合物表面以构造粗糙度，并对不同聚合物的光滑和粗糙表面进行 WCA 测试，也认为将 65° 作为亲水性与疏水性的分界更为合理[13]。

　　以上所提及的接触角通常是指液体在材料表面处于静止状态下的接触角，然而有些材料表面如玫瑰花瓣的静态接触角超过 150°，但液体却仍然紧紧地黏附在其表面上，即使将其垂直或者翻转放置后，液滴也不会从表面滚落。因此，要准确评价材料表面的浸润性能，还应该考虑液体在材料表面上的动态浸润行为。在粗糙表面上，润湿通常呈现亚稳态，接触角在一定范围内是可变的，此时液滴在表面上存在一系列表观接触角，其中的极大值称为液滴的前进接触角 θ_A，极小值称为液滴的后退接触角 θ_R，如图 6-5（b）所示。一般来说，θ_A 与 θ_R 分别反映固体表面的疏水程度和亲水程度，θ_A 与 θ_R 的差值即为接触角滞后。通过接触角滞后可以判断液滴在固体表面滚落的难易程度，接触角滞后越大，则液滴越难滚落。除此之外，也通常采用滚动角 α 来表征液体在材料表面上滚落的难易程度。将液滴滴在水平的材料表面，再将液滴随材料表面一起缓慢倾斜，当在重力作用下液滴刚好能够从倾斜表面上滚落时，此时倾斜表面与水平面所形成的夹角即被定义为滚动角。滚动角越小，说明液滴越容易从材料表面滚落，其对材料表面的黏附作用越小。液滴大小、表面静态接触角和接触角滞后均对液滴在固体表面的滚动角有较大影响。超疏水表面的自清洁能力与 α 的大小有关，α 是表征超疏水性能的重要参数之一。

6.1.3　Young's 方程

　　为了揭示固、液、气三相界面间的表面张力与接触角的关系，英国的物理学家 Thomas Young 在 19 世纪初对光滑且化学组成均一的刚性固体表面上的液滴进行了深入研究，并于 1805 年提出了著名的 Young's 方程，习惯上称为 Young 方程或杨氏方程，是润湿的基本公式，亦称为润湿方程［式（6-3）］[14]：

$$\gamma_{LV}\cos\theta = \gamma_{SV} - \gamma_{SL} \qquad (6\text{-}3)$$

式中，γ_{SV} 代表固 - 气的界面张力；γ_{SL} 代表固 - 液的界面张力；γ_{LV} 则代表液 - 气的界面张力；θ 为固体表面的静态接触角，也称为杨氏接触角或本征接触角。

当气液两相固定不变时，降低固体的表面能，θ 就会增加，疏水性增强。反之，使固体的表面能增加时，θ 会随之减小，疏水性能下降。但经过研究发现，即使在光滑的表面上使用低表面能的含氟物质对其进行完全覆盖，接触角也不会达到 150°。这是因为 Young's 方程是在假设固体表面为绝对光滑且没有缺陷的基础上所确定的接触角与表面张力之间的关系。而在实际应用中，材料表面总是粗糙且有缺陷的，绝对光滑的理想表面并不存在，因此根据 Young's 方程计算出来的接触角与实际的接触角存在着较大偏差。

6.1.4　Wenzel 模型

考虑到表面粗糙度对 Young's 方程计算结果引起的偏差，德国物理学家 Wenzel 于 1936 年对该方程进行了修正，并提出了"粗糙因子 r"的概念，即固体表面的实际面积与表观面积之比。Wenzel 认为，由于粗糙结构的存在，固 - 液的实际接触面积应该大于其表观面积，因此 $r \geqslant 1$。当液滴位于粗糙固体表面上时，液体会排出粗糙结构空隙间的空气并填满凹槽，形成"湿接触"，如图 6-6（a）所示。粗糙表面的接触角和表面粗糙因子 r 呈正相关，如式（6-4）所示[15]：

$$\cos\theta_{\mathrm{W}} = r\cos\theta \tag{6-4}$$

式中，θ_{W} 为 Wenzel 模型中的表观接触角；θ 为 Young's 方程中的本征接触角。由于固体表面不可能绝对平滑，所以 r 通常大于 1。

由 Wenzel 方程可知，当材料本身接触角小于 90° 时，θ_{W} 随 r 的增大而减小，即材料亲水性增强；当材料本身接触角大于 90°，θ_{W} 随 r 的增大而增大，即材料疏水性提高。也就是说，表面粗糙度的增加会使亲水材料更亲水，疏水材料更疏水。Wenzel 方程成立的前提是液滴与固体表面间形成"湿接触"，但当固体表面足够粗糙时，液滴无法克服在粗糙表面铺展过程中的能垒，会导致体系处于亚稳态，则 Wenzel 方程不再适用。

6.1.5　Cassie 模型

1944 年，两位英国物理学家 Cassie 和 Baxter 在 Wenzel 模型的基础上进一步提出了 Cassie 模型。该模型认为，水滴在固体的粗糙表面上并不能完全排出凹槽内的空气，而是同时位于固体和气体表面上，形成气 - 液和固 - 液复合接触面，如图 6-6（b）所示。水滴的实际接触面积是由水滴与固体的接触面积以及水滴与凹槽中空气的接触面积共同组成的，假设水滴与气体和水滴与固体的接触面积分数分别为 f_{SL} 和 f_{VL}，则 Cassie-Baxter 方程表示为式（6-5）[16]：

$$\cos\theta_{\mathrm{C}} = f_{\mathrm{SL}}\cos\theta_{\mathrm{S}} + f_{\mathrm{VL}}\cos\theta_{\mathrm{V}} \tag{6-5}$$

式中，θ_{C} 为平衡时的表面接触角；θ_{S} 和 θ_{V} 分别为液滴在固体和气体介质表面的接触角。由于 $f_{\mathrm{SL}} + f_{\mathrm{VL}} = 1$，$\theta_{\mathrm{S}} = \theta_{\mathrm{W}}$，$\theta_{\mathrm{V}} = \pi$，所以式（6-5）可以表示为式（6-6）：

$$\cos\theta_{\mathrm{C}} = rf_{\mathrm{SL}}\cos\theta + f_{\mathrm{SL}} - 1 \tag{6-6}$$

由 Cassie-Baxter 方程可知，固 - 气接触面积的增大可使材料表面的接触角大幅增加。当水将凹槽内的空气完全排出，即 $f_{\mathrm{SL}} = 1$ 时，式（6-6）转化为 Wenzel 方程。对于处于

Cassie 模型的材料表面，液滴在该表面存在大量固 - 气接触面，其滚动仅需克服较小的能垒，因而表现出较小的滚动角和滞后角。

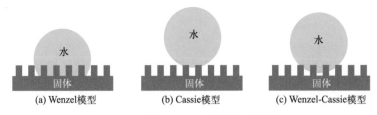

图 6-6　**基于 Young's 方程的三种模型**

由上可知，Wenzel 模型描述的是固体表面被完全润湿的状态，表面具有较大的接触角和滚动角，液滴呈黏附状态；而 Cassie 模型提出粗糙结构可有效减少固 - 液接触面积，材料表面具有较大的接触角和较小的滚动角，液滴呈现容易滚动的状态。在实际生活中，材料表面润湿性普遍介于 Wenzel 和 Cassie 模型之间，形成如图 6-6（c）所示的 Wenzel-Cassie 模型，其更能准确表示液体和固体接触时界面的真实状态。

6.2　油水分离理论

6.2.1　基本概念

通过表面结构和化学组成的调控可以实现不同种类液体（包括水和油）在固体表面的润湿性，而材料表面对水相和油相的润湿性差异正是实现油水分离的基础，因此需要对材料表面进行微观结构设计和化学修饰以达到稳定分离油水混合物的目的。需要注意的是，用于油水分离的材料一般需要具有连续性的孔洞。

对于油水分离，通常考察的是油水二元混合体系。如果将润湿理论中的空气替换为水相，而将水相替换为油相，则可以推导出水中油的修改后的杨氏方程，式（6-7）[17]：

$$\gamma_{\mathrm{ow}} \cos \theta_{\mathrm{ow}} = \gamma_{\mathrm{O}} \cos \theta_{\mathrm{O}} - \gamma_{\mathrm{w}} \cos \theta_{\mathrm{w}} \tag{6-7}$$

式中，θ_{w} 和 θ_{O} 分别是空气中的水接触角（WCA）和油接触角（ODA）；θ_{ow} 是水中油的接触角；γ_{w}、γ_{O} 和 γ_{ow} 分别是水的表面张力、油的表面张力和水油界面张力。

一般地，γ_{O} 比 γ_{w} 低得多。在亲水表面上，$\theta_{\mathrm{w}} < 90°$，与水相比，油的表面张力要小得多，所以亲水表面可以看作是疏油的，这也正是超亲水表面呈现水下超疏油性质的原因。同样地，疏油性也会受到表面的化学组成和粗糙度的影响，这样可以得到水下的 Wenzel 和 Cassie-Baxter 方程，式（6-8）和式（6-9）：

$$\cos \theta_{\mathrm{w}} = r \cos \theta_{\mathrm{ow}} \tag{6-8}$$

$$\cos \theta_{\mathrm{C}} = r_{\mathrm{f}} f_{\mathrm{so}} \cos \theta_{\mathrm{ow}} + f_{\mathrm{so}} - 1 \tag{6-9}$$

式中，θ_{w} 和 θ_{C} 是表观接触角，分别对应于 Wenzel 和 Cassie-Baxter 状态；r_{f} 表示实际接触线与投影接触线的比率；f_{so} 表示与油和固体表面接触的面积分数。

很显然，材料表面化学性质和表面粗糙结构对于水下超疏油性具有决定性的影响。因此，同时具有超疏水性和水下超亲油性的超浸润多孔材料，可以实现过油阻水，将油水混合物分离开来。而同时具有超亲水性和水下超疏油性的超浸润多孔材料，则可以实现过水阻油，同样能够分离油水混合物。

6.2.2　毛细力学

法国科学家 Pierre-Simon Laplace（拉普拉斯）于 1805 年开展了液滴内部压力的研究，认为液滴内外的压力差主要是由液体的表面张力引起的，这可以看作是拉普拉斯附加压力的作用。如图 6-7 所示，以水（W）中的一滴油（O）为例，油滴的半径为 R，要使其扩展 dR，则体系形成新增界面所需的能量为式（6-10）：

$$\delta_{\mathrm{w}} = -p_{\mathrm{O}}\mathrm{d}V_{\mathrm{O}} - p_{\mathrm{W}}\mathrm{d}V_{\mathrm{W}} + \gamma_{\mathrm{ow}}\mathrm{d}A \tag{6-10}$$

式中，$dV_{\mathrm{O}}=4\pi R^2 dR=dV_{\mathrm{W}}$，是体系增加的体积；$dA=8\pi RdR$，是新增加的油水界面面积；$p_{\mathrm{O}}$ 和 p_{W} 分别是油和水对应的压强；γ_{ow} 是油和水之间的界面张力。

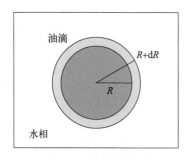

图 6-7　油滴在水相中

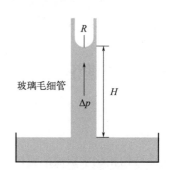

图 6-8　水在玻璃毛细管中

外部功需要克服体积功和提供新的界面能。当体系再一次达到平衡时，$\delta_{\mathrm{w}}=0$，即有式（6-11）：

$$\Delta p = p_{\mathrm{O}} - p_{\mathrm{W}} = 2\gamma_{\mathrm{ow}}/R \tag{6-11}$$

上式是简化了的作用于球体的拉普拉斯附加压强方程。可以看出，液滴越小，其内部压强越大。对于特定的界面，如果界面张力为 γ，界面曲率为 $C=1/R+1/R'$，则有式（6-12）：

$$\Delta p = \gamma\left(\frac{1}{R} + \frac{1}{R'}\right) = \gamma C \tag{6-12}$$

式中，R 和 R' 为曲面的曲率半径。

大多数体系的固 - 气界面张力、液 - 固界面张力的准确测量十分困难，但是液体表面张力则较为容易测得，因此可以通过测量液体表面张力来简化实验。

将一根玻璃毛细管垂直插入水中，水会自动上升，上升的动力可以从拉普拉斯附加压强的角度进行解释。由于玻璃毛细管的亲水性，水在管壁的表观接触角是远小于 90° 的，此时管内水面呈现具有弧度的弯月形，如图 6-8 所示。假设其曲率半径为 R，液体上升高度为 H，水在管壁内表面的接触角为 θ，由式（6-11）可知，界面曲率诱导的附加压强 $\Delta p=2\gamma\cos\theta/R$。当液体不再上升达到稳定时，存在如下平衡 [式（6-13）] [18]：

$$p_0 - 2\gamma\cos\theta/R = p_0 - \rho gH \tag{6-13}$$

式中，P_0 为初始压强。

如果玻璃毛细管的高度小于 H，也不会有液体从顶端溢出来，它会随着界面曲率的变化而变化。过滤型油水分离是与毛细渗透密切相关的，亲水性的毛细管可以达到过水阻油的效果。在这个过程中，水会受到亲水性毛细管的毛细力 F_C 驱动发生渗透，但同时也会受到管壁阻力 F_v 的作用。毛细力 F_C 可通过式（6-14）计算：

$$F_C = \Delta p\pi R^2 = \frac{2\gamma\cos\theta}{R}\pi R^2 = 2\pi\gamma R\cos\theta \tag{6-14}$$

式中，Δp 为毛细管上下液面的压强差，即拉普拉斯附加压强；R 为毛细管半径；γ 为液体的表面张力；θ 为液体在毛细管内壁上的接触角。

当液体在毛细管中运动时，由于其自身具有黏度，因此毛细管内壁会对液体产生黏性阻力。由牛顿黏性流体内摩擦定律和哈根-泊肃叶方程，可知毛细管内部产生的黏性阻力 F_v 为 [式（6-15）]：

$$F_v = 2\pi Rh\tau = 8\pi\eta hv \tag{6-15}$$

式中，τ 为摩擦切应力；η 为流体黏度；h 为液体的高度；v 为液体运动的速度。

在油水混合物的分离过程中，拉普拉斯附加压强是一种重要的驱动力，其存在对于油水分离材料的设计、制备以及分离性能有着重要的影响。

对油水混合物进行过滤型分离，主要分为两种情况：过水阻油和过油阻水。前者需要材料具有亲水-疏油的润湿性，后者则需要亲油-疏水的润湿性。以亲油-疏水型滤膜为例，微纳米级别的孔径使得膜的毛细润湿行为显著，油可以迅速被膜吸收，而水则呈现为球状液体被阻挡 [19]。要使水滴穿透滤膜，需要满足以下条件：

$$\theta_{OS(W)} < \theta_C < \theta_{WS(O)}$$

式中，$\theta_{OS(W)}$ 是水下油在固体表面上的接触角；$\theta_{WS(O)}$ 是油中水在固体表面上的接触角；θ_C 是水的临界浸润角，范围为 $0°\sim90°$。

θ_C 可根据式（6-16）计算：

$$\theta_C = \arccos[(1-\phi)/(r-\phi)] \tag{6-16}$$

式中，r 是固体表面的粗糙度；ϕ 是对应的固体分数。

当 $\theta_{OS(W)} = 0°$ 时，油将优先在水下的固体滤膜表面上扩散并渗透，而水滴则漂浮在滤膜的表面之上。由杨-拉普拉斯方程可求得水滴的穿透压强 P_b[式（6-17）]：

$$P_b = \frac{2\gamma_{OW}\cos\theta_{adv,WS(O)}}{R} \tag{6-17}$$

式中，γ_{OW} 是水-油界面张力；$\theta_{adv,WS(O)}$ 是在油相中光滑固体上水的前进接触角；R 为水滴半径。

水滴所受的临界压强需要小于 P_b，否则水和油会共同下渗通过滤膜。当 $\theta_{OS(W)}$ 约为 $0°$、$\theta_{WS(O)}$ 约为 $0°$、R 约为 600nm 时，油会在外压的作用下沿着毛细管向下流动，而水则留在表面。当压强超过 170kPa 后，水开始渗透通过滤膜。

通常地，毛细管的孔径越小，穿透压强越大，水滴越不容易渗透，分离出来的油的纯度会更高，但同时也会严重影响分离速度。毛细管的孔径需要优化在一定的范围内以实现良好的分离效果和较快的分离速度。

6.3   油水混合物和分离性能评价指标

6.3.1   油水混合物

油水混合物中的油类化合物包括植物油、动物脂肪以及石油化工中的各类有机溶剂，如甲苯、二甲苯、正己烷、环己烷、二氯甲烷、四氯化碳、乙酸乙酯等，大多数呈现低极性。由于强极性的氢-氧键和不对称结构的存在，水属于强极性液体。根据相似相溶原则，水和常见油类化合物之间的极性差异使其在混合时难以形成均匀的溶液，而是以相互分离的状态存在。通常情况下，油水混合物可分为两类：其一，两相独立并分层共存的层状油水混合体系；其二，以微小液滴分散于另一相的乳液形式存在的乳液分散体系。

6.3.1.1   层状油水混合体系

层状油水混合体系是最为简单的油水共存形式。由于极性和密度的差异，油类化合物和水在混合后会自动分层，形成完整清晰的油水界面。我们将密度小于水的油类化合物称为轻油，分层后会在水相之上；而密度大于水的油类化合物则被称为重油，在分层后位于水相之下。层状油水混合体系的分离较为简单，采用重力沉降法、离心法等传统分离方法均可实现该体系中油和水的有效分离，但在分离效率和成本控制方面还有待于改进。

6.3.1.2   乳液分散体系

乳液是指两种或两种以上互不相溶的液体经过混合乳化后，其中一相以小液滴的形式分散于另外一相中，形成透明或半透明、稳定且均匀的混合液体。一般情况下，除了少数油水混合体系在高速剪切作用下可形成稳定的乳液外，大多数体系都需要在乳化剂的作用下才能形成稳定的乳液。乳化剂是一类表面活性剂，含有亲水和亲油两种基团，可以降低互不相溶（或部分互溶）的油和水之间的界面能，使其易于乳化，并且在液滴（直径0.1～100μm）表面形成薄膜或双电层，从而阻止液滴之间的互相凝结，促使形成的乳状液稳定化。按照亲水基团的性质不同，乳化剂可分为阴离子型、阳离子型、两性型和非离子型。阴离子型有十二烷基磺酸钠、十二烷基苯磺酸钠、十二烷基硫酸钠等；阳离子型主要为烷基铵盐和季铵盐，如十二烷基氯化铵、十六烷基三甲基溴化铵等；两性型为氨基酸类，如十二烷基氨基丙酸钠、十二烷基二亚甲基氨基二甲酸钠等；非离子型主要为聚醚类，如辛基酚聚氧乙烯醚（OP-10）、山梨醇酐单油酸酯-80（司盘-80）、聚山梨酯-80（吐温-80）等。其中，应用最多的是阴离子型和非离子型，或者将其复配来使用。

在制备乳液时，常用的乳化方法有三种：搅拌乳化、超声波乳化和均质乳化。搅拌乳化是一种传统的乳化方法，主要利用带搅拌桨的搅拌器通过高速剪切作用将两种不能互溶的液体混合在一起，形成一个均匀的水包油或油包水的乳液体系。搅拌乳化的设备成本低，操作简单，易于清洗维护，但所制备乳液的胶束大，稳定性相对较差。超声波乳化是指利用超声波振荡作用，将两种不能互溶的液体（油和水）混合在一起，形成一个均匀的分散系统。超声波乳化机的工作原理是通过超声波振动产生的空化现象，形成高压、低压交替并引起物料内部快速产生气泡、收缩和破裂，从而达到物料的乳化和分散的目的。超声波乳化具有易操作、速度快、乳化效果好等特点。高压均质机是乳化制备过程中常用的一种机械设备。其工作原理是在增压装置的作用下，高压物料快速进入均质腔，而均质腔中高速转动的转子和固定在外壳上的定子之间的高速相对运动使物料受到高速剪切、高频震荡、空穴现象和对流撞击等机械力作用，从而达到稳定的乳化效果。高压均质机的优点是乳化效果好、操作简单、易于批量生产。

6.3.2　分离性能评价指标

油水分离效率是超浸润油水分离材料分离性能最重要的评价指标。分离效率越高，表明其分离油和水的能力越强，可以通过式（6-18）进行计算[20]：

$$\eta = \frac{m_1}{m_0} \times 100\% \tag{6-18}$$

式中，η 表示油水分离效率；m_1 表示油水分离后油相的质量；m_0 表示油水分离前油相的质量。

此外，膜通量也是判断超疏水油水分离材料分离能力的重要指标之一，它表示单位时间内单位面积能够通过液体的体积。膜通量（Flus）越高，表示对油水混合物的处理能力越强，其计算公式见式（6-19）：

$$\text{Flus} = \frac{V}{St} \tag{6-19}$$

式中，V 表示液体的体积；S 表示液体通过的面积；t 表示过滤时间。

对于以多孔性块状材料（如海绵）为基体的超疏水油水分离材料，则会通过测试最大吸附容量 Q 来评价其分离能力。Q 值越高，说明材料的分离能力越强。计算公式见式（6-20）：

$$Q = \frac{m - m_0}{m_0} \tag{6-20}$$

式中，m 表示分离材料达到最大吸附量时的质量；m_0 表示分离材料的初始质量。

在工业油水分离过程中，超疏水油水分离材料仅仅拥有上述性能并不能满足实际要求，通常还需要具有良好的自清洁性能、循环使用性能、化学稳定性等。

6.4　超疏水型油水分离材料

在超浸润油水分离材料中，目前研究和应用最多的就是超疏水型油水分离材料。这类材料是指表面水接触角大于 150° 且滚动角小于 10° 的具有连续性孔洞的固体材料[21]。在制备超疏水型油水分离材料时，通常选择具有连续性孔洞的材料作为基材，然后在其表面构建微纳粗糙形貌和赋予低表面能。大多数超疏水型油水分离材料在具备超疏水性的同时，还表现出超亲油性。因此，采用超疏水多孔性材料对油水混合物进行分离时，油极易透过孔洞被收集起来，而水则被阻挡难以进入，从而实现油水分离。通常地，大孔径的超疏水型油水分离材料被用来分离不混溶的油水混合物，而小孔径的分离材料被用来分离油包水型乳液。

6.4.1　实现超疏水性的关键要素

微/纳（米）粗糙结构和低表面能是实现材料超疏水性的两个关键要素。可以采用合适的物理或化学方法在基体材料上直接构建微/纳粗糙结构，也可以在基体材料表面的涂层中引入合适尺寸和用量的无机颗粒（如二氧化硅、二氧化钛等）形成微/纳尺寸的形貌。用于制备超疏水材料的低表面能物质种类较多，包括有机硅类物质、含氟有机化合物和长碳链化合物等。

有机硅类物质一般指有机硅氧烷，有机硅氧烷水解后会在末端生成硅羟基，这让不同或同种有机硅氧烷能在一定条件下聚合形成 Si—O—Si 键，在 Si—O 键中硅原子和氧原子的相对电负性相差明显，因此硅氧键的极性较大，使得其对硅原子上连接的烃基有偶极感应影响，提高所连烃基的对氧化作用的稳定性，耐久性优良。此外，由于有机硅分子间的作用力比烃类化合物要弱得多，因此与相同分子量的烃类化合物相比，其黏度低、表面张力弱、表面能小、成膜能力强。常用的有机硅类物质有反应性聚二甲基硅氧烷（含不饱和双键、氨基、羟基、活性氢等）和疏水性的硅烷偶联剂，如辛基三甲氧基硅烷。

含氟有机化合物是降低材料表面能最有效的物质。氟原子具有很强的电负性，而且尺寸比氢大，电负性强，极化率更低。由于极化率低，氟化链之间的相互作用较弱，导致碳氟化合物的内聚能低，表面张力小。由于 C—F 键的键能远比 C—H 键的大，不易被破坏，因此含氟化合物还具有优良的化学稳定性和耐热性。虽然长链氟化烷烃可以降低材料的表面能起到疏水作用，但此类物质在自然界难以分解，会在生物链中积累，从而污染环境并危害人体健康，这极大地限制了其在油水分离材料中的使用。与长链氟化烷烃相比，短碳氟链生物累积潜力低，可作为长链氟化物的替代品。

长碳链烷烃是指长碳链的烷基化合物，具有较高的热稳定性和化学稳定性，且表面能低。用于修饰超疏水油水分离材料的长碳链烷烃通常还要具有反应性，可以通过化学键接枝在材料表面，以保证其稳定的超疏水性。常见的长碳链烷烃有十二烷酸（月桂酸）、十八烷酸（硬脂酸）、十二硫醇、十八硫醇、十八胺等。与含氟化合物相比，长碳链烷烃的表面能虽然稍高，但在构造微纳粗糙度的前提下，通过表面修饰仍可实现超疏水性，且具有环保、价格低等优点。

6.4.2　超疏水型油水分离材料的制备方法

超疏水型油水分离材料可以是采用低表面能物质一体化构建具有微/纳粗糙结构的多孔性基体材料的同时实现超疏水性，也可以是先制备出多孔性基体材料（或利用商业化产品，如织物、海绵、不锈钢网等），再在其表面涂覆超疏水涂层，从而实现超疏水性和油水分离性能。相比较而言，后者具有操作简单、成本低、易于实施等优点。下面简单介绍几种常用的超疏水涂层或表面的制备方法。

（1）模板法

模板法是有效制备粗糙表面的方法之一。通过选用具有一定粗糙表面结构的硬质材料作为模板，利用物理或化学方法将可塑性材料铺入模板的空隙中使其成型后，脱模得到具有与原模板相反粗糙表面形貌的材料，或者经过再次复刻得到具有与原模板相同粗糙表面形貌的材料，最后使用低表面能物质对其进行疏水化修饰，即可制备得到超疏水材料[22]。该方法可控性高、所得材料的结构精确。但受限于模板的小尺寸，利用该方法难以实现大规模的生产。

（2）溶胶 - 凝胶法

溶胶 - 凝胶法是指在酸或碱的催化作用下，采用高化学活性的金属有机化合物、金属无机化合物或二者混合物作为前驱体水解形成溶胶，再进行缩合反应，待溶剂挥发后得到具有三维多孔微 / 纳粗糙结构的凝胶[23]。该方法可行性强，操作简单，成本低廉，对基材要求不高，但涂层的结构可控性较差。

（3）沉积法

沉积法一般分为气相沉积法和电化学沉积法。气相沉积法是在密闭的反应室中，利用物理或化学变化将反应气体沉积到基体表面形成疏水薄膜的方法。按照沉积过程中是否发生化学反应又可将其分为物理气相沉积法和化学气相沉积法。由于化学气相沉积法操作简便，并且可以通过控制沉积相的化学成分调控基体的疏水性能，所以应用较多。电化学沉积法是在准备好的电解液中，在外加电场的作用下使电极发生氧化还原反应，从而在电极表面形成超疏水涂层的方法。该方法具有成本低、易操作、涂层均匀等特点。

（4）喷涂法

喷涂法是将配制的混合溶液通过高压喷枪雾化后均匀涂覆到基材表面的一种方法。喷涂液可以主要由低表面能化学物质组成，也可以添加无机颗粒用以构建微 / 纳粗糙结构。该方法可行性强且操作简单，对基材的形状、大小及表面性质等无特殊要求，适用于大面积生产，是工业上制备超疏水材料的常用方法之一。有时需要对基材进行多次喷涂才能使材料表面达到超疏水的标准。

（5）静电纺丝法

静电纺丝法是先将聚合物溶于有机溶剂，然后在高压电场的作用下被拉伸成细流，待溶剂挥发后形成聚合物纤维并且快速形成粗糙表面的方法。它是近年兴起的一项新技术，可以方便地制备出具有网状结构的纳米纤维毡。通过对低表面能聚合物进行静电纺丝，制备的表面不需要后处理就可达到超疏水效果。为了构造表面粗糙度，通常也在聚合物纺丝液中掺入无机纳米颗粒。但该方法需要使用专用设备，使其应用受到一定限制。

（6）相分离法

相分离技术是聚合物溶液或共混聚合物在基体表面通过相分离形成具有一定孔隙度和粗糙度表面的方法，而诱导相分离发生的方法主要是向溶液中引入不良溶剂或者热处理。此方法对可溶解聚合物具有较强的适用性，且制备方法简单，成本低，但缺点是涂层与基体的黏附性差，影响使用稳定性。

（7）冷冻干燥法

冷冻干燥法是将液态物料在冰点以下冷冻成固体后，放入冷冻干燥机中在低温真空的环境下使溶剂快速升华的一种干燥方法。该方法可以保证材料原有的化学组成和结构不受到破坏，是制备具有三维结构材料的主要方法。但该方法需要用到冷冻干燥机，制备过程存在能耗高、时间长等缺点，且仅能制备小尺寸样品，难以实现大规模的生产和应用。

（8）其他方法

除了上述方法，还有浸渍法、刻蚀法等。浸渍法是将基材在配制好的改性溶液中浸泡一定时间后取出，待溶剂挥发后得到超疏水涂层或表面的方法。该方法操作简单，普适性强且成本较低，是目前常用的制备超疏水材料的方法之一。刻蚀法是指采用物理或化学手段在物体表面构造特殊微/纳粗糙结构的方法，分为物理刻蚀法和化学刻蚀法。物理刻蚀主要包括等离子体刻蚀和光刻蚀，化学刻蚀主要是利用腐蚀性液体在物体表面刻蚀得到粗糙结构。但不管是哪种刻蚀方法，在所得到的粗糙结构上进行低表面能物质的修饰是必不可少的步骤。

6.4.3　超疏水型油水分离材料的分类

目前，这类材料按照形态可分为二维和三维两类，前者包括纤维膜、金属网和聚合物膜等，后者包括木材、海绵、泡沫等。

6.4.3.1　二维超疏水型油水分离材料

二维超疏水型油水分离材料主要为纤维膜、金属网和聚合物膜，一般是作为滤网使用。利用油的重力作用渗透通过超疏水材料的孔洞，同时水被阻隔，从而实现油水混合物中油和水分离开来的目的。

（1）纤维膜

纤维膜中最常见的就是织物和滤纸，其价格便宜，易于获取，较多地被用来制备超疏水油水分离材料。由于织物和滤纸表面含有大量的含氧官能团，所以自身都是亲水的，但是这些含氧基团也为修饰低表面能物质提供了良好的前提条件，再加上其本身具备多孔结构，使它们在油水分离材料领域具备天然优势。例如，Su 等[24] 以正硅酸乙酯（TEOS）和羟基封端的聚二甲基硅氧烷（PDMS）为原料，在盐酸蒸气的催化作用下，采用气-液溶胶凝胶法在聚酯织物表面构建了具有微纳形貌的超疏水涂层，制备过程如图 6-9 所示，其水接触角达到 160°，油水分离效率达到 95.6%。由于交联结构的形成，该织物还具有极为出色的耐久性，在酸液、碱液、沸水和冰水中长期浸泡或者经过 18 小时的超声处理、96 次水洗和 600 次摩擦循环，仍可保持超疏水性。

此外，Li 等[25] 采用规格为 81g/m² 的滤纸为基体，通过浸泡法在其表面交替附着氧化锌纳米颗粒和卡拉胶用以构建微纳粗糙度，然后在其表面浸泡包覆一层聚二甲基硅氧烷（Sylgard 184），加热固化后得到超疏水滤纸。该滤纸对己烷/水、氯仿/水、甲苯/水、石油醚/水、汽油/水、柴油/水等不同油水混合物的分离效率均达到 99% 以上，且对乳化剂稳定的己烷包水、氯仿包水和甲苯包水乳液的分离效率达到 98.2% 以上，并表现出优良的可重复使用性。此外，由于氧化锌的存在，该滤纸还具有出色的抗菌黏附能力。

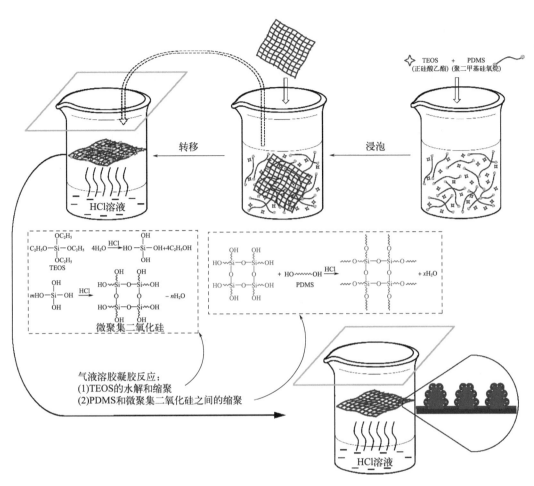

图 6-9　超疏水聚酯织物的制备过程

　　天然纤维也可以直接作为基体来制备超疏水油水分离材料，如树叶、竹纤维、玉米秆等。这些植物由许多毛细纤维组成，其复杂多孔的网络结构使得它们具有良好的力学性能和高孔隙率，且获取成本低。例如，Latthe 等 [26] 先将疏水性二氧化硅（SiO$_2$）均匀分散在聚苯乙烯的氯仿溶液中，然后将清洁后的天然柚木树叶在混合液中浸泡并取出干燥，即得超疏水叶片。该叶片的水接触角和滚动角分别约为 162° 和 7°，可用于分离包括汽油、柴油、煤油或椰子油与水的混合物，分离效率达到 95% 以上。除此以外，还有静电纺丝纤维膜，顾名思义就是通过静电纺丝法制备出来的纤维膜，这种纤维膜能够与其他组分结合在一起，能够极大地提升其化学、物理和力学性能。有时为了实现纤维膜的超疏水性能，需要在纺丝液中加入一些纳米颗粒，在纤维表面构筑微 / 纳粗糙结构。

　　（2）金属网

　　金属网具有机械强度高、价格低、延展性好、耐热性突出等优点，是制备油水分离材料的理想基材，常用的有镍网、铝网、铜网、不锈钢网等。但是大多数金属网的表面能较高，呈现亲水性，需要利用低表面能物质对其进行修饰。在以金属网为基材制备超疏水油水分离材料时，首先利用刻蚀法在金属基体上构建微 / 纳粗糙结构，其次利用低表面能材料如饱和脂肪酸修饰金属网的表面。此外，也可以将疏水性纳米颗粒分散在低表面能聚合物中配制成均匀溶液，直接利用喷涂法或浸涂法在金属网表面附着一层具有微/纳粗糙结构的低表面能涂层，实现超疏水性。

例如，Zhu 等 [27] 利用十八烷基三氯硅烷改性二氧化硅纳米颗粒，然后和聚氟蜡共同加入甲苯中，混合均匀后配制成悬浮液。将铜网在悬浮液中浸泡后取出并在130°C下热处理，即得具有微/纳粗糙表面形貌的超疏水铜网，其接触角大于150°，而滚动角小于6°，具有良好的油水分离性能，且经过10次分离仍能保持较高的油水分离效率。Zhang 等 [28] 先将304不锈钢网浸泡于食人鱼溶液中使其羟基化，然后利用水热法在其表面原位生成花朵状的镍-铝双层氢氧化物以构造微/纳粗糙结构，最后利用1H,1H,2H,2H-全氟癸基三乙氧基硅烷（PFTS）修饰表面，制得超疏水不锈钢网，制备过程如图6-10所示。该不锈钢网的水接触角为152°，滚动角在5°左右，油水分离效率达到98%，并具有出色的化学稳定性、机械耐受性和循环使用性。

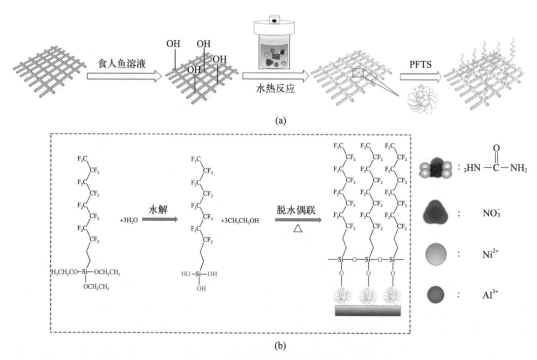

图6-10　超疏水不锈钢网的制备过程

与超疏水纤维膜相比，超疏水金属网的制备成本相对较高，特别是在制备大尺寸超疏水金属网时，其成本相差更为明显。在长时间的使用过程中，超疏水金属网会存在网孔堵塞、循环使用后分离效果明显下降等不足。此外，大多数金属网的孔径较大，所制备的超疏水油水分离材料仅能分离互不相溶的油水混合物，而对油水乳液的分离则无能为力。

（3）聚合物膜

聚合物膜的材质以低表面能物质为主，如聚苯乙烯、聚偏氟乙烯、聚二甲基硅氧烷、聚丙烯等，通常具有较高的化学稳定性，采用合适的方法构建出微/纳粗糙结构即可获得超疏水油水分离材料。Zhang 等 [29] 将聚偏氟乙烯（PVDF）粉末溶解在N-甲基吡咯烷酮（NMP）中，采用惰性溶剂氨水诱导相反转的策略制备了一种具有微/纳形貌的PVDF膜，其制备过程及形貌如图 6-11 所示。该 PVDF 膜的接触角达到 158°，可用于分离无乳化剂和有乳化剂的油包水乳液，分离后的油的纯度达到 99.95%，对无乳化剂和有乳化剂的油包水乳液的分离通量分别达到 3415L/（m² · h）和 1000L/（m² · h）。

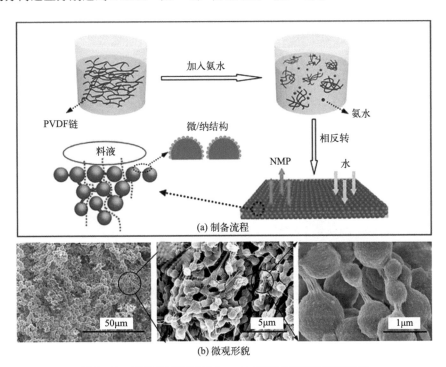

(a) 制备流程

(b) 微观形貌

图 6-11　相反转法制备超疏水 PVDF 膜的流程图及其微观形貌

通过对商业化的聚合物微滤膜进行修饰使之具备超疏水性，是一种较为简便的操作策略。目前商业化聚合物微滤膜的材质主要有聚丙烯、尼龙、聚偏氟乙烯、聚四氟乙烯、混合纤维素等，孔径大小有不同规格，其中以 0.22μm 和 0.45μm 为主，膜厚在 5～15μm。但是商业化聚合物微滤膜的表面粗糙度不够，即使材质为聚偏氟乙烯或聚四氟乙烯，也难以达到超疏水性，油水分离效果较差，所以需要对其进行表面处理。Liu 等 [30] 通过浸泡法，利用环氧树脂 E-51 将纳米二氧化钛粘接固定在聚丙烯微滤膜表面，然后再采用全氟辛基三乙氧基硅烷（POTS）对二氧化钛颗粒表面进行疏水化改性，制备了水接触角达到 169° 的超疏水聚合物膜，可用于乳化剂稳定的油包水乳液的分离。与大部分纤维膜和金属网相比，聚合物膜的孔洞尺寸较小，可用于油水乳液的分离。但聚合物膜的力学性能相对较差，在进行乳液分离时需要承受较大的液压，因此通常需要配合硬质支撑物来使用。

（4）其他

金属有机框架（metal-organic framework，MOF）是由金属离子或金属簇与有机桥联配体通过自组装桥联而成的晶态多孔材料，因其具有高比表面积、高孔隙率以及结构灵活可调等特点而受到广泛关注。MOF 的种类繁多，如莱瓦希尔骨架材料（MILs）、网状金属有机骨架材料（IR-MOFs）、类沸石咪唑骨架材料（ZIFs）等，近年来也被应用到油水分离膜的制备中，但通常需要利用低表面能物质对其进行修饰。也有文献报道疏水 MOF，一类是碳链长度大于等于 4 的网状金属和有机骨架材料，另一类为全氟金属有机骨架（FMOF）材料，其利用全氟取代的配体与金属中心构筑 MOF 材料，在孔的表面均为全氟取代的化学环境。Cai 等 [31] 先在聚丙烯无纺布上生成一层聚多巴胺，然后在聚多巴胺层上原位生成类沸石咪唑酯骨架层（ZIF-90），再用（五氟苯基）甲胺改性使其疏水化，最后用氟硅烷（FAS）和杜邦产的氟碳表面活性剂 Zonyl®321 进行处理，制得自修复超疏水金属 - 有机框架膜（图 6-12），其接触角和滚动角分别达到 168° 和 3°，对不同油包水乳液（甲苯包水、己烷包水、氯苯包水和汽油包水）的分离效率均达到 99.9% 以上。

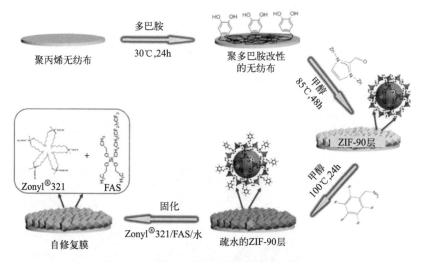

图 6-12　超疏水金属 - 有机框架膜的制备过程

共价有机框架（COFs）材料也能用来制备超疏水材料。这种材料由轻质元素包括 C、H、O、N、B 等构成，其骨架更轻，密度更低，比表面积更大。这种材料的分子结构由小单位的构筑单元构造，构筑单元的种类和结构决定材料的物理、化学性质。此外，COFs 是基于构筑单元之间发生共价反应合成，可形成高度稳定的周期性结构，也可以根据构筑单元的长度来调控孔径的尺寸，还可以通过后续修饰实现 COFs 材料的功能化。

6.4.3.2　三维超疏水材料

与二维超疏水油水分离材料相比，三维超疏水材料具备高吸附容量，可直接吸附油水混合物中的油，也可以作为过滤器在真空条件下或利用重力作用对油水混合物进行连续分离，其材质主要有天然木材、金属泡沫和海绵。

（1）天然木材

作为重要的生物质资源之一，木材覆盖了超过 30% 的地球陆地面积，不仅来源丰富，而且环境友好。天然木材主要由纤维素、半纤维素和木质素组成。从宏观到微观尺度上，天然木材均呈现出多孔的分级结构和明显的各向异性。在宏观上，树根从土地里吸取水分和营养，并通过树干和树枝里面的天然分级微纳米通道向上输送到顶部，完成相关代谢活动。而由木质细胞构成的整体则共同支撑着树冠，为树木提供机械强度和抗风能力。在微观上，木质细胞的细胞壁呈现出分级结构，包括初生壁和次生壁。与此同时，木质细胞、管腔（即开放细胞内部）、细胞壁及分布在其上面的通孔、纤维素微纤丝束及其内部的纳米孔构成了木材的分级多孔结构。木材结构的各向异性是由通道的定向分布和纤维素微纤丝束的排列决定的，其木质细胞和纤维素微纤丝束都是沿着树木生长方向（纵向）排布的，宏观上呈现出各向异性的垂直排列通道。

木材自身的多孔结构具有毛细管效应，主要起到输送水分和营养物质的作用，但这同时也为油水分离创造了条件。Bai 等[32] 首先将松木薄片浸入氯化铜溶液，随后将其转移到氢氧化钠（NaOH）溶液中进行反应，在松木表面形成致密的氢氧化铜层以构造出粗糙结构，然后利用十二烷基硫醇对其进行修饰以降低表面能，制备出超疏水超亲油的木材过滤膜。该过滤膜可用于分离油包水乳液，分离效率可达 98% 以上。由于氢氧化铜与木材表面之间的附着力较弱，因此过滤膜对油水分离的稳定性还有待于改善。

但是，直接利用木材本身的孔隙结构进行油水分离，其分离速度较慢。因为孔隙的尺寸（几十至上百微米）对于不混溶油水混合物中油滴的尺寸（一般大于 100 微米）来说太小，而对乳化油的尺寸（几十纳米到几微米）来说又太大，所以一般需要先对木材进行脱木质素和部分半纤维素处理保留纤维素骨架以达到对孔隙结构进行调控的目的，然后再对其进行疏水改性，从而满足油水分离的使用要求。Guan 等[33] 先用亚氯酸钠和乙酸脱除巴沙木中的木质素，然后再用 NaOH 剥离出半纤维素，并经过冷冻干燥后得到多孔性的木质海绵。在此基础上，利用化学气相沉积法（CVD）在木质海绵表面通过烷基化反应生长甲基三甲氧基硅烷，制备出可反复压缩回弹的超疏水层状木质海绵，其水接触角达到 151°。该木质海绵可从水中吸附达自身重量 41 倍的油，并且可通过挤压排油的方法回收吸附的油。将其作为过滤材料并配合真空泵所组成的吸油装置，可实现高效连续的油水分离，如图 6-13 所示。

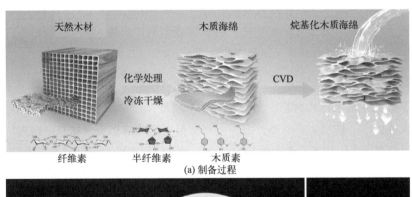

(a) 制备过程

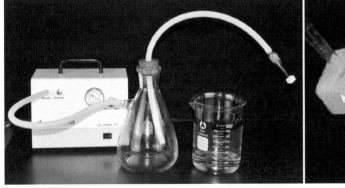

(b) 油水分离

图 6-13　超疏水层状木质海绵的制备过程及连续油水分离

相比于低黏度的甲苯、己烷、四氯化碳等有机溶剂，高黏度原油的流动性较差，极易将超疏水材料的孔道堵塞，导致油水分离难以进行。解决这一技术难题的关键是降低原油的黏度，使其具备流动性。有学者提出将具有光热/电热效应的碳基或金属物质引入油水分离材料中，通过光照或通电所转化的热量来降低原油黏度，使其流动性得到改善，从而实现高黏度原油从水中的高效分离。Huang 等 [34] 以脱木质素的轻木为骨架，先通过浸涂法涂覆氧化石墨烯（GO）并还原，再利用氟硅烷对其表面进行改性后制得具有优良疏水性和电热转换性能的木质海绵。在 15V 的低电压下，木质海绵表面的还原氧化石墨烯能够快速将电能转化为焦耳热，使其附近原油的温度上升且流动性提高，从而实现原油和水的连续分离。

然而，并非所有种类的木材都可以用于制备超疏水油水分离材料，目前仅限于密度较小的木材，如轻木，也称巴沙木。受到气候和地理位置的影响，同一种类木材的结构和组成也会有差别，其疏水处理工艺及条件也不尽相同。此外，基于木材的超疏水材料的制备过程较为复杂，通常需要进行冷冻干燥，从而限制了其大规模的发展和实际应用，目前此类材料的制备还处于实验室研究阶段。

（2）金属泡沫

金属泡沫是一种金属基体（如铅、镁、镍、钢、铜等）中含有一定数量气孔的材料。相对于其他三维超疏水材料，金属泡沫的硬度高，结构规整且重现性高，但价格也较为昂贵。金属泡沫表面和金属网表面一样光滑，也需要通过处理先在其表面构筑粗糙度，再用低表面能物质进行修饰。相比而言，超疏水金属泡沫的制备过程较为简单，成本较低。如以泡沫镍为基材，通过水热法在其表面构造出多级微/纳米形貌，并用氯硅烷疏水化处理，可得到超疏水泡沫镍；通过化学刻蚀法在泡沫铜表面刻蚀出微/纳米粗糙结构，再用十六酸进行表面修饰，可得到超疏水-超亲油泡沫铜。

（3）海绵

相对于其他三维超疏水材料，海绵具有成本较低、质地柔软、孔隙率较高、弹性大、吸收容量大等优点。按照材质分类，海绵主要有聚氨酯海绵和三聚氰胺（密胺）海绵。其中，三聚氰胺海绵是一种多孔的弹性材料，由三聚氰胺和甲醛为原料经高温发泡聚合而成，具有较高的孔隙率、优异的阻燃性和力学性能。例如，徐显雨等 [35] 利用正十二硫醇和氯化铜反应制备十二烷基硫铜，然后将其配制成乙醇悬浮液，再将表面涂覆有聚多巴胺的三聚氰胺海绵浸入上述悬浮液中，制备出超疏水三聚氰胺海绵。该海绵的水接触角为 152°，对油水混合物具有良好的分离能力，对菜籽油-水混合物进行分离后，水中菜籽油含量可从 25g/L 降到 15.2mg/L。此外，该超疏水海绵还具有良好的吸油能力，可吸收约自身质量 54～77 倍的有机溶剂或油品。

6.5 超亲水型油水分离材料

超亲水材料是指表面水接触角小于 10° 的固体材料 [36]。自然界中的猪笼草、鲨鱼皮等动植物组织为超亲水材料的设计和制备指明了方向，即要兼具微/纳粗糙形貌和亲水性物质。大多数超亲水油水分离材料在具备超亲水性的同时，还表现出疏油性。采用超亲水材料对油水混合物进行分离时，水极易透过孔洞被收集起来，而油则被阻挡难以进入，从而实现油水分离，这刚好与超疏水材料的分离机理相反。目前，与超疏水型油水分离材料相比，超亲水型油水分离材料的研究相对较少。超亲水型油水分离材料适合用来分离不混溶的油水混合物和水包油型乳液。一般情况下，超亲水型油水分离材料是在多孔性基体材料上涂覆超亲水涂层或构建超亲水表面制备而成的，而超亲水涂料和超亲水表面通常由强亲水性的化合物和用以构建粗糙结构的无机颗粒复配而成。

6.5.1　超亲水型油水分离材料的制备方法

前面我们介绍了超疏水型油水分离材料的制备方法，其中溶胶-凝胶法、静电纺丝法、沉积法、浸涂法、刻蚀法等也可以用来制备超亲水材料。此外，制备超亲水材料的方法也不仅仅是这些，还包括层层组装法、水热法、界面聚合法等。

（1）层层组装法

层层自组装法（LbL 法）即通过各层分子间弱的作用力（如静电力）将带相反电荷的物质逐层交替组装在一起，使层与层之间自发缔合形成具有微/纳结构的涂层。采用 LbL 法将亲水性聚合物链与纳米粒子堆积在一起，在获得亲水性的同时也使表面粗糙度明显增大，从而达到超亲水状态，但由于其存在效率低以及工艺复杂等问题，难以用于工业化生产。

（2）水热法

水热法是指以水溶液为溶剂，通过对密闭的反应体系加热和加压，使通常难溶或不溶于水的物质溶解，再重结晶而合成无机纳米材料的一种方法。水热法也适用于部分聚合物的聚合反应，是一种简单高效、适用范围广的制备超亲水材料的方法。常忠帅[37]通过水热法在镍网表面原位生长 $Ni(OH)_2$ 纳米颗粒，再利用层层组装法将羧甲基纤维素钠和 Fe^{3+} 沉积到 $Ni(OH)_2$ 粗糙结构表面，制备出超亲水复合网膜。该网膜可用于油水分离，具有分离效率高、可重复使用等特点。

（3）界面聚合法

利用界面聚合法能够制得 50nm 范围内极薄的膜层，聚合反应一般发生在两种不相溶的溶剂间的界面处。使用界面聚合法制备活性薄膜的单体主要包括双酚 A、单宁酸、间苯二胺（MPD）、N- 氨乙基哌嗪丙烷磺酸盐（AEPPS）、聚乙烯胺、均苯三甲酰氯（TMC）、间苯二甲酰氯等。其中，MPD、AEPPS、TMC 已被用于制备超亲水薄膜材料。

6.5.2　超亲水型油水分离材料的分类

超亲水型油水分离材料的分类基本与超疏水型油水分离材料一致，也可以分为二维和三维油水分离材料。在制备超亲水材料的同时，往往还会赋予其疏油性能，形成超亲水疏油或超亲水 - 水下超疏油材料。

6.5.2.1　二维超亲水材料

（1）纤维膜

纤维素能从大自然中直接获取，资源充足，而且可再生，再加上纤维素具有生物可降解性和易于化学改性等优点，是比较理想的膜分离材料。例如，蔡苗苗[38]以棕榈皮（PL）作为原材料，采用碱处理结合漂白处理对 PL 进行亲水改性以及孔径调控，制备得到超亲水棕榈皮滤膜（WPL）。WPL 可实现重力驱动分离含油废水，对水包油乳化油的膜通量能达到 1507L/（m²·h），分离效率可达 99.99%。也可以采用滤纸和棉织物为基底来制备超亲水纤维膜，如将海藻酸钠（SA）浸涂包覆在纤维素膜（滤纸）表面，然后用交替浸渍法将 CaCO₃ 颗粒生长到膜表面，最后得到超亲水 - 水下超疏油复合膜。

（2）聚合物膜

在油水乳液分离领域，特别针对液体粒径小于 20μm 的表面活性剂条件下稳定的油水乳液，聚合物膜较为常用。聚偏氟乙烯骨架中无活性基团，具有良好的耐化学腐蚀性和热稳定性，可以在各种极端情况下正常使用，且制备工艺简单，因此 PVDF 基复合膜被广泛应用于油水分离领域。例如，齐宇航[39]在多孔 PVDF 膜表面先通过苯胺的自聚反应生成聚苯胺，然后利用银离子的还原反应沉积银纳米颗粒，制备出超亲水 - 水下超疏油复合膜。在重力条件下，该膜对甲苯 - 水乳液、氯仿 - 水乳液、石油醚 - 水乳液和正己烷 - 水乳液的分离通量均可达到 400L/（m²·h）以上，分离效率在 99% 以上。

（3）金属网

金属网的孔径一般较大，所以如果需要用金属网来分离油水乳液则需要用亲水性物质对其孔径和浸润性进行调控。金属基超亲水疏油材料根据其表面结构的不同，主要可分为外部组装型金属基超亲水疏油材料和原位生长型金属基超亲水疏油材料。前者主要通过将亲水性纳米颗粒或纤维等（主要有 SiO₂、TiO₂ 和埃洛石等）附着在金属表面构筑一定粗糙程度进而达到超亲水疏油的目的，但是其主要通过物理吸附的方式在材料表面构建微 / 纳粗糙结构，结合强度较差，往往需要加入黏结剂。后者主要通过原位生长法、水热法等在金属表面生成亲水性的微 / 纳粗糙结构，所以与基底的结合力更强。

6.5.2.2　三维超亲水材料

与二维超亲水材料相比，以木材、海绵、金属泡沫、多孔陶瓷为基材的三维超亲水油水分离材料具有更高的油水分离通量，可用于各种含油废水的分离。天然木材具有亲水性，主要由沿树干方向紧密排列的管状细胞（管胞、木纤维和导管等）构成，其横截面呈蜂窝状多孔结构。这些高度取向的孔道为木材中水分的纵向传输提供主要通道，而细胞壁上的纹孔是相邻细胞间水分横向移动的通道。直接利用或调控木材的层级多孔结构及其润湿性能，可以设计和构建木质多孔过滤膜，使得油水混合物中的水相或油相选择性通过。在三聚氰胺和聚氨酯海绵上以二氧化硅或四氧化三铁构建粗糙度，配合亲水物质聚多巴胺、咖啡酸和壳聚糖等，均可实现超亲水性。通过阳极化、盐酸蚀刻和煅烧的方法，可以制备得到超亲水 - 水下超疏油的铜泡沫，5mL 水滴在 9ms 内可以完全渗透。多孔陶瓷具有低密度、大比表面积、高强度、良好的耐热性等性能。以硅藻土多孔陶瓷为基体，借助溶剂热法原位生成的 SiO_2 微球提高硅藻土多孔陶瓷的表面粗糙度，再以杜邦公司的表面活性剂 Capstone FS-50 为改性剂改变多孔陶瓷的润湿状态，制备出的多孔陶瓷对食用油／水混合液体及食用油-水乳液的初始分离通量分别为 162.3kg/（m^2·min）和 93.7kg/（m^2·min），分离效率分别达到 98.3% 和 91.3%[40]。

6.6　Janus 型油水分离材料

"Janus"一词来源于古罗马传说，意为双面门神雅努斯。对于超浸润材料来讲，当其一面呈超疏水性，另一面呈亲水性或超亲水性时，这种材料就称之为 Janus 型材料[41]。当用于油水分离时，以 Janus 膜为主。利用 Janus 型油水分离材料（Janus 膜）正反两面润湿性的不同，可以高效分离不同种类的油水混合物或油水乳液。

6.6.1　Janus 型油水分离材料的结构和基本设计原则

Janus 膜由两个相互连接但润湿性完全不同的区域组成，表现出不对称润湿性。一般将 Janus 膜的结构中两个相互连接的区域分为上层和下层。根据每层厚度的不同，Janus 膜有多种组成模式，包括上下层厚度不同、上下层厚度相近、上下层融合等。在制备 Janus 膜之前，需要考虑膜的总厚度和每层的厚度分布。例如，当疏水层太薄时，对水的抵抗力降低，导致水穿透 Janus 膜到达亲水层。

有关 Janus 膜的表面润湿性主要由表面化学和表面微观结构决定。单个微／纳米粗糙结构表面可以增加原始基底表面的润湿性，无论是疏水性还是亲水性。表面粗糙结构可以捕获或排斥大量的空气或水分，形成可分别排斥或吸引各种液体的超疏水或超亲水表面。超疏水层的主要物质必须是低表面能物质，如有机硅、有机氟、长碳链化合物等，而超亲水层的主要物质性质相反，主要是含有强亲水基团的高表面能物质，如羧基、氨基、磺酸基、羟基等。

6.6.2　Janus 型油水分离材料的油水分离机理

Janus 膜正反两面具有不同的浸润性，可用于分离不同的油水混合物和油水乳液。对于油水混合物体系，当 Janus 膜的超亲水面作为接触面朝上时，可以分离轻油／水混合物，水很容易透过被收集起来，而轻油则被阻挡；当 Janus 膜的超疏水面朝上时，可以分离重油／水混合物，重油很容易透过被收集起来，而水则被阻挡。对于油水乳液的分离，当油相和水相分别作为油包水和水包油乳液的连续相时，Janus 膜的接触面应分别具备对油和水的亲和力，实现按需分离。当 Janus 膜的超亲水面作为接触面朝上分离水包油乳液时，水作为连续相会透过膜被收集起来，油滴则被阻挡而被分离出来。该超亲水面难以分离油包水乳液。但油包水乳液可以用 Janus 膜的超疏水面（即亲油面或超亲油面）进行分离，油作为连续相透过该面被收集起来，而其中的水滴被阻挡和分离出来。与油水混合物不同，油水乳液的分离除了对 Janus 膜的接触面的润湿性有要求外，对于孔径大小也有严格要求，其孔径需与油水乳液中的作为分散相的油滴或水滴大小相匹配，一般要小于油滴或水滴的尺寸。此外，由于用于分离油水乳液的 Janus 膜的孔径尺寸较小，所以其分离速度受到限制，可以借助抽真空的方式提高分离速度，但 Janus 膜自身需要有较高的机械强度或配有支持膜。

值得注意的是，当 Janus 膜的超亲水面用于分离水包油乳液时，如果该超亲水面的厚度较小，那么油滴有可能在毛细压力的作用下达到疏水亲油层甚至穿透 Janus 膜，造成不理想的分离效果。因此，Janus 膜的超亲水层需要达到合适的厚度以对水包油乳液实现较好的分离效果。同样，当 Janus 膜的超疏水面用于油包水乳液的分离时，其厚度也不能太薄。

6.6.3　Janus 型油水分离材料的制备方法

目前，制备 Janus 膜的方法主要有不对称组装法、不对称生成法和不对称修饰法。

（1）不对称组装法

不对称组装法是将两个具有不同润湿性的膜面直接组装并固定在一起形成 Janus 膜的方法，具有步骤简单、易于操作的优点。由于需要预先制备 Janus 膜的两面，因此可以精确控制膜的厚度、孔径和润湿性等参数。例如，Huang 等 [42] 制备了一种高机械强度 Janus 膜，由超亲水性纳米纤维复合层和疏水性纳米纤维复合膜组成，疏水层的厚度由静电纺丝控制，主要通过调节疏水层的厚度来实现不对称润湿性。该 Janus 膜能够按需分离各种含油废水，包括不同含油密度的油水混合物、水包油乳状液和油包水乳状液，并表现出较高的分离效率和分离通量。不对称组装法工艺简单，但是所制备的 Janus 膜的两个膜面之间没有结合力，很容易产生间隙，导致其稳定性和耐久性较差。此外，在油水分离时，液体容易从两个膜面之间的缝隙中泄漏出来，影响分离效果。

（2）不对称生成法

不对称生成法是制备 Janus 膜的常用方法。通常情况下，先制备膜的一面，然后以该膜为基础，在其表面经过一定工艺原位制备出膜的另外一面，得到 Janus 膜。不对称生成法可以通过多种制备工艺，如静电纺丝、喷涂、旋涂等来实现 Janus 膜的构筑 [43]。静电纺丝法制备的纳米纤维膜具有孔径可调、比表面积大、易于表面改性等优点，所以在 Janus 膜的制备中应用非常广泛。喷涂法可以通过调整工艺控制喷涂位置和厚度，比较适合 Janus 膜的单面改性。旋涂工艺是在高速离心作用下将旋涂液均匀涂覆并挥发溶剂成膜的一种方法，相比于喷涂法，可获得更薄、更均匀的膜。不对称生成法可实现 Janus 膜的厚度、孔径、浸润性等参数的精确控制。虽然两侧膜之间没有间隙，但存在结合力不强、界面相容性较差等问题。

（3）不对称修饰法

不对称修饰法是先将整个膜制备出来，然后单独对膜的正面或反面进行修饰以获得相反的润湿性，得到 Janus 膜，是一种先整体后部分的制备方式。例如，Zheng 等 [44] 通过原位生长的方法，以聚多巴胺（PDA）固定的银（Ag）颗粒，并分别在尼龙膜（NM）正、反表面用十二烷硫醇（NDM）和 L- 半胱氨酸（L-cys）进行不对称化学修饰，制备出超浸润 Janus 尼龙膜，其制备过程如图 6-14 所示。将 Janus 膜的正反两面可分别用于分离油包水乳液和水包油乳液，分离效率均达到 99% 以上，且具有良好的可重复性和广泛的适用性。不对称修饰法制备的 Janus 膜为一个整体，不存在润湿性不同的正反面之间结合力弱的问题，但是其制备过程相对复杂。

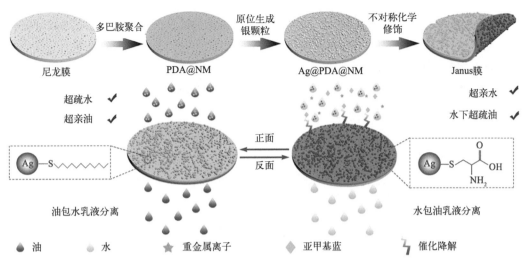

图 6-14　超浸润性 Janus 尼龙膜的制备过程

6.7　功能性油水分离材料

为了能够分离特定条件下的油水混合物、更加便利地处理排放的废水和泄漏的原油或者延长使用寿命，有不少研究者开发了具有阻燃、磁性、电热 / 光热转换、pH/ 离子响应、光催化降解、自修复等功能性的油水分离材料。

6.7.1　阻燃油水分离材料

聚合物类的油水分离材料一般都是可燃的，特别是吸附了油之后，更容易在高温环境下发生燃烧，造成安全事故。因此，赋予油水分离材料阻燃性能具有十分重要的意义。Liu 等[45]通过化学反应在聚氨酯海绵骨架表面原位生成 PDA，再经六甲基二硅氮烷（HMDS）表面处理，制备了具有优异阻燃性能的超疏水聚氨酯（PU）海绵（图 6-15），水接触角为 153°。当海绵着火时，在燃烧过程中会形成硅碳层，既可起到阻隔热、氧从海绵外部向内部的传递作用，又能抑制可燃降解产物从海绵内部向外部的供给，有效促使海绵自熄。

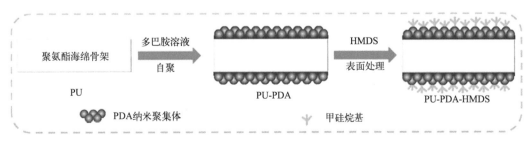

图 6-15　PU-PDA-HMDS 海绵关键制备工艺

6.7.2 磁性油水分离材料

近年来海上原油泄漏事故频发，对海洋环境及生态造成了严重的影响。在油水分离材料的制备过程中，引入磁性颗粒如四氧化三铁（Fe_3O_4）不仅可以构建粗糙形貌，而且能够赋予材料磁性，利用外磁场的定向控制可以分离特定水域的油污。例如，Zhou 等[46] 采用超声波浸渍、自引发光接枝和光聚合等方法，制备了可循环利用的超疏水 PU-Fe_3O_4-PS 海绵，将 Fe_3O_4 纳米粒子和聚苯乙烯（PS）附着在 PU 海绵的骨架表面上，构建了超疏水微 / 纳米级表面。制备工艺简单，无需引发剂就可在紫外线照射下完成。该海绵具有较高的吸附能力，可选择性地去除水中特定区域的含油污染物，其磁性和弹性使其具有良好的可重复使用性。Zhang 等[47] 通过浸涂法在聚氨酯海绵骨架表面上附着四氧化三铁纳米颗粒、氧化石墨烯和植酸的混合物，然后通过碘化氢蒸气还原和 1H,1H,2H,2H- 全氟癸基三氯硅烷（FDTS）改性，制得了具有阻燃性和磁性的超疏水聚氨酯海绵。该海绵在火点燃后 4 秒内即可自熄，其油水分离效率达到 98.9%，并可通过磁场控制实现水上特定区域的浮油吸附。

6.7.3 电热 / 光热转换油水分离材料

在一些含油废水中的油类污染物具有高黏度，普通油水分离材料与其接触后，内部孔隙结构易被堵塞，从而难以继续进行分离。通常情况下，随着温度的升高，这些高黏度的油污染物黏度会下降。如果赋予油水分离材料电热 / 光热转换功能，在分离过程中利用施加较低电压转化的焦耳热或者太阳光辐照转化的热量使其温度上升，从而就可以实现高黏度油和水的顺利分离。Zhu 等[48] 将 PDA、铜 / 碳微球复合材料和无氟疏水试剂的粘接层依次组装在医用脱脂棉上，所得脱脂棉的水接触角为 154°，油水分离效率高于 98.3%，吸油能力达到 12～20g/g。对脱脂棉施加 15V 的电压，由于电热转换效应其温度在 2 分钟后快速升高至 80℃，能够将水中的高黏度油和低熔点固体家用油分离出来。与焦耳热相比，采用油水分离材料收集太阳光并将其转化为热能用于分离高黏度油和水的混合物是一种更加廉价且环保的策略。碳基材料、聚吡咯、金属基纳米粒子和无机半导体材料均可实现光热转换。Zeng 等[49] 采用气相沉积法在棉织物上沉积了聚吡咯并用硬脂酸修饰，制备了一种具有光热转化效果的超疏水棉织物。在太阳光辐照下，通过聚吡咯的光热转化效应可以明显降低原油黏度并将其从水中分离出来。

6.7.4 pH/ 离子响应油水分离材料

近年来，具有可转变润湿性能的刺激响应性油水分离材料因制备方法简单、油水分离效率高且能耗低等优点受到了广泛关注。这类智能响应性材料的响应刺激包括 pH 值、离子、温度、光、电、磁场等。其中，pH 响应油水分离材料凭借响应快和能耗低等特性成为研究热点之一。吡啶、羧基、丙烯酸、丙烯酰胺和叔胺是典型的 pH 响应基团[50]。Qu 等[51] 采用全氟辛酸（PFOA）和双 [3-(三甲氧基硅基) 丙基] 乙二胺对高岭土颗粒进行修饰，得到具有 pH 响应性的高岭土颗粒。在 pH ＜9 时，这种颗粒能够保持超疏水性，而当 pH ＞ 12 时则转变为超亲水性，在整个过程中超疏油性一直保持不变，如图 6-16 所示。利用 pH 响应性，该颗粒能够用于分离不同油水混合物，即使是含有高浓度乳化油的油水混合物。

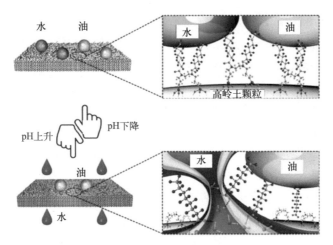

图 6-16 高岭土颗粒的 pH 响应湿润性

离子响应材料在含油废水处理中也具有独特的应用前景。一般来说，离子响应行为是在含有带电基团的聚合物中观察到的，如聚丙烯酸、聚离子液体和聚电解质。Xu 等[52] 在不锈钢网上先原位生成了一层聚多巴胺，然后通过浸泡法在上面附着一层聚丙烯酸水凝胶涂层，制备了一种对 Hg^{2+} 有响应性的油 / 水分离网。利用该不锈钢网分离油水混合物时，水极易渗透通过，而油则被阻挡。将该不锈钢网在含 Hg^{2+} 的水溶液中浸泡后，由于 Hg^{2+} 与水凝胶上羧基的螯合作用，网表面的润湿性由亲水 / 疏油转变为亲油 / 疏水，此时油水混合物中的油容易渗透而水被阻挡。然而，离子响应油水分离材料存在性能不稳定、一些离子（如 Hg^{2+}）对环境和生态有危害性等问题。

6.7.5 光催化降解油水分离材料

超疏水油水分离材料的微 / 纳孔结构易受到有机物的污染和堵塞。将光催化物质与油水分离材料相结合是实现自清洁的有效途径。当光催化物质暴露在光源下时，会产生光电子和空穴，与水中的氧反应形成羟基自由基和超氧自由基。它们的强氧化作用可以降解吸附在材料表面的油性污染物，从而达到自清洁的效果。TiO_2 因其固有的对紫外线敏感、成本低、无毒、力学性能强、化学性质稳定等特点，是一种优良的光催化剂。此外，含有 Mo、Zn 和 Fe 的金属化合物，如 $MnMoO_4$、ZnO、NH_2-MIL-88B（Fe）和 Bi_2MoO_6 在紫外线照射下也能实现污染降解。郑龙珠[53] 以棉织物为基底，通过浸泡法在其表面反复沉积 TiO_2 颗粒，再利用十六烷基三甲氧基硅烷进行疏水改性，最终制得超疏水分离膜，水接触角达到 160.1°。此外，该超疏水分离膜可用于不同种类的油水混合物的分离，分离效率高，可循环性好。利用紫外线辐照 180min 后，其对油红 O 的降解率可达 86.2%，展现出良好的光催化降解性能。Cai 等[54] 采用自组装方法制备了异质结构的 GO/ 坡缕石（PG）/ 石墨氮化碳（g-CN）@$Bi_2O_2CO_3$ 复合膜，可用于水包油乳液的分离。而 $Bi_2O_2CO_3$ 和 g-CN 作为光敏剂嵌入到石墨烯层中，在可见光照射下能够实现对油性污染物的降解。

6.7.6 自修复油水分离材料

不可忽视的是，油水分离材料在使用过程中，其表面的微 / 纳粗糙结构极易受到外力刮擦而被破坏，同时修饰的低表面能物质也会在日照或者强酸强碱的恶劣环境中被分解，从而导致材料超浸润性的丧失。一些研究者将自修复性与超浸润性结合起来，制备出具有优良表面稳定性和循环使用性的自修复水分离材料。当表面失去超浸润性后，可以自发地或者在一定条件下使超浸润性得到修复。因此，无论是从科学理论还是实际应用的角度来看，自修复超浸润油水分离材料的研究均具有重要意义。Ye 等 [55] 开发了一种无需外界条件即可自行修复的超疏水油水分离材料，先是在商业化的碳纳米管膜上原位生长沸石咪唑酸骨架 ZIF-8，然后浸涂一层金属氯化钴 / 含吡啶基团的聚二甲基硅氧烷制备而成。所制备的膜可用于油包水乳液的分离，分离效率达到 99.9%。在受到磨损和氧等离子体的破坏后，Co^{2+} 与吡啶基团上的 N 之间的配位键断裂，其水接触角下降至 110°。但在室温放置 10 分钟后，配位键重新形成，其水接触角升至 150° 以上。

6.8　总结与展望

与传统的油水分离方法相比，利用超浸润材料进行油水分离，不仅易于实施，而且分离效率高，具有重要的实际应用价值，对于保护环境和生态的意义十分重大。经过近二十年的发展，超浸润油水分离材料在设计、开发和应用方面的成果显著，各种各样的超浸润材料被制备出来，不仅可以分离油水混合物和油水乳液，而且可以吸附水中的金属离子和催化降解有机污染物。具有阻燃、磁性、电热转换、光热转换、pH 响应、自修复等功能的超浸润油水分离材料进一步拓宽了该类材料的应用范围。然而，超浸润油水分离材料在实际应用中还存在一些关键技术难题需要克服。例如，超浸润材料表面的微 / 纳粗糙结构易于受高压破坏，因此难以满足大规模高通量的油水混合物的分离需求，且高压条件会导致油水分离效率出现下降。此外，有些超浸润油水分离材料的制备过程较为复杂，且成本较高或需使用特殊设备，使其大批量的实际生产和应用受到限制。同时，有些超浸润材料在构建过程中会涉及有毒溶剂和含氟化合物，在使用时会对自然环境和生态产生污染。再者，目前文献报道的超浸润油水分离材料大多为实验室制备的小尺寸样品，在实现工业上大尺寸生产后其分离性能和其他功能是否能够满足实际要求还有待于验证。因此，在后续的超浸润油水分离材料的研究中，科研工作者应着力解决上述问题，尽可能利用简单环保的技术制备出低成本、耐久性和高效油水分离能力的超浸润材料以满足工业废水净化和海洋泄漏原油清除的实际需求。同时，要将超浸润油水分离材料和大型油水分离设备结合起来，并综合考虑两者的匹配性，使材料形状、尺寸、强度等能够满足设备的要求，充分发挥高效率油水分离的作用，在解决实际污染问题的同时，实现资源的回收利用。

 参考文献

[1] Li J, Zhou Y, Luo Z. Polymeric materials with switchable superwettability for controllable oil/water separation: A comprehensive review [J]. Progress in Polymer Science, 2018, 87: 1-33.

[2] Li J, Liu Q, He J, et at. A review of superwetting aerogel-based oil-water separation materials[J]. Materials Today Sustainability, 2024, 26: 100741.

[3] 刘战剑，杨金月，景境，等. 三维超浸润多孔材料在油水分离中的研究进展 [J]. 化工进展，2023, 42(1): 310-320.

[4] Barthlott W, Neinhuis C. Purity of the sacred lotus, or escape from contamination in biological surfaces [J]. Planta, 1997, 202: 1-8.

[5] Neinhuis C, Barthlott W. Characterization and distribution of water-repellent, self-cleaning plant surfaces[J]. Annals of Botany, 1997, 79(6): 667-677.

[6] 江雷. 从自然到仿生的超疏水纳米界面材料 [J]. 化工进展，2003, 22(12): 1258-1264.

[7] Patankar N A. Transition between superhydrophobic states on rough surfaces[J]. Langmuir, 2004, 20(17): 7097-7102.

[8] Ball P. Engineering - Shark skin and other solutions[J]. Nature, 1999, 400(6744): 507-509.

[9] Su B, Tian Y, Jiang L. Bioinspired interfaces with superwettability: From materials to chemistry [J]. Journal of American Chemistry Society, 2016, 138(6): 1727-1748.

[10] Kong T, Luo G, Zhao Y, et al. Bioinspired superwettability micro/nanoarchitectures: Fabrications and applications [J]. Advanced Functional Materials, 2019, 29(11): 1808012.

[11] 李红强. 胶黏原理、技术及应用 [M]. 广州：华南理工大学出版社，2014: 21-24.

[12] Vogler E A. Structure and reactivity of water at biomaterial surfaces[J]. Advances in Colloid and Interface Science, 1998, 74: 69-117.

[13] Guo C W, Wang S T, Liu H, et al. Wettability alteration of polymer surfaces produced by scraping[J]. Journal of Adhesion Science and Technology, 2008, 22: 395-402.

[14] Young T. An essay on the cohesion of fluids[J]. Philosophical Transactions of the Royal Society of London, 1805, 95:65-87.

[15] Wenzel R N. Resistance of solid surfaces to wetting by water[J]. Industrial & Engineering Chemistry, 1936, 28(8): 988-994.

[16] Cassie A, Baxter S. Wettability of porous surfaces[J]. Transactions of the Faraday Society, 1944, 40: 546-551.

[17] 郭志光，刘维民. 仿生油水分离工程材料 [M]. 北京：科学出版社，2020: 95-101.

[18] Xiao X, Qian L. Investigation of humidity-dependent capillary force[J]. Langmuir, 200, 16(21): 8153-8158.

[19] Qiu L, Sun Y, Guo Z. Designing novel superwetting surfaces for high-efficiency oil-water separation: design principles, opportunities, trends and challenges[J]. Journal of Materials Chemistry A, 2020, 8: 16831-16853.

[20] Zhang N, Qi Y, Zhang Y, et al. A Review on oil/water mixture separation material[J]. Industrial & Engineering Chemistry Research, 2020, 59(33): 14546-14568.

[21] Yao X, Song Y, Jiang L. Applications of bio-inspired special wettable surfaces[J]. Advanced Materials, 2011, 23(6): 719-734.

[22] Roach P, Shirtcliffe N J, Newton M I. Progress in superhydrophobic surface development [J]. Soft Matter, 2008, 4: 224-240.

[23] Wang F, Ma R, Tian Y. Fabrication of superhydrophobic/oleophilic starch cryogel via a simple sol-gel immersion process for removing oil from water[J]. Industrial Crops and Products, 2022, 184: 115010.

[24] Su X, Li H, Lai X, et al. Vapor-liquid sol-gel approach to fabricating highly durable and robust superhydrophobic polydimethylsiloxane@silica surface on polyester textile for oil-water separation[J]. ACS Applied Materials & Interfaces, 2017, 9(33): 28089-28099.

[25] Li H, Zhang H, Luo Y, et al. Fabrication of durable and sustainable superhydrophobic-superoleophilic paper for efficient oil/water separation[J]. Cellulose, 2021, 28: 5033-5053.

[26] Latthe S S, Sutar R S, Shinde T B, et al. Superhydrophobic leaf mesh decorated with SiO₂ nanoparticle-polystyrene nanocomposite for oil-water separation[J]. ACS Applied Nano Materials, 2019, 2(2): 799-805.

[27] Zhu X, Zhang Z, Ge B, et al. A versatile approach to produce superhydrophobic materials used for oil-water separation[J]. Journal of Colloid and Interface Science, 2014, 432: 105-108.

[28] Zhang L, Gong Z, Jiang B, et al. Ni-Al layered double hydroxides (LDHs) coated superhydrophobic mesh with flower-like hierarchical structure for oil/water separation[J]. Applied Surface Science, 2019, 490: 145-156.

[29] Zhang W, Shi Z, Zhang F, et al. Superhydrophobic and superoleophilic PVDF membranes for effective separation of water-in-oil emulsions with high flux[J]. Advanced Materials, 2013, 25(14): 2071-2076.

[30] Liu K, Qi K, Zhao Y, et al. Preparation and properties of super-hydrophobic TiO₂&POTS@PP microfiltration membrane for oil/water separation[J]. Materials Letters, 2020, 263: 127237.

[31] Cai Y, Chen D, Li N, et al. Superhydrophobic metal-organic framework membrane with self-repairing for high-efficiency oil/water emulsion separation[J]. ACS Sustainable Chemistry & Engineering, 2019, 7(2): 2709-2717.

[32] Bai X, Shen Y, Tian H, et al. Facile fabrication of superhydrophobic wood slice for effective water-in-oil emulsion separation[J]. Separation and Purification Technology, 2019, 210: 402-408.

[33] Guan H, Cheng Z, Wang X. Highly compressible wood sponges with a spring-like lamellar structure as effective and reusable oil absorbents[J]. ACS Nano, 2018, 12(10): 10365-10373.

[34] Huang W, Zhang L, Lai X, et al. Highly hydrophobic F-rGO@ wood sponge for efficient clean-up of viscous crude oil[J]. Chemical Engineering Journal, 2020, 386: 123994.

[35] 徐显雨, 刘长松, 马建明, 等. 超疏水超亲油三聚氰胺海绵的制备及其油水分离性能 [J]. 材料科学与工程学报, 2021, 39(4): 686-691.

[36] Si Y, Dong Z, Jiang L. Bioinspired designs of superhydrophobic and superhydrophilic materials[J]. ACS Central Science, 2018, 4(9): 1102-1112.

[37] 常忠帅. 超亲水 - 水下超疏油有机 - 无机复合网膜的构筑及其油水分离性能的研究 [D]. 镇江：江苏大学, 2018.

[38] 蔡苗苗. 新型超亲水聚合物滤膜的制备及其对含油废水的净化研究 [D]. 舟山：浙江海洋大学, 2023.

[39] 齐宇航. 超亲水/水下超疏油PVDF复合膜的构筑及其油水分离性能研究 [D]. 大庆：东北石油大学, 2023.

[40] 韩磊, 李孝建, 李发亮, 等. 超亲水 - 超疏油硅藻土多孔陶瓷制备及其连续油水乳液分离性能 [J]. 硅酸盐学报, 2022, 50(9): 2388-2396.

[41] Zhao Y, Yu C, Lan H, et al. Improved interfacial floatability of superhydrophobic/superhydrophilic Janus sheet inspired by lotus leaf[J]. Advanced Functional Materials, 2017, 27(27): 1701466.

[42] Huang X, Wu Z, Zhang S, et al. Mechanically robust Janus nanofibrous membrane with asymmetric wettability for high efficiency emulsion separation[J]. Journal of Hazardous Materials, 2022, 429: 128250.

[43] 张兴振, 靳健, 朱玉长. 非对称浸润性Janus膜的制备及应用进展 [J]. 膜科学与技术, 2023, 43(3): 148-157.

[44] Zheng L, Li H, Lai X, et al. Superwettable Janus nylon membrane for multifunctional emulsion separation[J]. Journal of Membrane Science, 2022, 642: 119995.

[45] Liu C, Fang Y, Miao X, et al. Facile fabrication of superhydrophobic polyurethane sponge towards oil-water separation with exceptional flame-retardant performance[J]. Separation and Purification Technology, 2019, 229: 115801.

[46] Zhou Y, Zhang N, Zhou X, et al. Design of recyclable superhydrophobic PU-Fe$_3$O$_4$@PS sponge for removing oily contaminants from water[J]. Industrial & Engineering Chemistry Research, 2019, 58(8): 3249-3257.

[47] Zhang S, Chen S, Li H, et al. Superhydrophobic, flame-retardant and magnetic polyurethane sponge for oil-water separation [J]. Journal of Environmental Chemical Engineering, 2022, 10: 107580.

[48] Zhu X, Pang Y, He J, et al. An intelligent superhydrophobic absorbent with electrothermal conversion performance for effective high-viscosity oil removal and oil-water separation[J]. Journal of Materials Science, 2022, 57(40):18787-18805.

[49] Zeng H, Wang P, Liang L, et al. Facile preparation of superhydrophobic cotton fabric with a photothermal conversion effect via polypyrrole deposition for oil/water separation[J]. Journal of Environmental Chemical Engineering, 2022, 10(1): 106915.

[50] Guo J, Wang J, Gao Y, et al. pH-responsive sponges fabricated by Ag-S ligands possess smart double-transformed superhydrophilic-superhydrophobic-superhydrophilic wettability for oil-water separation[J]. ACS Sustainable Chemistry & Engineering, 2017, 5(11): 10772-10782.

[51] Qu M, Ma L, Wang J, et al. Multifunctional superwettable material with smart pH responsiveness for efficient and controllable oil/water separation and emulsified wastewater purification[J]. ACS Applied Materials & Interfaces, 2019, 11(27): 24668-24682.

[52] Xu L, Liu N, Cao Y, et al. Mercury ion responsive wettability and oil/water separation[J]. ACS Applied Materials & Interfaces, 2014, 6(16): 13324-13329.

[53] 郑龙珠. 功能性超疏水膜的制备及应用研究 [D]. 广州 : 华南理工大学 , 2022.

[54] Cai Y, Chen D, Li N, et al. A self-cleaning heterostructured membrane for efficient oil-in-water emulsion separation with stable flux[J]. Advanced Materials, 2020, 32(25): 2001265.

[55] Ye H, Chen D, Li N, et al. Durable and robust self-healing superhydrophobic Co-PDMS@ ZIF-8-coated MWCNT films for extremely efficient emulsion separation[J]. ACS Applied Materials & Interfaces, 2019, 11(41): 38313-38320.

6

海洋防护高分子材料

我国是一个拥有 300 万平方千米海洋国土面积、1.8 万千米海岸线的海洋大国，海洋资源丰富，建设海洋强国已成为我国的重大战略任务。随着陆地资源的日趋减少，海洋资源的开发与利用已成为许多海洋国家的重要发展战略。然而，在发展海洋工业的过程中，远洋船舶、采油平台、核电站、海洋牧场等海洋工程装备和设施不可避免地会遇到海洋生物污损、海洋腐蚀、老化失效等问题。

海洋生物污损是指海洋微生物、动植物在海洋设施表面黏附、生长所形成的生物垢，它会降低船舶航行速度，加速海洋装备腐蚀，堵塞海水冷却管路，影响海洋养殖产量等，从而对海洋工业和海洋开发造成深刻影响。海洋腐蚀也是一个亟待解决的问题，特别是我国南海属于高温、高湿、高盐雾、强辐射的苛刻腐蚀环境，对海洋工程装备与混凝土设施的破坏速率远大于内陆和其他海域，因而对腐蚀防护材料的性能要求极高。随着我国从近岸岛礁到远海岛礁，从建设岛礁到保障岛礁，我国对岛礁稳态安全保障材料体系的需求愈发强烈，其中如何实现军事工程设施的便捷筑、防、修，如何实现加固防护材料的轻量化是关键。

高分子材料具有较小的密度，较高的力学性能、耐磨性、耐腐蚀性等特性，在海洋防护领域应用广泛。海洋防护高分子材料的高性能、多功能发展涉及能源、环境、国防等国家重大需求，对发展海洋经济和维护海防安全具有重要战略意义。

7.1 海洋防污高分子材料

7.1.1 海洋生物污损及危害

海洋生物污损（图 7-1）是指海洋微生物、动植物在海洋装备与设施表面吸附、生长和繁殖形成的生物垢 [1-3]。它在海洋环境中无处不在，给海洋开发、海洋运输、海洋能源以及海洋生态环境等方面带来诸多不利影响。例如：它会导致船舶燃油消耗大幅增长（可达40%），同时增加碳排放量；促发和加速金属表面的腐蚀，缩短设备服役寿命；堵塞输送海水的管道，严重影响核电站、热电站、潮汐发电机组等大型能源设施的正常运行。此外，附着在远洋船上的生物会进入不同海域，造成潜在的物种入侵，影响海洋生态平衡 [4-6]。据统计，全球每年因海洋生物污损造成的经济损失超 500 亿美元。因此，海洋防污涉及经济、能源、环境等国家重大需求，与"海洋强国""一带一路""军民融合发展"等国家重要战略密切相关。

图 7-1　海洋生物污损的危害

7.1.2　海洋防污技术发展历史

涂装防污涂料是最经济、有效、简便的防污策略。在 20 世纪 50 年代，人们以氧化亚铜或硫酸铜为毒料，以松香、乙烯树脂和氯化橡胶为基料制备防污涂料。之后，广谱高效的有机锡类防污剂开始出现，逐渐取代了铜类化合物成为常用防污剂。至 70 年代，发展出了接枝有机锡基团的丙烯酸树脂，通过复配氧化亚铜开发出有机锡自抛光防污涂料。该树脂可通过酯键的水解释放出具有防污功能的有机锡，同时涂层中的氧化亚铜被释放，在表面形成有效的防污薄层。树脂水解后产生的亲水性基团增强了树脂的水溶性，在船的运动和海水冲刷作用下发生溶解、脱落从而达到表面的自更新，即"自抛光"。由于这种涂层能持续而稳定地释放防污剂，且涂层表面粗糙度在有效期内较其他涂层低，因此具有防污和减阻双重效果，防污期限可达 5 年。它曾占据了 70% 以上的防污涂层市场份额，被誉为划时代的防污技术。然而，随着有机锡防污涂料的广泛使用，其对海洋生物的危害也逐渐显现。研究发现，它会在多种鱼类、贝类及海洋植物内长期累积，导致遗传变异，并进入食物链，严重破坏海洋生态系统。到了 80 年代后期，各国开始限制有机锡类涂料的使用。2008 年，国际海事组织 IMO 在全球范围内禁止使用有机锡类涂料。此后，不含有机锡的杀生型防污涂料占据了市场，污损脱附型涂层、动态表面防污材料等也逐渐应用。

我国方面，针对海洋防污材料的自主研究开发工作起步于 1966 年 4 月 18 日（后被称为"418 会战"），在国家领导人的批示下，由化工部涂料所、开林造漆厂、广州制漆厂等十余个单位组成协作组进行攻关，最终成功研制出沥青系、乙烯系、氯化橡胶系和丙烯酸系等防污材料产品并实现其在军、民用船舶的应用，提高了我国防污材料的技术水平和涂装工艺水平。然而，在 20 世纪 80 年代受我国经济形势和财力所限，我国海洋防污的整体技术发展缓慢，与国外先进水平的差距被逐渐拉大。

7.1.3 现有海洋防污高分子材料

由于海洋环境的复杂性（各海域水文条件差异大）、污损生物的多样性（多达 4000 余种）以及环保法规的日益严格，海洋防污材料研发技术难度极大，被称为海洋材料界的"桂冠"级难题。防污技术要想获得突破，必须在新概念、新理论、新材料、新工艺的源头上取得创新。特别是，在防污涂料关键基础材料方面寻找突破口。目前，海洋防污领域应用的防污材料主要有：基体不溶型防污材料、基体可溶型防污材料、水解型自抛光防污材料、生物降解型防污材料、污损脱附型防污材料，以及一些新兴海洋防污材料。

7.1.3.1 基体不溶型防污材料

基体不溶型防污材料的基体树脂不溶于海水，常用的有乙烯树脂，环氧树脂，惰性丙烯酸树脂或氯化橡胶。涂层中的可溶性填料溶解后形成连续贯穿的孔洞，防污剂经过这些孔洞形成的通道扩散到涂层表面杀灭污损生物。起初防污剂释放量很大，使用一段时间后由于树脂不溶，涂层的逸出层变厚，防污剂的扩散路径变长，防污剂的释放速率迅速下降而失去防污能力。该材料机械强度高，不易开裂，具有良好的抗氧化性和抗光降解性能，但防污寿命短，只有 12～18 个月，多应用于小型渔船。

7.1.3.2 基体可溶型防污材料

基体可溶型防污材料以松香配合惰性树脂为基体，松香本身含有羧基，微溶于海水，因此在海水中具有一定的溶蚀速率。基体可溶使得涂层厚度随时间的推移逐渐变薄，相比于基体不溶型涂料，其逸出层厚度不会明显增大，因此防污剂前期释放量大，而后期下降不会太快。该材料一定程度上解决了基体不溶型材料防污期较短的问题，在污损压力小的海域防污有效期最长可达 3 年。但松香是脆性材料，需添加各种增塑剂和填料来改善涂层的力学性能。当松香含量过大时，涂膜力学性能变差；含量过小，溶蚀速率和防污剂释放速率则不能满足防污要求，因此松香含量的调控十分重要。实际上，该材料溶蚀速率依赖于船的航行速率且不可控，防污效果不稳定，在静态环境中防污效果差。此外，该材料不耐氧化，涂覆涂层后的船在使用前或进船坞后，要进行涂层的密封保护，若暴露在空气阳光中，材料防污效果可能下降。由于该材料的性能可满足一般小型船舶的中短期防污需求，且具有不错性价比，在小型货船、渔船、渡轮等应用较多。

7.1.3.3 水解型自抛光防污材料

自有机锡类防污材料被禁用后，人们将有机锡基团换成环境危害较小的铜基团、锌基团、硅基团等，发展了水解型无锡自抛光防污材料。如图 7-2 所示，这些基团以离子键或共价键的形式连接到树脂主链上，在海水的作用下，通过离子交换或水解作用脱离主链，从而使涂层表面具有一定的水溶性，可在强水流冲刷下脱落抛光。自抛光材料逸出层比前两种材料薄，防污剂可持续释放并维持在一定的有效浓度，是目前商业化产品中最有效的防污材料之一，防污期效可达 3～5 年，广泛应用于大型商船，如集装箱船、油轮等。

然而，这些材料水解后产生的铜、锌离子的防污能力远不及有机锡，而硅烷酯基团则不具备防污能力，因此这类涂料需复配大量的氧化亚铜（40%～50%）和有机防污剂以保证防污的高效性和广谱性。尽管这些物质毒性比有机锡低，但大量使用仍会带来严重的环境问题。另外，现有自抛光防污涂料主要适用于远洋船舶，其性能的发挥对在航率和航速都有一定的要求。在静态或低航速时，聚合物水解后不能及时溶解，表面更新速度慢，导致防污效果不理想，很难满足低航速的防污要求。此外，自抛光树脂的主链结构是稳定的C—C结构，在海水中难以降解，树脂将长期存在于海洋环境中，造成海洋微塑料污染。海洋生物误食微塑料后可能会出现体内物理损伤、进食行为改变、繁殖能力下降等问题。

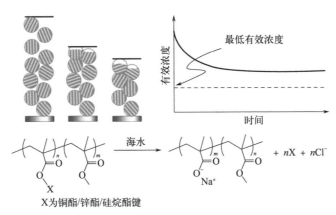

图 7-2　水解型自抛光防污材料的作用原理及防污剂释放率规律

7.1.3.4　生物降解型防污材料

生物降解高分子材料的主链可在特定条件下发生断裂，水解或酶解成小分子碎片[7-9]。这种化学不稳定性限制了其在许多工程领域的应用。然而，对于海洋防污领域而言，正是这种不断发生降解的化学不稳定性，使生物降解材料无需借助外力的作用（如水流的冲刷）即可自发形成不断更新的动态表面，从而使藤壶、贻贝、管虫等污损生物不易附着，具有优异的静态防污能力，而且降解产物为无毒的小分子，最终被环境所吸收，避免产生海洋微塑料污染，是一类理想的环境友好防污材料[10]。常用的生物降解高分子包括脂肪族聚酯、聚碳酸酯、聚氨基酸和聚酸酐等。其中，脂肪族聚酯如聚丙交酯（也叫聚乳酸，PLA）和聚己内酯（PCL）是近年来研究的热点。从化学键的断裂来看，脂肪族聚酯的酯键断裂速度要比其他几种生物降解材料快，可发生水促降解、酶促降解、微生物降解和体内降解。然而，未经改性的脂肪族聚酯一般高度结晶，不利于海水和生物酶的进攻实现降解，且调控性差。更重要的是，它们的成膜性和力学性能不佳，容易开裂和脱落，无法直接作为防污涂层使用。因此需要对其进行物理或化学改性以满足海洋防污领域的使用要求。

物理改性即通过物理共混方式将纳米黏土或不同种聚酯组合来改善聚酯材料的成膜性和实现降解速率的调控。这种方式改善程度比较有限，调控因素单一。而通过化学改性可以对聚酯的分子结构进行重新设计，极大地丰富了改性的手段，能更大程度上满足不同条件下的使用需求。通过在聚氨酯中引入可生物降解的聚酯软段，如聚己二酸乙二醇酯（PEA）、聚己二酸丁二醇酯（PBA）和聚己二酸己二醇酯（PHA），可制备主链降解的聚氨酯。对于仅依靠主链降解的聚氨酯而言，酯键密度和力学性能是一对矛盾。在降解聚氨酯材料中引入可水解的侧链，可有效调控表面自更新性能。因此，结合自由基调聚和聚加成反应，可制备出含聚丙烯酸硅烷酯侧链的降解聚氨酯。进一步通过调整主侧链含量以及侧链长度等，可实现对其综合性能的调控。

在此基础上，华南理工大学海洋工程材料团队发展了新一代海洋防污技术 - 主链降解 - 侧链水解（双解）自抛光防污材料（图 7-3）。该材料结构中既含有可水解侧链，如铜酯、锌酯和硅烷酯等，又包含可降解主链，通过聚合物在海水中发生水解和降解双重反应，使涂层表面的不溶性聚合物变为可溶性小分子，即便在静态条件也能形成自更新的动态表面，从而有效抑制污损生物的黏附，并可使防污剂可控释放。利用该团队在国际上首次发现的阴离子杂化共聚反应以及其他反应，还制备了一系列双解聚丙烯酸硅烷酯防污材料，通过主/侧链含量以及硅烷酯种类，有效调控了材料的降解速率和力学性能，实现了材料在海水中稳定的表面自更新以及生态友好防污剂的可控释放，已取得 6 年以上的海洋实验结果。

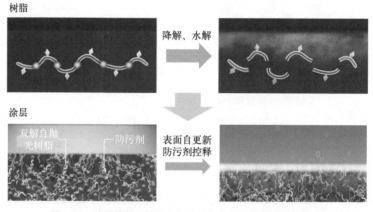

图 7-3   主链降解 - 侧链水解（双解）自抛光防污材料原理

进一步地，该团队还将传统的线型树脂制备成超支化结构。与线型聚合物相比，超支化聚合物具有低链缠结，低结晶度，高溶解度和高末端官能度，以其为基础的涂料具有高固含量、低黏度等特点。同时，独特的超支化结构使高分子链的断裂更容易，从而形成碎片化表面，有效提升了材料在高污损压力环境下（如我国南海海域）的静态防污能力。

总之，生物降解高分子基材料防污性能优异、力学性能好、施工工艺简单、多海域和多场景适用，综合性能优于国外发展的自抛光材料产品，而且制造成本更低。该材料目前已实现量产，在海军装备、远洋船舶、全球首个商用海底数据中心、海洋能源装备、海洋牧场等场景中实现了规模化应用。

7.1.3.5   污损脱附型防污材料

污损脱附型防污材料是指与污损生物间的黏附强度较弱，通过水流冲刷等外力作用可使污损生物脱离的材料（图 7-4）。与释放防污剂的杀生型材料不同，其防污机理关键在于低表面能和低弹性模量等特性，是一类环境友好防污材料。

图 7-4   污损脱附型涂层的防污作用

目前使用最多的是有机硅材料，它具有低表面自由能、低表面粗糙度和低弹性模量等性质。然而，任何事物都有两面性。一方面，在污损生物不易黏附的同时，如何解决其对基底的附着力是首要的问题。另一方面，较差的力学性能会导致涂层在船舶的施工处理和航行期间容易损坏，从而降低其性能或缩短其使用寿命。因此，通过物理或者化学改性提升其性能是一个重要的研究方向。例如通过添加少量纳米海泡石纤维、碳纳米管等，可在不影响有机硅污损脱除能力的同时提高其拉伸强度。此外，通过化学方法引入极性基团也可提高机械强度，如利用环氧树脂改性有机硅，环氧基的极性能使涂层有较好的附着力，但材料的弹性模量随之增大，因此防污能力会比传统有机硅弱。通过在有机硅体系中引入可逆键，例如有机硅 - 聚脲材料，也为解决有机硅基污损脱附型材料受损后无法修复、重涂的问题提供了新思路。

此外，因有机硅基污损脱附型材料的性能依赖于强水流冲刷，其静态防污性能弱，不适用于静态服役的装备。为提高有机硅材料的静态防污能力，可通过物理或化学方法引入防污基团[11]。化学引入方法主要是通过接枝或共聚的方法将防污基团接枝到有机硅材料。例如将两性离子接枝到聚二甲基硅氧烷（PDMS）中，由于两性离子的污损阻抗作用，材料有良好的抑制细菌和藤壶幼虫附着能力。季铵盐功能化的 PDMS 也有类似的防污能力，但这些亲水性基团含量过多时，材料的表面能会变高，不利于污损生物的脱除，还有可能带来涂层溶胀的问题。通过接枝或共聚的方法将防污基团（如三氯生，三氯苯基马来酰亚胺等）引入有机硅聚合物中是一种有效解决力学性能和防污性能不足的途径。物理方法则是直接共混加入防污剂等活性物质，但多数防污活性物质与有机硅本身相容性较差，容易出现暴释，服役期有限。

此外，还可通过添加水凝胶或者低表面能液体添加剂的方法来提高有机硅材料的防污性能。例如丹麦海虹老人公司开发的 Hempaguard X3 和 X7 在传统的有机硅弹性体中引入亲水性的水凝胶分子，能够延缓硅藻黏膜的附着。低表面能液体添加剂（如硅油）加入后能够迁移到材料表面与空气的界面处，并逐渐渗出，从而在材料的表面产生一层非常薄的油膜。污损生物首先接触到的是这层油膜，其黏附作用弱，因此有助于污损生物从材料表面轻易地脱除。然而，添加剂的加入会降低材料的力学性能，导致涂层容易开裂，而且添加剂是物理共混的，如何长久保持而不会过快流失或流尽是一个技术难点。值得注意的是，有机硅油的释放是否会对海洋生物和环境造成影响仍需评估。

除上述问题外，有机硅污损脱附型材料还存在施工工艺复杂、施工环境要求高、价格昂贵等问题，这些因素限制了其大规模应用。尽管其环保特性突出，还具有一定的减阻性能，但目前在防污材料市场的份额不足 5%，仅在一些高端游艇等特殊场景使用。

7.1.4　新兴海洋防污高分子材料

7.1.4.1　仿生防污材料

鲨鱼、海豚和部分软体动物的表面几乎不被污损生物附着，一般认为其防污性与这些生物体的表面微结构、分泌生物活性分子、表皮自脱落、分泌黏液和水解酶等有关。基于这些特性，仿生防污材料目前主要有两个活跃的研究分支：一是通过设计具有特殊表面的材料，模仿生物体表面特性，使其具有防污功能；二是从生物体内提取具有防污功能的活性物质，解决传统防污剂对海洋环境污染的问题。

研究者认为鲨鱼的防污能力可能源自鲨鱼皮的表面沟壑形貌，期望通过仿生表面微结构实现防污[12-13]。他们利用激光刻蚀、电子束光刻、反应性离子刻蚀、热压花等方法，在聚二甲基硅氧烷、聚氯乙烯、聚碳酸酯和聚酰亚胺等材料表面构筑类似鲨鱼皮的微形貌。这些微结构表面材料在室内污损生物评价中展示了良好的防污效果，但缺乏长期海洋实验数据支撑。此外，在船体或其他大型海洋设备表面涂覆或制备微结构化表面是很大挑战，其成本较高，长效性也难以保证，目前暂无规模化应用报道。

在海洋环境中，许多微生物或藻类植物可以通过分泌活性物质，抑制污损生物吸附生长。研究者提取这些具有防污活性的物质，发展了天然产物防污剂。例如，来源于海绵的萜配糖和三萜烯糖、来源于红藻的卤代呋喃酮类等都具有优异的防污效果。此外，陆生植物如辣椒中的辣椒素、胡椒中的胡椒碱也可抑制海生物附着。但上述活性物质在植物体内的含量很低，而且提取、纯化步骤烦琐，大规模制备的成本较高。因此，通过化学合成制备出具有类似或优于天然活性物结构的防污剂，是更为高效、更适合应用的方法。目前，通过这种途径实现商品化的绿色防污剂有 2-(对氯苯基)-3- 氰基 -4- 溴基 -5- 三氟甲基 - 吡咯（ECONEA）和 4,5- 二氯 -2- 辛基 -4- 异噻唑啉酮（DCOIT）等。香港科技大学钱培元教授课题组通过对海洋链霉菌代谢物的结构改性，开发出丁烯酸内酯防污剂。该化合物具有优异的防污活性与很低的毒性，且容易降解，不在海洋生态中累积，有着广阔的应用前景。但需注意到，要发挥天然防污剂的作用，必须搭配高性能的基体树脂使用，保证天然防污剂在海水中的稳定、可控释放是实现长效防污效果的关键。

7.1.4.2　聚合物陶瓷防污材料

基于柔性高分子量聚合物的防污材料，如有机硅弹性体，虽然因无毒环保、光滑降阻等独特优势吸引国内外学者的极大关注，但存在机械强度差、不耐磨的问题。因而，该类材料难以应用于一些海洋船舶部件，如大型管道、螺旋桨及水下柔性传感设备。应用于其表面的防污涂层既需要具有高韧性以缓冲冲击能量，还需要具有高强度以抵御外界冲刷和磨损[14-16]。

近年来，有机 - 无机杂化法被广泛用于在防污涂料中实现类陶瓷硬度和类聚合物柔韧性这两种互斥特性的结合。通过有机 - 无机杂化法，可制备出兼备无机组分的高硬度、耐磨蚀与有机组分的柔韧性、可调控性的高强柔韧性硬质防污材料，即"聚合物陶瓷"防污材料。在该类型材料中，有机组分和无机组分间通过分子水平的杂化结合，形成的是强的共价键，而不是简单地包覆于有机基质中。根据杂化方式的不同，目前主要分为一步法和分步法。

一步法主要指小分子（如有机硅烷偶联剂、硅醇盐以及金属醇盐等）通过一步溶胶 - 凝胶反应形成杂化网络，从而使材料表现出有机聚合物和无机材料的协同特性。溶胶 - 凝胶反应大体上可分为水解溶胶 – 凝胶反应和非水解溶胶 – 凝胶反应两种方法[17]。水解溶胶 - 凝胶法通过硅（或金属）的烷氧基（—OC_nH_{2n+1}）在酸性或碱性水溶液条件下水解生成羟基（—OH），然后羟基与其他羟基和烷氧基进一步在水 / 醇体系中缩合，而非水解溶胶 - 凝胶法则通过硅（或金属）的氯/醇盐直接进行缩合反应。例如，美国学者曾尝试将多种烷基硅氧烷混合，通过一步溶胶-凝胶法制备了一种硬质涂层。同时，由于低表面能的存在，其污损脱附性能并没有下降。然而，该涂层柔韧性较差，且只在动态条件下具有污损脱附性能，无法实现静态防污。通过在杂化网络中引入两亲性硅烷调聚物或聚合物胶束可以使涂层韧性得到增强，同时赋予涂层防污能力。然而，一步法也不可避免地存在一些问题，如固化时间较长、可调控性差，且多数体系需高温固化交联才能获得高硬度，限制其在多种基材表面的应用。

分步法则是先制备纳米级构筑单元再进行后聚合。多种纳米材料（如：支化聚硅氧烷、笼形聚倍半硅氧烷、梯形聚倍半硅氧烷、纳米级球形颗粒，以及碳聚合物量子点等）都可以作为构筑单元。这些三维结构的构筑单元具有刚性的无机核心和有机外围（环氧基、氨基、乙烯基等），其中有机外围的有机部分可用于后续的防污功能化或后聚合（光固化、热固化）。特别是，在纳米尺度与聚合物基体或结构结合，最终的杂化材料可以表现出组分间的协同性能。例如，华南理工大学海洋工程材料团队通过硅氧烷纳米团簇和端氨基固化剂间的"环氧-氨基"交联体系，在室温下即可制备出高性能柔性聚合物陶瓷防污涂层。同时，由于体系中含有抗污性双亲性调聚物和低表面能聚二甲基硅氧烷，该涂层还具有优异的广谱抗菌能力、自清洁和防涂鸦性能。基于分步法，还可以制备出不同的无机纳米颗粒如锆纳米颗粒、笼形聚倍半硅氧烷等并利用其表面有机基团来接枝防污分子（如两性离子、季铵盐、防污剂等）以满足聚合物陶瓷材料的多场景应用。

通过有机-无机杂化法制备高强韧聚合物陶瓷防污材料，极大拓展了防污材料的适用范围。特别是，分步杂化法可对构筑单元的结构、有机-无机组分的比例以及交联形式调控更为精确、便捷，代表了新一代高性能防污涂层材料。

7.1.4.3　海水冷却管道防污药剂

对于核电站、热电站、抽水蓄能电站的海水管道而言，污损生物会使管壁变厚以及管道堵塞，从而导致冷却/发电效率下降，影响装备正常运转。若不加以防治，则会导致维修计划外的频繁停机清洗或更换管道，增加维护运行成本。但不同于船舶外壳、海上平台以及渔网等开放式的表面，海水冷却管道的管径小、结构面复杂，涂层涂装和机械清洗都较为困难，因此需要发展其他适用于管道的防污方法。

管道防污方法包括物理法和化学法。物理法有超声波清理法、磁场清理法、紫外线清理法等，该方法通常清洁无污染，但物理防污法通常需要设计配套的设备，在役的海洋设施由于被空间所制约，难以设计出相符合的物理防污设备。

化学方法是使用防污药剂预防或清除海洋生物污损，是如今管道防污中最为常用的防污方法，通常使用杀菌剂作为防污药剂，以减少海洋生物污损的积累，杀菌剂一般分为氧化性和非氧化性化合物。其中，氧化性化合物包括次氯酸钠（NaClO）、二氧化氯（ClO$_2$）和臭氧（O$_3$）。次氯酸钠是最常用的防污药剂，因为其成本低、获取简便（通常由电解海水产生），但也会产生严重的生态问题（如形成致癌物质氯胺和卤仿）、防污效果不理想、腐蚀管道等，此外电解所需电流较高，易出现设备工作不稳定的问题。二氧化氯，作为次氯酸钠的常用替代品之一，作用机理类似于次氯酸钠，但效果更好、应用剂量更低、产生的氯衍生物更少，在越加严格的环保法规下具有一定应用前景。臭氧是次氯酸钠的另一种替代品，是一种安全且强效的氧化剂，对微生物的杀灭作用比氯高 100 到 300 倍。然而，臭氧的半衰期短，减少了药剂的作用范围和时间，因此需要更多的投药点和投药次数才能达到防污目的[18]。

非氧化性化合物则包括异噻唑啉酮类衍生物，醛类杀菌剂，季铵盐类化合物和脂肪胺类防污药剂。异噻唑啉酮可与蛋白质中的硫醇基团发生反应，使其断裂进而导致蛋白质构象和功能发生改变，达成杀菌抑菌的作用。但它具有腐蚀性，人体接触后会出现过敏反应，严重时还会使皮肤出现水泡、红肿和开裂。醛类杀菌剂包括甲醛和戊二醛，有较高的亲核反应能力，能够与氨基反应使得细胞膜中的氨基基团失效，破坏细胞外层运输蛋白，改变细胞的通透性使细胞膜无法完成营养物质和胞内废物的运输，从而达成杀菌效果[19]。但其毒性高，吸入或接触会对皮肤、黏膜引起严重的刺激反应，并且其储存条件苛刻。季铵盐能够与细胞膜的磷脂发生反应，其作用机制是在季铵盐中带正电荷的阳离子基团和带负电荷的细胞膜之间形成静电作用，在膜壁上产生张力使得细胞膜破裂杀灭细菌[20]，但对于已经形成的生物膜无法彻底清除。脂肪胺类防污药剂不同于上述几种杀菌剂，其防污机理不是通过破坏细胞结构来杀死海洋污损生物，而是通过在冷却管道管壁吸附成膜阻挡污损生物的接近、附着[21]。然而，在污损压力大、环境复杂的海域（例如我国南海海域）仅仅依靠脂肪胺类的成膜防污能力是不够的。近年来，华南理工大学海洋工程材料团队在脂肪胺的基础上，引入天然防污剂等，开发了新型多机制协同复合防污药剂。该药剂环保无毒、广谱高效、使用安全。南海海域钛合金海水管路系统的海洋试验表明，该类药剂在较低投加剂量下就有较好的防污效果，需求量少，方便远洋船只携带、贮存。另外，该药剂在投加到冷却管道后 7 天左右即可完全降解，对海洋环境影响较小、环保性好。

总的来说，化学防污方法由于其操作简便成本较低，在未来一段时间内依旧会是管道防污的重要方法，但投加的防污药剂会逐渐更换为效果更强、安全性更高的药剂。

7.2 海洋防腐高分子材料

7.2.1 海洋腐蚀及危害

我国拥有约 473 万平方千米海域，包括渤海、黄海、东海和南海四大主要海域。对我国而言，海洋是资源的宝库，也是国家安全重地。建设海洋强国已上升为国家的重要战略，发展海洋经济也成为"十四五"规划的重要组成部分。然而，在海洋工业和海事活动中，海洋装备和海事工程设施等无法避免材料腐蚀问题的困扰，极大地限制了海洋资源的开发利用。金属材料易因周围环境介质（水、氧气、盐类等）和高温的物理作用、化学作用或者电化学作用损坏，导致材料的强度、塑性、柔韧性等力学及化学性能显著下降，该过程为金属腐蚀。海水本身是一种强的腐蚀介质，其导电性很强，含有丰富的氯化物和硫酸盐类电解质。同时，波、浪、潮、流又对金属构件产生低频往复应力和冲击，加上海洋微生物、附着生物及它们的代谢产物等都对腐蚀过程产生直接或间接的加速作用。海洋腐蚀主要是局部腐蚀，即从构件表面开始，在很小区域内发生的腐蚀，如电偶腐蚀、点腐蚀、缝隙腐蚀等。此外，还有低频腐蚀疲劳、应力腐蚀及微生物腐蚀等。

　　全球每年由金属腐蚀带来的直接经济损失巨大，大约是因水灾、地震、火灾、台风等常见自然灾害造成经济损失总和的 6 倍，占国内生产总值的 2.5%～4.2%。金属腐蚀在直接造成经济损失的同时，还可能引发一系列安全问题[22]。海洋产业蓬勃发展，已成为我国乃至全球经济发展的重要基石。然而，极端苛刻的海洋环境形成了严重的腐蚀介质，严重危害船舶、近海工程、远洋装备等服役寿命及安全。因腐蚀现象导致金属材料力学等性能下降，引发安全事故。海洋装备因金属腐蚀导致服役寿命下降，造成有害有毒物质的泄漏，危害人身安全（图 7-5）。此外，金属腐蚀还会加剧金属资源和能源的大规模消耗，加重环境污染，增加金属冶炼过程中矿产资源的消耗。

图 7-5　海洋环境下工程装备的腐蚀情况

7.2.2　海洋防腐技术发展历史

　　海洋腐蚀环境大体分为 5 个带区，分别为：大气区、飞溅区、潮差区、全浸区以及海泥区。海洋装备和设施材料在不同的腐蚀带区的腐蚀情况表现出不同的特点。其中飞溅区和潮差区的腐蚀速率最高，对腐蚀防护技术要求难度最大。针对不同的带区应采取不同的防护手段，主要有以下几种：一是合理选材和优化材料结构；二是使用缓蚀剂防护；三是采用电化学保护；四是材料表面覆盖保护层。

　　针对具体的使用环境和不同的工况条件，选择合理的材料，在设备选材及设计制造过程中选择性对金属材料进行改性[23]。目前，海洋中使用的耐腐蚀材料包括耐海水腐蚀钢、耐腐蚀钢筋、双相不锈钢、钛合金、铜合金、复合材料、高分子材料、高性能混凝土等。其中，金属和钢筋混凝土的使用量最大。耐腐蚀金属材料是通过调整金属材料中的化学元素成分（添加耐腐蚀的铬、镍、锰等元素）、微观结构、腐蚀产物膜的性质，实现降低电化学腐蚀的反应速度，从而可以显著改善金属材料的耐腐蚀性。金属材料可加工性强，在设计制造相应设备过程中，能够通过优化设计其机械结构降低可能出现的应力腐蚀、均匀腐蚀和缝隙腐蚀。我国从 1965 年起开始研制耐海水腐蚀钢，主要有 Cu 系、P-V 系、P-Nb-Re

系和 Cr-Al 系等类型，如 08PV、08PV Re、10CrPV 等，但与国外比较，我国的耐海水腐蚀钢还有待进一步研发。

缓蚀剂是用于金属表面与环境介质之间的化学物质，其作用机理是其通过氧化、吸附、沉淀等方式附着在金属表面，抑制金属的阳极腐蚀或 / 和阴极腐蚀过程，减缓腐蚀进程[24]。缓蚀剂在使用过程中只需加入微量或少量即可将腐蚀速率明显降低，成本相对较低，使用或操作方便，防腐效果明显。根据缓蚀剂对电化学腐蚀过程的控制部位进行分类，主要有阳极型缓蚀剂、阴极型缓蚀剂以及混合型缓蚀剂。阳极型缓蚀剂大多为无机强氧化剂，如铬酸盐、硼酸盐等，在金属基底表面阳极区与金属离子发生作用，生成氧化物或氢氧化物氧化膜覆盖在金属基底表面形成保护膜，抑制金属腐蚀进程。阴极型缓蚀剂主要是碳酸盐、磷酸盐和氢氧化物等物质，能够在金属表面的阴极区与腐蚀介质发生反应，其产物在阴极成膜，抑制阴极释放电子的反应，减缓腐蚀反应进程。混合型缓蚀剂包括某些含氮、硫或羟基的，具有表面活性的有机缓蚀剂，如苯并三唑、十六烷胺等，其分子中含两种性质相反的极性基团，能够吸附在金属基底表面形成单分子膜；成膜区域发生在阳极或 / 和阴极，减缓腐蚀介质的扩散速度，起到减缓腐蚀进程的作用。然而，缓蚀剂的缓蚀性能与腐蚀介质的性质密切相关，使用时可能存在环境污染问题。缓蚀剂在腐蚀环境中使用，容易发生流失，降低缓蚀效果，对其使用环境或场所要求较高。目前，缓蚀剂防腐技术主要在封闭场合使用，包括油井、输油气的船舶等。

电化学保护是根据电化学腐蚀机理，改变金属的电位以减缓腐蚀进程的防护技术。依据金属电位改变的趋向，将其分为阴极保护法和阳极保护法[25]。其中，阴极保护法是通过降低金属的电位来达到防护的目的，包括外加电流法和牺牲阳极法两种。外加电流法是把外部直流电源作为保护电流，负极与金属相连，正极与辅助电极相连，通过腐蚀介质构成电流回路，在此回路中电子富集在金属表面，抑制金属失电子被腐蚀过程。外加电流法的基础是直流电源设备，需要经常维修检修，对周围的结构产生干扰。牺牲阳极法则是依靠电位较低的金属（如锌）自身消耗提供被保护金属所需的电流，被保护金属与阳极金属直接相连，腐蚀介质充当电解质环境，减缓金属腐蚀。阳极保护法是通过利用阳极的极化电流使金属处于稳定的钝化状态，金属表面失去电子，形成钝化层。阳极保护法局限于可活化 / 钝化进行转变的腐蚀系统，如酸液储罐和氨水储罐等设备体系。我国在 20 世纪 60 年代进行了外加电流阴极保护实船试验，并在 20 世纪 70 年代初就在第一艘驱逐舰上成功安装了外加电流系统。我国 1982 年制定了《船体外加电流阴极保护系统》的国家标准，研制出的外加电流阴极保护装置也已在舰船上大量安装使用。同一时期，我国开发了一系列的常规牺牲阳极材料，目前船舶和海洋工程结构的常规阴极保护都大多采用了国产阳极材料。近年，我国继而开发了深海牺牲阳极（深海环境）、低电位牺牲阳极（高强钢等氢脆敏感材料）和高活化牺牲阳极（干湿交替环境）材料，但这类关键部位的牺牲阳极材料主要依赖国外进口。

在金属表面涂覆保护层的主要目的是阻碍腐蚀介质的传递，将被保护金属与腐蚀介质隔开[26]。目前，常用的保护层通过化学法、电化学法或物理法涂覆在金属表面，主要包括非金属保护层和金属保护层。非金属保护层又分为无机涂层和有机涂层。无机涂层主要有氧化物、硅酸盐等涂层，化学转化膜也是无机涂层的一种，通过化学法或者电化学法在金属表面形成一层非金属镀膜，例如：钢铁的磷化处理，铝制品的铬酸盐钝化以及钢铁的发蓝、发黑处理等。有机涂层是将耐腐蚀的有机涂料涂覆在被保护金属表面，经固化成膜后发挥其屏蔽作用、钝化作用、电化学保护作用和缓蚀作用等。有机涂层主要通过物理法涂覆在金属表面，其成膜物质包括环氧树脂、丙烯酸树脂、酚醛树脂、聚氨酯等。金属保护层是在被保护金属表面镀金属或合金，作为保护层隔绝腐蚀介质的传递，主要包括以金、银、钯等耐腐蚀金属为主的惰性涂层和以锌、铝等易被氧化并形成致密氧化物的金属为代表的活泼金属，通过表面合金化处理、喷涂或电镀等方法获得金属涂层。

7.2.3　现有海洋防腐高分子材料技术

防腐涂料是控制和减缓海洋腐蚀的首要手段，具有选材广泛、适用性强、工艺简单、便于操作等优点。涂料主要由高分子基树脂、溶剂、颜填料和助剂等组成。其中树脂是基本成分，能够附着在基材表面以形成连续致密的保护膜。溶剂一般包括水、醇类、酮类、醚类和酯类等物质，使树脂均匀分散形成黏稠液体或悬浮液。颜填料以颗粒形式分散于涂料内部，用以增强涂料的防护性能。助剂是指为有机防护涂层提供一些特殊作用的材料，例如消泡剂、流平剂及底材润湿剂等。目前，海洋防腐领域应用的重防腐涂料主要有：环氧类防腐涂料、聚氨酯类防腐涂料、橡胶类防腐涂料、有机氟树脂防腐涂料、有机硅树脂防腐涂料、聚脲弹性体防腐涂料、富锌防腐涂料等。

7.2.3.1　环氧类防腐涂料

环氧树脂指的是分子结构中含有 2 个或 2 个以上环氧基并在适当的化学试剂存在下能够形成三维网络结构的化合物，属于热固性树脂。图 7-6 为双酚 A 型环氧树脂分子结构，

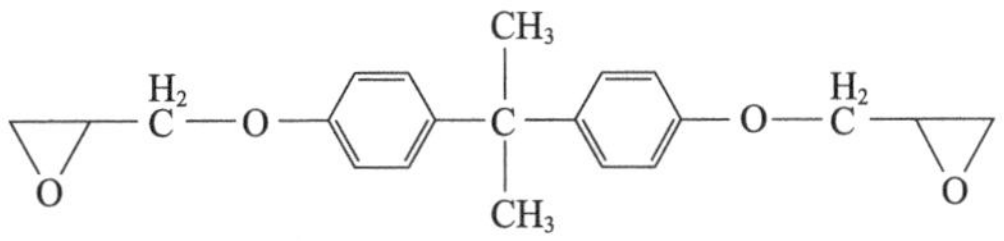

图 7-6　双酚 A 型环氧树脂分子结构

其分子中的双酚 A 骨架提供强韧性、耐热性等，亚甲基链具有柔软性，醚键提供耐化学药品性，羟基赋予结构反应性和黏结性。环氧类防腐涂料是以环氧树脂为基础的一类涂料的总称，并加入各种填充涂料、添加剂、助剂和改性剂（主要是长效氯磺化聚乙烯橡胶）等，具有力学性能高、附着力强、固化收缩率低、化学稳定性良好的优点，但其受限于耐候性差和低温固化性能弱等短板。环氧类防腐涂料是目前海洋环境中应用最广泛、需求量最大的一类溶剂型重防腐涂料，多作为防腐底漆使用[27]。

通过对环氧类防腐涂料体系进行设计筛选性能优异的涂料配方，包括树脂结构、固化剂选择、溶剂适配、颜填料种类及配比等方面。此外，还可以对环氧树脂防腐涂料进行改性，如聚合物改性、有机硅改性和纳米材料改性等，促使环氧树脂防腐涂料获得更加优异的性能。通过设计合成带有环氧基团的丙烯酸树脂，并与环氧树脂混合制备出改性的环氧树脂防腐涂料，展现出更强的附着力和电化学性能。选择设计合适的填料，赋予环氧类防腐涂料较强的阻隔作用、钝化作用、缓蚀作用等。

7.2.3.2　聚氨酯类防腐涂料

聚氨酯树脂是由多异氰酸酯与多元醇等含有活性氢原子和基团反应而成的，其基本结

构单元如图 7-7 所示。聚氨酯防腐涂料具有优异的耐酸碱盐性、耐腐蚀能力和耐候性，常规力学性能也显著优于其他涂料。聚氨酯涂料目前被广泛应用在海洋钢结构、海上作业平台、船舶桥梁等工程的防护面漆[28]。海洋防腐涂料用聚氨酯树脂一般分为单组分聚氨酯树脂和双组分聚氨酯树脂。

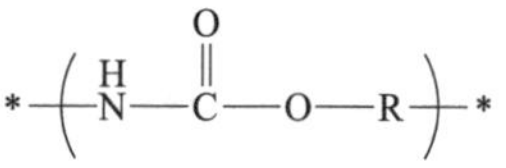

图 7-7　聚氨酯树脂的基本结构单元

单组分聚氨酯树脂主要包括线型热塑性聚氨酯、聚氨酯油、潮气固化聚氨酯和封闭型异氰酸酯，前 3 种树脂都可以单独成膜。单组分聚氨酯漆具有热塑性好、涂膜柔韧性好、低温下柔韧性也能很好保持的特点。双组分聚氨酯为双罐包装，一罐为羟基树脂组分，所采用的羟基树脂有短油度的醇酸型、聚酯型、聚醚型和丙烯酸树脂型 4 种类型；另一罐为多异氰酸酯组分。使用时两个组分按一定比例混合，施工后由羟基树脂的—OH 基团同多异氰酸酯的—NCO 基团交联成膜，既有很好的保护性，又有很好的装饰性。

7.2.3.3　丙烯酸类防腐涂料

丙烯酸树脂由丙烯酸（酯）类、甲基丙烯酸（酯）类和其他烯类单体共聚而成，包括热塑性和热固性两种（图 7-8）。热塑性丙烯酸树脂成膜主要靠溶剂挥发使大分子或大分子颗粒聚集融合成膜，成膜过程中没有化学反应发生，为单组分体系，施工方便，但涂膜的耐溶剂性较差。热固性丙烯酸树脂成膜过程中存在反应基团

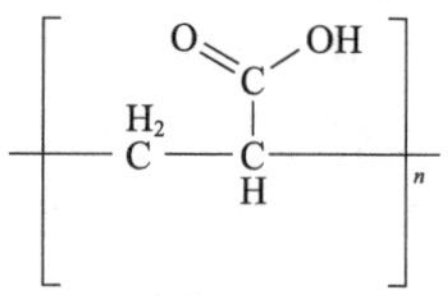

图 7-8　丙烯酸树脂结构式

的交联反应，具有网络结构，其耐溶剂性、耐化学品性好，能够应用于海洋防腐涂料[29]。

7.2.3.4　橡胶类防腐涂料

橡胶防腐涂料以合成橡胶或天然橡胶衍生物为主要成膜物。目前，氯化橡胶涂料和氯磺化聚乙烯涂料是最常用的橡胶防腐涂料，该类涂料无毒、无味、无刺激性，并具有较好的耐腐蚀、耐磨、耐水、耐候性，且干燥速度快。图 7-9 为氯化橡胶树脂的结构式，其结构饱和度高，分子键无明显的极性，结构比较规整，稳定性也好，并且无毒无味，能够与多种颜料可以配制成底漆、中间漆和面

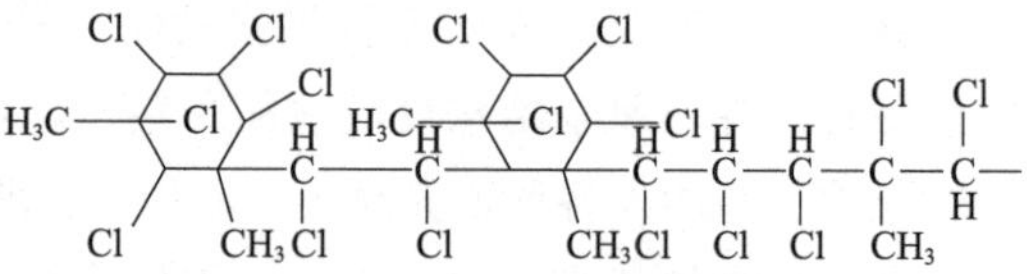

图 7-9　氯化橡胶树脂结构式

漆系列产品。氯磺化聚乙烯涂料由氯磺化聚乙烯树脂、改性环氧树脂、防腐颜料、助剂、稀释剂组成，具有优异的综合性能，良好的机械物理性能[30]。

7.2.3.5　有机氟树脂防腐涂料

有机氟树脂的主链为 C—C 键，其结构中含有稳定的 C—F 键。C—F 键的键能比 C—H、C—O、C—C 键的键能高很多，且 F 原子的半径小及 C—F 键的极化率小。因此，有机氟树脂表现出一系列的优良特性，如优异的耐久性、耐候性和耐化学药品性；良好的非黏附性、低表面张力和低摩擦性，以及憎水、憎油性等特殊的表面性能；另外还具有高绝缘性、低电解常数等电气特性。有机氟树脂主要包括聚四氟乙烯、聚偏氟乙烯、四氟乙烯-乙烯共聚物、丙烯酸全氟烷基酯共聚物、乙烯基醚-氟烯烃乙烯共聚物和有机氟硅共聚物，

图 7-10 为聚四氟乙烯的基本结构单元。有机氟防腐涂料以含氟聚合物为主要成膜物质，表现出超强的耐候性、耐热性和耐化学品性，具有优异的自清洁性能、防污性能和超强的耐腐蚀性能[31]。目前研究较多的是氟乙烯乙烯基醚共聚物和全氟聚醚树脂，被赋予了一定的活性官能团，增加了在有机溶剂中的溶解性、与颜料及交联剂的相容性、光泽、柔韧性及施工性能。

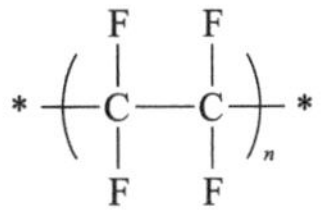

图 7-10　聚四氟乙烯的基本结构单元

7.2.3.6　聚脲弹性体防腐涂料

聚脲（PUa）是一类具有重复的脲键（—NH—CO—NH—）基团结构的聚合物，图 7-11 为聚脲的结构式。与由异氰酸酯和醇反应得到的聚氨酯不同，聚脲由异氰酸酯与胺进行反应得到，反应速率更快，所得聚合物的氢键密度更高。聚脲中含有氨基基团与异氰酸酯组分，反应活性高，固化速度快，能够在极端环境下（−20℃）进行快速固化并且对湿度不敏感，能够应用于任意异形表面进行喷涂。该反应不需要催化剂，涂层不产生流挂现象，在喷涂后的 5 至 10 秒内凝固，于 1 至 30 分钟之后可以达到表面行走的强度。同时，所制备的聚脲涂层具有优异的物理及化学性质。优异的热稳定性使得聚脲的使用温度范围广（−45～+150℃）；良好的基底附着力使得聚脲能够在不需要借助底漆的情况下，与不同的基材表面（钢铁、水泥等金属和非金属材料）形成牢固的涂层附着；高强度和高致密程度以及优异的耐磨和耐化学腐蚀的特点，使得其可作为优异的防护材料，用于房屋、管道的防水防渗透或者建筑桥梁等需要耐酸碱盐和海水等腐蚀介质的重防腐领域[32]。此外，喷涂聚脲工艺使用的涂料不含有机溶剂，固含量为 100%，具有低可挥发性化合物（VOC）、低污染以及环境友好的特点。

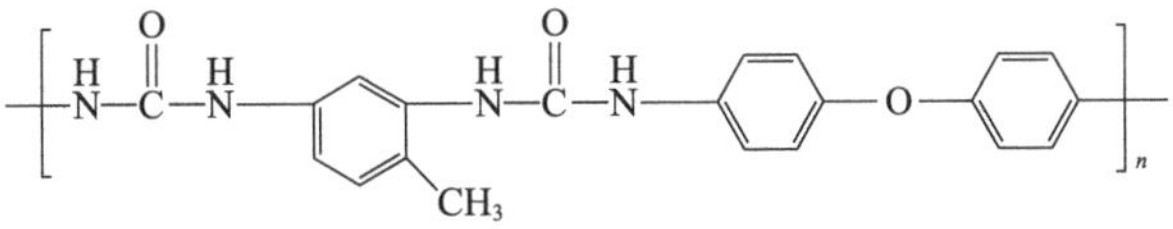

图 7-11　聚脲的结构式

7.2.3.7　富锌防腐涂料

富锌防腐涂料中常采用环氧树脂、氯化橡胶和聚氨酯树脂等作为成膜基料，成膜物质的导电性能差，锌粉含量保证导电性，约 80%[33]。金属锌的微观形貌直接影响有机涂层的防护性能，球状金属锌以点对点的形式与金属基底接触，导致涂层内部的导通性差，需要添加大量金属锌粉，而大量锌粉会降低涂层的致密性，形成大量的空隙缺陷。球状锌粉逐渐被鳞片状锌粉所取代，鳞片状结构增加了金属锌粉与金属基底和腐蚀介质接触面积，增强了涂层的物理阻隔作用。此外，鳞片状锌粉的片状结构减少了涂层与金属基体之间的热膨胀系数之差，降低了涂层固化时的收缩率、涂层内部的应力变化，抑制了涂层的龟裂、脱落。

锌在自我牺牲防护金属的过程中，因腐蚀介质的不同会产生不同的腐蚀产物，如有机富锌涂层产生的氧化锌、氢氧化锌、碱式碳酸锌、碱式氧化锌、硫酸锌等化合物。腐蚀产物存在于涂层内部，介于腐蚀介质与下层金属锌粉和被保护金属基底之间，增强了物理屏蔽作用，减缓锌粉的进一步消耗，起到保护金属的目的。然而，腐蚀产物一般为疏松物质，体积较大，导致涂层内部急剧膨胀，降低了涂层的致密性和强度，导致涂层整体抗冲击能力和附着力下降，削弱了其防护性能。富锌防腐涂料对金属基底的选择较为严苛，工业施工时对金属基底进行喷砂处理以获得清洁且粗糙度高的表面，增强富锌防腐涂料的防腐性能。

7.2.4　海洋防腐涂料发展趋势与展望

全球海洋经济不断蓬勃发展，船舶及海洋工程设施装备越来越多，但其同时也面临着更加严酷的腐蚀环境。此外，经济、环保、节能要求促使海洋防腐涂料向长服役周期、高性能方向发展。随着科学技术的发展和绿色环保理念的落实，多功能、智能化、环保型将成为海洋防腐涂料工业发展的主导方向。

7.2.4.1　多功能海洋防腐涂料

海洋环境复杂，除强海水腐蚀介质外，还存在严重海洋生物污损、两极极端寒冷气候、高辐照、强海浪冲击、泥沙磨损等情况，均会直接或间接加速腐蚀进程。多功能海洋防腐涂料集防腐、防污、防冰、耐热、耐冲击、耐磨以及其他特殊物理性能等多种功能于一体，满足复杂海洋环境的防腐要求。借助涂层成膜物质的设计与改性、与功能性填料复合、调整涂层配方等多种手段赋予海洋防腐涂料的多功能化。

聚硅氧烷是一种分子链段由硅原子以及氧原子交替连接的材料，其主链是重复的 Si—O—Si 结构，有机基团比如甲基、甲氧基、乙基、乙氧基、苯基等都可共价连接在主链的硅原子上，图 7-12 为梯形聚硅氧烷的分子结构。聚硅氧烷的主链具有高度柔顺性，并表现出一定的构象移动

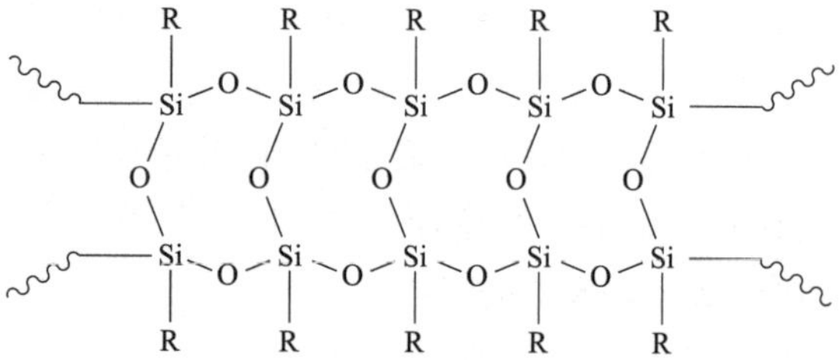

图 7-12　梯形聚硅氧烷的分子结构

性。聚硅氧烷独特的化学结构赋予其低的表面能、低弹性模量、低粗糙度、耐高温和低温、耐老化、耐水性、防潮性、耐腐蚀性等优异的性能，从而被广泛用于功能涂料领域及功能涂料的改性。其中，超支化聚硅氧烷因为末端含有很多的活性基团，具有更高的反应活性，而且黏度较低，溶解性能更好，因此，超支化聚硅氧烷的一个重要用途是作为树脂的改性剂。超支化聚硅氧烷同时具有聚硅氧烷和超支化聚合物的优异性能，具有高反应活性、低黏度、高溶解度以及耐水性、耐高温和低温、耐老化、耐腐蚀和低表面能的特性，使其在功能涂料领域得到广泛的应用[34]。

7.2.4.2　智能化海洋防腐涂料

防腐涂料在海洋波、浪、潮、流的低频往复应力和冲击下极易产生机械损伤或加速腐蚀，并且其维护过程存在成本高、难度大等问题。智能化海洋防腐涂料能够对涂层的机械损伤或腐蚀及时响应，通过自身的修复能力阻止腐蚀进一步发展。智能化海洋防腐涂料能够延长涂料的防腐寿命，降低涂料维护及修复成本，对经济和环境保护均有重要意义。

自修复防腐涂层是在遭到外力破坏或环境损伤后，可自行恢复或在一定条件下恢复其原有防腐功能的一种智能防腐涂层[35]。现有的自修复涂层主要分为借助外界条件刺激的非自主修复和包埋成膜物质或缓蚀剂的自主修复两种类型。温度刺激响应涂层是典型的非自

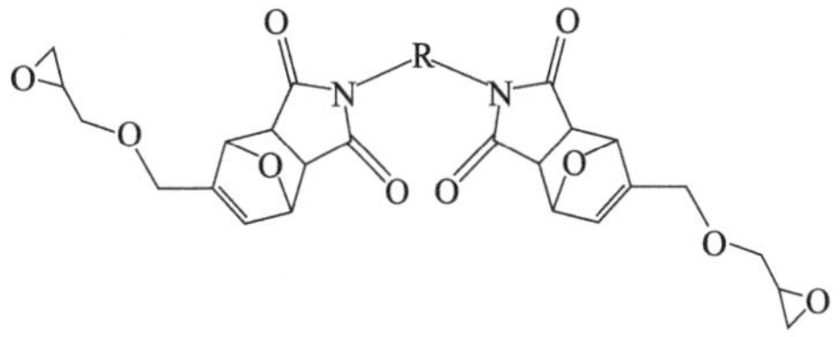

主修复涂层。温度刺激响应机制的主要优势是理论上可以无限次地反复实现修复过程，并且无需添加其他物理或化学修复剂，其中最典型的是利用 Diels-Alder 或硫醇 - 二硫化物可逆反应的温敏型自修复涂层，图 7-13 为基于热可逆 Diels-Alder 反应自修复环氧树脂的分子结构式。这种涂层的修复机制是当温度升高到一定值时，涂层内共价

图 7-13　基于热可逆 Diels-Alder 反应自修复环氧树脂的分子结构式

键发生可逆分解，使分子链段自由流动到缺陷处，并重新形成交联，完成对缺陷的修复。对于含有成膜物质的自修复涂层，当涂层在受到外力等因素影响而产生微裂纹时，贮存在涂层内的成膜物质可在涂层缺陷处释放出来，在催化剂、水分或氧气存在的条件下，成膜物质能聚合生成具有一定强度且连续的薄膜，从而修补涂层缺陷，阻止腐蚀介质的入侵。通过微胶囊技术对成膜物质进行包覆可以提高其稳定性，使其免受外界环境影响，从而延长涂层的使用寿命。缓蚀剂型自主修复防腐涂层中缓蚀剂直接分散到涂层中，但存在以下缺陷：一方面缓蚀剂可能与涂层基体发生反应，另一方面缓蚀剂可能会流失或分解失效，在涂层内部形成新的空隙，为腐蚀介质留下新的扩散通道，从而影响涂层整体的防护性能。为克服这些问题，通常用智能微/纳米胶囊来装载缓蚀剂，智能微/纳米胶囊可响应外部环境如 pH 值、腐蚀介质、温度和光等的变化，实现在特定环境下对缓蚀剂的持续可控释放。然而，智能化海洋防腐涂层的研究尚处于实验室阶段，离产业化还有一定的差距，还需进行大量的研究工作。

7.2.4.3　环保型海洋防腐涂料

传统的海洋防腐涂料多为溶剂型，可能会造成严重的海洋污染，威胁人类身体健康。此外，绝大多数防腐涂料涂装前为保证防腐的效果常对底材进行喷砂处理使表面达到 Sa2～2.5 等级，涂装前金属表面预处理占整个涂装工作量的 45% 左右，大大增加了涂装成本，除锈粉尘危害施工人员的身体健康。因此，海洋防腐涂料逐渐向无溶剂涂料、水性涂料、带锈涂装涂料等环境友好型涂料发展。

水性海洋防腐涂料在配制和使用过程中没有有机溶剂的参与，具备无毒无味、环境友好的优点，减轻了挥发性有机化合物对大气环境以及人体的危害，提高了防腐涂料在储存、运输和施工等过程中的安全性，极大程度上满足了对环保健康的要求[36]。水性防腐涂料以水做溶剂或分散剂，其主要成膜物质包含水性环氧树脂、聚氨酯、丙烯酸酯等树脂类基料，借助于水的流动性在金属基底表面形成防护层。例如，水性环氧防腐涂料属于多相结构，其中水性环氧树脂和水性环氧固化剂以分散相形式分散在水中。在配制使用过程中涂层中的水分挥发后，水性环氧树脂与固化剂之间相互扩散逐步固化，具有化学稳定性、附着力高、硬度高、耐磨、耐腐蚀等优点。

高固体分或无溶剂涂料能够减少 VOC 的排放，符合环保要求。高固体分涂料固化快，一次施工就可获得所需膜厚，减少了施工道数，节省了重涂时间，提高了工作效率。此外，较少溶剂挥发降低了涂层的孔隙率，从而提高了涂层的抗渗能力和耐腐蚀能力。无溶剂环氧防腐涂料具有诸多优点，如对多种基材具有极佳的附着力、固化后涂膜的耐腐蚀性和耐

化学品性优异、涂膜收缩性小、硬度高等，特别是其无 VOC 排放，不造成环境污染，具有十分广阔的应用前景。然而，现有的无溶剂环氧涂料大多存在一次成膜厚度较大时，涂层的韧性和抗流挂性较差的问题，需要对涂料配方进行优化来加以解决。

带锈防腐涂料可以直接涂装在无法除锈或者除锈不彻底的基材表面，大幅降低现场施工作业的难度，有效避免现场施工除锈带来的粉尘污染和噪声污染等问题，减少了对人体的伤害。目前市场上带锈涂料主要有转化型、稳定型、渗透型等。转化型带锈涂料中包含了能够对铁锈进行化学反应的物质，把铁锈变成具有一定保护作用的配合物，其生成的配合物能够通过成膜物质固定在铁面上。稳定型带锈涂料主要依靠活性颜料钝化生锈的金属，以便能够达到稳定锈蚀的目的。渗透型带锈涂料是新型的带锈涂料，具有低黏度特性，其黏度近似于水，渗透性非常强，涂刷在带锈铁面上可全方面地封闭铁锈。

随着环境保护要求的不断更新以及现有的科学技术手段的蓬勃发展，海洋防腐涂料必须向高性能、绿色环保、多功能以及智能化等方向前进发展，为快速发展绿色海洋经济提供有力的防腐技术支撑。

7.3　海洋工程加固修复高分子材料

7.3.1　海洋工程混凝土设施加固修复需求

滨海建筑、海港码头、跨海大桥、海底隧道、岛礁建设等海洋工程设施均具有岩土基础和混凝土结构。在建设和使用过程中，它们经常会出现破碎带、软弱带、裂缝、孔隙等缺陷并伴有腐蚀、风化等问题，从而使其机械强度降低、服役寿命缩短，给工程带来安全隐患。特别是，恶劣的海洋环境还将加速其腐蚀进程，软弱的海洋基础将加快其沉降速度，台风、天文大潮等自然灾害甚至能直接将其毁伤。无疑，海工混凝土建筑的加固与防护对于发展海洋经济、建设海洋强国十分重要。尤其是，当前我国滨海城市发展水平领先于内陆地区，建筑业已从"大规模新建"逐步走向"新建与修缮并举"阶段，基建业务也在海外不断扩展，加固修复中的疑难问题不断增加。因此，发展高性能环境友好海洋工程（海工）混凝土加固修复材料，解决相关工程问题，对国家社会发展有重要意义。

7.3.1.1　海洋环境对海工混凝土的影响

混凝土是一种具有多孔性的材料。二氧化碳、水、氯离子等腐蚀因子能够轻易通过混凝土中的孔隙，渗透至其中，从而对其造成腐蚀，大幅缩短混凝土的使用寿命。在恶劣的海洋腐蚀环境，海工混凝土的腐蚀劣化机制主要展现为以下两方面：①高湿，水是其他腐蚀离子的溶质，氯离子、硫酸根、酸、碱等离子对混凝土的腐蚀的起因都是水在混凝土结构中渗透；②高盐，海水是一种约含 3.5% 盐分的腐蚀性介质，部分海洋工程设施需长期浸泡于其中服役，即使海洋大气，其盐雾水平也远高于内陆环境。在海洋环境中，氯盐的劣化行为尤为严重。氯离子对混凝土的腐蚀主要体现在两方面 [37-38]。一方面，它具有极强的去钝化能力，氯离子渗透于钢筋表面时，它能够迅速降低钢筋表面的 pH 值。当 pH 值低于

10 时，钝化膜逐渐开始失效，水、氧和氯离子与钢筋之间发生电化学腐蚀，从而造成钢筋锈蚀。另一方面，氯离子还能够在混凝土中形成 $CaCl_2$ 的水合晶体，这些晶体中含有大量结晶水，从而导致混凝土产生结晶膨胀，对混凝土造成腐蚀。

同时，混凝土也是一种脆性材料，在应力作用下，容易开裂失效。海洋环境中，在钢筋锈蚀、结晶膨胀、碳化腐蚀的协同恶化作用下，当混凝土受到外力载荷时，混凝土中的裂缝容易被扩展、贯通，从而使得混凝土结构断裂失效。因此，混凝土结构的脆性不仅会使混凝土结构的耐久性大幅下降，限制了混凝土结构在特殊场合的应用；而且在不可控的重载荷之下，由混凝土脆性引致的伤害更是灾难性的。此外，海洋基础软弱，多由细沙、黏土等沉积而成，土质含水量大、压缩性高、承载力低。因此，海工建筑的沉降问题也较内陆建筑严重。因此，在恶劣的海洋环境中，结合混凝土结构的固有性质，在海工混凝土全寿命周期内持续保持防护与加固是其长效服役的基本需求。

7.3.1.2　混凝土在海洋环境中的常见病害

（1）剥落、露骨、露筋

在海水浸泡腐蚀、海浪冲蚀、海洋大气盐雾等作用下，混凝土表面率先劣化，强度下降并逐渐剥落，形成掉角、坑洞、露骨等病害，随着劣化程度加剧，甚至会出现露筋现象（图 7-14）。虽然上述病害仅为混凝土表面病害，然而在此阶段，混凝土表面防护已完全失效，腐蚀介质已能通过混凝土孔隙与微裂缝，长驱直入至混凝土结构内部，对其造成腐蚀；当出现露筋病害时，钢筋也已直接受到腐蚀损伤，此时混凝土结构整理机械强度也已受影响。千里之堤溃于蚁穴，虽然上述病害仅是表面病害，但同样不容忽视。一般情况下，可通过聚合物水泥砂浆（高分子材料与水泥、砂石骨料复合物）涂抹于其表面将其修复。

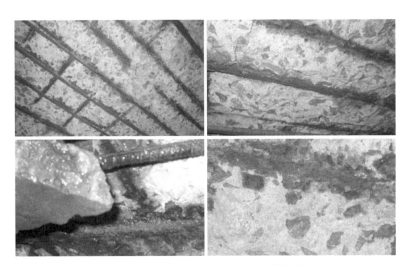

图 7-14　混凝土剥落、露骨、露筋等病害

（2）裂缝

裂缝是混凝土病害的最直接表现形式。因混凝土是一种脆性材料，无论是环境腐蚀因

素，还是载荷因素，疲劳因素等，都异曲同工地将导致混凝土开裂失效。然而，按照形成的裂缝的特点，其加固修复所需材料也不尽相同，主要包括：结构裂缝、变形裂缝、渗漏裂缝、沉降裂缝等（图7-15）。①结构裂缝是对混凝土结构机械强度造成影响的裂缝，因此需要其修复材料具有优异的机械强度，同时因混凝土自身不易形变，因此该类裂缝对加固修复材料的形变能力要求相对较低。②变形裂缝。混凝土自身具有一定收缩性，同时因热胀冷缩、动态载荷等因素都要求结构具有一定的抗形变能力，否则混凝土结构内将产生变形裂缝。当变形裂缝发展为对结构强度有较大影响的结构裂缝前，应及时将其修复。围绕结构形变问题，因此修复该类裂缝要求修复材料具有良好的形变能力，同时也降低了材料机械强度标准。③渗漏裂缝。当产生的裂缝周围环境含水时，渗漏问题同时出现，相应裂缝称为渗漏裂缝。显然，该类裂缝病害问题在海洋工程中尤为严重。修复该类裂缝时，对加固修复材料的环境适应性提出了极高的要求。同时，因常规加固修复材料固化过程往往受环境水影响大，不仅常有黏结强度、机械强度下降的问题，甚至还会出现无法固化的现象。虽然近年来也常有报道带水作业、水中固化的加固修复材料，但渗漏裂缝的加固修复还是一个疑难问题，尚待更深入地发展研究。④沉降裂缝。基础沉降的主要原因包括地质条件、施工质量、荷载作用等多个方面。例如，地基土层的不均匀分布、地基处理不当、地下水位的变化等都可能导致基础沉降。对于海洋工程，其土质含水量大、压缩性高、承载力低。沉降问题尤为严重。建筑沉降的最直接表现形式即为沉降裂缝。与修复其他裂缝不同，若需从根本解决沉降裂缝问题，其本质不在于对裂缝的修复，而在于对基础的加固。若基础沉降问题得以有效解决，沉降裂缝则可根据裂缝特征，按照结构裂缝、变形裂缝、渗漏裂缝等处理方法使用相应材料加固修复。

(a) 结构裂缝   (b) 渗漏裂缝   (c) 沉降裂缝

图 7-15   各类裂缝病害

7.3.2   现有加固防护工艺技术

目前国内外已经发展了多种混凝土结构的加固修复方法，其中主要包括：表面修补法、置换混凝土加固法、注浆法、结构加固法等。

（1）表面修补法

表面修补法是针对如剥落、露骨、露筋以及变形裂缝等对承载影响较小或无影响的裂缝、缺陷的修补方法。该方法是通过直接在裂缝表面涂刷和涂抹聚合物改性砂浆、有机涂料或铺设防水卷材，以避免裂缝加剧混凝土渗透腐蚀的方法。应用于表面修补法的材料一方面需要对混凝土结构具有良好的附着力，以免材料直接剥落失效；另一方面还需要材料具有较好的抗渗透性能及耐腐蚀性能，以免腐蚀因子透过或腐蚀材料后直接通过裂缝对混凝土结构造成渗透或腐蚀；再者，材料还需要具有较好的延展性，以免在裂缝继续生长的过程中，材料开裂失效。同时各类材料技术也致力于对修复部位进行机械强度强化。如常用的环氧基聚合物砂浆其自身的抗压强度可达 50～80MPa，部分高性能产品甚至可达100MPa 以上，远高于混凝土自身强度 [39]。同时这些凝胶类高分子材料还可与玻璃纤维、碳纤维等形成复合材料铺贴于病害表面，能大幅提高结构抗变形能力。而对于相对温和的劣化环境，亦有学者研究表明，通过涂刷足够厚的功能涂料，同样能有效阻止裂缝的进一步生长。然而，虽然表面修补法工艺简单，且有一定的加固补强能力，但是它无法深入裂缝内部，从根本上修复混凝土，而且它也难以避免结构内部进一步开裂。

（2）置换混凝土加固法

置换混凝土加固法是一种传统的对混凝土进行加固改造的设计方法，该方法适用于承重构件受压区混凝土强度过低或构件局部混凝土因施工不当或混凝土自身缺陷等因素造成的承载力不足的工程问题（图 7-16）。置换混凝土加固法对局部缺陷混凝土分块凿除并采用新的聚合物砂浆等填补凿除部分。施工较方便、工程量小、几乎不改变原结构截面积。但在凿除缺陷混凝土的同时可能会对原构件钢筋造成损害，使用该方法还必须注意置换混凝土界面处不能出现拉应力，否则可能会产生不可预估的工程事故。同时，针对受承载影响较小或无影响的细微裂缝，可将置换混凝土法简化成开槽填充法。该方法一般用于宽度大于 0.5mm 的裂缝。该方法是通过沿着裂缝生长方向开凿一个宽度约 50mm，深度约 30mm的 "V" 形槽，并使用砂浆或聚合物对其填充修复的方法。开槽填充法对混凝土具有一定的加固补强能力，Thanoon 使用 Sika 公司的 Sikadur-42 环氧砂浆对宽度约为 0.9mm 的混凝土裂缝进行修复。他发现修复后的裂缝部位能承受的载荷甚至比没有裂缝的混凝土能承受的载荷还要大 35%[40]。

图 7-16　置换混凝土加固法工艺

此外，海洋工程常有一些结构部位常年浸泡于海水中且不可移动，当使用表面修复法或置换混凝土法加固修复这些结构时，目前一般使用围堰方法进行，加固修复工作量及难度远大于陆地上的加固修复。因此，海洋工程对加固修复材料的水下施工、水中固化能力提出了更高要求，目前也是国内外研究的重点难点问题。

(3) 注浆法

注浆法是如平时医用注射一般，将具有流动性的材料通过压送设备精准地注入混凝土或岩层缺陷部位，同时材料还将自动扩散一定面积后胶凝固化，以达到加固或防渗堵漏目的的方法（图 7-17）。我国注浆材料及技术方面都处于世界领先的水平，其中，低渗透性介质的渗透注浆、软弱地质的加固、断层破碎带的高压注浆加固防渗方面的成就更是令世界瞩目 [41-42]。而在混凝土裂缝修复方面，相比于表面修补法及置换混凝土法，化学注浆法通过压力输送及材料渗透，浆液最终能达到混凝土裂缝细微处并对其进行修复。一方面，它是一种能够针对需承受载荷的混凝土进行加固补强的修复方法。注浆前，首先针对裂缝位置进行布孔并预埋注浆管。注浆时，应遵循"低压慢灌"的原则，使注浆压力从 0.1MPa 缓慢增加至 0.3～0.4MPa 时即完成注浆。另一方面，注浆材料多种多样，可分别适用于基础加固以及结构裂缝、渗漏裂缝、变形裂缝等不同场景的加固修复。

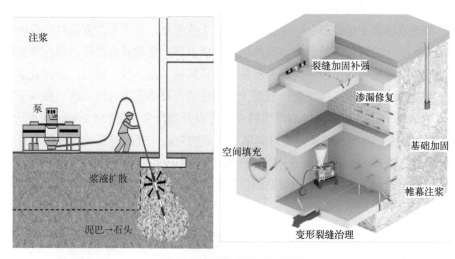

图 7-17　注浆法及其修复场景

(4) 结构加固法

结构加固法是针对需要承重的混凝土结构的裂缝修复方法。该方法不仅可以提高混凝土结构承载能力，而且还能够限制裂缝生长。但结构加固法根据不同的混凝土开裂形式往往具有不同的修复方案，其中包括加大混凝土截面积、外包型钢或外贴钢板加固、增设支点加固、喷射混凝土等方法，这些都是金属及无机非金属材料结合工程力学方面的修复方法。在此不作详细描述。

7.3.3　现有加固修复高分子材料

7.3.3.1　环氧类材料

环氧类材料是目前应用最广泛的加固修复材料。一方面，它具有机械强度高、黏结强度高、固化收缩小、耐腐蚀性能好等优点，非常适用于加固修复工况。另一方面，加固修复材料一般都是将树脂通过稀释剂溶解后的高分子流体或溶液。而区别于其他树脂，环氧树脂可使用一系列如缩水甘油醚类小分子为反应性溶剂，使其具有一定流动性的同时，还兼具较高的机械强度，且能避免非反应性溶剂流失而造成的固化收缩问题。因此，环氧材料不仅可以材料本体的形式直接黏合修复混凝土结构，还可与水泥、砂石骨料等结合形成高强度聚合物砂浆/混凝土，用于表面修复或置换混凝土法修复。此外，环氧类材料还是最常用的黏合剂，与碳纤维、玻璃纤维等配合用于结构的表面加固修复。

特别是，区别于传统以缩水甘油醚为溶剂的环氧类材料，我国还自主研发了以糠醛丙酮混合物为溶剂的环氧注浆材料。如图 7-18 所示，该材料突破了传统环氧类材料仅能渗入不小于 0.2mm 的混凝土裂缝极限，它能够渗透于小至纳米级的孔隙中原位固化，成功解决了低渗透性软弱岩体及混凝土极微细裂缝的加固修复问题，使得我国注浆材料技术多年来一直处于世界领先地位。然而环氧注浆材料依然存在着低温环境固化困难、潮湿环境黏结强度较低、含水环境无法固化的问题。

图 7-18　我国自主研发的环氧材料可修复岩层深层微细裂缝

7.3.3.2 丙烯酸酯类材料

区别于环氧类材料一般为热固性高分子材料，丙烯酸酯类材料通常为热塑性材料，因此它作为加固修复材料时有两种形式：一种是以高分子形式，通过溶解成高分子溶液后，制备成各式加固修复材料；另一种是以小分子单体的形式，结合引发剂、催化剂等，在结构缺陷部位原位固化为高分子材料，同时实现缺陷部位的加固修复。

当材料以高分子形式存在时，该类加固修复材料虽然综合性能不及环氧类材料，但它作为目前水性化最成功的高分子加固修复材料之一，已被广泛应用于地下空间、建筑室内等对环保要求更高、对机械强度要求略低的工程领域。德高、立邦等厂家发展的水性丙烯酸酯砂浆（丙乳砂浆）更是占领了我国大量家装行业市场份额。同时，国产水性丙烯酸酯乳液技术成熟度同样较高，综合性能亦不较国际品牌逊色。

当材料以单体形式存在时，由于丙烯酸酯单体分子量小，因此它是目前黏度最小、渗透性最好的注浆材料之一。而且根据丙烯酸酯单体侧基不同，所得到的丙烯酸酯注浆材料种类多，可调控性好，适用面也非常广。如当单体吸水性较好时，该注浆材料可用于渗漏修复，它遇水时可迅速吸水膨胀，交联固化后形成水凝胶，可有效治理渗漏裂缝。当单体位阻较小时，该注浆材料固化后具有良好的机械强度，可用于结构补强。特别是，丙烯酸酯单体的聚合反应主要受引发剂、催化剂等影响，受环境温度影响较小，因此通过调控后，即使在负温环境，该材料亦可有效固结成型。

7.3.3.3　聚氨酯类材料

聚氨酯是由多元醇和多异氰酸酯经缩聚反应形成的高分子材料。与丙烯酸酯类材料类似，当聚氨酯以高分子形式存在时，所得的聚氨酯弹性体虽然其抗压强度等机械强度较环氧类材料低，然而它具有优异的柔韧性，在部分承载较小及拉伸性开裂的变形裂缝治理上（如：地基沉降造成建筑墙体开裂修复、道路伸缩缝修复等），其修复效果较环氧类材料要好。

值得注意的是，当聚氨酯材料以异氰酸酯封端的预聚体形式存在时，它是目前应用最为广泛的渗漏修复材料。这是因为异氰酸酯基团遇水后迅速反应，产生二氧化碳，使整个材料可瞬时膨胀自身体积的数十倍以上，从而实现快速防渗堵漏，相关材料技术也在海工、水工建筑、交通、采矿等领域得到了广泛应用（图7-19）。但发泡聚氨酯的机械强度较低，其抗压强度仅有0.5～1.5MPa。因此在渗漏修复时（特别是需要承受载荷的混凝土），需要首先灌注发泡聚氨酯注浆材料进行堵水，然后在聚氨酯凝胶后，使用环氧类材料进行加固补强。因此，行业内一方面也一直致力于通过不同途径发展可"一步法"实现渗漏修复与加固补强的材料；另一方面，也致力于将发泡聚氨酯的发泡过程实现可控，以制备机械强度良好的膨胀材料。

图7-19　**发泡聚氨酯材料**

7.3.4　新兴加固修复高分子材料

7.3.4.1　水下原位加固修复材料

海工设施常有一些部位常年浸泡于海水中且不可移动，在海水腐蚀及海浪冲蚀的双重因素耦合作用下，它们难免会产生腐蚀、裂缝、渗漏等病害。然而传统修复材料受环境水影响大，目前一般通过利用围堰方法形成无水封闭空间，再对其实施修复。相关工序工法耗时费力，成本高昂，严重影响了海工装备设施的服役寿命及其全寿命周期成本控制。因此，海洋工程对加固修复材料的水下施工、水中固化能力提出了更高要求，目前也是国内外研究的重点难点问题。

水下原位加固修复技术的开发和应用解决了许多在潮湿或水下环境中维修、安装和结构加固等方面的技术难题，在多个领域展现出了应用价值：①海工设施病害修复。在水下直接应用加固修复材料对海上风电塔筒、海上石油钻井平台、港口和海堤等海工设施上的裂缝进行填充和防护，不仅可以提高修复效率，还避免了复杂的围堰作业造成高昂的施工成本。②船体漏洞修补。船体损坏或漏洞的出现会导致海水渗漏进入船舱，引发严重的安全事故。在此紧急场景下，具有快速固化特性的水下原位加固修复材料可让船舶返坞后即可对漏洞进行修复，快速便捷地恢复船体的服役能力，相关材料技术具有重要的应用价值。③海工装备设施防护涂层的修复。涂层防护是工程设施、装备防护的最有效的方法之一。然而对于无法移动的海洋工程设施，一旦其表面涂层失效将严重影响其服役寿命。使用水下原位固化涂料对失效涂层进行修复，可为海洋工程装备设施的高效服役提供重要保障。

　　理想的水下原位加固材料应具备以下特性：①快速固化。材料在水下条件下能迅速固化，避免环境水对材料负面影响，同时减少施工时间、提高修复效率；特别是对于在水下应急抢修场景，材料的快速固化特性尤为重要。②具有一定的疏水性。具有疏水性的水下固化材料不仅可以减少环境水对材料自身的影响，而且可通过"以油驱水"的机制排开基材表面水层。这一特性使材料能直接与基材接触，增强材料的水下黏结性能。但若疏水性太强，材料在水下将有明显的"团聚"现象，反而不利于材料在基材表面铺展。③高黏结强度。材料能够在水下环境中形成强大的黏结力，与缺陷部位基底形成紧密牢固的结合，实现优异的修复效果。④良好的稳定性。水下加固材料还应具备优异的耐水性和耐化学性，能够抵抗海水、油污、化学溶剂等多种液体的侵蚀，以保持黏结能力及修复效果的长期稳定。

　　目前，环氧树脂类材料因其优异的黏附性、耐久性和耐腐蚀性能，成为水下加固修复的首选材料。但区别于陆上的加固修复材料，其固化体系有所不同，水下加固修复环氧类材料一般选用曼尼希碱类或聚硫醇类材料为固化剂。曼尼希碱类固化剂由酚类、醛类和多胺化合物通过曼尼希反应合成，该固化剂分子结构中不仅含有能使环氧树脂交联固化的氨基，还含有能促进环氧树脂固化的酚羟基。通过加速环氧类材料固化，降低环境水对材料的影响，实现水下固化。如：以长沙化工研究院所研制的曼尼希类固化剂 810 制备的水下环氧黏合剂其水下黏结强度可达 3.5MPa[43]。聚硫醇类固化剂是指分子中含有两个或两个以上巯基（—SH）的化合物，例如日本东丽开发的 QE-340M 和德国科宁开发的 Capcure 3800 等。在叔胺的作用下，聚硫醇带有的巯基与环氧基团能够发生亲核加成反应。该反应可以在水中进行，并且十分迅速，几分钟内即可固化环氧树脂[44]。一般情况下，聚硫醇基水下固化环氧类材料其水中黏结强度也可达 3MPa。此外，华南理工大学还基于"溶胶 - 凝胶"反应，制备了超支化的巯基低聚硅氧烷材料，以其为固化剂，所制备的水下固化环氧类材料其水下黏结强度可达 6.7MPa，并兼具优异的力学性能（抗压强度达 80MPa）及耐腐蚀性能（人工海水浸泡超 3000h、中性盐雾腐蚀超 1440h，材料未出现起泡、脱落等腐蚀问题）。

7.3.4.2　仿生水下黏合材料

　　虽然已有的水下加固修复材料已具备一定的水下黏结能力，但它们的修复效果依然无法和在大气环境中使用时相媲美。这是因为水分子容易在基材表面形成一层水膜，操作时水膜极大地影响黏合剂与基材接触，使得黏结强度大幅下降。且后续水分子有可能渗透进入黏合界面处，使黏合剂水化、溶胀，甚至溶解而丧失黏合功能[45]。

　　为了发展水中黏合效果更优的黏合材料，国内外研究学者也从自然界中获得启发。其中水生生物在水中的黏附行为是最为广泛的灵感来源。在漫长的自然进化过程中，许多生物体发展出了特定的黏附物质或功能器官进行黏附，辅助其进行固定、求偶和捕食等活动。近年来，通过详细研究各种生物的黏附过程，科学家们对其在多种学科上的机制获得了更深入的理解，并开发出仿生黏合剂。根据不同的设计原理和制造方法，仿生黏合剂可分为生物仿生黏合剂、化学仿生黏合剂和物理仿生黏合剂三大类[46]。

生物仿生黏合剂是直接使用动植物黏附分泌物中的特定的蛋白质或化合物进一步发展得到的。如藤壶、贻贝等海洋生物不仅能轻易附着生长于浪溅区的岩石及结构物上，而且即使高航速的船舶和海龟、鲸鱼等动物身上也难逃它们的叮扰。此外，部分海洋生物如沙堡蠕虫、沙泡蟹等甚至能在水中完成沙土固化等更为复杂的黏合操作。因此，研究人员通过从贻贝分泌物中提取其足丝蛋白，并以此制备出水下黏合材料，该材料可实现对金属、无机非金属及高分子材料等各种表面的水下黏附[47]。

化学仿生黏合剂主要是指模拟自然界生物的化学成分来设计和合成的黏合剂。该类黏合剂侧重于复制生物体中发现的分子结构和化学特性。其主要方法是通过分析动植物黏附分泌物，得到有利于黏附的化学基团，再通过改性或者单体设计等将黏附基团引入材料分子结构中，进而得到相应仿生黏合剂。比如从多种动植物的黏附分泌物中普遍发现了邻苯二酚基团、没食子酸基团以及静电基团等特殊官能团，这些官能团都可增强材料的黏合功能[48]。区别于传统的化工黏合剂，以上述基团制备的黏合材料可以与基体建立氢键、π-π相互作用以及阳离子-π相互作用等，从而增强黏合剂与基体的水下黏附性能。

物理仿生黏合剂则是通过模仿生物体的物理结构和形态特征来设计和设备的。这种仿生策略在复制化学性质的基础上，更注重再现生物结构的物理形态和排列方式，比如章鱼吸盘主要是依靠制造压力差形成真空从而实现黏附。受其启发，带有圆顶状突起的黏合系统，通过腔室内压力的变化，实现了在不同条件下（干燥、潮湿、水下和油环境）对各种表面的可逆强力黏附[49]。此外，鮰鱼则利用背侧带有特殊微/纳结构的吸盘，通过在吸盘内部和外部之间形成压力差来实现黏附；壁虎依靠脚趾上的刚毛阵列与基底形成机械互锁和相互作用来实现黏附，这些高效黏附的仿生成果也有望应用于海洋装备与设施中。

7.3.4.3 可控膨胀聚氨酯材料

如7.3.3.3所述，发泡聚氨酯遇水迅速膨胀的反应机制使其成为目前应用最广泛的渗漏修复材料之一。此外，值得注意的是，发泡聚氨酯材料也是目前少有的可在常温常压下仅通过自身化学反应即可膨胀的材料，这使其在多种特殊场景中可以应用（图7-20）。一方

(a) 基础抬升工艺示意图　　　(b) 填充后的泡体样貌　　　(c) 泡体承载验证

图7-20 可控膨胀聚氨酯材料填充地下缺陷空间

面，它可少量高效地填充某些体积较大、承载需求较低的病害与缺陷；特别是，通过加快材料发泡速度，它还能实现空间的快速抢占，适用于海工、水工建筑以及海工装备设施出现"大涌水"等灾害性缺陷的抢修抢建。此外，在密闭空间，材料膨胀会产生较大气压，它还可实现沉降结构物的抬升。因涉海、滨海工程一般构筑于软弱富水的地基之上，沉降问题多发，相关基础抬升技术在海洋工程中具有较好应用前景。然而，发泡材料的发泡倍率与泡体机械强度一直是一个难以调和的矛盾，即材料膨胀倍率高时泡体机械强度低，泡体机械强度高时膨胀倍率低。尤其是，在含水量充足的环境中，聚氨酯材料还将不可控地大量发泡，使泡体机械强度大幅度下降。这些问题限制了发泡聚氨酯材料在上述特殊场景中的广泛应用。

聚氨酯的发泡过程是发泡反应和交联固化反应协同进行的过程，而且两反应还可通过不同催化剂进行调控。如：三乙醇胺对异氰酸酯和水的发泡反应有较强的催化效果，而二月桂酸二丁基锡（DBTDL）对异氰酸酯和多元醇的交联固化反应具有较强的催化效果。因此，在异氰酸酯预聚物的基础上，复配官能团多、分子量小的多元醇，并通过精准调控两种催化剂的用量，强化体系交联固化反应，弱化体系发泡反应，可制备出交联密度高、硬度和强度兼备的硬质聚氨酯发泡材料。上述"竞争发泡技术"突破了当前聚氨酯材料遇水失控膨胀所引致的力学性能不足的技术问题，实现了材料的有序可控膨胀，初步形成轻、刚、强的聚合物膨胀体骨架。同时，还可结合微粒增强、纤维增强以及环氧树脂改性等互穿网络增强技术，进一步提高泡体强度[50-51]。如华南理工大学所研制的可控膨胀聚氨酯材料可快速将自身体积膨胀3～10倍，且兼具良好的机械强度（＞3MPa）[52]。

7.3.4.4　应急抢修高分子材料

我国海域辽阔，部分地区远离内陆、交通条件恶劣、物资匮乏，然而常规水泥混凝土等工程筑防修材料存在运载量大、施工工艺复杂、对设施设备要求高等问题，特别是深远海及岛礁设施的筑防修成本将成倍增加。因此，海水海砂混凝土、珊瑚砂混凝土等特种无机非金属材料应运而生。但围绕上述问题，高分子材料的有关研究并不多见。

近年来，华南理工大学海洋工程材料团队基于"就地取材"的构筑理念，发展了具有快渗速凝特性的新型聚脲材料。该材料是一种低黏度、高润湿、快速反应的有机溶液，具有优异的渗入性能，可通过"渗入-润湿-包覆-固结"机制，无选择性地将海砂、珊瑚砂、沙漠沙、碎石、泥土等各类低质量沙石固结成高强韧结构体，从而少量高效地实现了工程设施的便捷筑防修复（图7-21）。

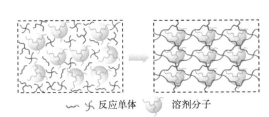

(a) 基于溶剂-网络尺寸匹配技术的快渗速凝聚脲材料　　　　(b) 就地取材，无选择性地制备结构体

图7-21　快渗速凝聚脲材料的原理及其就地取材无选择性构筑

传统高分子溶液其黏度、渗透性与其固结体力学性能一般难以兼得，即材料黏度越低、渗透性越好，则需在材料体系中加入大量溶剂对其进行稀释；然而溶剂的挥发与流失均会大幅降低材料固结体的机械强度。而快渗速凝聚脲材料首次使用了"溶剂 - 网络尺寸匹配技术"，即溶剂分子的空间尺寸大于交联网络的网格尺寸。因此，在固化前，该材料凭借溶剂可保持低黏度和高流动性与高渗透性；反应过程中，高活性单体快速交联形成三维网络构架，基于空间位阻效应，溶剂分子会被封锁在交联网络内部；反应完成后，高交联密度的网络和大尺寸溶剂协同作用使得材料表现出高强度和优异稳定性[53]。特别是，通过调控溶剂的疏水性，可为材料构建疏水环境、屏蔽水对交联反应的影响，使得材料可以在潮湿乃至水下环境中固化，从而实现了对传统筑防修材料水下固化难题的突破，使材料在复杂的海洋环境具有优异的适应性。此外，通过调控单体的结构与组成，还能调控材料的固化速度，实现材料的快速固化，使材料达到应急修复、抢修抢建的使用需求。

 参考文献

[1] Grozea C M, Walker G C. Approaches in designing non-toxic polymer surfaces to deter marine biofouling[J]. Soft Matter, 2009, 5(21): 4088-4100.

[2] Lindholdt A, Dam-Johansen K, Olsen S M, et al. Effects of biofouling development on drag forces of hull coatings for ocean-going ships: A review[J]. Journal of Coatings Technology and Research, 2015, 12(3): 415-444.

[3] Lejars M, Margaillan A, Bressy C. Fouling release coatings: A nontoxic alternative to biocidal antifouling coatings[J]. Chemical Reviews, 2012, 112(8): 4347-4390.

[4] 解来勇, 洪飞, 刘剑洪, 等. 海洋防污高分子材料的综合设计和研究[J]. 高分子学报, 2012, (1): 1-13.

[5] Selim M S, Shenashen M A, El-Safty S A, et al. Recent progress in marine foul-release polymeric nanocomposite coatings [J]. Progress in Materials Science, 2017, 87: 1-32.

[6] Callow J A, Callow M E. Trends in the development of environmentally friendly fouling-resistant marine coatings [J]. Nature Communications, 2011, 2: 244.

[7] Nair L S, Laurencin C T. Biodegradable polymers as biomaterials[J]. Progress in Polymer Science, 2007, 32: 762-798.

[8] Middleton J C, Tipton A J. Synthetic biodegradable polymers as orthopedic devices[J]. Biomaterials, 2000, 21(23): 2335-2346.

[9] Gross R A, Kalra B. Biodegradable polymers for the environment[J]. Science, 2002, 297(5582): 803-807.

[10] Xie Q, Pan J, Ma C, et al. Dynamic surface antifouling: mechanism and systems[J]. Soft Matter, 2019, 15(6): 1087-1107.

[11] Xie Q Y, Ma C F, Liu C, et al. Poly(dimethylsiloxane)-based polyurethane with chemically attached antifoulants for durable marine antibiofouling [J]. ACS Applied Materials & Interfaces, 2015, 7(38): 21030-21037.

[12] Schumacher J F, Aldred N, Callow M E, et al. Species-specific engineered antifouling topographies: Correlations between the settlement of algal zoospores and barnacle cyprids [J]. Biofouling, 2007, 23(5): 307-317.

[13] Carman M L, Estes T G, Feinberg A W, et al. Engineered antifouling microtopographies-correlating

wettability with cell attachment [J]. Biofouling, 2006, 22(1): 11-21.

[14] Lim Y W, Jin J, Bae B S. Optically transparent multiscale composite films for flexible and wearable electronics[J]. Advanced Materials,2020,32(35): 1907143.

[15] Zhang Y S,Chen Z X,Zheng H,et al. Multifunctional hard yet flexible coatings fabricated using a universal step-by-step strategy[J]. Advanced Science,2022, 9(14): 2200268.

[16] 张云声，周佳宇，周欢，等. 高性能有机硅海洋防污涂层研究进展 [J]. 涂料工业，2021, 51(11): 75-83.

[17] Uğur M H, Çakmakçi E, Güngör A, et al. Surface properties of sol-gel-based fluorine-containing ceramic coatings[J]. Journal of Sol-Gel Science and Technology, 2018, 87(1): 113-124.

[18] Al-bloushi M, Saththasivam J, Jeong S, et al. Effect of organic on chemical oxidation for biofouling control in pilot-scale seawater cooling towers[J]. Journal of Water Process Engineering, 2017, 20: 1-7.

[19] Laopaiboon L, Phukoetphim N, Laopaiboon P. Effect of glutaraldehyde biocide on laboratory-scale rotating biological contactors and biocide efficacy[J]. Electronic Journal of Biotechnology, 2006, 9（4）: 358-369.

[20] Liu F, Chang X, Yang F, et al. Effect of oxidizing and non-oxidizing biocides on biofilm at different substrate levels in the model recirculating cooling water system[J]. World Journal of Microbiology and Biotechnology, 2011, 27（12）: 2989-2997.

[21] 李超，黄军林，王露，等. 十八胺在碳钢表面吸附和成膜的分子动力学研究 [J]. 核动力工程，2023, 44（2）: 203-209.

[22] 林玉珍，杨德钧. 腐蚀和腐蚀控制原理 [M]. 北京：中国石化出版社，2014.

[23] 乔小平，李鹤林，赵文轸.Zn-Ni 合金防腐涂层技术研究进展[J]. 中国表面工程，2011, 24(5): 8-12.

[24] 张艳禹，李雨，倪慧. 阴极保护原理及应用 [J]. 全面腐蚀控制，2015, 29(3): 22-24.

[25] 白天. 阳极保护酸冷却器的控制 [J]. 有色冶金设计与研究，2015, 36(4): 43-48.

[26] 董春艳，安成强，郝建军，等. 镁合金无铬化学转化膜的研究进展 [J]. 电镀与精饰，2011, 33(3): 19-21.

[27] Montemor M F. Functional and smart coatings for corrosion protection: A review of recent advances[J].Surface & Coatings Technology, 2014, 258:17-37.

[28] Chattopadhyay D K, Raju K V S N. Structural engineering of polyurethane coatings for high performance applications [J]. Progress in Polymer Science, 2007, 3:352-418.

[29] Olajire A A. Recent advances on organic coating system technologies for corrosion protection of offshore metallic structures [J]. Journal of Molecular Liquids, 2018, 269:572-606.

[30] 佟丽萍，李健，孙亚君. 氯化橡胶及其涂料的现状与发展 [J]. 涂料工业，2003, 33(4):39-42.

[31] 张超智，蒋威，李世娟，等. 海洋防腐涂料的最新研究进展 [J]. 腐蚀科学与防护技术，2016, 28(3):7.

[32] 王海荣，张海信. 聚脲弹性体防腐涂料在海上钢结构中的应用研究 [J]. 新型建筑材料，2006(8):2.

[33] Shreepathi S, Bajaj P, Mallik B P. Electrochemical impedance spectroscopy investigations of epoxy zinc rich coatings: Role of Zn content on corrosion protection mechanism[J]. Electrochimica Acta, 2010, 55(18): 5129-5134.

[34] Seidi F, Jouyandeh M, Taghizadeh A, et al. Polyhedral oligomeric silsesquioxane (POSS)/epoxy coatings: A review[J].Surface Innovations, 2020, 9(1):1-11.

[35] 张勇，樊伟杰，张泰峰，等. 涂层自修复技术研究进展 [J]. 中国腐蚀与防护学报，2019, 39(4):7.

[36] 王亦工，陈华辉，裴嵩峰，等. 水性无机硅酸锌防腐涂料的研究进展 [J]. 腐蚀科学与防护技术，

2006, 18(001):41-45.

[37] Neville A. Chloride attack of reinfored concrete: An overview [J]. Materials and Structures, 1993, 28(6): 63-70.

[38] Hope B B, Page J A, Poland J S. The determination of chloride content of concrete [J]. Cement and Concrete Research, 1985, 15: 863-870.

[39] Zhang G L, Zhu Z Y, Ma C F, et al. Organic/inorganic dual network formed by epoxy and cement [J]. Polymer Composites, 2018, 39: E2490-E2496.

[40] Thanoon W A, Jaafar M S, Kadir M R A, et al. Repair and structural performance of initially cracked reinforced concrete slabs [J]. Construction & Building Materials, 2005, 19(8): 595-603.

[41] 熊厚金, 林天健, 李宁. 岩土工程化学 [M]. 北京: 科学出版社, 2001.

[42] 叶林宏, 何泳生, 冼安如, 等. 论化灌浆液与被灌岩土的相互作用 [J]. 岩土工程学报, 1994, 16(6): 47-55.

[43] 徐姗姗, 白师豪, 马志超, 等. 海工混凝土结构用环氧树脂固化体系性能研究 [J]. 材料开发与应用, 2023, 38(01): 81-84.

[44] 刘明哲, 冯望成, 敬波, 等. 聚硫醇固化剂的制备与研究进展 [J]. 粘接, 2017,38(11):57-59.

[45] Narayanan A, Dhinojwala A, Joy A. Design principles for creating synthetic underwater adhesives [J]. Chemical Society Reviews, 2021, 50: 13321-13345.

[46] Fan H L, Gong J P. Bioinspired underwater adhesives [J]. Advanced Materials, 2021, 33: 2102983.

[47] Xu J, Li X, Li W, et al. Wet and functional adhesives from one-step aqueous self-assembly of natural amino acids and polyoxometalates [J]. Angewandte International Edition Chemie, 2017, 56: 8731.

[48] Cheng B H, Yu J H, Ejima H, et al. Ultrastrong underwater adhesion on diverse substrates using non-canonical phenolic groups [J]. Nature Communications, 2022, 13: 1892.

[49] Baik S, Kim D W, Pang C, et al. A wet-tolerant adhesive patch inspired by protuberances in suction cups of octopi [J]. Nature, 2017, 546: 396–400.

[50] Kim J M, Kim J H, Ahn J H, et al. Synthesis of nanoparticle-enhanced polyurethane foams and evaluation of mechanical characteristics[J]. Composites Part B: Engineering, 2018, 136: 28-38.

[51] 胡运立, 邹传品, 苏醒, 等. 聚氨酯 / 环氧树脂互穿网络聚合物硬质泡沫力学性能研究 [J]. 聚氨酯工业, 2006(06): 18-21.

[52] 华南理工大学. 一种高强度可控发泡材料及其制备方法与应用. CN ZL202210778229.2 [P]. 2023-10-27.

[53] Zhang B, Zhang P L, Zhang G L, et al. Sterically hindered oleogel-based underwater adhesive enabled by mesh tailoring strategy [J]. Advanced Materials, 2024,36(29): 2313495.

8

芳杂环高分子材料

20 世纪 50 年代末，随着航空、航天、机械、电子等工业对耐热高分子材料的迫切需要，芳杂环高分子研究得到了迅猛发展，形成了以聚酰亚胺为代表，包括聚苯并咪唑、聚吡咙等的芳杂环高分子，且已经在许多高科技领域中得到了广泛的应用。一般而言，含有N、O 等杂原子的芳香环结构的高分子具有优异的热稳定性、化学稳定性，有的还具有良好的极性和介电性能。这类高分子具有很强的刚性，链旋转自由度受到很大的限制；同时，这类刚性链的排列也较为规整，这使其具有很高的玻璃化转变温度和热分解温度。所以，在高分子链中引入氮杂环或氧杂环结构单元，将会提高高分子的高温稳定性能，所得芳杂环高分子在高温下仍可保持较好的力学性能，可满足航空航天、微电子等尖端领域对耐高温材料的要求。另外，N、O 等杂原子的存在，可通过质子化或配位从而改善其溶解性能，使所得芳杂环高分子相比于纯芳基的高分子具有较好的可加工性。

8.1 聚酰亚胺

聚酰亚胺（PI）是指主链上含有酰亚胺环的一类高分子，其中以含有酞酰亚胺结构的高分子尤为重要。

虽然其早在 1908 年就被报道，但当时高分子的本质还未被充分认识，直至 20 世纪 40 年代中期才有相关专利出现，真正作为一种高分子材料的发展则开始于 20 世纪 50 年代。当时杜邦公司申请了一系列专利，并于 60 年代中期，将聚酰亚胺薄膜（Kapton）及清漆（PyreML）商品化，而聚酰亚胺蓬勃发展的时代也随此开启[1]。

8.1.1 聚酰亚胺的合成方法

聚酰亚胺的合成方法可以分为两大类：第一类是在聚合过程中或大分子反应中形成酰亚胺环；第二类是由已含有酰亚胺环的单体聚合得到聚酰亚胺。

形成酰亚胺环以获得聚酰亚胺的应用非常广泛，合成方法层出不穷。

（1）二酐和二胺反应形成聚酰亚胺[2]

图 8-1 所示的反应是合成聚酰亚胺最普遍使用的方法，即二酐和二胺反应形成聚酰亚胺，通常分为两步：第一步是将二酐和二胺在非质子极性溶剂，如二甲基甲酰胺（DMF）、

二甲基乙酰胺（DMAc）或 N-甲基吡咯烷酮（NMP）中获得聚酰胺酸溶液；第二步是利用
这种溶液进行加工，如涂膜或纺丝，去除溶剂后，再经高温脱水成环形成聚酰亚胺制品。
聚酰胺酸也可用化学方法脱水成环得到聚酰亚胺，一般使用的脱水剂为乙酸酐，以叔胺类，
如吡啶、异喹啉或三乙胺等为催化剂。二酐和二胺也可用一步法制备获得聚酰亚胺，即将
两种单体在高沸点溶剂中加热至 150～220℃缩聚获得聚酰亚胺，所用的溶剂通常是酚类，
如苯酚、甲酚、对氯苯酚等。

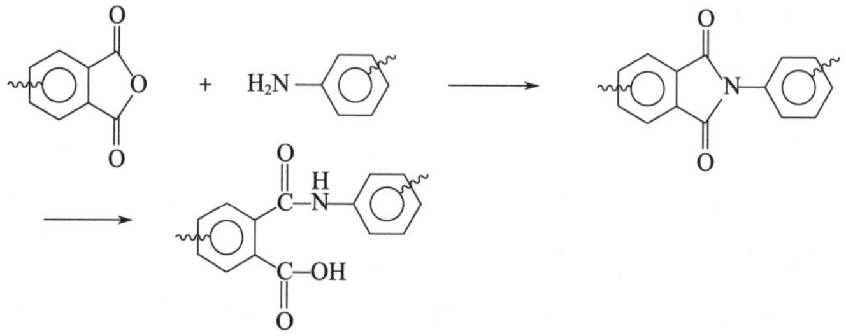

图 8-1   由二酐和二胺反应形成聚酰亚胺

（2）四元酸和二胺反应形成聚酰亚胺[3]

图 8-2 所示的反应通常在高沸点溶剂中进行。先由四元酸和二胺形成盐，然后在高温
下脱水形成聚酰亚胺，也可能是四元酸在高温下，如 150℃以上，脱水成酐，再与二胺反
应。四元酸可以与二胺尤其是碱性较强的二胺，如脂肪族二胺形成尼龙盐，然后加热反应
得到聚酰亚胺，但在常压（隔氧）或真空中得到的聚酰亚胺大多不溶于有机溶剂甚至浓
硫酸。

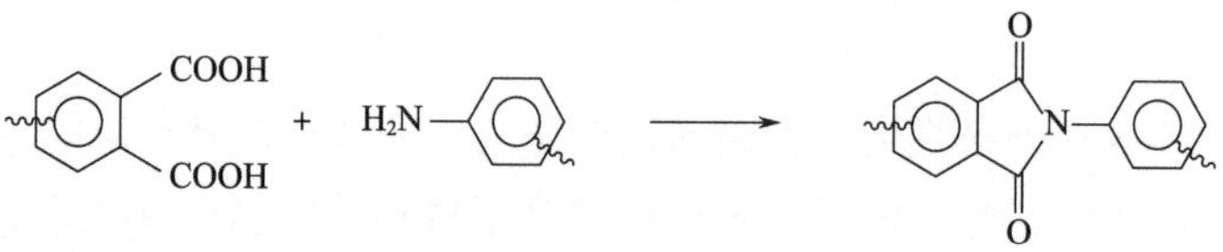

图 8-2   由四元酸和二胺反应形成聚酰亚胺

（3）四元酸的二元酯和二胺反应获得聚酰亚胺[4]

这个反应虽然出现得较早，但直到 20 世纪 70 年代初美国宇航局开发了"单体反应物
的聚合（PMR）"方法后才受到重视，尤其在 80 年代中期后进行了大量研究。该方法是首
先将二酐在醇中回流酯化，得到二酸二酯，冷却后加入二胺和第三组分。例如，降冰片烯
二酸单酯作为进一步交联反应的活性基团或邻苯二甲酸的单酯或单元胺作为分子量调节剂。
加热条件下使二酸二酯中的酯先与邻位的羧基反应脱醇成酐，然后按之前所述过程聚合得
到聚酰亚胺（图 8-3）。该方法主要用于复合材料的基体树脂，利用反应中由低分子量向高
分子量转变过程得到良好的流动性，有利于材料的加工。

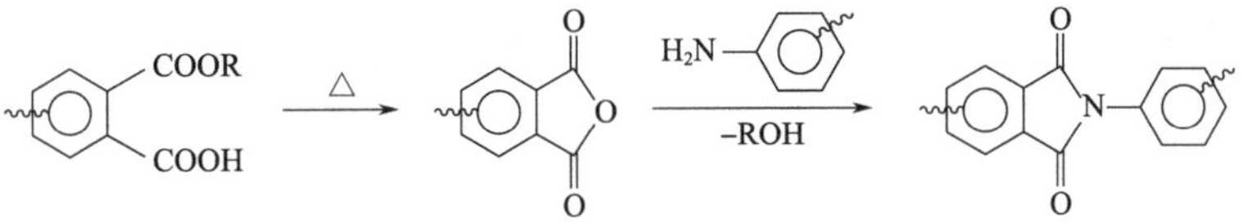

图 8-3　由四元酸的二元酯和二胺反应获得聚酰亚胺

（4）由二酐和二异氰酸酯反应获得聚酰亚胺[5]

酐与异氰酸酯反应可以生成聚酰亚胺的反应早在 100 多年前就已被发现（图 8-4）。该反应在绝对无水条件下进行得很慢，如在无水吡啶中回流 143h，只能获得 13% 的聚酰亚胺，加入 1mol 水，则在 2h 内转化率就可达到 97%。该反应的优点是不产生水分，只产生容易逸出的二氧化碳。但异氰酸酯的高活性可以发生许多副反应，如二聚和三聚成环，还可以通过 C=N 双键聚合。

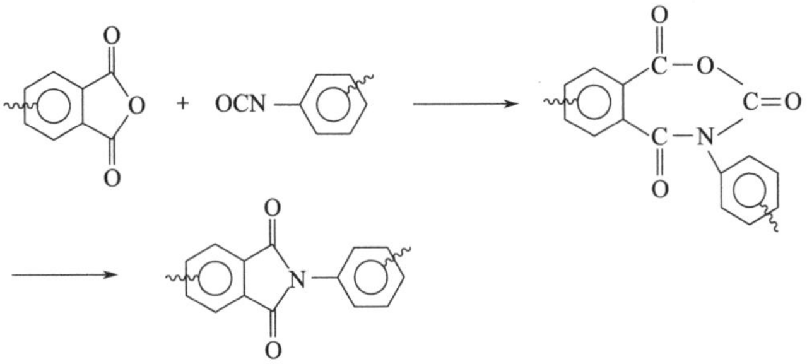

图 8-4　由二酐和二异氰酸酯反应获得聚酰亚胺

（5）界面聚合合成聚酰亚胺[6]

界面聚合合成聚酰亚胺（图 8-5）是将均苯四酰氯（BTAC）溶在二氯甲烷中，将二

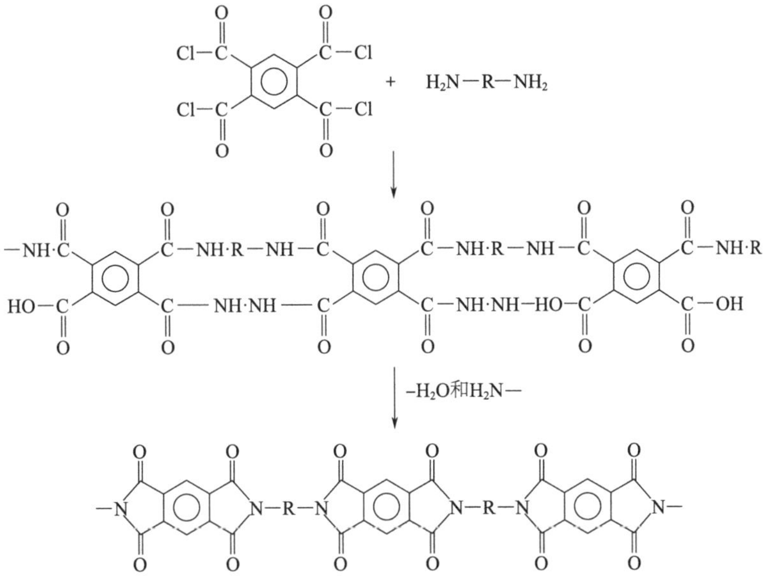

图 8-5　界面聚合合成聚酰亚胺

胺溶在水中再把两相混合进行界面聚合。当在反应体系中加入碳酸钠，水相面上的薄膜在反应开始和结束（30min）时的结构是不同的，而且与有机相面上的结构也不同。在反应结束阶段，产物的红外光谱中酸的吸收变明显，说明薄膜向有机相增长。在界面，反应开始时产生的盐酸几乎完全被碳酸钠中和，这时二胺的活性和溶解度都比水大，碳酸钠水溶液不能溶于二氯甲烷中，所以 BTAC 的水解基本上不会发生，酰胺化就是主要反应。

8.1.2 聚酰亚胺的合成机理

8.1.2.1 聚酰胺酸的合成

聚酰胺酸通常由二酐和二胺在非质子极性溶剂中反应得到。由于二酐容易被空气或溶剂中的水分水解生成邻位二酸，导致不能与胺反应生成酰胺，从而影响聚酰胺酸的分子量。在聚合前应干燥反应器和溶剂，二酐应妥善保存以避免被空气中的水分水解。对水解特别敏感的二酐，如均苯二酐，最好脱水后（如升华）使用。反应时应将二酐以粉末状态加入二胺的溶液中并开始搅拌，必要时还要外加冷却。然而在实际应用中，分子量太高的聚酰胺酸溶液的表观黏度太高而不易加工，难以得到薄而均匀的薄膜。此外，存在在二酐溶解完之前体系就变得十分黏稠的现象，使反应难以顺利进行，或者在溶液中形成高分子的团块，影响后续加工，所以可以根据需要，将聚酰胺酸的分子量控制在一定的范围内。为了达到这个目的，常用的方法是将黏度过高的聚酰胺酸溶液在适当的温度（如 40～60℃）下搅拌，利用聚酰胺酸的自降解过程使其黏度降低到适合加工的程度。上述的操作主要根据二酐的性质而定，如容易水解的均苯二酐，就要采用比较严格的干燥操作，而对于一些比较稳定的二酐，干燥的条件就不必太严格。表 8-1 是均苯二酐（PMDA）或 4,4′- 二氨基二苯醚（ODA）过量对所制得的薄膜力学性能的影响。由酐水解生成的邻位二酸端基或加入的四元酸在聚酰胺酸加热环化时仍然可以脱水成酐并重新与氨端基反应，只要单体保持等当量，仍可得到高分子量的聚酰亚胺。表 8-2 是将各种二酐和二胺在含水量很高的溶剂中缩聚，聚酰胺酸热环化后获得的聚酰亚胺的力学性能。由表可见，由于水分的存在，聚酰胺酸分子量在一定程度内的降低并不会明显影响聚酰亚胺的力学性能[7]。

表 8-1　在 PMDA 或 ODA 过量时所制得的薄膜的力学性能

过量程度 /%	PMDA		ODA	
	拉伸强度 /MPa	断裂伸长率 /%	拉伸强度 /MPa	断裂伸长率 /%
0	160	49	160	49
0.1	152	61	130	27
0.2	130	37	131	37
0.5	130	29	140	35
1.0	125	33	153	62
2.0	130	33	133	58
5.0	111	29	106	31

注：表中数据不太规整可以认为是成膜和强度测试时的实验误差所引起的。

表8-2　含水溶剂对聚酰胺酸的黏度及聚酰亚胺性能的影响

二酐/二胺	聚酰胺酸薄膜性能		聚酰亚胺薄膜性能		
	DMAc含水量/%	黏度/(dL/g)	黏度/(dL/g)	拉伸强度/MPa	断裂伸长率/%
PMDA/ODA	0.1	6.60	—	139	66
PMDA/ODA	1.0	3.30	—	—	—
PMDA/ODA	5	1.55	—	—	—
PMDA/ODA	10	1.12	—	131	66
PMDA/ODA	20	0.96	—	134	43
PMDA/ODA	30	0.46	不能成膜		
BPDA/ODA	0.1	2.05	—	124	20
BPDA/ODA	5	1.37	—	115	23
BPDA/ODA	10	0.93	—	114	17
BPDA/ODA	15	0.85	—	112	11
BPDA/ODA	25	0.73	—	81	8
BPDA/ODA	30	非均相			
ODPA/ODA	0.1	0.97	1.09	107	19
ODPA/ODA	10	0.40	1.03	121	15
ODPA/ODA	15	0.36	1.02	110	9
ODPA/ODA	20	0.25	1.05	101	11
ODPA/ODA	25	0.22	0.99	106	10
ODPA/ODA	30	非均相	—		

注：BPDA指3,3′,4,4′-联苯四甲酸二酐；ODPA指4,4′-联苯醚二酐。

8.1.2.2　二酐和二胺的活性

二酐和二胺合成聚酰胺酸的反应是可逆的[8-9]，正向反应被认为是在二酐和二胺之间形成了电荷转移配合物[10-11]。由于酐基中一个羰基碳原子受到亲核进攻，这种酰化反应在非质子极性溶剂中室温下的平衡常数达到10^5L/mol，很容易获得高分子量的聚酰胺酸。该反应的平衡常数取决于胺的碱性或给电性和二酐的亲电性。动力学研究表明，对于不同的二酐，其酰化能力可相差100倍，而对于不同的二胺，其反应能力则可相差10^5倍[12]。二酐的活性也反映在它们的水解稳定性上。Kreuz等[13]报道了芳香环状酐的质子化学位移和水解速率常数（表8-3）。认为所有的酐水解反应均为二级动力学，随着苯环上吸电子基团的增加，水解速率增加。

表8-3　芳香环状酐在DMAc中的化学位移和水解速率常数

化合物	化学位移/($\times 10^{-6}$)	水解速率常数(25℃)/[L/(mol·s)]
苯酐	8.16	6×10^{-6}
邻苯二甲酸	7.69, 7.72	—
偏苯三酸新	8.14, 8.26, 8.40, 8.46, 8.62	1×10^{-4}
偏苯三酸	7.72, 7.84, 8.14, 8.26, 8.34	—
均苯二酐	8.53	1.3×10^{-2}
均苯单酐	8.18	6.8×10^{-4}
均苯四酸	7.95	—

衡量二胺活性的是二胺的电离势（IP），IP越大，酰化速率越低，但用电离势来联系二胺的活性并不很成功[14]，而且未能建立起定量关系[15]。但二胺的碱性和活性之间有很好的定量关系[16-17]，即二胺的pK_a值和酰化速率常数间有线性关系，桥连二胺中的桥的吸电子能力增强，酰化速率降低。动力学研究表明，二胺结构的变化要比二酐更能影响反应的进行。

8.1.2.3   聚酰胺酸的酰亚胺化

在由聚酰胺酸以热处理获得聚酰亚胺的过程中，除了脱水环化即酰亚胺化外，还有其他反应如聚酰胺酸的解离、端基重合和交联等。

（1）聚酰胺酸在酰亚胺化过程中的解离反应

酰亚胺化过程中的解离反应主要是未酰亚胺化的酰胺酸解离为含端酐基和端氨基的分子链段，酐在仍然存在于体系中的水分及由于酰亚胺化反应而产生的水分的作用下发生水解，由于水解而产生的邻位二酸又可以在热的作用下脱水成酐。由红外光谱$1820cm^{-1}$波数测得，酐最初可在50～100℃时出现（酰胺酸解离而产生），在175～225℃时达到最大值，在250～300℃时消失。大分子链越柔软，酐产生得越少（摩尔分数1%～2%），而刚性大分子则可高达10%。在200℃以上新端基和端氨基的复合反应和酰亚胺化过程逐渐占优势，$1820cm^{-1}$峰信号逐渐变弱至消失。在Dine-Hart[18]等于1967年发表的图8-6中可以看出，对于高分子量的聚酰胺酸，即使在热的作用下发生降解，对薄膜力学性能的影响也不大，其柔韧性在整个热处理过程中都处于较高水平。分子量太低的聚酰胺酸，其薄膜本身可能就很脆，在150～200℃时分子量的降低对柔韧性也没有大的影响。对于最常遇到的中等分子量的聚酰胺酸，其薄膜在低温下已经具有较高的柔韧性，在150～200℃之间，由于聚酰胺酸在热的作用下发生解离，分子量降低，高分子薄膜的柔韧性出现一个低谷，随着温度的继续升高，韧性逐渐提高，到350℃以上，其性能与由高分子量聚酰胺酸得到的聚酰亚胺就没有多大差别了。由此可见，150～200℃是应当避免停留的最终酰亚胺化温度，因为在这个温度区域所得到的高分子具有最低的分子量，力学性能也最差。

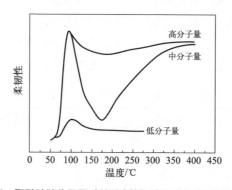

图8-6   聚酰胺酸分子量对所形成的聚酰亚胺薄膜柔韧性的影响

（2）热酰亚胺化反应

聚酰胺酸的热酰亚胺化自20世纪60年代中期以来已有大量报道，对结构、构象、溶剂等各种因素的影响都作了详细的研究，各有争论，但总的看法还是比较统一。

聚酰胺酸在热的作用下脱水环化为聚酰亚胺的反应如图 8-7 所示[19-22]。这些中间体的形成都包括酰胺氢的转移[23-24]。

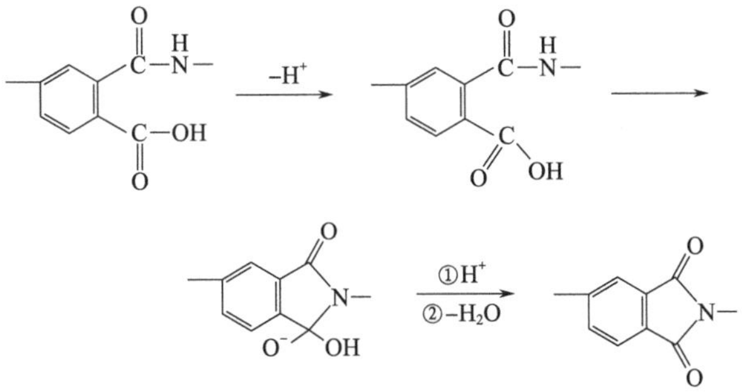

图 8-7　聚酰胺酸热脱水环化成聚酰亚胺

在一定温度下，固态聚酰胺酸的热酰亚胺化过程通常可以分为两个阶段，首先为快速阶段，随后为慢速阶段，即酰亚胺化进行到一定程度后就缓慢下来，甚至不再进行，如果提高温度，反应又会立即快速进行，然后再次减慢速度，直至温度提高到可以完全酰亚胺化为止。也就是说，在固态下酰亚胺化反应的进行仅取决于温度，与时间的关系不大。这种在一定温度下酰亚胺化反应速度减慢，以致趋于零的现象称为"动力学中断"。

(3) 在热酰亚胺化过程中的交联反应

聚酰亚胺在 300℃左右通常并不发生显著的交联，所以仍然可以溶解于有机溶剂或浓硫酸中。在 400℃或更高温度下，尤其在有氧、水分存在时，情况变得复杂，聚酰亚胺容易发生交联。在热环化过程中可能出现的交联反应可以有下列形式：

① 由酰亚胺上的羰基氧和端氨基或端异氰酸基反应：Kostereva 等[25] 曾经报道热环化时存在分子间形成二酰胺的可能性。Saini 等[26] 由模型物证明在热环化时可以由伯胺进攻酰亚胺的羰基，在酰亚胺化的条件下形成亚胺。在拉曼光谱中可以观察到在 1664cm^{-1} 的 C=N 振动，但这个亚胺峰在红外光谱（IR）中常因为太弱看不到，因此认为这种亚胺可以是聚酰亚胺交联的一种形式，尤其是当存在过量的氨基时。试图证明以邻位二酰胺形式产生的交联却未能成功，因为实际上这种二酰胺在加热时可以转变为酰亚胺和胺[27]（图 8-8）。

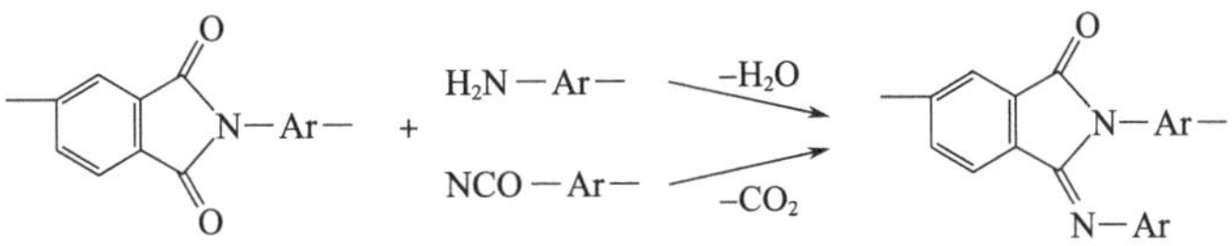

图 8-8　伯胺或异氰酸酯与酰亚胺上羰基的作用

② 聚酰亚胺在 350℃下加热较长时间就可能产生交联，变得不溶，这种交联大都由游离基机理而形成。端酐基在高温下分解，脱去 CO、CO_2 产生游离基，与相邻的大分子反应

而交联（图 8-9）。此外端氨基也可以发生类似的游离基反应而交联[28-30]。

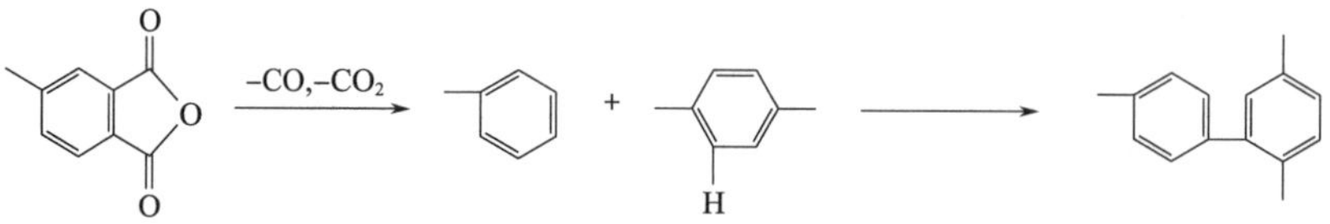

图 8-9　聚酰亚胺在高温下产生游离基及其复合交联

③ 酰亚胺环与芳环之间的反应如图 8-10 所示[31]。

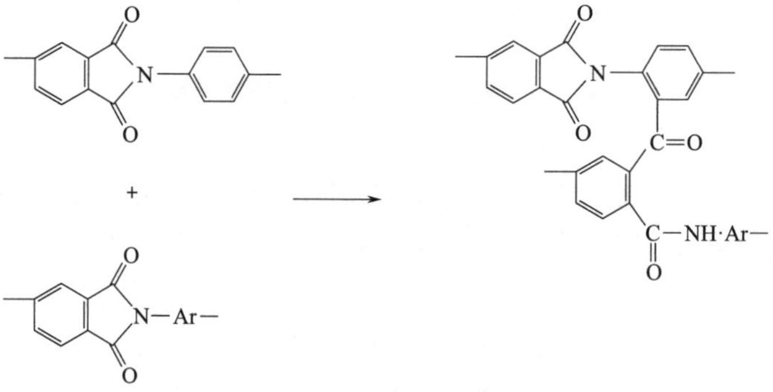

图 8-10　酰亚胺环与芳环之间的反应

④ 端氨基和聚酰胺酸的羰基之间的反应如图 8-11 所示[32]。

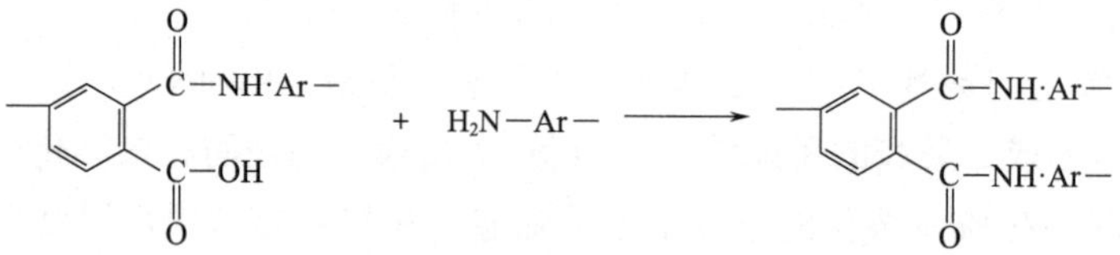

图 8-11　端氨基和聚酰胺酸的羰基之间的反应

从实验来看，这种羰基和氨基的链间反应几乎不会发生。即使发生，也会在高温下形成酰亚胺并析出游离胺。交联结构单元的低浓度或高分子的不溶解，使得对于交联本质的研究变得非常困难。

8.1.2.4　聚酰胺酸的化学环化与异酰亚胺的生成

聚酰胺酸的化学环化是聚酰胺酸在化学脱水剂的作用下发生酰亚胺化的过程。最早的报道出现在 20 世纪 60 年代的文献中[33]。最常用的脱水剂为酸酐，以叔胺（如三乙胺、吡啶等）为催化剂[34-35]，其中以乙酸酐 / 吡啶或甲基吡啶为最常用，其优点是即使在 140～150℃的酰胺类溶液中也不会引起聚酰胺酸的降解[36-37]，同时酰亚胺化反应在较低温下也能够快速进行[38-39]。聚酰胺酸通常是以薄膜、纤维和粉末状态在含有脱水剂的介质中进行酰亚胺化的，也可以在聚酰胺酸溶液中加入脱水剂使之环化[40-44]，这时生成的聚酰亚胺会根据其溶解性或者保持溶液状态，或者以沉淀析出。但作者在工作中发现，化学酰亚胺化往往是不完全的，所以单纯采用化学酰亚胺化（不经过高温处理）得到的产物在存放的过程中会发生降解，性能下降。

苏联的研究者对聚酰胺酸的化学环化进行了深入和系统的研究[45]。根据脱水剂和反应条件的不同，聚酰胺酸的脱水可以产生不同比例的酰亚胺和异酰亚胺。反应过程如图 8-12 所示。异酰亚胺从结构上来看仍然具有酐的性质，它要比酰亚胺活泼得多，无论在酸性、碱性或中性介质中都能水解为酰胺酸[46]，还可以与醇、胺等发生反应生成酰胺酯等（图 8-12）。

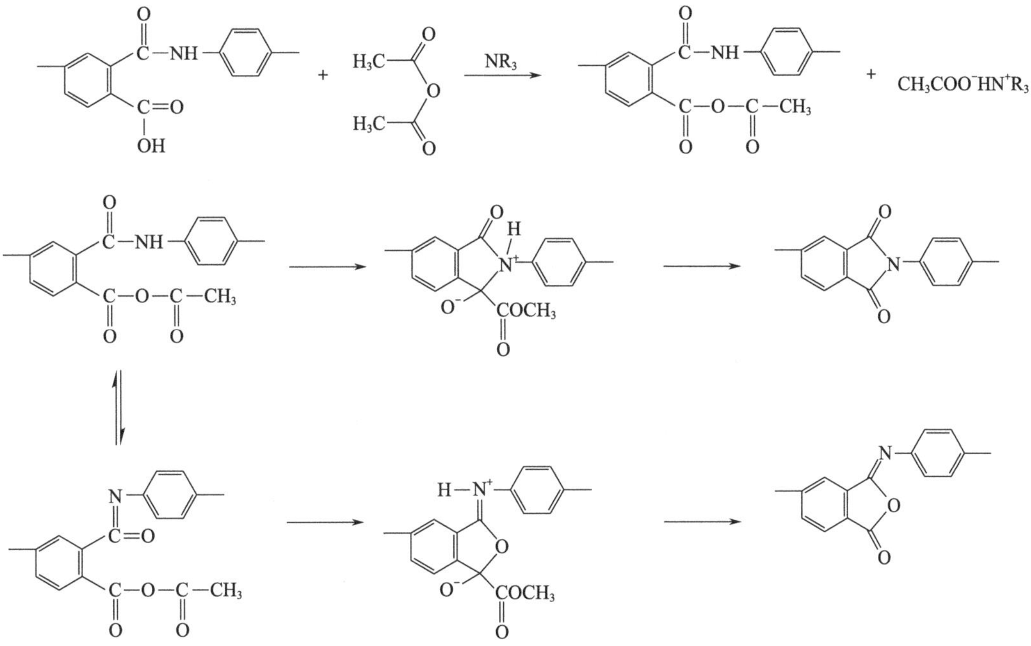

图 8-12　聚酰胺酸的化学环化
R=H，酯基，芳基

8.1.2.5　由二酐或四元酸和二胺或酰化的二胺一步合成聚酰亚胺

（1）在有机溶剂中一步合成聚酰亚胺

对于能够溶解于酚类溶剂的聚酰亚胺可以采用一步法直接合成，例如由 ODPA 或二醚二酐类与二胺在间甲酚，甚至苯酚中加热到 180℃，由 BPDA 与对苯二胺（PPD）或 ODA 在对氯苯酚中加热到 220℃都可以得到高分子量的聚酰亚胺。酚类化合物除了作为溶剂外，还对酰亚胺反应起催化作用。

羧酸可以作为二胺与二酐的酰化反应及脱水环化反应的催化剂[47-49]，例如少量一氯乙酸在氯仿中可以大大促进苯酐与取代苯胺的反应，若无催化剂，该反应也会由于所产生的酰胺酸而自催化，催化剂可使反应速率常数提高一个数量级，溶剂则起共催化的作用。

Kuznetsov[48] 以苯甲酸为介质进行二胺和二酐或四元酸的一步聚合得到聚酰亚胺，反应温度为 140℃，时间在 1h 左右（表 8-4）。

由表 8-4 可见，甚至由低活性的二胺，如 4,4′- 二氨基二苯砜（DDS）和 2,6- 二氨基吡啶（DAPy）也可以得到较高分子量的高分子。DAPy 由于出现胺 - 亚胺互变异构，作为亲核试剂的活性很低，在甲酚中不能用一步法得到聚酰亚胺，例如双酚 A 型二酐（BPADA）/DAPy 在间甲酚中 170℃下反应 1h 后，在甲醇中沉淀得不到高分子。而在苯甲酸中 140℃下1h 可以定量得到高分子量的聚酰亚胺。所以在苯甲酸中反应，二胺活性的高或低对聚合结果似乎没有影响。

表 8-4　以苯甲酸为介质的聚合反应

二胺	二酐	PEI	η_{int}[①]/(dL/g)	T_g/℃	T_m/℃
MPD	BPADA	PEI-1	0.78	220	—
BAPP	BPDA	PEI-2	0.50	240	—
BAPP	ODPA	PEI-3	0.40	220	—
BAPP	BPADA	PEI-4	0.48	200	—
ODA	ODPA	PEI-5	0.42	265	340
ODA	BPADA	PEI-6	0.52	220	—
DDS	BPADA	PEI-7	0.50	230	—
DAPy	BPADA	PEI-8	0.56	220	—
MPD : DAPy(1 : 1)	BPDA	PEI-9	0.50	220	—

注：BAPP指2,2′-双[4-(4-氨基苯氧基苯基)]丙烷；PEI指聚乙烯亚胺。
①指比浓对数黏度。

（2）在水中一步合成聚酰亚胺

以水为溶剂合成聚酰亚胺当然是很吸引人的方法，首先可以显著降低合成成本，即有机溶剂本身的成本和回收的成本；其次可以避免有机溶剂给环境所带来的影响。由于四元酸和二胺可以在水中形成"尼龙盐"，将该盐加热脱水成环得到聚酰亚胺，但获得的聚酰亚胺往往是交联的，不能再溶解。Chiefari 等 [50] 将二酐在水中加热水解，然后加入二胺，得到尼龙盐，再在压力下加热到 160～180℃，就可以得到聚酰亚胺。

8.1.2.6　二酐与酰化二胺的反应

将二酐和乙酰化的二胺以粉末状研磨均匀混合，从热重分析可以看出在 270～350℃有单独的失重峰，从失重量看，两个单体可以完全反应转变为聚酰亚胺。将 PMDA 和乙酰化的 ODA（AODA）的无色的 THF 溶液混合，立即转变为黄 - 橙色，并维持不变，说明产生了电荷转移配合物。将 PMDA 和 AODA 在 420℃反应可得到部分可溶于浓硫酸的高分子，可溶部分的比浓对数黏度为 0.2dL/g。Goykhman 等 [51] 提出了二酐与酰化二胺的反应过程（图 8-13），认为在 200℃以下可以形成预聚体，该预聚体通常为黏性物质，可以作为黏合剂使用。

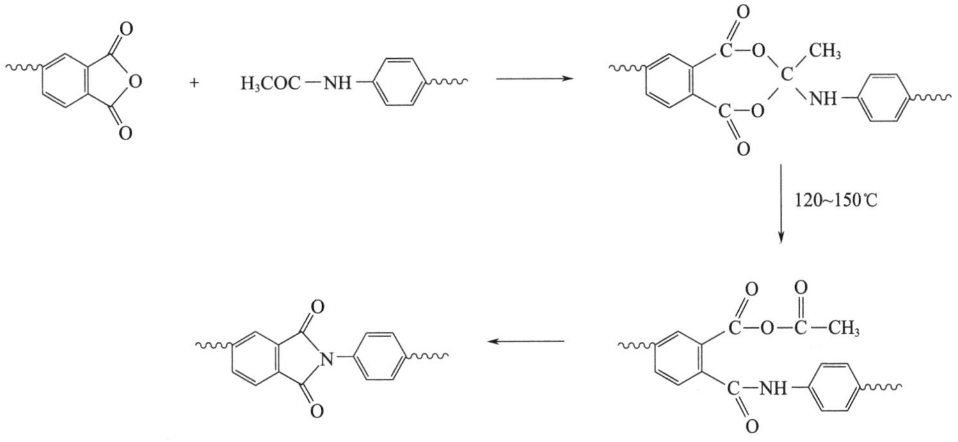

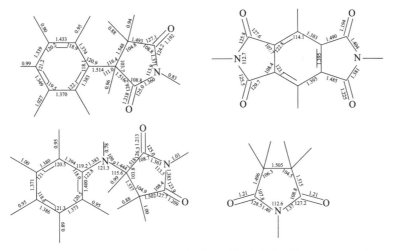

图 8-13　二酐与酰化二胺的反应

8.1.3　聚酰亚胺的结构与性能

8.1.3.1　聚酰亚胺的分子结构

（1）典型的酰亚胺单元的结构参数

几种典型的酰亚胺单元的结构参数由模型化合物的单晶经 X 射线衍射研究得到 [52-54]，如图 8-14 所示。

图 8-14　几种典型的酰亚胺单元的结构参数

聚酰亚胺是平面对称的环状结构，其键长和键角都处于正常状态，这也正是酰亚胺环具有高热稳定性的原因之一，只是苯环由于键角的略不等同而稍有变形。羰基氧并不在分子平面上，同一个酰亚胺环上的两个 C═O 的长度不同，分子间的 C═O 与 C═O 的距离缩短了。这些情况是晶格的堆砌及分子间存在非化学的强作用所引起的。根据不同的计算方法，N- 苯基酞酰亚胺具有三种可能的最低能量结构：一种是酰亚胺平面与 N 取代苯环平面有 109°夹角，两平面的扭转角为 90°；其余两种结构的 N—Ph 键与酰亚胺环都处于同一平面上，但酰亚胺环与苯环平面的扭转角各为 23°和 17°[52-53]。事实上，只有后两种假设与实验现象符合，特别是低扭转角的构象对于要求共平面所需的活化能最低。在二胺单元氮邻位的甲基使苯环与酰亚胺处于共平面的能量增加了 200～500 倍[54]。

（2）分子间和分子内的作用力

聚酰亚胺比相应的聚酯具有更高的 T_g、折射指数（n）及热稳定性，因为分子间存在除经典的范德瓦耳斯力外的其他作用力。这些作用力包括电荷转移配合物（chargetransfer complex，CTC）的形成、优势层间堆砌（preferred layer packing，PLP）及混合层堆砌（mixed layer packing，MLP）等[55]。

聚酰亚胺是由电子给予体（芳香胺链节）和电子接受体（芳香二酐链节）交替组成的，两者之间会发生分子内或分子间的电荷转移作用。这种作用可以影响聚酰亚胺的颜色、光分解、荧光、光导性、电导性及 T_g 和 T_m。分子内的电荷转移作用取决于电子给予体和电子接受体所在平面的夹角，当两者共平面时，电荷转移作用最大；当两者成直角时则为最小。电荷转移峰经常出现于可见光区域，所以配合物的颜色可以用电子给予体和电子接受体的电子亲和性和电离势联系起来。基态的电荷转移作用是很小的，其主要作用的是色散力和范德瓦耳斯力，这种作用使聚酰亚胺相邻链上酰亚胺基团产生最大的面-面排列，这就形成了优势层间堆砌。以电荷转移为主的堆砌，即一个分子链上的酰亚胺单元与另一分子上的胺链节互相结合，就形成了混合层堆砌。这两种分子间作用的典型状态见图 8-15。

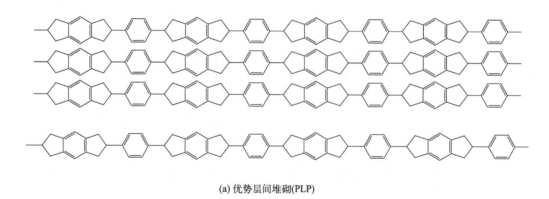

(a) 优势层间堆砌(PLP)

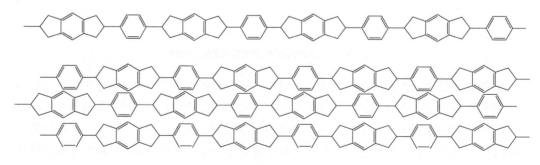

(b) 混合层堆砌(MLP)

图 8-15　聚酰亚胺分子间作用的两种排列方式

8.1.3.2　聚酰亚胺的性能

（1）耐热性

对于结晶高分子，高分子结晶的熔点 T_m 与伴随该过程的热焓 ΔH_m 及熵变 ΔS_m 有下面的关系 [式（8-1）]：

$$T_m = \frac{\Delta H_m}{\Delta S_m} \tag{8-1}$$

式中，ΔH_m 主要取决于链间的作用能。

芳香聚酰亚胺都是由相似的环结构组成的，ΔH_m 基本是相同的，所以 ΔS_m 是决定 T_m 的主要因素。不同于碳链高分子，环链高分子除了要考虑主链的无序化外，还要考虑环状结构，例如平面环的转动和振动，这种复杂链的结晶要求主链和链段中的环及各链段间的有序化，熔融则要求它们无序化，所以熔融熵除了典型的无序化项 S_d 外，还有附加的两项 S_1 和 S_2 [式（8-2）]：

$$S_m = S_d + S_1 + S_2 \tag{8-2}$$

式中，S_d 为主链的无序化熵；S_1 为链段的无序化熵；S_2 为环的无序化熵 [56]。

玻璃化转变温度 T_g 是非晶态高分子或结晶高分子非晶区在热作用下由于链段的活动使得材料由玻璃态转变为橡胶态的温度。但 T_g 的测量要比结晶熔点复杂得多，对于某些聚酰亚胺，由于其转变的热效应较低，用差示扫描量热法（DSC）测量 T_g 的效果并不很好。这时采用动态力学分析则可以得到明确的结果，但后者所得到的 T_g 值通常要比前者高。因此，在比较不同来源，即使是同样结构的高分子的 T_g 数值时，一定要把上述的因素考虑在内。对于像聚酰亚胺这样具有高 T_g 的高分子，一些制备或加工过程都需要在 T_g 以上的温度进行，实际上，有机高分子在 400℃以上都会因脱氢产生的游离基的复合而发生枝化甚至交联，从而会影响其 T_g，因此也可以说这时的 T_g 已经不是高分子原结构的 T_g 了。

二酐单元与二胺单元间形成的电荷转移配合物，增加了分子间的作用力，使高分子呈现高的 T_g 同时认为在二酐上引进桥基比在二胺上引进桥基对降低 T_g 的作用更为明显 [57]，例如表 8-5 列出的醚链在二酐或二胺中的位置对聚酰亚胺的 T_g 产生了显著的影响。

表 8-5　醚链位置对聚酰亚胺 T_g 的影响

聚酰亚胺	T_g/℃
	333
	412
	342

二酐电子亲和力（E_a）对聚酰亚胺 T_g 的影响见表 8-6。—O—和—CO—在二酐中的存在降低了二酐的电子亲和力，也降低了链间的作用力，T_g 随之下降，供电子基团（如—O—）会增加相邻芳环上的电子密度，而吸电子基团则会降低其电子密度。增加了电子密度的二胺单元也增强了形成电荷转移配合物的链间作用力。此外 C=O 和 O=S=O 中未成对电子也可以与二酐单元中缺电子的芳环发生作用。

表 8-6　芳香族二酐的电子亲和性对聚酰亚胺 T_g 的影响 [58]

二酐	E_a/eV	与各种二胺得到的聚酰亚胺 T_g/℃			
		MDA	ODA	MPD	PPD
	1.26	80	274		
	1.30	75	272	313	342
	1.13	32	215	224	
	1.12	14	215	215	225

① 酰亚胺 C—N 键邻位的取代效应。在酰亚胺的胺单元中，C—N 键邻位的取代是重要因素，其连接了分子链上给电子单元和受电子单元，邻位取代后产生的空间位阻碍了苯环绕 C—N 键的旋转，破坏了共平面结构，妨碍链内的电子转移以及减弱分子内的电荷转移配合物的形成，从而也增加了大分子链的刚性，所以由具有位阻的二胺得到的聚酰亚胺都显示出高的 T_g。甲基取代数目增加，T_g 也逐渐增加；而 CH_2 邻位用氯取代则会阻碍这种旋转，从而增加 T_g。

② 醚键和硫醚键的引入。醚键和硫醚键的引入能够保持高分子的热稳定性，但也会显著降低柔性，是获得热塑性聚酰亚胺的主要方法。

（2）热稳定性

热稳定性是指高分子发生热分解的温度的高低，一般用热重分析（TGA）来测量。对于聚酰亚胺，用 TGA 测定的热分解温度最高可达 600℃ 左右，这大概也是有机高分子材料可以达到的热稳定性的极限。但这并不意味着这种高分子可以在接近 600℃ 时使用，实际使用温度远低于 TGA 所表示的分解温度，因为高分子在 350～400℃ 通常就已开始发生化学变化，如产生自由基、发生断链和交联等。

各种芳杂环高分子结构单元的热稳定性已经经过充分研究，表 8-7 列出了一些可以作为聚酰亚胺结构单元的芳杂环化合物的热稳定性。

值得注意的是，由于链的刚性和聚集态的不同等因素，由这些结构单元组成的高分子的热稳定性并不能与低分子的热稳定性一一对应，通常来说，由上述结构单元组成的高分子比相应的低分子会具有更高的热稳定性。

从分子设计出发，聚酰亚胺的结构与热稳定性的关系有以下几点经验规律：

① 由酰酰亚胺、苯环及单键组成的聚酰亚胺具有最高的热稳定性，例如由均苯二酐和对苯二胺及由联苯二酐和对苯二胺得到的聚酰亚胺的分解温度都在 600℃左右；

② 由单原子连接基团［如 O,S,C=O,CH$_2$,C(CF$_3$)$_2$ 等］作为桥连键的聚酰亚胺具有较高的热稳定性，其热分解温度多在 500℃左右；

③ 带有"圈（cardo）"型结构的聚酰亚胺可以保持较高的热稳定性，但也会显著增加溶解性能；

④ 由脂环结构组成的聚酰亚胺具有较高的热稳定性；

⑤ 引进两个碳以上的直链单元会明显降低聚酰亚胺的热稳定性；

⑥ 对于芳香聚酰亚胺，氟的引入不会对热稳定性有所贡献。

表 8-7　一些芳杂环化合物在凝聚态的热分解温度

化合物	结构式	分解温度 /℃
1,2- 苯基四氟乙烷	 ⬡—CF$_2$CF$_2$—⬡	427～440
二苯乙炔	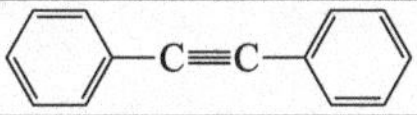 ⬡—C≡C—⬡	421
1,2- 二苯乙烯	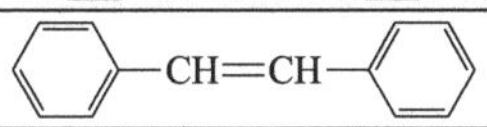 ⬡—CH=CH—⬡	418
1,3- 苯基二酞酰亚胺	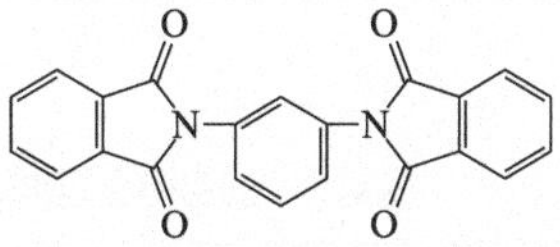 (结构式)	390
1,2- 二苯乙烷	 ⬡—CH$_2$CH$_2$—⬡	382
对三苯二硫醚	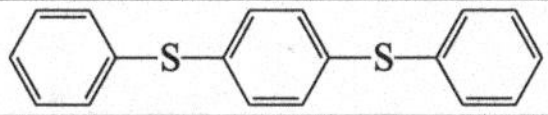 ⬡—S—⬡—S—⬡	365
对苯二甲酰二苯胺	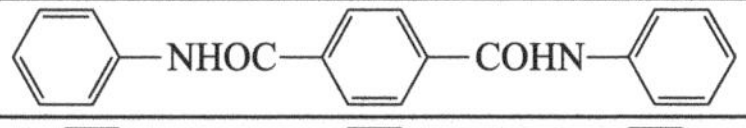 ⬡—NHOC—⬡—COHN—⬡	354
对苯二酸二苯酯	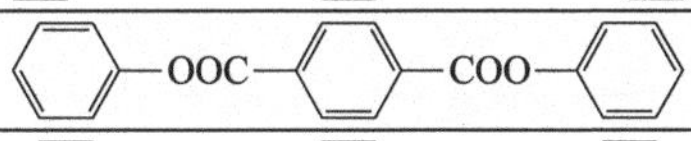 ⬡—OOC—⬡—COO—⬡	353
二苯甲酸对苯二酚酯	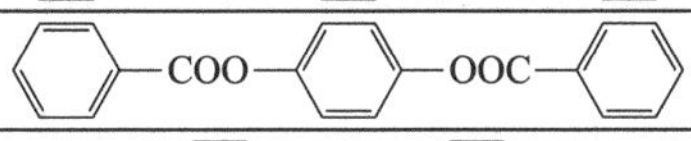 ⬡—COO—⬡—OOC—⬡	322
二苯基二氟代甲烷	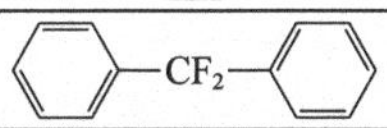 ⬡—CF$_2$—⬡	318
2,5- 二苯基 -1,3,4- 噁二唑	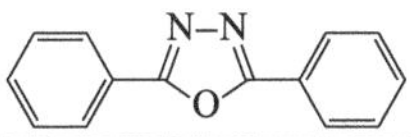 (结构式)	300
2,5- 二苯基 -1,3,4- 噻二唑	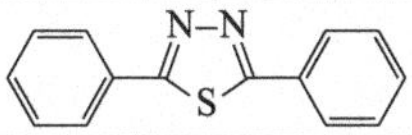 (结构式)	301
2,5- 二苯基 -1,3,4- 三唑	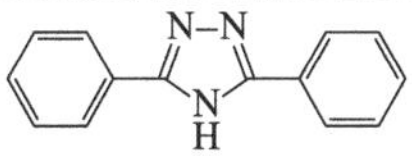 (结构式)	279
对三苯二胺	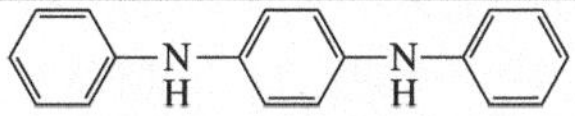 (结构式)	265
二碳酸三苯酯	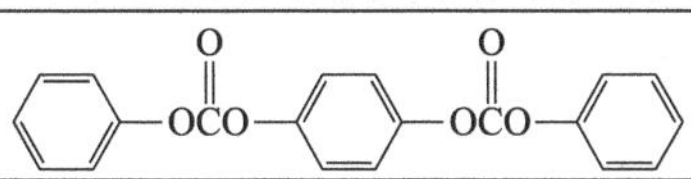 (结构式)	168

（3）溶解性

初期的聚酰亚胺以不溶于有机溶剂作为特点之一，例如均苯二酐和二苯醚二胺生成的聚酰亚胺只能溶解在浓硫酸、发烟硝酸、SbCl$_3$或SbCl$_3$和AsCl$_3$的混合物中，不溶于有机溶剂。随着科技发展，对于聚酰亚胺的溶解性要求越来越高，促使了对可溶性聚酰亚胺的研究。改善聚酰亚胺溶解性的基本途径有两个：一个是引入对溶剂具有亲和性的结构，例如引入含氟、硅或磷的基团；另一个是使高分子的结构变得"松散"，例如引入桥连基团、侧基、"圈"，也可以采用结构上非对称的单体或用共聚打乱大分子链的有序性和对称性等。作为全芳香，不带取代基的聚酰亚胺，最常用的溶剂是酚类，如苯酚、间甲酚和对氯苯酚等。含氟的聚酰亚胺多溶解于非质子极性溶剂，甚至一些低沸点普通溶剂，如四氢呋喃、卤代烃，甚至酮类溶剂，如丙酮、环己酮或甲乙酮等。聚酰亚胺在吡啶及其他碱中是不稳定的，特别是在高温下，因此实际上不能用作聚酰亚胺的溶剂。

可溶性聚酰亚胺的分子设计可以采取以下几条途径：

① 引入含氟、硅、磷的基团或羟基[59]。利用这些元素和基团影响溶剂的亲和性及空间效应，减少分子间的作用力，从而增加高分子的溶解性。

② 引入侧基。引入侧基以提高聚酰亚胺的溶解性是最常用的方法，侧基可以是脂肪链、芳环或杂环。在联苯胺单体的2,2'位引入取代基，如甲基或三氟甲基，侧基的引入降低了分子间的作用力，还由于两个基团的空间作用使联苯的两个苯环平面发生扭曲，不处于同一个平面，破坏了共轭作用及阻碍了分子内的传荷作用，可明显增加聚酰亚胺在有机溶剂中的溶解性（表8-8）。

表8-8　烷基取代的聚酰亚胺的溶解性[60]

高分子	甲苯	丙酮	CH$_2$Cl$_2$	CHCl$_3$	NMP	DMAc	THF
PMDA/MCDEA①	+	−	+	+	+	+	+
PMDA/ET100②	−	−	+	±	+	+	−
PMDA/DAM③	−	−	−	−	+	+	−
DSDA④/MCDEA	−	−	+	+	+	+	+
DSDA/ET100	−	−	+	+	+	+	+
DSDA/DAM	−	−	±	+	+	+	−

注："+"表示可溶；"−"表示不溶；"±"表示部分可溶。
① 4,4′-亚甲基-双-(3-氯-2,6-二乙基苯胺)。
② 乙基纤维素。
③ 联乙酰一肟。
④ 3,3,4,4-二苯基砜四羧酸二酸酐

③ 使大分子链弯曲。引入桥连结构使大分子链具有弯曲的构象，从而增加自由体积，也减弱了分子间的作用。以异构的聚酰亚胺为例（表8-9），由3,3',4,4'-联苯四甲酸二酐所得到的聚酰亚胺的大分子链要比由六氟二酐（6FDA）得到的聚酰亚胺的链弯曲，故前者的溶解性明显优于后者[60]。同样，表8-9中由可以使大分子链弯曲度增加的二胺所得到的聚酰亚胺都具有更好的溶解性[61]。

表 8-9　6FDA 和 ODPA 与各种异构二胺所得到的聚酰亚胺的溶解性

二胺	ODPA			6FDA		
	DMAc	DMF	CHCl₃	DMAc	DMF	CHCl₃
2,4′-ODA	+	−	−	+	+	+
3,3′-ODA	+	−	+	+	+	+
3,4′-ODA	+	−	−	+	+	+
4,4′-ODA	−	−	−	−	+	+
1,3,3-APB	±	±	±	+	+	+
1,3,4-APB	−	−	−	+	+	+
1,4,3-APB	−	−	−	+	±	±
1,4,4-APB	−	−	−	+	+	+

注：APB为三（4-氨基苯基）胺。

④ 引入脂肪结构。

引入脂肪结构尤其是柔性结构可以增加聚酰亚胺的溶解性，全脂环聚酰亚胺的溶解性见表 8-10[62]。

表 8-10　全脂环聚酰亚胺的溶解性

溶剂			
THF	+	−	−
NMP	+	+	−
DMSO①	+	+	−
DMAc	+	+	−
环己酮	+	+	−
间甲酚	+	+	−
二氧六环	+	−	−

①二甲基亚砜。

（4）力学性能

材料的力学性能除了分子结构这个主要因素外，很大程度上还取决于合成方法和加工条件，尤其对于聚酰亚胺来说，更受其形成材料时热历史的影响，最终的体现是材料的聚集态结构。从影响材料力学性能的因素来说，以体型的塑料最复杂，平面的薄膜次之，线形的纤维最能体现分子结构的影响。未加其他添加物的聚酰亚胺塑料，其强度通常都在 100MPa 以上，杨氏模量在 2～3GPa。聚酰亚胺薄膜，如 PMDA/ODA 薄膜（Kapton）的拉伸强度为 170MPa，拉伸后可以达到 254MPa。BPDA/PPD 的薄膜（Upilex-S）的拉伸强度为 400MPa，拉伸后强度可达 530MPa，模量达 9GPa。据俄罗斯报道的研究结果，由 BPDA 与对苯二胺及另一个含嘧啶单元的二胺共聚可以得到强度为 5.1～6.43GPa、模量为 224～282GPa 的聚酰亚胺纤维。

(5) 光学性能

近年来，聚酰亚胺的光学性能引起了很大的关注，这也是由于聚酰亚胺的高热稳定性、高力学性能、易加工性和结构容易设计并合成的特性。光学性能的范围很广，包括透光性、折光指数、双折射、非线性光学特性、电致或光致发光特性等。对于后两者，聚酰亚胺主要是起相关的官能团的载体作用，聚酰亚胺本身的结构对功能的关系并不起决定作用，但可以使这些功能在较高温度下维持稳定。光敏性聚酰亚胺是一类在光（紫外光、电子束或X射线）作用下使引入高分子链上的光敏部分发生反应（交联或分解），经显影、定影后得到特定图形，再经热处理得到稳定的聚酰亚胺图形的聚酰亚胺前体。

有机材料的光损耗主要来自吸收和散射，聚酰亚胺对光的吸收来自电荷转移配合物及溶剂等杂质对光的吸收。对光的散射来自以下几个方面：聚酰亚胺分子由于本身结构或在热处理过程中发生的有序排列形成不同微区所产生的散射；由于残留的溶剂和产生的水分在高分子中形成气泡所产生的散射；还有聚酰亚胺分子在基底面上出现的有序排列引起的散射等[62]。在波长为633nm（He-Ne激光器）时，电荷转移配合物为主要的吸收源。在更高的波长，由电荷转移配合物引起的损耗减少，散射变成损耗的主要原因。除了从结构设计上减少电荷转移配合物和链的有序性外，加入大的基团以增加空间位阻也可限制电荷转移配合物的形成和链的有序性。

对于折光指数，Lorentz-Lorenz方程［式（8-3）］建立了折射率（n）和密度（ρ）、分子量（M_0）及分子平均极化率（a）之间的关系：

$$R = \frac{n^2 - 1}{n^2 + 2} \frac{M_0}{\rho} = \frac{4}{3}\pi N_A a = \frac{4}{3}\pi \times \frac{a}{\eta_{\text{int}}} = \varphi \tag{8-3}$$

式中，R为分子折射率，由实验证明是与聚集态无关的；a为极化率，主要取决于化学结构；N_A为阿伏伽德罗常数；n为平均折射率；η_{int}为此浓对数黏度。

8.1.4　聚酰亚胺的应用

8.1.4.1　薄膜

随着科技发展，聚酰亚胺薄膜的应用范围已经大为扩大，除了传统的作为绝缘材料的薄膜（厚度为25～150μm），即所谓"电工膜"外，还可用作柔性线路板的"电子膜"（7.5～25μm），以及与各种基底结合的薄膜，这些薄膜的厚度可以达到数微米到数埃（Å，1Å=10^{-10}m），即所谓单分子层的薄膜。除了作为第一个进入产业化的聚酰亚胺绝缘膜及作为电磁线的绝缘涂层外，柔性印刷线路板用的各种聚酰亚胺覆铜箔已经形成巨大的产业。作为介电材料的薄膜要关心的问题除了热稳定性、力学性能外，还有热膨胀系数（CTE）、与基底材料的黏结性和介电常数，应用于微电子器件的薄膜多要求低介电常数。

商品聚酰亚胺薄膜主要有三类：美国杜邦公司的Kapton系列（图8-16）、日本宇部公司的Uplix系列及日本钟渊公司的Apical系列。

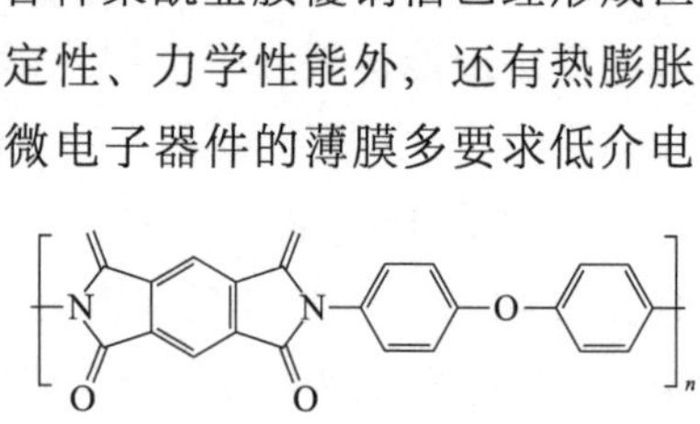

图8-16　Kapton薄膜的化学结构

8.1.4.2　电解质隔膜

　　液态电解质是当下应用最广泛的电解质，有着突出的优点，如高的离子电导率、好的电极润湿性等[63]。但是液态电解质存在的安全隐患较大，易出现漏液、燃爆等事故，本身具有的腐蚀性也对环境和人体具有一定的危害。为了解决以上安全隐患，多种固态、半固态电解质被广泛研究。纯固态高分子电解质具有极佳的安全性能，还可以抑制锂枝晶的生长，但是其室温下的离子电导率极低，比液态电解质低 2～4 个数量级，这种致命的缺点严重阻碍了固态高分子电解质的实际应用与发展[64]。凝胶电解质是高分子与低分子量塑化剂、锂盐的结合体系，兼具了固态电解质的高安全性、强力学性能和液态电解质的高离子电导率和优异的界面相容性，在高性能锂离子电池电解质中有巨大的应用前景。基于此，解决高含氟聚酰亚胺材料的应用问题，可通过引入多个含氟基团，赋予聚酰亚胺材料强加工性能、高极性、促进锂盐解离、高电解液亲和性等诸多优点。然而，含氟基团的过多引入在带来优异电化学性能的同时，会导致高分子与电解液的溶剂化作用过强，在电解液中力学性能急剧降低甚至溶解在电解液中，完全丧失力学性能，这严重地限制了高含氟聚酰亚胺材料的应用。高分子凝胶一般被定义为被溶剂溶胀的高分子网络体系，固体的黏聚性和液体的分散传导性同时体现在这种具有特殊网络结构的凝胶上，这使得其可以用作高分子凝胶电解质[65]。为了解决以上问题，有研究者使用 2,2′- 二（三氟甲基）二氨基联苯（TFDB）和六氟二酐（6FDA）合成聚酰胺酸后添加三官能团交联剂双（3- 三甲氧基甲硅烷基丙基）胺（BTMSPA）形成体形交联，再通过化学亚胺化制得每个结构单元含 4 个三氟甲基（12F）的高含氟交联聚酰亚胺溶胶，采用溶胶 - 凝胶 - 干燥的方式制备得到高含氟交联聚酰亚胺多孔薄膜，最后利用该薄膜的高电解液亲和性吸收电解液溶胀形成凝胶薄膜，即可用作高含氟交联聚酰亚胺凝胶电解质。此电解质有如下优点：①聚酰亚胺电解质电化学稳定窗口宽、热稳定性好；②凝胶电解质的孔隙率高，一方面可以增加电解液吸收提升溶胀效果，降低了电解质隔膜的体电阻、界面电阻，另一方面微孔可以为锂离子的传输提供通道，使锂离子流更加平缓，降低了离子迁移阻抗，同时凝胶电解质与电极有着良好界面接触，本身的结构稳定性也保证了界面稳定性和动力学稳定性，有利于降低极化效应，减少容量损耗；③聚酰亚胺在交联之后热性能、机械强度进一步提升，这种交联高分子网络结构为固体电解质界面（SEI）膜提供了支撑，一定程度上抑制锂枝晶的形成；④含氟量高促进凝胶电解质体系里的锂盐解离为锂离子，提高高分子链段与锂离子的解离 - 配位 - 解离效率，从而提高离子电导率，提升电化学性能。

8.1.4.3　泡沫

　　聚酰亚胺泡沫材料在 20 世纪 60 年代末期由 Monsanto 和 DuPont 首先开发。相比于其他高分子泡沫，聚酰亚胺泡沫具有耐热、阻燃、耐辐射、韧性高、发烟率低及在分解时放出的有毒气体少等优点[66]。

　　聚酰亚胺泡沫可分为三类：第一类是结构与一般聚酰亚胺相同的泡沫材料（主链酰亚胺泡沫），使用温度可以高达 200～300℃；第二类是酰亚胺环以侧基方式存在的泡沫材料（侧链酰亚胺泡沫），只能在 120℃左右使用；第三类是将热不稳定的脂肪链段引入聚酰亚胺中然后在高温下裂解而得到的纳米泡沫材料。

8.1.4.4　纤维

聚酰亚胺是众多杂环高分子中唯一被工业界所接受，并达到万吨级产量的品种，其可靠性已经被半个世纪的实践所证明，更主要的是聚酰亚胺的单体二酐和二胺相对于其他杂环高分子的单体要容易合成和提纯。而且聚酰亚胺薄膜的强度也已达到很高的水平，因此纺制高强度、高模量聚酰亚胺纤维的工作就特别具有挑战性[67]。

现有的商品耐热纤维的性能见表 8-11。

表 8-11　商品耐热纤维的性能

纤维(牌号)	密度 /(g/cm³)	强度 /GPa	模量 /GPa	断裂伸长率 /%
聚苯硫醚 (PPS)	1.35	0.51		45
芳纶 1313(Nomex)	1.38	0.62	11.7	30
芳纶 1414(Kevlar)	1.44	3.0	112	2.4
芳纶 (Armos)	1.43	3.8～4.1	130～140	3.5
特安纶 (Tankm)	1.42	> 0.43	7.5	20～25
聚噁二唑 (Oxalon)	1.42	0.50		10～50
聚苯并咪唑 (PBI)	1.3	0.38	5.6	3
聚苯并咪唑 (M5)	1.7	2.7	166	1.4
聚苯并噁唑 (PBO,Zylon)		5.2	169	3.1
液晶聚芳酯 (Vectran)	1.4	2.85～3.34	65～69	3～4
聚酰胺酰亚胺 (kermel)	1.35	0.41～0.54	2.7～4.0	30～40
聚酰亚胺 (P84)	1.35	0.4～0.5		30
聚酰亚胺 (PM-T,Yilim)	1.40	0.59		25
高性能聚酰亚胺	1.40	5.0～7.2	260～280	4.2

聚酰亚胺纤维的研究大致可以分为三个阶段：在初期大都采用聚酰胺酸溶液进行干法或湿法纺丝，酰亚胺化在纤维的热处理过程中进行。20 世纪 80 年代以后，美国和日本多改用聚酰亚胺溶液纺丝。他们认为酰亚胺化过程产生的水分容易在纤维中造成缺陷，从而影响产品纤维的性能。此外，用聚酰胺酸纺丝会由于酰亚胺化不完，例如在牵伸过程中大分子高度取向，分子活动受到很大的限制，使得尚未酰亚胺化的少量链节难以继续环化，最终造成分子量降低，结构存在缺陷。聚酰亚胺溶液纺丝时，能够溶解聚酰亚胺的溶剂不多，对其结构的选择受到限制，即部分可以用作高强度、高模量纤维的分子结构由于不溶于有机溶剂而难加工使用。或者必须使用酚类化合物作为溶剂，基于这类化合物的毒性，这为产业化带来困难。近年来俄罗斯的科学家报道了一类用聚酰胺酸溶液纺得的共聚酰亚胺纤维具有很高的强度和模量，使聚酰亚胺纤维的发展进入了一个新的阶段。以下是聚酰亚胺纤维的部分应用场景[68]：

（1）高温过滤

燃烧烟道废气、煤炉、水泥窑或沥青厂中的过滤用布使用聚酰亚胺（P84）纤维最为成功，表面系数大于其他纤维，压力差很小时，仍有高过滤效率。由于聚酰亚胺纤维优良的集尘性能，多与其他纤维混纺，或将其置于废气流一侧制成过滤材料。

（2）密封应用

由于聚酰亚胺的耐高温性和耐热油性，油浸聚酰亚胺复丝制成泵的堵塞箱、反应器以及新型汽车滤油器的封口，聚酰亚胺封口通过将聚酰胺融入聚酰亚胺毡环而固定在管带上。

（3）绝热/结构单元

当温度超过玻璃化转变温度（315℃）后，聚酰亚胺纤维会急剧收缩。通过改变温度和初始纤维结构类型（非织造布、织物、针织服等），就有可能生产出轻薄型但机械结构稳定的织物，其刚性达到热塑性塑料低密度聚乙烯（LDPE）的刚性而不用添加黏合剂。在热处理过程中产生的高收缩力使单纤维间产生黏合，形成自支撑的结构。

（4）防护服

聚酰亚胺（P84）纤维除热稳定性好且不燃烧外，其手感柔软因而被用作防护服材料。

8.1.4.5 黏合剂

聚酰亚胺作为黏合剂的黏合对象主要有三类：金属（钛、铜、铝及钢等）、非金属（硅片、玻璃及磨料，如金刚砂、氮化硅等）及高分子（如聚酰亚胺本身）。要达到良好的黏合，除了选择合适的黏合剂之外，基底的表面处理是十分重要的。聚酰亚胺结构中带有多个羰基，具有强的传荷作用，这些因素都是作为黏合剂的良好条件，但是使用得最普遍的PMDA/ODA 却并不是良好黏合剂，这种聚酰亚胺不但与铜、玻璃等不能很好黏合，即使是与它本身也不能黏合，如果将 PMDA/ODA 的聚酰胺酸涂于 PMDA/ODA 聚酰亚胺上再酰亚胺化，所形成的薄膜可以很容易地被剥离下来[69]。

8.1.4.6 分离膜

分离膜是指对不同物质具有不同透过速率的膜状材料。聚酰亚胺作为分离膜材料有如下特点：

① 具有很高的热稳定性[70]，使得物质可以在较高温度下通过而得到分离，因为物质通过膜的速率随着温度的提高而增加，选择性也会随温度的提高而提高，具有高 T_g 的膜，能够在较高温度下仍保持高的选择性。其次，也有利于分离温度较高的物质。

② 具有高的力学性能[71]，便于制造膜器件的操作，使膜器件经得起较高的工作压力。

③ 对溶剂和其他化学物质的作用有高的耐受性，可以避免工作介质或其他化学杂质所引起的对膜结构的损坏而降低膜的分离效果，甚至造成膜器件的破坏。

④ 具有良好的成膜性[72]，可在广泛的范围内选择铸膜液和凝固浴的组成，以获得性能优良的分离膜。

⑤ 由于聚酰亚胺结构的多样性，针对不同的分离对象，可以从大量现有的结构中，选择得到或设计、合成新的既具有高的选择系数，又具有高的透过系数的膜材料。

因此聚酰亚胺已成为分离膜的良好候选材料，特别是气体分离膜。近来聚酰亚胺也越来越多地被用作分离液体介质的膜。其主要可用作以下几种分离膜：

（1）气体分离膜

自 20 世纪 70 年代掀起气体分离膜研究的高潮以来，几乎对所有现成的可以成膜的高分子材料都在气体分离方面进行了评价，其共同存在的问题是：凡是透气系数高的膜，其选择系数就低；凡是选择系数高的膜，其透气系数就低。要得到两者都比较高的膜材料，必须从合成专用的气体分离膜用高分子着手。聚酰亚胺由于具有上述的优点。同时结构较易设计和合成，所以成为气体分离膜用材料的主要研究对象之一。

（2）用于气体分离的聚酰亚胺碳分子筛膜

碳分子筛膜是将高分子膜在惰性气体或真空中高温裂解后得到具有均匀微孔的碳膜。由于碳膜较脆，很难用于实际的分离过程。所以多将高分子涂在无机多孔材料上后进行热解，成为碳分子筛膜。这种无机载体有碳多孔材料及氧化铝多孔材料等。聚酰亚胺由于容易成膜，得到的碳化膜微孔分布均匀，被选择用来制备碳分子筛膜。

（3）渗透汽化膜

渗透汽化是在膜的一侧施以真空，让容易渗透的组分从该侧蒸发，在另一侧的溶液中造成浓度梯度，从而促使组分的分离。渗透汽化综合了有机物以溶解 - 扩散机理通过膜的渗透及挥发物的蒸发过程。其选择性取决于有机液体对膜材料的亲和性、分子大小及蒸气压。不同情况下，这三个因素中的某一个或两个起着主导的作用。对于非晶态高分子，透过性主要取决于分子的扩散，即分子的大小。因此渗透汽化过程可以用来分离恒沸物和异构体。

聚酰亚胺由于具有耐高温性，可以提高工作温度；化学稳定性有利于分离多种化合物；同时有高的分离系数，因此在渗透汽化膜方面有很大的应用前景。然而由于渗透汽化过程本身的局限性，如在真空条件下操作，通常使用液氮或干冰冷凝回收汽化的组分，如果要回收廉价的组分，如低级醇、烃类、氯代烃等，回收的成本是必须考虑的问题。因此至今利用渗透汽化技术多为有机物 - 水体系，因为水分并不需要回收。

（4）纳滤膜

纳滤是以压力差为推动力，介于反渗透和超滤之间的截留粒径为纳米级颗粒物的一种膜分离技术。纳滤膜本身可以带有电荷，故在很低压力下仍具有较高脱除无机盐，所以多用来进行废水处理，脱除重金属离子及生物粒子。聚酰亚胺则由于其高的热稳定性和耐有机溶剂的性能，并且易于加工，所以考虑用它来分离分子量在 200 以上的有机分子 [73]。

8.1.4.7　光敏聚酰亚胺

光敏聚酰亚胺是指对如紫外光（UV）、X 射线、电子束或离子束敏感，用光刻技术能将掩膜板图形直接转移到膜材上的可溶性聚酰亚胺或聚酰亚胺的前体（precursor）。在光敏聚酰亚胺中再添加上增感剂、稳定剂等就得到"聚酰亚胺光刻胶"[74]。聚酰亚胺光刻胶与普通光刻胶之间的区别在于：普通光刻胶也叫作光阻隔剂（photoresist），它的作用是利用其可光刻性将掩膜上的图形留在通常是普通聚酰亚胺的介电层上，然后按图形将暴露的聚酰亚胺去除后留下所需要的图形，留在聚酰亚胺上的光阻隔剂最后再被去掉。而聚酰亚胺光刻胶本身既起光刻作用又是介电材料，所以可以大大缩短工序，提高生产效率。

聚酰亚胺具有高的耐热性、高强度、高介电性能，更重要的是聚酰亚胺可以通过各种前驱体，如聚酰胺酸、聚酰胺酯及聚异酰亚胺的形式再加热转变为稳定的聚酰亚胺，这样就可以通过盐或酯的方式引入光敏基团，光敏基团在曝光、显影后可以加热转化为稳定的聚酰亚胺层。也可利用聚异酰亚胺的高溶解性和在碱催化下转化为聚酰亚胺的性能进行光刻。聚酰亚胺前体溶液有良好的成膜性及流平性，适宜作为微电子技术所需要的介电层、缓冲层以及粒子屏蔽层等。四十多年来，光敏性聚酰亚胺的研究非常活跃。目前已有商品上市并成为微电子工业中的重要材料[75]。

8.1.4.8　质子传输膜

对于作为质子传输膜（燃料电池隔膜）的材料应该满足下列的要求[76]：

① 对氧和氢或其他燃料，如甲醇应有低的透过性；

② 可在膜的一侧到另一侧形成连续的水化离子相，对水应有高的溶胀性；

③ 在50℃下需达到较高的电导率，膜应有足够的离子交换能力；

④ 在苛刻的电池使用条件下膜应有高的化学和机械的稳定性（对于电动车寿命至少应达到2000h）；

⑤ 容易在催化剂粒子表面上形成连续的膜；

⑥ 合理成本。

由于上述要求，采用磺化芳香高分子如PPS及PBI成等作为替代材料在过去十年中引起了广泛关注。因为聚酰亚胺具有高热稳定性、高的力学性能、对溶剂的耐力和优越的成膜性，所以现在把更多的注意力放在磺化聚酰亚胺上。

8.1.4.9　聚酰亚胺（纳米）杂化材料

在高分子杂化材料的研究过程中，材料的合成或制备一直是人们重视的关键环节。聚酰亚胺在杂化材料的制备中，尤其是对于被广泛使用的溶胶-凝胶法有其独特之处，从而受到格外关注。

① 聚酰亚胺是迄今已经产业化的高分子材料中使用温度最高的品种之一，其高热稳定性和高玻璃化转变温度对于合成杂化材料十分有利。例如，溶胶-凝胶法对于水解产物的进一步转化和金属掺杂剂的分解转化都要求在较高温度下进行。

② 聚酰亚胺可以通过多种途径合成，如聚酰胺酸、聚酰胺酸盐、聚酰胺酯、聚异酰亚胺等都可以作为聚酰亚胺的前体，共同特点是在有机溶剂中有较大的溶解度，杂化材料可以根据需要选择合适的前体来制备。

③ 聚酰胺酸在杂化材料的制备中最为常用，因为可以在非质子极性溶剂，如DMAc、DMF、DMSO、NMP等中由二酐和二胺缩聚得到，这些溶剂也是许多无机物前体的良溶剂。聚酰胺酸在含水量相当高的非质子极性溶剂中仍可以溶解，这就为溶胶-凝胶法和金属掺杂剂的水解缩合带来方便。

8.1.4.10　液晶取向剂

液晶显示要求液晶分子在电场作用下显示图形时必须将液晶分子按一定方向取向，并与平面成一定角度，这就是所谓"预倾角"。涂在液晶盒内表面的取向膜能够使液晶分子有序排列，形成这种膜的材料就是液晶取向剂[77]。目前工业用液晶取向剂均为高分子材料，将高分子膜按一定方向摩擦后就具有使液晶分子取向的能力。但并不是任何高分子膜在摩擦后都能使液晶分子获得所需的预倾角，用作取向剂的高分子材料应当在结构上有所选择，才能满足所需预倾角的要求。此外由于加工工艺和使用性能的需要，还应满足下列条件：

① 为使取向性能在长期使用中稳定，作为取向剂的高分子必须有高的热稳定性；

② 对 ITO 有良好的黏结性，不至于在摩擦后的清洗中脱落；

③ 取向剂的溶液在涂覆（旋涂或丝网印刷）时有良好的流平性；

④ 化学稳定性好，对所接触的物质，如液晶等稳定，还要有较好的储存稳定性；

⑤ 足够的机械强度；

⑥ 绝缘性能好，取向剂应离子含量低，如 Na^+、K^+ 等离子含量低于 $1×10^{-6}$ 甚至 $0.1×10^{-6}$；

⑦ 良好的透明性；

⑧ 尽可能低的酰亚胺化温度，这就要求高分子的 T_g 不能过高。

聚酰亚胺能够很好地满足上述各项要求，尤其是聚酰亚胺特别容易在结构上进行改性，可以根据需要合成各种能产生不同预倾角的取向剂。因此 20 世纪 80 年代后聚酰亚胺就成为液晶显示器最普遍使用的取向剂材料。

8.2　聚苯并噁唑

聚苯并噁唑（PBO）材料最早是在美国空军的资助下，由美国斯坦福研究所（SRI）的 Wolf 等发明并取得单体和高分子合成的专利，美国道（Dow）化学公司获得全球实施权进行工业性的开发。1994 年，Toyobo 公司取得 Dow 化学公司的许可，建成 200 吨每年的生产线。PBO 纤维表现为金黄色、有一定光泽，束纱表面无明显毛刺，是新一代先进复合材料的增强体，具有极优异的力学性能和耐高温性。

8.2.1　聚苯并噁唑的合成方法

8.2.1.1　高温一步缩聚法

典型的高温一步缩聚法是将芳香族二酸或其衍生物与双邻氨基酚单体在酸性介质（如多聚磷酸，PPA）中通过高温缩聚反应直接生成 PBO，在制备高性能 PBO 纤维中大多采用高温一步缩聚法。随着研究工作的不断深入，发现部分其他官能团也可以通过该方法生成苯并噁唑环，并提出了一些新的聚合方法。

Wolfe 等采用对苯二甲酸和 4,6- 二氨基间苯二酚（DBD）的盐酸盐，在 200～350℃的多聚磷酸中通过缩聚反应得到了 PBO[78]，其反应式如图 8-17 所示。采用这种方法直接聚合得到的 PBO，其特性黏度较高（2.5～9.3dL/g，甲基磺酸，30℃），在强酸性溶剂中如多聚磷酸 / 环丁砜、甲基磺酸、氯磺酸等具有较好的溶解性。

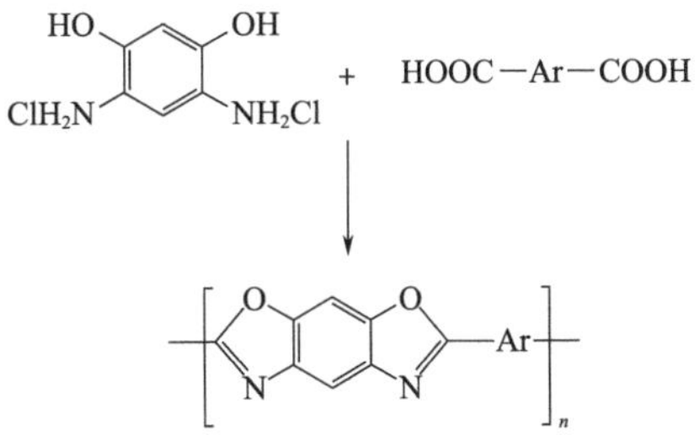

图 8-17　高温一步缩聚法制备 PBO

8.2.1.2　两步缩聚法

两步缩聚法是首先合成前体（如聚羟基酰胺、聚甲氧基酰胺、聚羟基酰亚胺等），然后再经过热转变，脱除小分子（水、甲醇、二氧化碳等）后得到 PBO。其优点是，第一步得到的前体一般可溶解于强极性有机溶剂甚至一些低沸点有机溶剂，便于材料的后续加工成型，这在实际应用中具有重要意义，因为 PBO 通常是难于溶解在有机溶剂中。

（1）聚羟基酰胺

先将芳香族二酰氯和双邻氨基酚在无水非质子性极性溶剂中、低温下进行溶液缩聚反应，生成前体聚羟基酰胺（PHA），然后在 350℃高温下环化脱水生成 PBO。之后，新的聚合单体也随之发展，如采用芳香族二甲醛代替芳香族二酸或芳香族二酰氯等。芳香族二酰氯对水汽极其敏感，极易吸收溶剂中或者聚合氛围内的微量水汽，水解生成相应的芳香族羧酸而失去与双邻氨基酚反应的活性，而芳香族二甲醛类单体则对水汽比较稳定，反应溶剂无需采用无机强酸如多聚磷酸，或高沸点强极性有机溶剂如 N- 甲基吡咯烷酮等，反应时间较短。第一步得到的聚羟基甲亚胺前体经进一步高温闭环反应可得到聚苯并噁唑。

（2）聚甲氧基酰胺

聚甲氧基酰胺（PMeOA）经热处理失去甲醇分子后可以得到 PBO。Coughlin[79] 等详细研究了这种反应，作者首先用 3,3′- 二羟基 -4,4′- 二氨基联苯、3,3′- 二甲氧基 -4,4′- 二氨基联苯、间苯二甲酰氯和 1,5- 戊二酰氯为单体，采用不同的单体配比得到了系列 PHA/PMeOA 的共聚物，如图 8-18 所示。研究发现，含有羟基的前体链段 PHA 部分在 250℃高温下发生热转化反应生成 PBO，而含有甲氧基的前体链段 PMeOA 部分则在约 350℃发生类似的热转变反应生成目标高分子。其中，前体 PMeOA 具有较低的玻璃化转变温度，可以降低至 125℃，并可根据实际加工需要进行调节，可保证在热闭环反应之前具有足够宽的热加工窗口，因此研究者将其称之为"智能共聚物"。

（3）聚羟基酰亚胺

聚羟基酰亚胺（PHI）经高温处理也可以转变为 PBO。许多研究者 [80-83] 都研究过这个热转变过程。Mathias 等采用五种常用芳香族二酐：双酚 A 型二酐（BPADA）、3,3′,4,4′- 联苯四甲酸二酐（BPDA）、4,4′- 联苯醚二酐（ODPA）、六氟二酐（6FDA）、酮酐（BTDA），和四种不同的双邻氨基酚：4- 羟基 -3,5- 二氨基联苯（DAPP）、3,3′- 二羟基 -4,4′- 二氨基联苯（HAB）、2,2- 双（3- 氨基 -4- 羟基苯基）-1,1,1,3,3,3- 六氟丙烷（6F-BAHP）、2,2- 双（3-

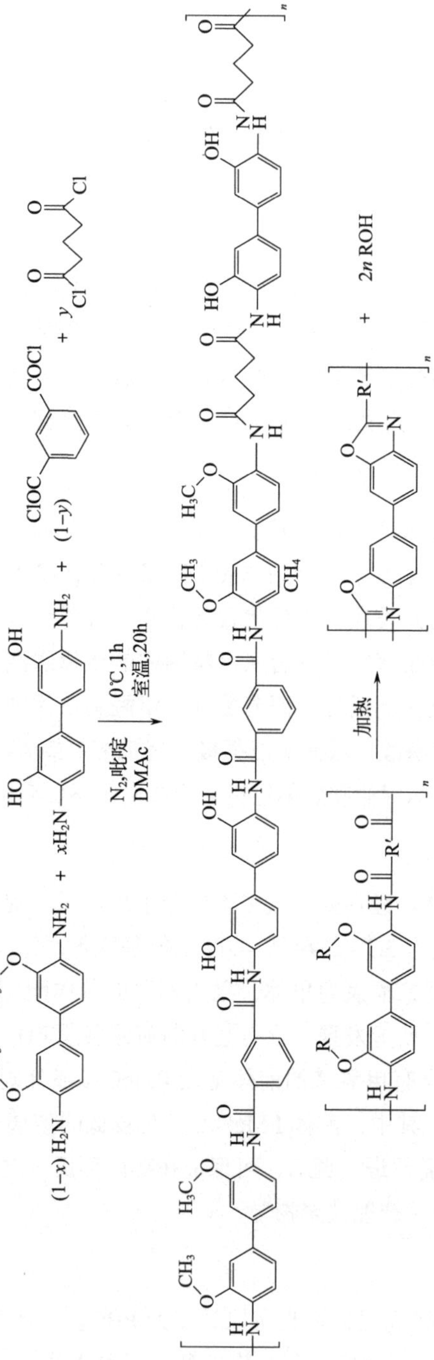

图 8-18 PHA/PMeOA 智能共聚物的合成

氨基 -4- 羟基苯基）丙烷（APA），首先合成聚羟基酰亚胺前体，然后在 350～500℃热处理转变成 PBO，其反应过程如图 8-19 所示。

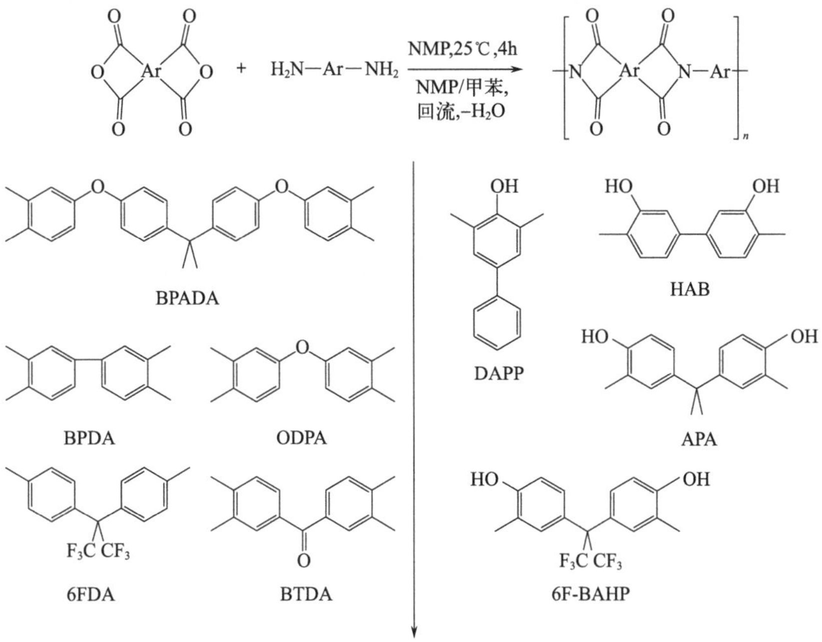

图 8-19　PBO 高分子的合成

8.2.2　聚苯并噁唑改性及应用

（1）低介电常数材料

由于 PBO 中不含有极性的羰基，含有共轭程度高、分子间作用力强、极性相对较低的苯并噁唑单元，其具有介电常数低的特性，在耐高温纤维、集成电路芯片钝化保护等领域得到了广泛应用[84]。降低材料的介电常数，除了引入大体积基团以增加自由体积，引入含氟基团也是常用策略。

（2）纤维

由于其具有芳香主链、刚性分子链节和高度有序排列结构，再加上 PBO 纤维主链上杂环的存在，导致 PBO 纤维没有熔点，在高温下也不熔融，是迄今为止耐热性能最高的有机纤维，分解温度高达 650℃，可在 300℃下长期使用。另外，PBO 分子链在纤维中呈现完全的伸直链状态，并沿轴向高度取向，分子之间高度共轭，这些都赋予分子链更高的刚性，最终使得 PBO 纤维有着超乎寻常的拉伸强度和拉伸模量，其比强度和比模量居各种纤维之首，被誉为"21 世纪的超级纤维"[85]。

PBO 纤维的制备主要包括单体合成、PBO 聚合、纤维纺制三个步骤。单体合成、PBO 聚合在前面已提到过，这里主要讲纤维纺制。PBO 纤维的制备通过液晶干喷湿纺法纺丝，选用的纺丝溶剂有多聚磷酸、甲磺酸（MSA）、MSA/氯磺酸、硫酸、三氯化铝和三氯化钙 /硝基甲烷等[86]，纺制 PBO 纤维的液晶相浓溶液干喷湿纺工艺是将两单体在溶液中缩聚成

PBO 高分子后，直接采用缩聚的液晶相溶液或先取出高分子再溶于非氧化性酸（如磷酸），然后经喷丝头挤出成型，丝条经萃取、中和去除纤丝中的酸，再洗涤，在一定张力下干燥并经 $500 \sim 600°C$ 左右的高温热处理，以定型纤维结构，并消除微纤之间的空隙，使结构进一步致密，结晶更趋完整[11]。

（3）气体分离膜材料

微孔材料由于其高孔隙率和表面积而被研究用于气体储存、分离和催化。微孔高分子作为气体分离膜材料已应用于各种场景[87-89]。最近报道的高自由体积微孔高分子与传统高分子不同，传统高分子通常具有良好的包装和无孔结构；微孔高分子中的刚性和扭曲链结构导致具有有效尺寸筛分特性的更高自由体积元素，可用作气体分离膜，如：热重排（TR）高分子[90]。热重排是制备高透气性和选择性高分子膜的合适方法。TR 高分子的优点之一是可以通过采用特定的高分子结构或热转化途径来控制空腔的大小和分布。为了提高 H_2/CO_2 的选择性，当前有很多学者研究了从羟基聚酰亚胺中获得的 TR 高分子，如 TR-PBO（热重排聚苯并噁唑膜）因为它们具有相对较小的空腔尺寸，可以用于调节 H_2/CO_2 分离。另外 TR-PBO 具有较低的热转化温度，随着 H_2O 分子的演化，有利于膜的制备。并且高热稳定性使得 TR-PBO 可以应用于燃烧前 CO_2 的分离过程，以产生 H_2 并发电[91]。

（4）光致抗蚀剂

由于聚苯并噁唑具有出色的力学性能和耐高温性能，并且介电常数和吸水率都较低，这些都成为其作为光敏性树脂的有利条件，光敏 PBO(PSPBO) 的开发大大简化了工业生产过程[92]。传统材料需要经过旋涂高分子、旋涂光刻胶、曝光、显影、刻蚀、去除光刻胶、固化等一系列步骤得到光刻介质图案，而 PSPBO 等耐热光敏高分子只需要旋涂、曝光、显影、固化等主要步骤即可完成。相比之下，PI 的前体聚酰胺酸不适合作为图像化光敏材料，因为它在碱水中的溶解度太高。这种光敏和热稳定的高分子已被用作缓冲涂层，以保护裸片免受填料或钝化层和成型材料之间热不匹配引起的应力。虽然目前耐热光敏高分子早已实现商业化但是随着第 5 代移动通信技术（5G）高频高速通信、柔性显示、有机发光二极管（OLED）等领域的快速发展产业界对该类材料提出了更高的要求，比如低温固化、高黏结性能、低介电常数、导热等[93]。

（5）质子交换膜材料

质子交换膜燃料电池是未来可持续发电最有前途的技术之一。特别是，高温质子交换膜燃料电池（HT-PEMFC）[94] 具有多种优势，例如增加动力学，减少催化剂中毒和更好的热管理。HT-PEMFC 的基本组成部分之一是质子交换膜，质子交换膜必须具有良好的质子导电性以及在所需工作温度下的稳定性和耐用性。近些年随着燃料电池用质子交换膜研究的不断深入，有研究者也将目光投向了聚苯并噁唑这类芳杂环高分子材料。Lee[95] 等研究了基于 6F-BAHP 的聚苯并噁唑的高温无水质子交换膜。他们采用聚羟基酰亚胺到聚苯并噁唑的热转变反应，制备的 PBO 薄膜包含有大量微孔结构，比表面积高达 $535m^2/g$，自由体积分数为 0.309，微孔率约为 0.38，很接近于开孔型的沸石（$0.47 \sim 0.5$）。薄膜中产生的微孔结构以及苯并噁唑环上的碳氮双键位点，为小分子的无机酸（如盐酸、硝酸、磷酸及六氟磷酸等）在薄膜中大量浸入创造了条件，且在较短的时间内（3h）即可达到掺杂平衡状态。在苛刻的热氧化条件下，酸掺杂的 PBO 体系表现出优异的长程稳定性，高分子本身及其与酸生成的掺杂结构均不发生分解而导致失重。

8.3　聚苯并咪唑

随着航天技术的发展，尤其是航天器飞行速度和有效载荷与结构质量比的提高，耐高温先进复合材料正在成为最主要的航天结构新材料。聚苯并咪唑（PBI）在 400℃仍具有良好的力学、电学、自润滑、耐辐射、耐水解和阻燃耐烧灼等特性，PBI 树脂玻璃纤维压层材料在 425℃具有良好的高温弯曲强度，现已应用在超声速飞行器的雷达天线罩等组件、耐烧灼涂层、太空飞船的耐辐射材料、C 级电绝缘材料和微电子领域的柔性电路板（FPC）基材，以及半导体层间绝缘材料等。

8.3.1　聚苯并咪唑的合成方法

8.3.1.1　聚苯并咪唑单体合成

PBI 是通过二元羧酸及其衍生物与四元胺（简称四胺）及其衍生物经过溶液或熔融聚合的方法所制得。常见的二元羧酸和四元胺单体有 TPA、DPT、TAB、DAB、3,3′,4,4′- 四氨基二苯醚单体（TADE）等 [96]。但合成的 PBI 的四元胺单体由于在制作工艺上比较烦琐，原料较贵，而且四元胺单体极易被氧化，在提纯、保存等方面也有诸多不便，所以 PBI 所需的四元胺单体在国内尚未有工业化生产，其文献报道也较少。利用芳香族二元胺 4,4′- 二氨基二苯醚（4,4′-DADPE）单体为起始原料，通过五步反应合成 3,3′,4,4′- 四氨基二苯醚单体（图 8-20）。

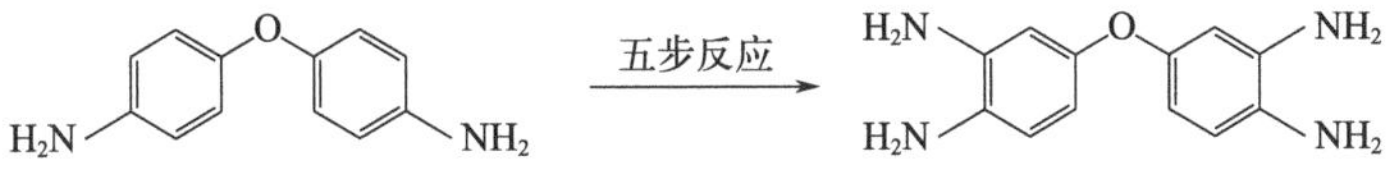

图 8-20　单体 TADE 的合成

8.3.1.2　二元酸单体的合成

（1）二甲基化合物氧化

Spiliopoulos 等 [97] 研究可溶性聚酰及聚酰亚胺时，利用高锰酸钾 / 吡啶氧化制备了含有刚性棒状结构的二元酸单体，其合成路线如图 8-21 所示。

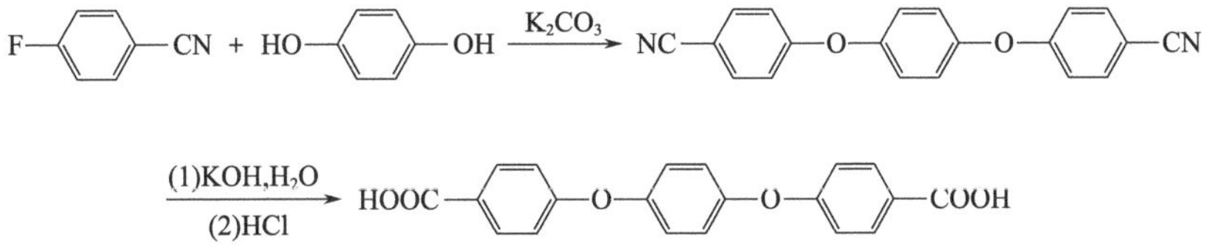

图 8-21　二元酸单体的合成

（2）对卤苯甲腈与二酚合成

Maglio 等[98]在研究热稳定性芳香族高分子时，制备了一系列的二元酸化合物。

8.3.1.3　四元胺单体的合成

二元胺反应得到四元胺化合物[99]TADE 的合成方法如图 8-22 所示。

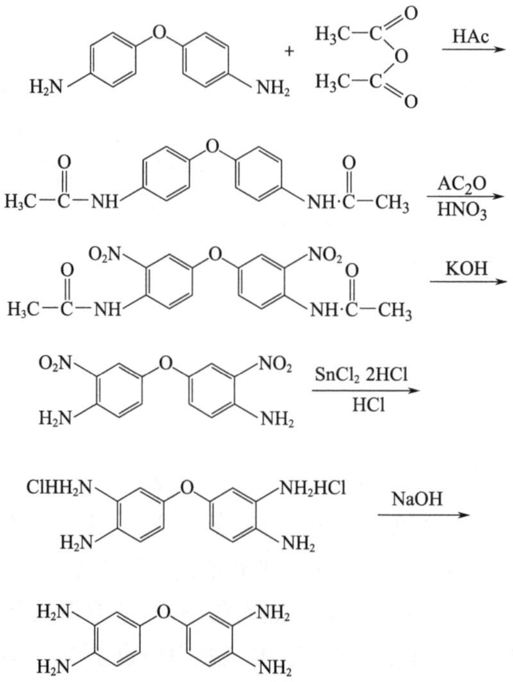

图 8-22　由二元胺制备四元胺的路线

Kumar[100]利用图 8-23 所示的方法制备了含酰氨基的四元胺化合物。

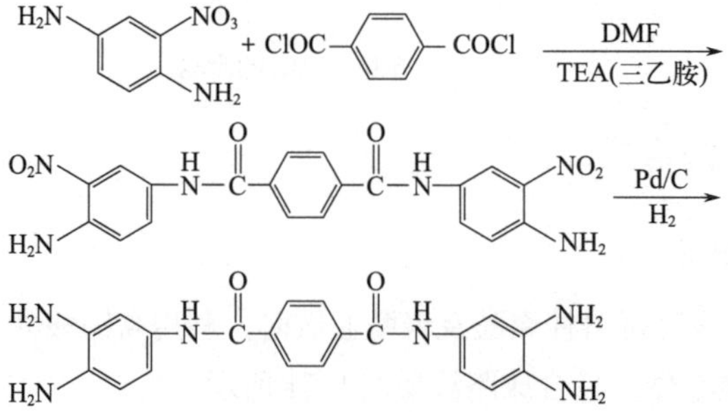

图 8-23　邻二氨基化合物制备四元胺

8.3.1.4　聚苯并咪唑的聚合工艺

PBI 的制备方法按反应种类主要分为 4 种：熔融缩聚法、溶液缩聚法、母体法、亲核取代法。其中对熔融缩聚和溶液缩聚的研究较多。

（1）熔融缩聚法

一般是将四胺、二元酸衍生物和催化剂一起放入反应器中，氮气保护下边搅拌边迅速加热到225℃左右，停止搅拌将反应温度升至270℃左右并保持1.5h，将所得的发泡状产物冷却至室温后磨碎，将磨碎的预聚物重新放入反应器中，在氮气的保护下于340℃左右反应1h，得到高分子量的聚苯并咪唑树脂[101]。

（2）溶液缩聚法

将四元胺或四胺盐酸盐化合物加入非质子性溶剂中，在氮气保护下，加热搅拌使之溶解，然后加入二元酸或其衍生物，于高温条件下搅拌反应。根据反应物黏度变化来判断反应的终点。反应结束后，将反应混合物倒入过量的水中析出预聚物，经洗涤干燥，高温处理环化得目标产物。

（3）母体法

母体法为在四胺单体合成还没有进行到最后一步之前，即得到二元硝基和二元胺基取代产物时，直接将该物质和二元酸进行反应，得到PBI的母体，之后对该物质进行还原，使硝基还原为氨基，再对该反应物进行高温热处理得到PBI的高分子。用母体法合成PBI时，虽然避开了四胺的合成，但合成母体的实验条件较为苛刻，且由PBI母体转化为PBI时所需温度较高。

（4）亲核取代法

亲核取代法是通过先合成含有苯并咪唑环的有亲核取代位的中间体，然后在碱性条件下反应得到PBI。亲核取代法的优点是反应单体较易制备，扩大了可得到的PBI种类。缺点为相对直接缩聚法来说，亲核反应法对反应过程中生成的小分子物质的去除要求更为严格。Harris[102]等用可以自聚合的单体来合成聚苯并咪唑，先合成出一种特定的单体，其中含有卤素原子、羟基和苯并咪唑单元，然后将这种单体自聚合，羟基和卤素亲核取代反应得到聚苯并咪唑。

8.3.2　聚苯并咪唑的应用

（1）纤维

聚苯并咪唑纤维具有很高的玻璃化转变温度，在400℃以上。PBI纤维为金黄色，经酸处理后纤维密度可从$1.39g/cm^3$提高到$1.43g/cm^3$左右；聚苯并咪唑纤维也具有突出的耐高温和耐低温性能，如将聚苯并咪唑纤维在氮气氛围中500℃下处理200min，由于分子量增大及发生交联等，其玻璃化转变温度可提高到500℃左右；即使在-196℃时PBI纤维仍有一定韧性，不发脆；PBI纤维还具有良好耐化学试剂性，包括耐无机强酸、强碱和有机试剂[103]。即使经400℃以上高温硫酸蒸气处理，PBI纤维的强度仍可保持初始强度的50%左右；PBI纤维有极佳的纺织性能，容易在传统的纺织设备上加工，使它成为混纺的极佳备选材料。由PBI和PBI混纺物制成的产品，因其优良的耐燃性、柔软的手感和类棉的感觉而著称。在许多情况下，PBI纤维往往可改善其他组分纤维的加工性能；此外PBI纤维还具有极高的耐蒸汽水解性，在$140lb/in^2$（$1lb=453.59237g$，$1in^2=0.0006452m^2$）情形下蒸汽

（182℃）处理 16 小时，其强度几乎不改变；PBI 纤维优良的耐高温性能[104]，使得他在耐高温过滤织物、保护服、宇航服、飞行器内饰及其他许多耐高温方面有着重要应用（表 8-12）。

表 8-12   可利用的 PBI 纤维产品

产品形式	可得种类	应用	最终用途
卷曲切断短纤	38mm，51mm，76m 和 102mm	纺织纱线和织物、非织造布	消防装备、工业闪燃防护服装、飞机隔火材料
短切断纤维（未卷曲和不上油）	3mm，6mm 和 12.5mm	复合物、非织造布	摩擦产品、高温纸制品、非织造隔绝产品
磷酸化纤维	同上	需要提高热稳定性的场合	航天应用

（2）PBI 为基体树脂的复合材料

将 PBI 作为基体材料，使用增强材料如玻璃纤维、碳纤维、芳纶 Kevlar 纤维对其增强，制成高性能复合材料可作为耐烧蚀材料和热屏蔽结构材料，如用于飞机和航天器的雷达天线罩、机翼以及制造火箭助推剂喷嘴的耐火锥体和绝热材料，同时也是导弹、航天飞机壳体框架较好的替补材料。此外，填充碳化硅粉末的复合材料还可制造耐激光的防护材料。

Spain 和 Ray[105] 认为 PBI 的最高允许温度（在该温度下经受 10min）为 650℃以上，PBI 层压材料的短期耐高温性能无疑促进了其在耐烧蚀制品方面的应用。PBI 还可作为制作太空缆的高强度高分子材料。目前，碳纳米管的拉伸强度或断裂强度是人类所发现或合成的材料中最高的，能达到约 256GPa 的拉断强度和 1.8TPa 的杨氏模量[106]。PBI 树脂基玻璃纤维增强复合材料的常温弯曲强度最高可达 630MPa。倪礼忠[107] 等以聚甲基二苯乙炔基硅烷（MDPES）通过共混改性聚苯并咪唑树脂，提高了 PBI 树脂的熔融性并延长了树脂熔融状态的时间。同时 PBI 优良的耐热性保持不变，所制备的复合材料常温弯曲强度为 240.9MPa，240℃弯曲强度保持率 84.1%，吸水率下降为纯 PBI 的 50%。

（3）PBI 在质子交换膜中的应用

聚苯并咪唑由于具有优良的热稳定性和化学稳定性等特性，聚苯并咪唑膜在掺杂了适量的无机酸后可以在无水条件下使用，为 HT-PEMFC 的良好性能提供了必要的帮助，因此受到了广泛的关注。为此许多研究者在这方面作了大量的工作，主要有：①在 PBI 膜中直接加入质子给体，例如加强酸（磷酸或硫酸等）；②对 PBI 进行 N 取代反应，引入磺酸基团；③将 PBI 与其他高分子电解质共混后作为质子交换膜[108]。其中，第一种方法具有更好的前景。

酸掺杂 PBI 复合膜有如下优点[109]：①热稳定性能优异，磷酸掺杂的 PBI 质子交换膜在 500℃才开始降解；②具有良好的质子导电性能，在 160℃时 PBI-H_3PO_4 复合膜的电导率可达 10^{-5}S/cm；③ PBI 复合膜具有较低的甲醇渗透率，可直接用于甲醇燃料电池（DMFCs）；④ PBI 复合膜在导电过程中几乎可以不需要水的参与，在 PBI 高分子电解质膜中水的静电渗透扩散系数近似于零，这就使得这类燃料电池可在不用外加水分的情况下稳定地工作，这样 PBI 复合膜就可以用于中温燃料电池。酸掺杂 PBI 复合膜的导电性能较出色。

（4）气体分离膜

聚苯并咪唑具有优异的化学稳定性和热稳定性以及较高的 T_g，是很有前途的高温气体分离膜材料 [110-111]，此特性可用于从燃烧前合成气中分离 H_2 和 CO_2，这需要 150～300 ℃的操作温度。但 PBI 透气性低，因此，需要在不牺牲膜的选择性或力学性能的情况下提高透气性，目前多采用低分子量的聚环氧乙烷（PEO）或聚碳酸丙烯酯（PPC）作为接枝物和共混物，通过控制热处理去除这些低分子量牺牲成分将允许在膜中形成"纳米空隙"，从而提高渗透率。

8.4　聚苯并噻唑

聚苯并噻唑（PBT）是刚性棒状结构的高分子，具有高强度、高模量、高热氧稳定性，能在液晶状态下纺丝成膜 [112]，正受到国内外研究者的极大重视。1983 年美国空军材料研究室报道了用 PBT 制作的高分子材料经 550℃退火，其弹性模量为 65GPa，拉伸强度为0.7GPa，其综合力学性能优于铝合金，而且抗腐蚀性和抗辐射性很好，可用于航天、导弹以及防弹等各种增强的结构材料。

8.4.1　聚苯并噻唑的合成方法

8.4.1.1　聚苯并噻唑的合成单体

（1）对苯二硫脲的合成

在 1000mL 锥形瓶中加对苯二胺 50g（0.462mol），去氧水 400mL，浓盐酸 90mL，活性炭 3.5g，加热至 50℃搅拌，溶液趁热过滤至 1000mL 三颈瓶中，加硫氰酸铵 140.77g（1.849mol），于 96℃回流 24 小时，使体系自然冷至室温，过滤，收集黄色颗粒状产物，用热水洗涤，于 100℃减压干燥至恒重（图 8-24）。

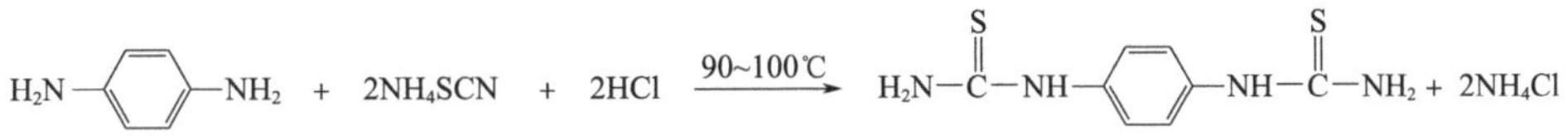

图 8-24　对苯二硫脲（PPBT）的合成

（2）2,6- 二氨基苯并二噻唑的合成

于 250mL 两口瓶中加入醋酸 50mL，PPBT10g，搅拌下滴加 4.9mLBr₂ 和 10mL 冰醋酸混合液，80℃下回流过夜。通氨使体系自然冷却，过滤，黄色固体用浓氨水洗涤，再用水洗至中性，减压干燥至恒重（图 8-25）。

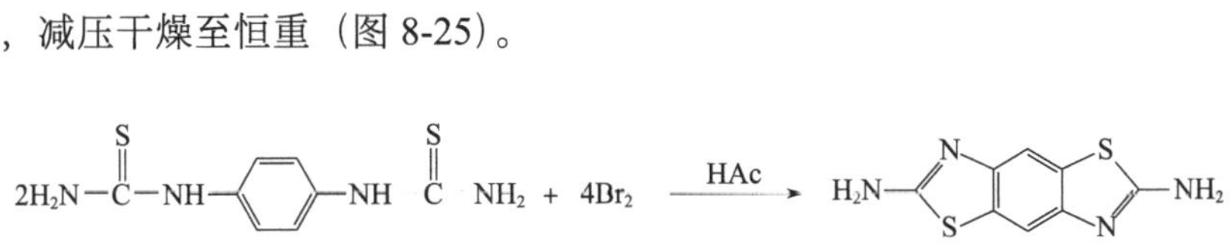

图 8-25　2,6- 二氨基苯并二噻唑（DABBT）的合成

（3）2,5-二氨基-1,4-苯二巯基二盐酸盐（DABDT）的合成

于 500mL 二颈瓶中加 KOH162g（2.879mol），去氧水 170mL，稍冷后通氩气，加入 DABBT 40g（0.180mol），回流 5 小时后冷至室温，搅拌过夜，在氩气保护下将溶液转移封嵌有玻璃砂芯的滴液漏斗中过滤，加去氧水 90mL，搅拌使固体溶解，液体过滤至盛有 300mL 浓盐酸和 300mL 去氧水的三颈瓶中，立即有大量白色细晶生成。静置过夜，过滤后用 160mL 甲醇洗涤，收集固体产物，减压干燥至恒重，得单体 DABDT（图 8-26）。

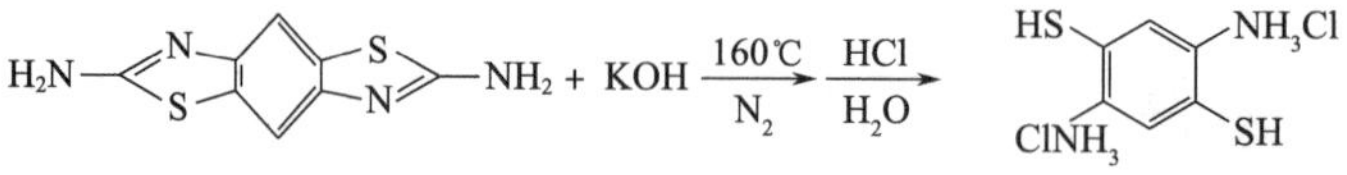

图 8-26　2,5-二氨基-1,4-苯二巯基二盐酸盐（DABDT）的合成

（4）聚苯并噻唑的合成

在聚合管中加单体 DABBT 15.0g（161.2mmol），PPA 115.6g，通氩气于室温搅拌反应 24h，70℃恒温 34h，然后抽真空直到体系不再有 HCl 气体逸出。加入对苯二甲酸 10.16g（61.2mmol），PPA 163g，迅速升温至 110℃，5h 内升温至 165℃，在此期间交替抽真空与通氩气。体系在氩气保护下于 165℃、180℃、195℃下各搅拌反应 12h，反应结束后，趁热分离稠糊状高分子溶液，在玻璃板上用聚四氟乙烯棒手推成膜，在水中沉淀出高分子，用清水将黄棕色高分子薄膜洗至中性，再用丙酮洗涤，室温下干燥（图 8-27）。

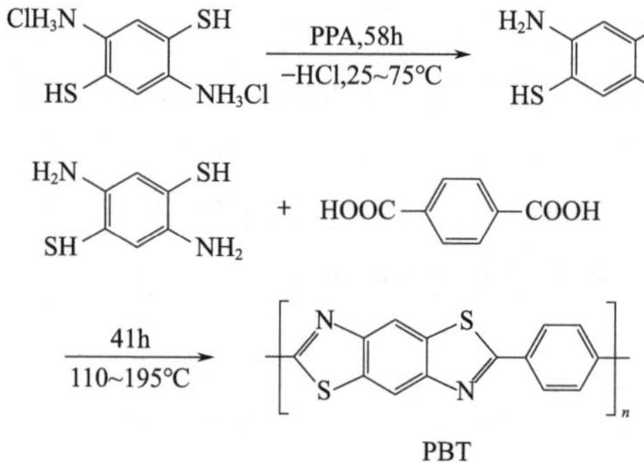

图 8-27　PBT 高分子的合成

8.4.1.2　PBT 高分子合成方法的改进[113]

由于 PBT 是由单体 DABDT 和对苯二甲酸缩聚而得，因此，获得高分子量的 PBT 在于严格控制两单体的等摩尔比，关键又在于以下两方面：①充分脱除单体 DABDT 中的 HCl 单体，DABDT 中由于 HCl 的存在使得氨基钝化，只有在 HCl 脱去后才能与对苯二甲酸反应。聚合系统真空度的大小将直接影响单体 DABDT 脱 HCl 的程度；②单体 DABDT 和对苯二甲酸的充分接触缩聚反应是可逆反应，由于两种单体均为粉末状样品，PPA 的黏度又大，两种反应物在其中的扩散速度极慢，使得它们之间的接触比较困难。使两单

体充分接触的措施是将对苯二甲酸充分研细，并在加入对苯二甲酸的最初阶段加快搅拌速度。

8.4.2 聚苯并噻唑的应用

（1）气体分离膜

聚苯并噻唑和聚苯并噁唑、聚苯并咪唑一样，同样具有作为气体分离膜材料的优势，都是具有平、硬、刚性的棒状亚苯基杂环状环单元的高度热稳定的梯状玻璃态高分子。在该类高分子中的硬、刚性的环单元被有效包裹，留下非常小的可渗透通过的自由体积单元，这有利于制备具有高渗透性和高选择性的高分子膜，也是气体分离方向上最有前景的。然而，这类具有高热稳定性和化学稳定性的芳族 PBT、PBO 和 PBI 高分子在常用有机溶剂中溶解性较差，是难以通过最实用的溶剂流延方法制备高分子膜的常用高分子材料。目前来说，将高分子骨架中杂环酰亚胺氮邻位含有侧官能团的可溶性芳族聚酰亚胺热转化为芳族聚苯并噁唑或聚苯并噻唑不失为形成 PBO 或 PBT 高分子膜的一种好的替换方法。

（2）质子交换膜

目前，磺酸型全氟质子交换膜如 Nafion 膜材料虽已商业化，但价格昂贵、在高温或低湿条件下质子传导率降低以及甲醇渗透率高等不足限制了其更为广泛的应用。因此，在新型质子交换膜材料的研究开发中，更多关注放在磺化特种工程塑料方面。聚苯并噻唑和聚苯并咪唑、聚苯并噁唑同为综合性能优异的特种工程塑料，具有优异的热稳定性、化学稳定性和尺寸稳定性能。Wainright[114] 等 1994 年首次报道了磷酸掺杂聚苯并咪唑并应用于质子交换膜。此后，酸或碱掺杂聚苯并咪唑以及磺化聚苯并咪唑的研究引起了广泛关注，这类膜拥有优异的物理化学性能以及电学性能，使其在 PEMFC 领域具有广阔的应用前景。

（3）纤维

PBT 纤维的分子结构中既有与聚酯相同的芳香环，又具有与锦纶相同的较长次甲基链段，因此它兼有涤纶的优良力学性能以及锦纶的柔软和耐摩擦性，且可染性和着色性超过涤纶和锦纶，可用分散性染料直接进行常压沸染，染得纤维色泽鲜艳，色牢度及耐氯性优良。PBT 纤维的最大特点是回弹性，其卷曲弹性良好，延伸性接近氨纶，两者均比涤纶高出 40%～50%。一般锦纶和涤纶的弹性是加捻变形赋予，属于能量弹性，故织物表面不够丰满且有冰冷感；而 PBT 纤维的弹性来自分子结构的伸缩性。此外，PBT 较高的刚性使纤维能产生较好的蓬松度，从而得到极佳的蓬松性和卷曲值，除优良的表面硬度外，在湿态下还具有极好的保形性 [115]。

8.5 聚吡啶

随着航天、航空飞行器向着高马赫数、高机动性、高精确控制、高可靠性的方向发展，由气动加热引起的飞行器表面驻点温度不断提高，表面驻点温度短时高达 400～600℃，这也就要求耐热性材料需要进一步提高耐热性能，以满足需求。而芳杂环高分子聚苯并咪唑吡咯烷酮（即聚吡咙，PPy）由于具有良好的耐热、耐湿热、耐腐蚀及电绝缘性能，较高的弹性模量赋予其优异力学性能，并以高辐射稳定性和耐热氧化著称，有着制备≥400℃耐高温先进材料的诱人前景而得到了广泛关注[116-117]。

8.5.1　聚吡咙的合成方法

PPy 可通过吡咙的化学或电化学氧化聚合来制备，其中化学氧化聚合得到的一般为粉末样品，而电化学聚合则可直接得到导电 PPy 薄膜。

8.5.1.1　化学氧化聚合

化学聚合是在一定的反应介质中通过采用氧化剂对单体进行氧化或通过金属有机物偶联的方式得到共轭长链分子并同时完成一个掺杂过程，该方法的合成工艺简单，成本较低，适于大量生产。合成聚吡咙产品时的机理：首先，当体系中有氧化剂存在时，呈电中性的一个聚吡咙单体分子会在氧化剂的作用下被氧化失去一个电子，变成阳离子自由基。然后两个阳离子自由基在体系中碰撞结合成含有两个阳离子自由基的双阳离子二聚吡咙，此时的双阳离子在体系中经过歧化作用生成一个呈电中性的二聚吡咙。电中性的二聚吡咙又会与体系中的阳离子自由基相互结合生成三聚吡咙的阳离子自由基，经过歧化作用而生成三聚体的聚吡咙，周而复始最终生成了长分子链的聚吡咙。

芳香族四胺与芳香族四酸二酐单体等摩尔比通过缩聚反应，首先形成 PPy 前体溶液-聚（氨基酰胺酸）（PAAA），该反应受单体摩尔配比、反应温度以及加料顺序的影响。经过多次实验，发现将四酸二酐溶液滴加到芳香族四胺溶液中使其发生缩聚反应，可以得到高分子量的 PAAA 黏稠溶液。PAAA 溶液经两步热环化工艺可以得到 PPy 薄膜，PAAA 在热环化过程中发生了如图 8-28 所示的化学反应过程。首先在 180℃生成聚氨基酰亚胺（PAI），随后在 350℃下再次脱水环化得到 PPy[118]。

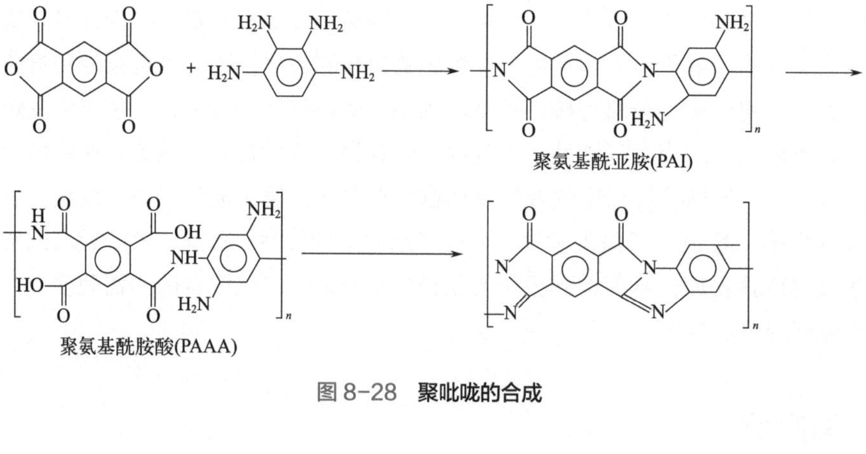

图 8-28　聚吡咙的合成

8.5.1.2　电化学聚合

电化学聚合是通过控制聚合条件如电解液种类、吡咙单体的浓度、溶剂、聚合电压、电流大小和温度等因素可制备具有各种不同形貌和性能的高聚物膜[119]。进行电化学聚合的电极可以是各种惰性金属电极（如铂、金、不锈钢、镍等）以及导电玻璃、石墨和玻-碳电极等。在使用电化学方法制备聚吡咙时的聚合机理与用化学氧化法制备时的机理相似，也可以用自由基机理来解释：首先，吡咙单体分子在电场的作用下，会在电极的表面失去电子而成为阳离子自由基，然后自由基会与另一单体相互结合而成为吡咙的二聚体。经过链增长步骤，最终得到聚吡咙大分子链。

8.5.2　聚吡咙的应用

（1）气体分离膜

聚吡咙具有良好的耐热、耐湿热、耐腐蚀等如此多优异的性能，但是，聚吡咙树脂的刚性链结构也使其加工遇到困难，为了使聚吡咙的应用更广泛，可以作为气体分离膜等的材料，改善它的加工性能成为了重中之重[120]。而目前的研究热点则是在聚吡咙高分子中引入芳杂环（如吡啶环、喹啉环等）以期得到耐热性能、溶解性能和电性能良好的高分子材料。因为吡啶是一种刚性的芳杂环分子，具有很好的耐热性能及化学稳定性能，所得含吡啶环高分子具有很好的热稳定性及化学稳定性，借助吡啶环上极性 N 原子的质子化又可增加含吡啶高分子在极性溶剂中的溶解性从而提高高分子的可加工性，而 N 原子的配位作用使含吡啶环高分子可作为催化剂载体与 Pt^{2+}、Pd^{2+} 等金属离子配位。

（2）光电器件

聚吡咙是绝缘体，电导率在 10^{-14}S/cm 范围内[121]，因为具有离域的 π 电子结构，通过化学或电化学掺杂可形成导电高分子，通过离子注入或热处理以后，聚吡咙薄膜的电导率能达到 $\geq 10^{-2}$S/cm，比原始聚吡咙的电导率提高了约 12 个数量级。文献已报道了将 BBL（梯形聚吡咙）和 p 型材料 PPV（聚对苯乙炔）做成双层太阳能电池，得到了很好的光伏性能，在光强为 80mW/cm²，短路电流为 2.3mA/cm²，填充因子为 47% 的条件下，能量转换效率（PCE）达到 1.4%。因此，聚吡咙在有机光电器件的应用中被认为是最具前景的半导体高分子之一。目前，聚吡咙作为光电材料的研究主要集中在本征半导体、光伏性能和非线性光学等方面。

8.6　聚苯基三嗪

随着核动力装置、地热水的开发以及一些化工过程高温、高压水环境中要求高分子材料既耐高温又耐水解，自 20 世纪 50 年代以来，开发研究了一批具有优良的耐热性、耐热氧化性、耐化学介质性、电绝缘性和力学性质等性能的芳杂环高分子材料[122]，但是芳杂环高分子材料的耐高温水解性并不是都很好，而聚苯基三嗪材料由于其耐高温又耐水解而受到了大家的关注。

8.6.1　聚苯基三嗪的合成方法

聚苯基三嗪中以聚苯基 -1,3,5- 三嗪（均三嗪）最常见，所以下面展示聚苯基 -1,3,5- 三嗪的合成方法。将联苯二脒（NC-Ar-CN）与乙酸酐进行缩聚反应，合成了聚苯基 -1,3,5- 三嗪（图 8-29）[123]。

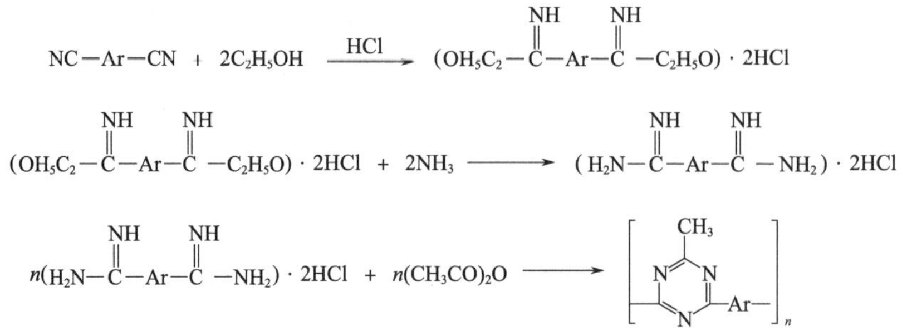

NC—Ar—CN ＋ 2C₂H₅OH →[HCl] (OH₅C₂—C—Ar—C—C₂H₅O)·2HCl

(OH₅C₂—C—Ar—C—C₂H₅O)·2HCl ＋ 2NH₃ → (H₂N—C—Ar—C—NH₂)·2HCl

n(H₂N—C—Ar—C—NH₂)·2HCl ＋ n(CH₃CO)₂O → 三嗪结构

图 8-29　聚苯基 -1,3,5- 三嗪的合成
NC—Ar—CN 为联苯二脒

8.6.2　聚苯基三嗪的应用

（1）含氮杂环改性

一方面，含氮杂环化合物的构建不仅可以推动有机合成尤其是药物合成的发展，还可以极大地丰富药物分子的种类，为新药研发提供更多的选择，从而推动药物化学的发展。因此，开发高效和简便地合成含氮杂环的方法一直以来都是化学家们研究的热门课题。另一方面，1,3,5- 三嗪烷由于其稳定性、结构多样性以及易于制备和处理而成为有吸引力的合成砌块[124]。该类化合物可由多聚甲醛和胺类化合物发生缩合反应制备。

（2）光电器件

近几十年里，随着对共轭高分子的深入研究，含缺电子杂环高分子方面的研究引起了人们的广泛关注。由富电子环与缺电子环构成的高分子的分子内具有电荷移动的特性，可以降低基态和激发态之间的能量，可生成电荷移动型高分子。均三嗪是一种典型的电子受体六元杂环，与典型的缺电子杂环（比如吡啶、嘧啶）相比，含有吸电子的 3 个亚胺结构使得均三嗪具有更大的电子亲和性。此外，在均三嗪环上可以做各种化学修饰，其衍生物往往显现出良好的发光与分子自组装性能。由缺电子均三嗪与富电子噻吩、芴构成的小分子衍生物和超分子具有较好的光学与电化学性能[125-127]。

（3）除草剂

三嗪类除草剂是早在 20 世纪 50 年代就推出的传统除草剂之一。它通过光合系统Ⅱ（PSⅡ）以 D1 蛋白为作用靶标，抑制植物的光合作用而起到除草效果，在农业生产中发挥了重要作用。其除草谱广，应用窗口期长，使用成本低，几乎没有一种新除草剂产品能与之媲美。近年来，三嗪类除草剂主要品种为莠去津，又名阿特拉津，是应用最为广泛的农药品种之一，多年来在三嗪类除草剂市场中一直占据重要地位，是三嗪类除草剂中最大品种。莠去津为广谱、内吸性除草剂，具有很强的选择性，广泛用于玉米、甘蔗、谷物、油菜、果蔬、草坪，以及非农领域，防除一年生禾本科杂草、阔叶杂草、十字花科杂草和豆科杂草，如马唐、稗草、狗尾草、莎草、看麦娘、蓼、藜等，对部分多年生杂草也有效。莠去津种植前、芽前、芽后均可施用，有效成分用量为 0.45～4.5kg/hm²。

参考文献

[1] 蒋大伟，姜其斌，刘跃军，等. 聚酰亚胺的研究及应用进展 [J]. 绝缘材料，2009, 42(2): 33-35.

[2] 李华南，封伟，王挺. 聚酰亚胺合成及应用进展 [J]. 吉林建筑大学学报，2017, 34(2): 102-106.

[3] 黄文溪. 由芳香四酸二酯合成聚酰亚胺 [D]. 长春：中国科学院长春应用化学研究院，1996.

[4] 宋晓峰. 聚酰亚胺的研究与进展 [J]. 纤维复合材料，2007(3): 33-37.

[5] 张海玲. 芳香族微孔聚酰亚胺的制备及性能研究 [D]. 绵阳：西南科技大学，2013.

[6] 蒋超，马文中，李太雨，等. 界面聚合法合成聚酰亚胺渗透汽化膜及表征 [J]. 高校化学工程学报，2019, 33(3): 8.

[7] Liaw D J, Liaw B Y, Tseng J M. Synthesis and characterization of novel poly(amide-imide)s containing hexafluoroisopropylidene linkage[J]. Journal of Polymer Science Part A: Polymer Chemistry, 1999, 37(3): 14.

[8] Lavrov S V, Ardashnikov A Y, Kardash I E, et al. Cyclization of aromatic polyamido acids to polyimides. Kinetics of cyclization of a model compound of *N*-phenylphthalamidic acid[J]. Chemical Abstracts, 1977, 24(2): 11.

[9] Pravednikov A N, Kardash I Y, Glukhoyedov N P, et al. Some features of the synthesis of heat-resistant heterocyclic polymers[J]. Polymer Science USSR, 1973, 15: 399-410.

[10] Frost L W, Kesse I. Spontaneous degradation of aromatic polypromellitamic acids[J]. Journal of Applied Polymer Science, 1964, 8(3): 1039-1051.

[11] Koton M M. The synthesis, structure and properties of aromatic polyimides (PI). A review[J]. Polymer Science U.S.S.R. 1979,21(11):2756-2767.

[12] Krishnan P, Santhana G, Vora D, et al. Synthesis, characterization and kinetic study of hydrolysis of polyamic acid derived from ODPA and *m*-tolidine and related compounds[J]. Polymer, 2001, 42(1): 5165-5174.

[13] Mochizuki A, Teranishi T, Ueda M. Preparation and properties ofpolyisoimide as a polyimide-precursor[J]. Polymer Journal, 1994, 26(3): 315-323.

[14] Sidorovich A V, Korzhavin L N, Prokopchuk N R, et al. Elastic properties of oriented polyarylenimides[J]. Polymer Mechanics, 1978, 14(6): 778-782.

[15] Koton M M, Svetlichnyi V M, Kudryavtsev V V, et al. Polyimides with ether-sulphone groups on the amino-component[J]. Polymer Science USSR, 1980, 22(5): 1163-1168.

[16] Koton M M, Kudryavtsev V V, Adrova N A, et al. Investigation of the formation of polyamido-acids[J]. Polymer Science USSR, 1974, 16(9): 2411-2418.

[17] Adrova N A, Artyukhov A I, Baklagina Y G, et al. Structure and properties of some crystallizable polyester imides (PEI)[J]. Polymer Science USSR, 1973, 15(1): 175-185.

[18] Dine-Hart R A. Hydrazine - based polyimides and model compounds[J]. Journal of Polymer Science Part A-1: Polymer Chemistry, 2010, 6(10): 2755-2764.

[19] Lee T, Park S S, Jung Y, et al. Preparation and characterization of polyimide/mesoporous silica hybrid nanocomposites based on water-soluble poly(amic acid) ammonium salt[J]. European Polymer Journal, 2009, 45(1): 19-29.

[20] J, V, Facinelli, et al. Controlled Molecular Weight Polyimides from Poly(amic acid) Salt Precursors[J]. Macromolecules, 1996, 29(23): 7342-7350.

[21] Yoshiaki, Echigo, Hisayasu, et al. A high solid precursor solution of thermoplastic polyimides[J].

Journal of Polymer Science Part A: Polymer Chemistry, 1999, 13(5): 358-359.

[22]   Korshak V V, Babchinitser T M, Kazaryan L G, et al. Crystallization of alkyl-aromatic polyimides (polyalkanimides)[J]. Journal of Polymer Science Part B: Polymer Physics, 2010, 18(2): 25-27.

[23]   Morton M, Fetters L J. Polyimides derived from cyclooctadiene dianhydrides[J]. J. Polym. Sci. Polym. Chem. Ed. 1975. 13(1): 171-187.

[24]   Molodtsova Y D, Pavlova S A, Timofeyeva G I, et al. Molecular weight characteristics of a cardic polyamidoester prepared by low temperature polycondensation[J]. Polymer Science USSR, 1974, 16(10): 2529-2537.

[25]   Shibayev L A, Yu N, Sazanov N G, et al. Mass spectrometric thermal analysis of the cyclodehydration of polyamic acids[J]. Polymer Science USSR, 1982,24 : 2922-2929.

[26]   Saini A K, Carlin C M, Patterson H H. Confirmation of the presence of imine bonds in thermally cured polyimides[J]. Journal of Polymer Science Part A: Polymer Chemistry, 1993, 31(11): 358-361.

[27]   Chen Y, Spiering A J H, Karthikeyan S, et al. Mechanically induced chemiluminescence from polymers incorporating a 1,2-dioxetane unit in the main chain[J]. Nature Chemistry, 2012, 4(7): 559-562.

[28]   Dinehart R A. Preparation and fabrication of aromatic polyimides[J]. Journal of Applied Polymer Science, 2010, 11(5): 609-627.

[29]   Krasnov E P, Kharkov S N, Vorobev E A, et al. Structure and properties of fibres from aromatic polyamides with steric side groupings[J]. Fibre Chemistry, 1973, 4(3): 244-247.

[30]   Sazanov Y N, Shibaev L A, B. A. Zaitsev, et al. Comparative thermal analysis of thermally stable polymers and model compounds 1. Polyphenylene and related compounds[J]. Thermochimica Acta, 1977, 19(2): 141-145.

[31]   Endry A G. US 3179630[P]. 1963.

[32]   Bessonov M I, Zubkov V. Polyamic acids and polyimides: Synthesis, transformations, and structure[M]. New York: CRC Press, 1993.

[33]   Korshak V V, Vinogradova S V, Vasnev V A, et al. Some problems of nonequilibrium copolycondensation[J]. Journal of Polymer Science: Polymer Chemistry Edition, 1973, 56(12): 7.

[34]   Hendrix W R. US 3179632[P]. 1963.

[35]   Angelo R J, Tatum W E. US, 3316212, 1967.

[36]   Vinogradova S V, Vygodskii Y S, Vorob'Ev V D. Chemical cyclization of poly(Amido-acids) in solution[J]. Polymer Science USSR, 1974, 16(3): 584-586.

[37]   Korshak V V, Rusanov A L, Tugushi D S. Reductive polyheterocyclization: A new approach to the synthesis of polyheteroarylenes[J]. Polymer, 1984, 25(11): 1539-1548.

[38]   Vinogradova S V, Vygodskii Y S, Vorob'Ev V D, et al. Chemical cyclization of poly(Amido-acids) in solution[J]. Polymer Science USSR, 1974, 16(3): 587-589.

[39]   Kreuz J A. US 3271366[P]. 1966.

[40]   Sato M, Tada Y, Yokoyama M. Preparation of phosphorus-containing polymers—XXIII: Phenoxaphosphine-containing polyimides[J]. Eur. Polym. J, 1980, 16(8): 671-676.

[41]   Angelo R J. US 328289853[P]. 1966.

[42]   Hand J D. US 3868351[P]. 1976.

[43]   Hand J D. US 3996203[P]. 1976.

[44]   Sauers C K, Gould C L, Ioannou E S. Reactions of N-arylphthalamic acids with acetic anhydride[J]. Journal of the American Chemical Society, 1972, 94(23): 8156-8163.

[45] Sviridova T A, Chaĭlakhian L M, Nikitin V A. A method of local electrofusion of pronuclei with enucleated zygotes[J]. Doklady Akademii Nauk Sssr, 1987, 295(1): 241.

[46] Liaw D J, Wang K L, Huang Y C, et al. Advanced polyimide materials: Syntheses, physical properties and applications[J]. Progress in Polymer Science, 2012, 37(7): 907-974.

[47] Kim Y J, Glass T E, Lyle G D, et al. Kinetic and mechanistic investigations of the formation of polyimides under homogeneous conditions[J]. Macromolecules, 2002, 26(6): 1344-1358.

[48] Kuznetsov A A. One-pot polyimide synthesis in carboxylic acid medium[J]. High Performance Polymers, 2000, 12(3): 445-460.

[49] Hasanain F, Wang Z Y. New one-step synthesis of polyimides in salicylic acid[J]. Polymer, 2008, 49(4): 831-835.

[50] Chiefari J. Water as solvent in polyimide synthesis Ⅱ : Processable aromatic polyimides[J]. High Performance Polymers, 2006, 18(1): 31-44.

[51] Goykhman M Y, Svetlichnyi V M, Kudriavtsev V V, et al. Thermally stable polyimide binders from aromatic dianhydrides and acetyl derivatives of aromatic diamines: Formation mechanism[J]. Polymer Engineering & Science, 1997, 37(8): 77-80.

[52] Kocman V, Nuffield E W. The crystal structure of wittichenite, Cu_3BiS_3[J]. Acta Crystallographica. Section B, Structural Science, 1973, 29(11): 2528-2535.

[53] Sobolev A I, Chetkina L A, Gol'der G A, et al. Kristallografiya, 1973, 18(42): 1157-1158.

[54] Hargreaves M K, Pritchard J G, Dave H R. Cyclic carboxylic monoimides[J]. Chemical Reviews, 1970, 14(18): 439-469.

[55] Molodtsova Y D, Pavlova S A, Timofeyeva G I, et al. Molecular weight characteristics of a cardic polyamidoester prepared by low temperature polycondensation[J]. Polymer Science USSR, 1974, 16(10): 2529-2537.

[56] Birshtein T M, Zubkov V A, Milevskaya I S, et al. Flexibility of aromatic polyimides and polyamidoacids[J]. European Polymer Journal, 1977, 13(5): 375-378.

[57] Bolsman T A B M, Verhoeven J W, Boer T J D. The capacity of an-nitroalkyl radical for hydrogen abstraction[J]. Tetrahedron, 1975, 31(8): 1015-1018.

[58] Bessonov M I, Kuznetsov N P, Koton M M. Transition temperatures of aromatic polyimides and the physical principles of their chemical classification[J]. Polymer Ence USSR, 1978, 20(2): 391-400.

[59] Angelopoulos M, Patel N, Saraf R. Amic acid doping of polyaniline: Characterization and resulting blends[J]. Synthetic Metals, 1993, 55(2): 1552-1557.

[60] Sidorovich A V, Korzhavin L N, Prokopchuk N R, et al. Elastic properties of oriented polyarylenimides[J]. Polymer Mechanics, 1978, 14(6): 778-782.

[61] Mittal K L. Polyimides and other high temperature polymers: Synthesis, characterization and applications[M]. New York: CRC Press,2001.

[62] 赵春宝, 金鸿, 陈森, 等. 低介电常数聚酰亚胺材料制备的研究进展 [J]. 绝缘材料, 2010(2): 5.

[63] Xu R, Yan C, Xiao Y, et al. The reduction of interfacial transfer barrier of Li ions enabled by inorganics-rich solid-electrolyte interphase [J]. Energy Storage Materials, 2020, 28: 401-406.

[64] 李港, 张增奇, 金永成, 等. 高安全性聚酰亚胺凝胶聚合物电解质的研究 [J]. 电源技术, 2023, 47(4): 403-408.

[65] Liu Y, Lin D, Yuen P Y, et al. An artificial solid electrolyte interphase with high Li‐ion conductivity, mechanical strength, and flexibility for stable lithium metal anodes [J]. Advanced Materials, 2017,

29(10): 1605531.

[66] 周成飞. 聚酰亚胺泡沫塑料开发研究概述 [J]. 橡塑技术与装备, 2005, 31(6): 4.

[67] 张龙庆. 聚酰亚胺粘合剂 [C] //1999 年全国胶粘剂技术开发与生产应用学术交流会. 中国化工学会, 1999.

[68] 李悦生, 丁孟贤, 徐纪平. 聚酰亚胺气体分离膜的进展 [J]. 高分子通报, 1991(3): 9.

[69] 李悦生, 丁孟贤. 聚酰亚胺气体分离膜材料的结构与性能 [J]. 高分子通报, 1998(3): 8.

[70] 邱志明, 陈光, 张所波. 性能优化的聚酰亚胺气体分离膜材料制备及性能 [C] //2005 年全国高分子学术论文报告会论文摘要集. 2005.

[71] Ismail A F, David L I B. A review on the latest development of carbon membranes for gas separation[J]. Journal of Membrane Science, 2001, 193(1): 1-18.

[72] Okamoto K, Noborio K, Hao J, et al. Permeation and separation properties of polyimide membranes to 1,3-butadiene and n-butane[J]. Journal of Membrane Science, 1997, 134(2): 171-179.

[73] 董波. 一种聚酰亚胺超滤膜的有机溶剂稳定性试验 [J]. 膜科学与技术, 1987(1):26-32.

[74] 高素欣. 光敏聚酰亚胺光刻工艺研究 [J]. 化工新型材料, 1998(1): 34-36.

[75] 冯威, 李佐邦, 朱普坤, 等. 光敏聚酰亚胺的最新进展 [J]. 功能高分子学报, 1996(1): 125-136.

[76] 雷瑞. 含氮杂环磺化聚酰亚胺用于质子传输膜的研究 [D]. 北京: 中国科学院研究生院, 2010.

[77] 张春华, 杨正华, 丁孟贤, 等. 主链含氟聚酰亚胺液晶取向排列剂的表面性能及微观形貌 [J]. 应用化学, 2001, 18(7): 4.

[78] Wolfe J F, Loo B H, Arnold F E. Rigid-rod polymers. 2. Synthesis and thermal properties of para-aromatic polymers with 2,6-benzobisthiazole units in the main chain[J]. Journal of Sedimentary Research, 1981, 14(4): 1016-1023.

[79] Yoo E S, Gavrin A J, Farris R J, et al. Synthesis and characterization of the polyhydroxyamide/polymethoxyamide family of polymers[J]. High Performance Polymers, 2003,15(4):519-535.

[80] Tullos G L, Powers J M, Jeskey S J, et al. Thermal conversion of hydroxy-containing imides to benzoxazoles: Polymer and model compound study[J]. Macromolecules, 1999, 32(11): 3598-3612.

[81] Tullos G L, Mathias L J. Unexpected thermal conversion of hydroxy-containing polyimides to polybenzoxazoles[J]. Polymer, 1999, 40(12): 3463-3468.

[82] Hu X, Zhang J, Yue C Y, et al. Thermal and morphological properties of polyetherimide modified bismaleimide resins[J]. High Performance Polymers, 2000, 12(3): 419-428.

[83] Lee S B, Song S C, Jin J I, et al. Surfactant effect on the lower critical solution temperature of poly(organophosphazenes) with methoxy-poly(ethylene glycol) and amino acid esters as side groups[J]. Colloid and Polymer Science, 2000, 278(11): 1097-1102.

[84] 陶立明, 杨海霞, 刘金刚, 等. 芳杂环聚苯并噁唑材料的合成研究进展 [J]. 高分子通报, 2010(11): 10-25.

[85] 金宁人, 黄银华, 王学杰. 超级纤维 PBO 的性能应用及研究进展 [J]. 浙江工业大学学报, 2003(01): 84-89.

[86] 李霞, 黄玉东, 矫灵艳. PBO 纤维的合成及其微观结构 [J]. 高分子通报, 2004(4): 102-107.

[87] 胡洛燕, 汪秀琛. PBO 纤维界面改性研究 [J]. 合成纤维工业, 2008(5): 39-43.

[88] Baker R W. Future directions of membrane gas separation technology[J]. Ind Eng Chem Res, 2002(41): 1393-1411.

[89] Powell C E, Qiao G G. Polymeric CO_2/N_2 gas separation membranes for the capture of carbon dioxide from power plant flue gases[J]. J Membr Sci, 2006(279): 1-49.

[90] Bernardo P, Drioli E, Golemme G. Membrane gas separation: A review state of the art[J]. Ind Eng

Chem Res, 2009(48): 4638-4663.

[91] McKeown N B, Budd P M. Polymers of intrinsic microporosity (PIMs): Organic materials for membrane separations, heterogeneous catalysis and hydrogen storage[J]. Chem Soc Rev, 2006(35): 675-683.

[92] Han S H, Kwon H J, Kim K Y, et al. Tuning microcavities in thermally rearranged polymer membranes for CO_2 capture[J]. Phys Chem Chem Phys, 2012(14): 4365-4373.

[93] Fukukawa K I, Ueda M. Recent development of photosensitive polybenzoxazoles[J]. Polymer Journal, 2006, 38(5): 405-418.

[94] Keser B, Kroehnert S. Advances in embedded and fan-out wafer-level pac-kaging technologies[M]. New York: Wiley, 2018.

[95] Lee J W, Lee D Y, Kim H J, et al. Synthesis and characterization of acid-doped polybenzimidazole membranes by sol-gel and post-membrane casting method[J]. Journal of Membrane Science, 2010, 357(1): 130-133.

[96] 虞鑫海, 陆伟峰. 聚苯并咪唑树脂的合成及其应用 [J]. 绝缘材料通讯, 2000(5): 5-6.

[97] Spiliopoulos I K, Mikroyannidis J A, Tsivgoulis G M. Rigid-rod polyamides and polyimides derived from 4,3''-diamino-2',6'-diphenyl- or di(4-biphenylyl)-p-terphenyl and 4-amino-4''-carboxy-2',6'-diphenyl-*p*-terphenyl[J]. Macromolecules, 1998, 31(2): 522-529.

[98] Maglio G, Palumbo R, Tortora M, et al. Thermostable aromatic poly(1,3,4-oxadiazole)s from multi-ring flexible diacids[J]. Polymer, 1998.

[99] 虞鑫海. 3,3',4,4'- 四氨基二苯醚的合成及聚苯并咪唑树脂的制备 [J]. 化工新型材料, 2003, (1): 8-11.

[100] Vogel H, Marvel C. S. Polybenzimidazoles, new thermally stable polymers [J]. Journal of Polymer Science, 1961, 50(154): 511-539.

[101] 浦鸿汀, 叶盛. 聚苯并咪唑的合成、性能及在燃料电池膜材料中的应用 [J]. 高分子通报, 2006(2): 8-10.

[102] Klein D J, Harris F W. Synthesis of polyphenylquinoxaline copolymers via aromatic nucleophilic substitution reactions of an A-B quinoxaline monomer[J]. Journal of Polymer Science Part A: Polymer Chemistry, 2001, 39(12): 2037-2042.

[103] Kushwaha O S, Avadhani C V, Singh R P. Photo-oxidative degradation of polybenzimidazole derivative membrane[J]. Advanced Materials Letters, 2013, 4(10): 762-768.

[104] Mak C M. PBI: 耐热纤维的发展 [J]. 刘晓艳, 译. 国外纺织技术, 2003(8): 14-15.

[105] 陆伟峰, 虞鑫海. 聚苯并咪唑树脂的合成及其应用 [J]. 绝缘材料通讯, 2000, 34(5): 7-9.

[106] Treacy M M J, Ebbesen T W. Exceptionally high Young's modulus obserrved by individual carbon[J]. Nature, 1996, 381(6584): 678-680.

[107] 邹杨正, 周权, 倪礼忠. 甲基二苯乙炔基硅烷改性聚苯并咪唑 [J]. 塑料工业, 2007, 35(11): 22-25.

[108] Wirguin C H. Recent advances in perfluorinated ionomer membranes: Structure, properties and applications[J]. Journal of Membrane Science, 19961, 20(1): 1-33.

[109] Wang J T. Fuel cell using acid doped polybenzimidazole as polymer electrolyte[J]. Electrochimica Acta, 1996, 41(2): 193-197.

[110] Xing B Z, Savadogo O. The effect of acid doping on the conductivity of polybenzimidazole(PBI)[J]. Journal of New Materials for Electrochemical Systems, 1999, 2(2): 95-101.

[111] Borjigin K A, Stevens R, Liu J D, et al. Synthesis and characterization of polybenzimidazoles derived from tetraaminodiphenylsulfone for high temperature gas separation membranes[J]. Polymer, 2015

(71): 135-142.

[112] 王睦铿 . 聚对苯撑苯并二噻唑 [J]. 化工新型材料 , 1992, 20(2): 6.

[113] 韩哲文 , 鄢鸣镝 , 吴平平 . 聚苯撑苯并二噻唑合成方法的改进 [J]. 石油化工 , 1989(03): 160-165.

[114] Wainright J S, Wang J T. Acid-doped polybenzimidazoles: A new polymer electrolyte[J]. Journal of the Electro-chemical Society, 1995, 142(7): 121-123.

[115] 端小平 , 李德利 , 王玉萍 . 国内外 PBT 纤维的开发与应用 [J]. 纺织导报 , 2011(10): 98-100.

[116] Ewa S B, Danuta S, Eugenia G et al. Structure-properties relationship of some polyimidazopyrrolone foils[J]. High Performance Polymer, 2001,13: 109-118.

[117] Li Y F, Yang H X, Zhou L C et al. Synthesis and properties of PMR matrix resins of poly(pyrrolone-benzimidazole)s[J]. High Perform Polyms, 2004,16(1): 55-68.

[118] 刘金刚 , 杨海霞 , 范琳 , 等 . 耐高温芳杂环聚吡咙的合成与性能 [J]. 宇航材料工艺 , 2007(1): 32-35.

[119] 李永舫 . 导电聚吡咯的研究 [J]. 高分子通报 , 2005(2): 04-06.

[120] 黄美荣 , 李新贵 , 李圣贤 , 等 . 高选择性聚吡咙气体分离膜的合成及气体分离 [J]. 化工进展 , 2003, 22(9): 936-941.

[121] 刘振兴 , 朴明俊 . 低温高压条件下裂解聚吡咙薄膜导电性的初步研究 [J]. 高压物理学报 , 1997, 11(1): 7.

[122] 阿布都克尤木·阿布都热西提 . 主链含 1,3,5- 三嗪单元 π- 共轭聚合物的合成及性能研究 [D]. 乌鲁木齐 : 新疆大学 , 2016.

[123] 王玉兰 , 卢凤才 . 聚 -1,3,5- 三嗪的合成及性能 [J]. 高分子通讯 , 1984(3): 181-186.

[124] Zheng Y, Chi Y, Bao M, Qiu L, Xu X J. Gold-Catalyzed Tandem Dual Heterocyclization of Enynones with 1,3,5-Triazines: Bicyclic Furan Synthesis and Mechanistic Insights[J]. J. Org. Chem. 2017, 82(1): 2129-2135.

[125] Namazi H, Adeli M. Solution proprieties of dendritic triazine/poly(ethylene glycol)/dendritic triazine block copolymers[J]. Journal of Polymer Science Part A: Polymer Chemistry, 2005, 43 (1): 28-41.

[126] Fang Q, Ren S, Xu B, et al. New-conjugated polyaryleneethynylenes containing a 1,3,5-triazine unit in the main chain: Synthesis and optical and electrochemical properties[J]. Journal of Polymer Science Part A: Polymer Chemistry, 2006, 44 (12): 3797-3806.

[127] Srinivas K, Sitha S, Rao V J, et al. NLO Activity in some non-conjugated 3D triazine derivatives: A non-centrosymmetric crystal through conformational flexibility[J]. Journal of Materials Chemistry, 2006, 16 (5): 496-504.

动态高分子材料

动态高分子材料也称动态聚合物材料，是自 21 世纪初开始兴起的一类新型结构的聚合物材料。"超分子化学之父"-诺贝尔化学奖得主法国斯特拉斯堡大学的 Jean-Marie Lehn 在其著作《超分子化学：概念和展望》中提出了动态组合材料的概念[1]，将其定义为组成之间通过可逆连接结合而成的材料。在此基础上，Lehn 进一步提出了动态高分子（dynamic polymer）的概念[2]，并引入一个新名词 Dynamer 来表示，他指出：Dynamer 可以定义为一种结构动态的聚合物，即单体组分或分子组成通过可逆连接形成的聚合物实体，因此具有通过交换和重组其组分来改变其结构的能力。这类聚合物可以是分子性质或超分子性质，取决于连接是可逆共价键还是非共价键相互作用，如图 9-1 所示。

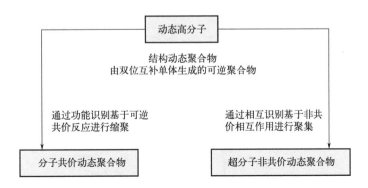

图 9-1 **动态高分子：具有分子（共价）和超分子（非共价）特性的动态聚合物**

根据定义，动态高分子通常包括以下几个关键特征：

① 可逆性：动态高分子包含可逆的键，使其能够在外部刺激下发生可逆的结构变化。这种可逆性使得材料在多个周期内可以反复发生变化，而不引起整体分子结构的破坏。

② 响应性：这些高分子对外部刺激或环境变化表现出响应性，例如温度、pH 值、光照等。这种响应性使得动态高分子可以根据环境条件调整其性质或功能。

③ 可调控性：由于可逆性和响应性，动态高分子具有可调控的性能。通过调整外部条件，可以精确地控制材料的结构、形状、力学性能等方面的特性。

④ 自修复性：一些动态高分子具有自修复功能，即它们能够在受损后重新连接，恢复

其原有的性能。这使得这些材料在制备自修复材料时具有潜在应用。

⑤ 多功能性：动态高分子常常表现出多功能性，例如自适应性、自愈合性、自组装性等。

这些特性使得动态高分子在许多领域中都具有巨大的应用潜力，如自修复材料、可控释放系统、环境响应材料等，研究动态高分子的设计、合成和性能调控已成为材料科学和工程领域的一个重要研究方向。经过近 20 年的发展，当前动态高分子研究的主要内容包括：

① 动态共价键设计与合成：研究设计和合成具有可逆性的动态共价键和非共价键，如 Diels-Alder 反应、硼酸酯键、亚胺键、二硫键、氢键、离子键、金属配位键（配位作用）等（图 9-2），以实现动态高分子的可逆性和可重构性。其他可逆共价键还有酯键、烷氧基胺结构等，可逆非共价键还包括 π-π 堆积作用、疏水 - 疏水作用等。

② 结构与性能关联研究：探究动态高分子的分子结构、链的运动方式等因素对其性能的影响，以实现所需的材料性能。

③ 可控制备技术研究：研究制备动态高分子的方法，包括单分散性、分子量分布等方面的控制，以实现材料结构的精确调控。

④ 功能性能研究：研究动态高分子的多功能性能，如自修复、自适应、自组装等，以及这些功能的实现机制和应用。

⑤ 应用研究：探索动态高分子在各个领域的应用，如医学、材料科学、电子器件等，解决实际应用中的挑战并推动其工程化应用。

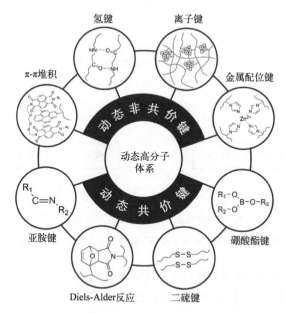

图 9-2　组成动态高分子体系的几种主要动态共价键和非共价键作用

9.1　基于可逆（动态）共价键的动态高分子

可逆共价键是一类具有可逆特性的共价键，它们能在一定的外界条件（如热、pH 值、光和催化剂等）刺激作用下，发生可逆"断裂"与"结合"，从而在分子间进行热力学平衡反应，实现分子的动态交换与重组，形成新的共价化合物。据此原理，当在聚合物中引入可逆共价键时，该聚合物同样可以发生可逆键的断裂和重组，在反应物和键合产物之间建立一个可逆平衡，因此通常在固态下就可实现聚合物拓扑结构的重组，并且在外界刺激撤销后，又可以像不可逆共价聚合物一样保持结构的稳定[3]。本节将介绍四种较为典型的基于可逆共价键的动态高分子，分别为基于 Diels-Alder 反应的动态高分子、基于二硫键的动态高分子、基于亚胺键的动态高分子以及基于硼氧键的动态高分子。

9.1.1　基于 Diels-Alder 反应的动态高分子

　　Diels-Alder 反应（DA 反应），也称为双烯加成反应，是共轭双烯烃及其衍生物（富电子组分）与含有碳-碳双键、碳-碳三键等的化合物（又可称为亲双烯体，缺电子组分）之间发生的顺式协同 [4+2] 环加成反应，最后生成环己烯衍生物。DA 反应是一种热可逆反应，一般情况下，正向成环反应温度相对较低，提高反应温度则会发生逆向的分解反应，这样的环分解反应叫作 retro-Diels-Alder（rDA）反应。因此，可以通过温度来控制反应的程度，达到化学键断裂与重组的目的。最简单的此类反应是 1,3- 丁二烯与乙烯作用生成环己烯，如图 9-3 所示。

　　通过之前基础有机化学的学习，我们知道 DA 反应是一个协同反应，呋喃、环戊二烯、环己二烯、蒽等具有 s- 顺式结构的化合物被认为是很强的双烯体，更容易发生 DA 反应；顺丁烯二酸酐（马来酸酐）、马来酰亚胺、丙烯酸甲酯等被广泛用作亲双烯体。一般来说，含有给电子基团的双烯体和含有吸电子基团的亲双烯体对反应有利。Diels-Alder 反应是有机化学合成反应中形成碳-碳键的重要手段之一，也是现代有机合成里常用的反应，研究比较充分的是呋喃-马来酰亚胺体系。呋喃作为双烯体与马来酰亚胺作为亲双烯体的反应如图 9-4 所示。基于呋喃-马来酰亚胺体系的 DA 反应的主要优点是它们能够在温和的条件下以高度可逆的方式发生，没有任何副反应，也不需要催化剂，反应效率非常高。

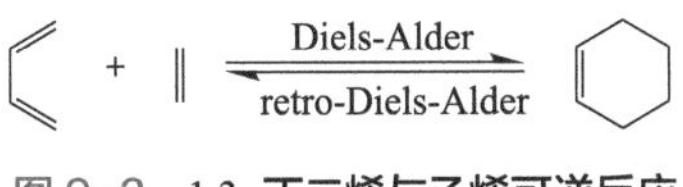

图 9-3　1,3- 丁二烯与乙烯可逆反应

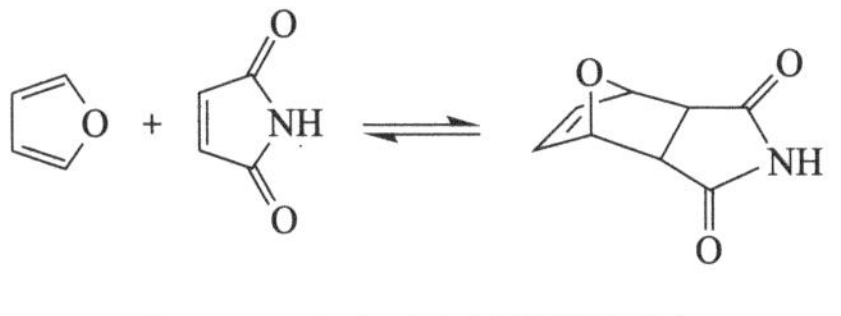

图 9-4　呋喃 - 马来酰亚胺反应

　　由于 DA 反应自身具备的可逆性，可以将 DA 反应应用到动态聚合物体系的结构设计中，赋予聚合物自修复性能以应对来自外界的破坏。当可逆聚合物网络被破坏时，在断裂部位会发生链解离和链滑移。一方面，链解离通常被认为是一种结构损伤，但它也可以在表面形成少许官能团，这些官能团有利于随后聚合物材料中相互作用的发生；另一方面，链滑移会导致构象发生变化，扩散后接触，使得键重组成为可能。如果吉布斯自由能 ΔG（$=\Delta H - T\Delta S$）＜0，聚合物体系则可以自主修复或愈合。

　　目前有两种常用的表征自修复效率的方法，但尚无统一的标准。方法一是将标准的哑铃形样条从中间裁开后对接在一起，在不同的条件下进行不同时间的修复，然后测量修复样品的拉伸强度和断裂伸长率，计算自修复效率。方法二是在样品表面用刀具划开一条划痕，在一定的条件下处理一定的时间后，用 3D 表面形貌轮廓仪测量划痕缺口横截面面积，计算自修复效率。自修复效率（η）定义如式（9-1）：

$$\eta = \frac{\sigma_{修复样}}{\sigma_{原样}} \times 100\% \text{ 或 } \eta = \frac{S_{修复前} - S_{修复后}}{S_{修复前}} \times 100\% \text{ 或 } \eta = \frac{e_{修复样}}{e_{原样}} \times 100\% \qquad (9\text{-}1)$$

式中 $\sigma_{修复样}$——修复样的拉伸强度，MPa；

       $\sigma_{原样}$——原样的拉伸强度，MPa；

       $S_{修复后}$——修复后划痕横截面面积；

       $S_{修复前}$——修复前划痕横截面面积；

       $e_{修复样}$——修复样的断裂伸长率，%；

       $e_{原样}$——原样的断裂伸长率，%。

具有热可逆性的 DA 反应已经被有效地应用于构建热可逆自修复聚合物体系，2002 年，通过呋喃 - 马来酰亚胺体系间 DA 反应制备的自修复高分子材料首次被报道[4]。利用多呋喃（4F）和多马来酰亚胺（3M）制备了可逆交联的聚合物材料，如图 9-5 所示。每个多呋喃分子上含有四个呋喃基团，每个多马来酰亚胺分子上含有三个马来酰亚胺基团。先将两种单体溶解在二氯甲烷中混合均匀，将溶液倒入玻璃模具或浇铸在石英板上，放入真空烘箱中，使得溶剂在室温下真空蒸发，然后加热得到透明的自修复聚合物材料。

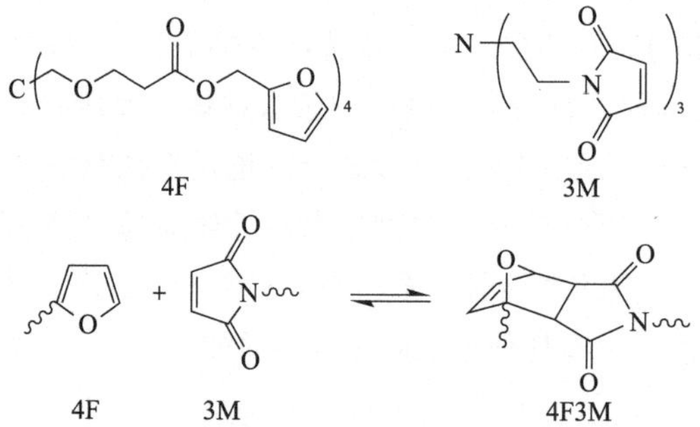

图 9-5 单体结构及合成聚合物的反应方程式

在修复试验测试中，将结构损伤后的材料置于 120℃氮气环境中 2h，材料的损伤得以修复，修复效率达到 41%，若提高修复温度至 150℃，材料的修复效率可以提高到 50%以上。由于材料的自修复能力来自 DA 反应和 rDA 反应，所以理论上可以在同一个位置实现多次修复。但总体来说，大多数基于 DA 反应的自修复体系往往需要较高的修复温度（100℃以上），修复条件较为苛刻，并且材料的修复效率不能得到保障，重复修复能力较差。

9.1.2　基于二硫键的动态高分子

二硫键通常由两个硫醇基团耦合而成，其结构为 "R—S—S—R"。二硫键最早在蛋白质分子中被发现，它由不同肽链或同一肽链中两个不同半胱氨酸残基上巯基连接而成，起着稳定肽链空间结构的作用。在含硫醇的半胱氨酸残基之间，二硫键是蛋白质二级结构和三级结构的重要组成部分，二硫键经常经历 "二硫重洗牌"，以达到一种最低能量折叠结构的状态，使其在蛋白质分子的立体结构形成上发挥重要作用。二硫键数目越多，蛋白质分子对抗外界因素影响的稳定性就愈大。二硫键的结合能力较强，典型的二硫键离解能为251kJ/mol，键长约为2.05Å，绕S—S轴旋转的势垒较低。但是二硫键的键能比C—C键和C—H键弱40%左右，其键长比C—C键长约0.5Å，所以在许多分子中二硫键往往是"弱键"，非常容易发生断裂。

二硫交换机制的实质包括三个步骤：硫醇初始电离为RS⁻，RS⁻亲核进攻二硫基部分的硫原子，使原来的S—S键断裂并形成另一个S—S键，以及生成的RS⁻质子化，如图9-6所示。由于交换需要去质子化的硫醇，因此该反应对pH值高度敏感，可以通过降低pH值来"冻结"二硫交换的过程。在大多数情况下，若pH范围在7～9之间，就可以产生足够的RS⁻浓度以进行交换。二硫键是一种弱的共价键，可以在比较温和的温度下发生动态交换反应，使其可以多次断裂和重组。通常，二硫键可以分为脂肪二硫键和芳香二硫键。两种二硫键的复合分解反应能力主要取决于它们的化学结构。脂肪族二硫化合物的S—S键一般具有比较高的键能，需要借助紫外线或者在50℃左右触发动态交换反应，而芳香族二硫化物的S—S键键能低，能够在室温时断裂和重组，无需催化剂，条件非常温和。

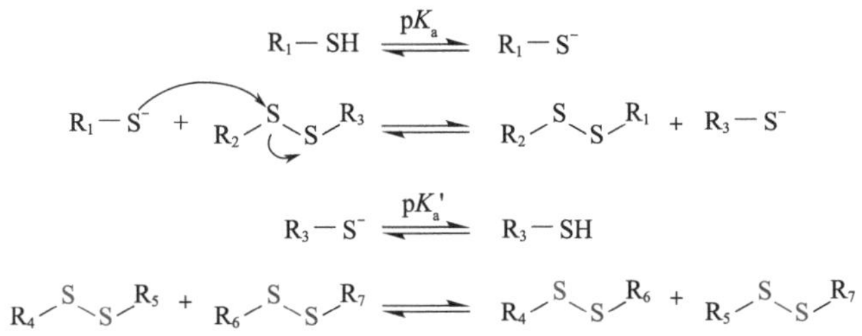

$$R_1-SH \xrightleftharpoons{pK_a} R_1-S^-$$

$$R_1-S^- + R_2\overset{S}{\underset{S}{\diagdown}}R_3 \Longrightarrow R_2\overset{S}{\underset{S}{\diagdown}}R_1 + R_3-S^-$$

$$R_3-S^- \xrightleftharpoons{pK_a'} R_3-SH$$

$$R_4\overset{S}{\underset{S}{\diagdown}}R_5 + R_6\overset{S}{\underset{S}{\diagdown}}R_7 \Longrightarrow R_4\overset{S}{\underset{S}{\diagdown}}R_6 + R_5\overset{S}{\underset{S}{\diagdown}}R_7$$

图9-6　二硫键动态交换原理

由于含硫醇的原料非常容易合成，二硫动态交换发生的条件温和且具有可控性，因此目前在高分子材料领域常被用来制备自修复聚合物。

由于二硫键是一种弱的可逆共价键，容易断裂和重组，因此引入聚合物体系可以赋予聚合物自修复性能，但所得材料的力学性能往往不高，如何平衡含二硫键的聚合物的自修复性能与力学性能是个严峻挑战。从分子设计的角度出发，一种新的自愈设计策略——"硬锁相"被提出，用来平衡自修复弹性体的力学性能、自修复性能和透明度。该自修复聚氨酯由稳定的惰性软段和具有动态脂肪族二硫化物及强氢键相互作用的活性硬段组成，如图9-7所示。其中，以中等分子量（M_n = 1000）的聚四甲基醚乙二醇（PTMEG）为软段，以氢化的4,4'-亚甲基二苯二异氰酸酯（HMDI）和脂肪族二硫双（2-羟乙基）二硫（HEDS）为硬段。其具体合成的反应流程如图9-8所示：先将聚四甲基醚乙二醇（PTMEG）置于120℃下加热2h，直到熔化以除去水分，然后与计量好的氢化4,4'-亚甲基二苯二异氰酸酯（HMDI）在催化剂二酸二丁基锡（DBTDL）的催化下反应。接着，在体系中加入双（2-羟乙基）二硫醚（HEDS）作为扩链剂，并加入适量的溶剂N,N'-二甲基乙酰胺（DMAc），防止体系黏度过大。最后将聚合物浇铸在聚四氟乙烯板上，放置在通风柜中24h，然后放置在80℃真空下24h以去除溶剂，制得自修复聚氨酯（PU）膜[5]。

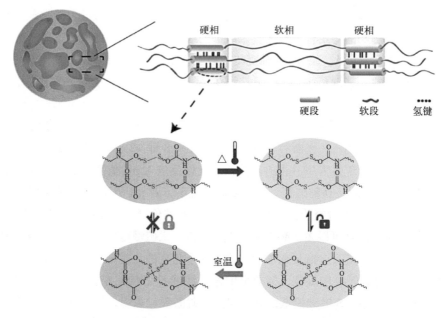

图 9-7　基于锁相二硫键的高强度自修复弹性体的设计及机理 [5]

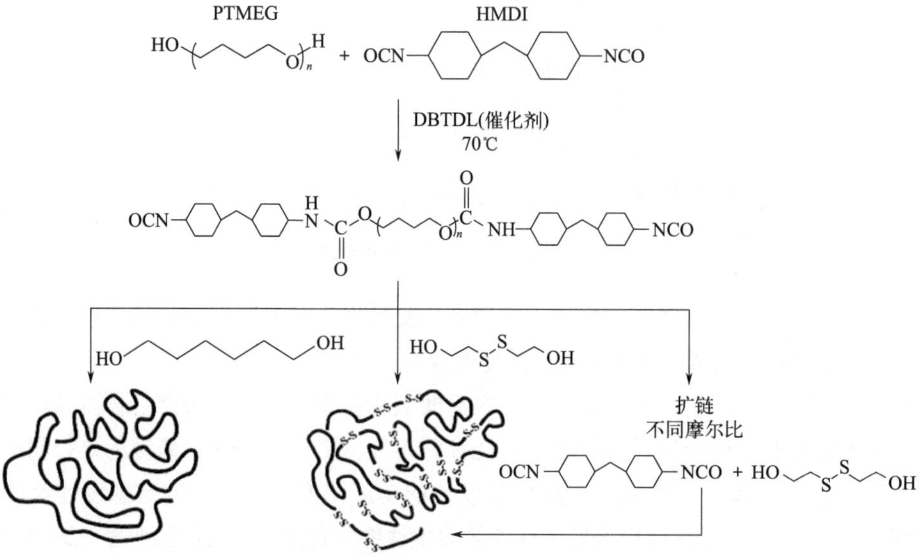

图 9-8　基于锁相二硫键的高强度自修复弹性体的合成过程 [5]

将动态二硫键引入到聚氨酯的硬段中，被软基体包围，主要锁定在硬微相结构域中，形成锁相二硫键。它在温度较低的情况下稳定，将分子链"锁定"，使材料显示出较高的强度（25MPa）和较大的断裂应变（1600%）；当温度升高时，锁相二硫键解锁，链段运动能力增强，断裂后的二硫键动态交换，使材料发生应力松弛和链重排，从而达到自愈合的目的。动态键固定在玻璃化转变温度（T_g）以下的微相区，使弹性体具有优异的拉伸力学性能。更重要的是，锁定的键可以很容易地激活，在 T_g 以上具有高动态，使弹性体具有有效的自愈和再加工能力。锁相二硫键的高动态性使材料上的表面划痕可以在 70℃下 60 秒内具有高自愈合效率（＞85%）。此外，该体系使用脂肪族二硫化合物和具有高位阻的脂环异氰酸酯的组合可以得到完全无定形的无色透明材料，有效扩大了其应用范围。

二硫键还被引入聚硅氧烷（PDMS）体系来制备含硅自修复弹性体[6]。其具体制备过程如下：将六亚甲基二异氰酸酯（HDI）缓慢加入端氨基的 PDMS 中，并加适量丙酮作为溶剂稀释浓度，在氮气气氛中于 60℃下反应 3h，制得以—NCO 结尾的 PDMS-PU 预聚物。然后在上述混合物中加入双（2-羟乙基）二硫醚（HEDS）进行扩链反应，在 60℃下反应 5h 后，得到线性 PDMS-PU 聚合物溶液。将 PDMS-PU 溶液浇铸在聚四氟乙烯的模具上，并在 90℃的烘箱中干燥 2 天得到 PDMS-PU 弹性体（图 9-9）。

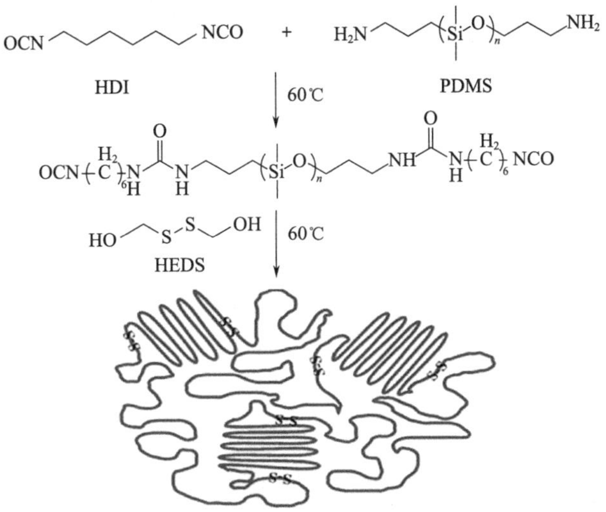

图 9-9　含二硫键的 PDMS-PU 弹性体的合成过程[6]

用刀片划伤样品，然后将样品分别放入温度为 60、90、120℃的烘箱中进行修复。发现在 120℃的温度下，只需要 3h 材料就可以完全修复。通过扫描电镜观察裂纹修复过程，如图 9-10 所示。可以清晰地观察到图 9-10（a）中的裂纹，损伤的样品在 60℃温度下加热 12h[图 9-10（b）]，在 90℃温度下加热 12h[图 9-10（c）]，在 120℃温度下加热 3h[图 9-10（d）]后，裂缝得到修复。裂纹在 60℃条件下自愈较为明显，在 90℃条件下裂纹基本消失，在 120℃下热愈合后裂纹完全消失。由此可知，修复温度越高，所需的修复时间越短，修复效果越好。力学性能测试结果表明，在 120℃时自修复效率高达 97%。在加热的情况下，二硫键会同时断裂和形成，而在自由基介导的机制中，一个二硫键的断裂会导致以硫为中心的自由基的形成，并最终攻击其他二硫键。同样，当材料损坏时，裂纹可以通过形成二硫键来修复。在该反应机制的第一阶段所必需的自由基，基本上是由于二硫键在加热条件下热解离而形成的，裂纹逐渐减小并最终消失的原因是二硫键再生，最终达到自愈的目的。

由于二硫动态交换反应发生条件温和，二硫键的加入使得聚合物在各种刺激下（包括热、光和 pH 值）都能自愈，更可以实现室温自修复。聚丁二烯中的双键和聚硫化物中的硫醇之间发生点击反应可以快速交联形成聚合物，也可以实现紫外光激发自修复。与丙烯酸酯单体的双键共聚相比，巯基光聚合是一种更有效的交联弹性体制备方法。具体制备过程如下：在室温下，将聚丁二烯橡胶（BR）加入混炼机搅拌 10min，然后加入交联剂液态聚硫聚合物，混合 5min。最后，加入 0.5%～3%（质量分数）的光引发剂 2-羟-2-甲基丙烯酮并混合 10min，然后在 20 吨压力下成型，得到 0.3mm 厚的橡胶片。在环境温度下，将橡胶片暴露在 2kW 中压汞灯下 90s，得到光交联橡胶片。其主要成分的化学结构以及紫外线照射发生光交联的过程如图 9-11 所示。

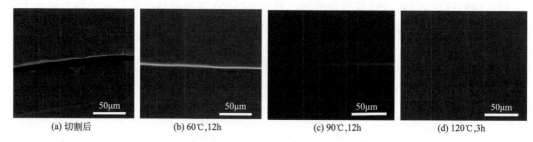

| (a) 切割后 | (b) 60℃,12h | (c) 90℃,12h | (d) 120℃,3h |

图 9-10　PDMS-PU 弹性体在不同温度下的愈合 SEM 图像 [6]

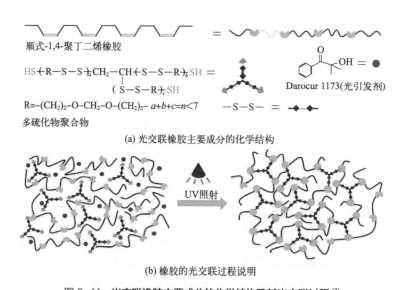

(a) 光交联橡胶主要成分的化学结构

(b) 橡胶的光交联过程说明

图 9-11　光交联橡胶主要成分的化学结构及其光交联过程 [7]

众所周知，在紫外线诱导的二硫化物复分解过程中会产生自由基，所以可以推断，紫外线照射激活的二硫化物复分解可能遵循图 9-12 所示的 [2 + 1] 自由基介导的反应机制。

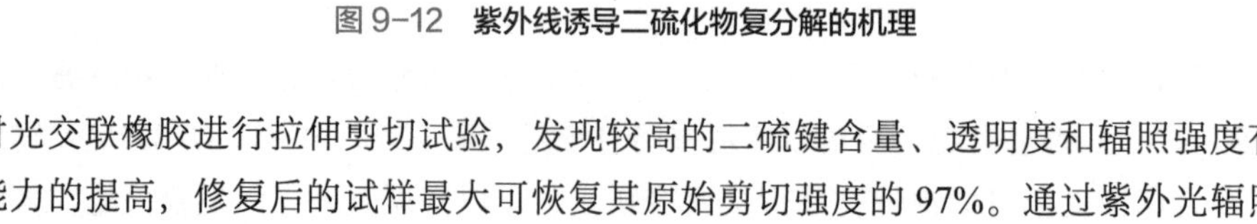

图 9-12　紫外线诱导二硫化物复分解的机理

对光交联橡胶进行拉伸剪切试验，发现较高的二硫键含量、透明度和辐照强度有利于自愈能力的提高，修复后的试样最大可恢复其原始剪切强度的 97%。通过紫外光辐照诱导二硫化物复分解，将胶粉压缩成新产品，也可直接以固体形式回收交联橡胶，再生橡胶的抗拉强度恢复到原来的 80% 左右。这再一次证明了紫外光引发的二硫交换也可以赋予聚合物重塑性。

9.1.3 基于硼氧键的动态高分子

硼是一种非金属元素，位于元素周期表的 III A 族，其为 sp^2 杂化，具有空的 p 轨道，使硼原子具有 Lewis 酸性，在 Lewis 碱的存在下，易从三角平面（sp^2 杂化）转化为四面体（sp^3 杂化）形式。

在常见的有机化合物中，有机硼酸已经成为最重要且最广泛应用于制备含硼动态高分子材料的化合物之一。有机硼酸是三价有机硼化合物，通式为 $RB(OH)_2$，是一种温和的 Lewis 酸，其中 R 是有机取代基，根据取代基 R 的不同，有机硼酸的 pK_a 范围为 4.0～8.9。由于较低的 Lewis 酸性，有机硼酸在水中不会电离出 H^+，但可以与 OH^- 形成配合物，并通过间接的质子转移形成 H_3O^+［式（9-2）］。

$$RB(OH)_2 + 2H_2O \Longrightarrow RB(OH)_3^- + H_3O^+ \tag{9-2}$$

有机硼酸与羧酸类似，在一定条件下可以与醇发生酯化反应，生成硼酸酯键，但无环硼酸酯具有极高的水解不稳定性。然而，有机硼酸可以与 1, 2- 二醇和 1, 3- 二醇分别形成稳定的五元环酯和六元环酯。当考虑硼酸酯化的热力学和动力学时，必须考虑许多参数，酯化的表观平衡常数取决于酸和二醇的 pK_a、构象刚性、立体化学位阻等因素。由于硼原子的独特性质，有机硼酸可以以三角平面 sp^2 杂化或四面体 sp^3 杂化的形式存在，三角态和四面体态之间的平衡在水系统中起着至关重要的作用，其中四面体态更容易形成稳定的环酯。以苯硼酸为例，苯硼酸是一种三价有机硼化合物，具有一个碳取代基和两个与硼原子剩余价键结合的羟基，硼原子剩余一个空的 p 轨道垂直于 sp^2 平面，可以接受一对电子对填充，导致硼原子呈 Lewis 酸性。对于大多数涉及硼酸的反应来说，硼原子的空 p 轨道与 Lewis 碱上的一对电子相互作用后从 sp^2 三角杂化转变为 sp^3 四面体杂化，形成了四面体酸自由基型配合物，使硼酸酯更加稳定。例如在苯硼酸水溶液中，如图 9-13 所示，苯硼酸可以与 OH^-（OH^- 为 Lewis 碱）配合形成羟基硼酸根阴离子。在苯硼酸酯化过程中，当溶液的 pK_a 大于苯硼酸的 pK_a 时，苯硼酸的酯化反应更容易进行。此外，硼原子可以与氮原子形成配位键，即 N → B 键，氮 - 硼的相互作用常数可高达 10^6 L/mol，可以通过体系内添加胺、吡啶、酰胺和咪唑等氮供体，形成超分子结构，以稳定硼酸酯键。

除此之外，有机硼酸通过脱水后可以形成六元环三硼酐，即环硼氧烷（$R_3B_3O_3$），其中根据 R 的不同，环硼氧烷可以分为三类：三烷基环硼氧烷、三烷氧基环硼氧烷和三芳香基环硼氧烷（图 9-14）。

目前，三苯基环硼氧烷的应用更为广泛，三苯基环硼氧烷的结构接近于扁平的正六边形，键角为 120°，与硼原子相连的三个苯环也近似于与环硼氧烷处于同一个平面，但在 Lewis 酸的存在下，硼原子可以与其形成配位键，从而改变环硼氧烷的平面结构。虽然环硼氧烷具有环状结构和三对电子，但环硼氧烷几乎没有芳香特征。环硼氧烷的形成是一个动态共价反应过程，在适当的条件下能够可逆进行，其动态特性非常适合作为动态键引入交联聚合物中，用于制备基于可逆共价反应的自修复高分子材料。最常用于合成环硼氧烷的方法有高温脱水法和配体促进三聚化，如图 9-15 所示。

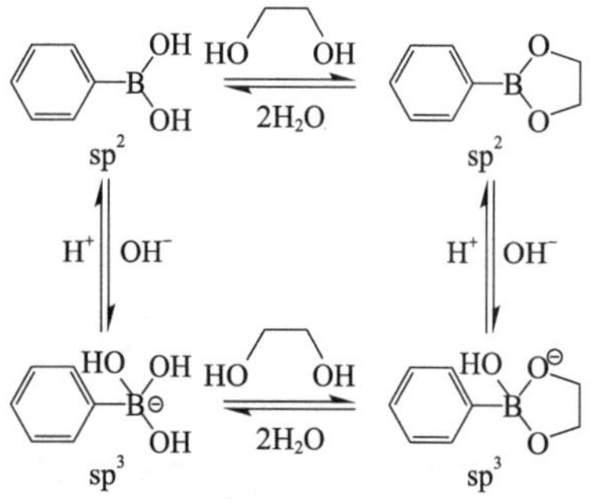

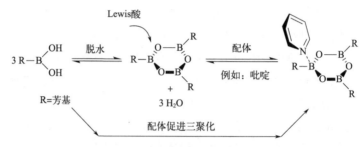

图 9-13　苯硼酸与苯硼酸酯之间的转换 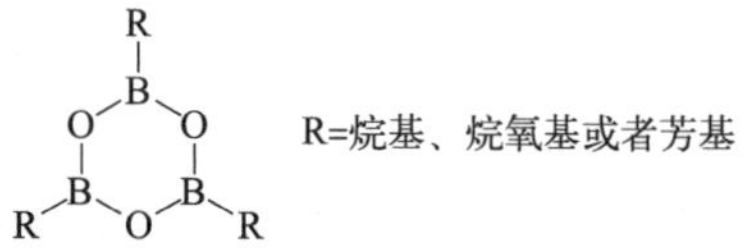　　　　　　　　图 9-14　环硼氧烷结构通式

图 9-15　芳基环硼氧烷的两步反应过程

B—O 键的键能（537.6kJ/mol）远高于 C—C 键（334.72kJ/mol），利用硼酸的反应特性，可以很容易将 B—O 键引入聚合物网络中，提高聚合物及其复合材料的稳定性和力学性能，同时还赋予聚合物一些新的性能，如阻燃、耐磨、耐烧蚀等。此外，B—O 键作为典型的动态共价键，其动态可逆性可以通过调节 pH 值和系统中水或醇的量来调节，这种独特的性质已被用来创建多孔共价有机框架、超分子聚合物和自修复材料。硼酸酯和环硼氧烷是两种重要的具有 B—O 键的有机硼化合物，目前已成功用于制备可修复和可回收的聚合物材料，本节主要介绍当前具有代表性的含 B—O 键的动态高分子材料。

21 世纪以来，动态化学研究的进展及其在聚合物网络中的应用打破了人们对传统永久共价交联聚合物材料受损无法修复及其难以回收的固有认知。永久共价交联聚合物材料如橡胶等在我们的日常生活中无处不在，其共价交联结构使橡胶具有高弹性和耐溶剂性，因此广泛应用于轮胎、密封件和阻尼减震器等。然而这类结构的聚合物在实际使用中受损后难以修复，严重缩短了它们的使用寿命。此外，诸如橡胶这类共价交联聚合物的回收和再加工不仅困难且效率低下，目前大多采用焚烧等低效率方式进行能源回收，或者直接作为垃圾倾倒造成严重的环境污染问题。尽管目前已经采用热处理和机械处理破坏橡胶的交联网络以回收再利用，但这种方式耗能极大，且聚合物主链断裂会大幅度降低力学性能，因此研发可修复和可收回的永久交联橡胶迫在眉睫。有许多研究证明，将动态键引入聚合物永久交联网络中，能够赋予此类聚合物自修复能力，改善其回收工艺，同时保证此类聚合物的力学性能，为制备高性能可修复交联聚合物提供了新策略。

如前文所述，硼酸酯和二醇 / 硼酸之间的动态平衡，使得通过可逆水解 / 键重排成为可能，在材料中引入硼酸酯键可以赋予材料良好的自修复性能，下文将介绍一类基于硼酸酯键的具有自修复能力和延展性的共价交联弹性体。如图 9-16 所示，首先将苯 -1,4 二硼酸和 1- 硫代甘油以 1∶2 的比例溶解在适量四氢呋喃和微量水中，并添加适量无水硫酸镁吸收反应中产生的水，在室温搅拌 24h 后，过滤混合物并浓缩得到粗产物，此后通过反复过滤，使用大量庚烷洗涤并浓缩来纯化所得固体，得到的白色固体是一种含可逆硼酸酯键和二硫醇的交联剂（BDB）。之后将所需量的这种交联剂和商业化丁苯橡胶（SBR）在开炼机上混合，然后将所得产物在 160℃下进行模压成型，热压过程中交联剂的硫醇基团通过热引发与SBR 进行硫醇 - 烯点击反应偶联到 SBR 的侧乙烯基上，从而在 SBR 体系中形成可逆共价交联结构[5]。

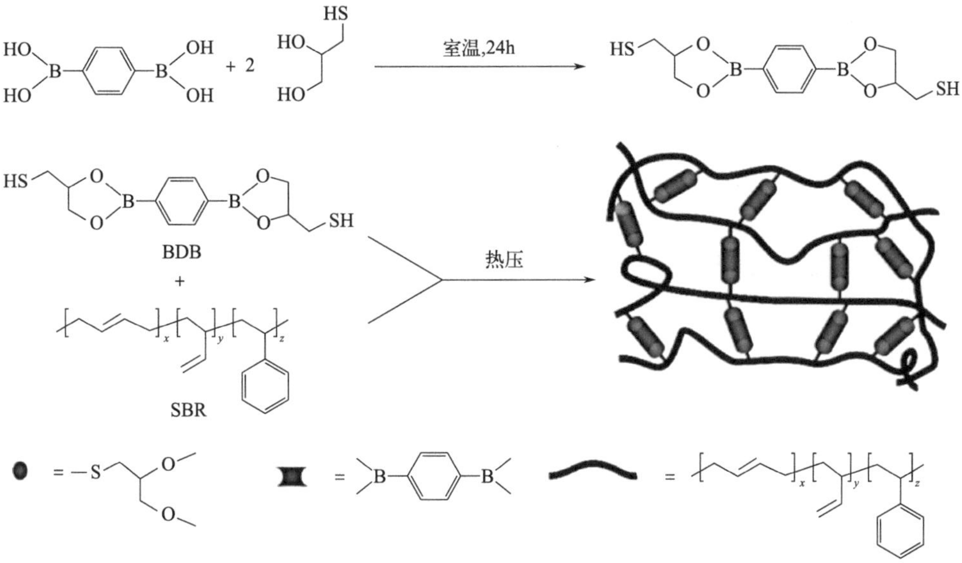

图 9-16　交联剂（BDB）的合成以及丁苯橡胶（SBR）与 BDB 通过热引发硫醇 - 烯点击反应交联[8]

　　通过将动态可逆硼酸酯键设计到聚合物交联网络中，使得橡胶具有良好的修复性和可回收性。如图 9-17 所示，由于硼酸酯键的酯交换反应，会发生网络重排和键重组，并且可以在断裂表面的界面上重新建立共价键。将切断的样品置于 80℃的条件下重新拼接，使断面互相接触，1h 即可恢复原始性能的 30%，24h 内达到原始性能的 90%，特别的是，无论接触时间如何，修复后的样品的弹性区域几乎与原始样品相同，且随着温度的增加，修复效率显著提高，这是因为随着温度升高，硼酸酯键的交换反应加速，促进链段运动，从而促进了样品的修复过程。除此之外，含动态可逆硼酸酯键的 SBR 拥有良好的可回收性，硼酸酯在网络中发生缔合酯交换反应，从而赋予交联网络在固态下重塑和再加工的能力。将样品切成小块后在 160℃下重新热压成型，原始性能几乎完全恢复，而不含硼酸酯键的 SBR 在切成小块后无法重新成型为光滑且均匀的样品，说明硼酸酯的交换反应起到了至关重要的作用。

　　除了能应用于 SBR 外，硼酸酯键还能引入环氧化天然橡胶（ENR）中。如图 9-18 所示，合成上述含硼酸酯键和硫醇基的交联剂（BDB），将所需量的 BDB 交联剂和 4- 二甲氨基吡啶（DMAP）催化剂与 ENR 在开炼机上混合，然后将所得粗产物在 160℃下进行热压，硫化成型后的样品在 80℃下退火 48h，热压过程中硫醇基与环氧基反应，在 ENR 中形成可逆交联结构[9]。

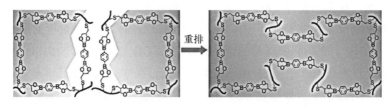

图 9-17　通过硼酸酯键的酯交换对样品进行网络重排[8]

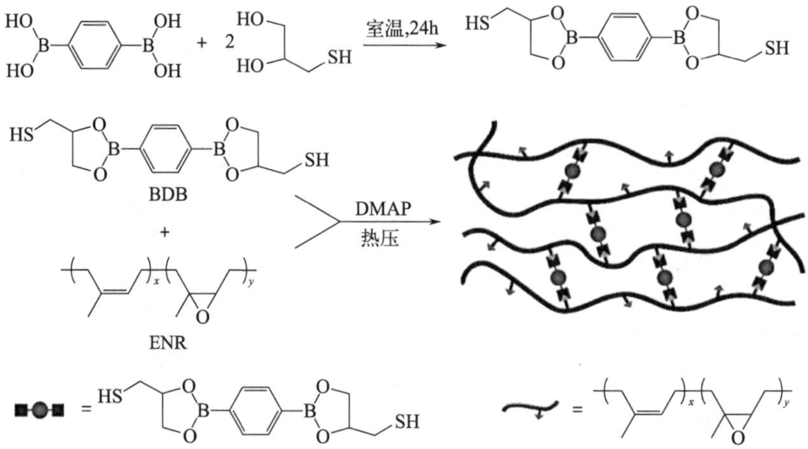

图 9-18　交联剂（BDB）的合成以及环氧化天然橡胶（ENR）与 BDB 通过硫醇与环氧基团反应交联[9]

通过硼酸酯键的酯交换反应可以实现键重排和网络重排，因此在 ENR 中引入硼酸酯键有望实现 ENR 的自修复和可回收。如图 9-19 所示，经过剪切 - 重新拼接，在 80℃修复 24h 后，修复后的 ENR 样品几乎恢复了原始性能。随着温度和修复时间的增加，材料的自修复效率上升，说明温度升高可以加速硼酸酯的交换，并且随着时间增加，分子链段运动更加充分，从而有效促进材料自我修复。同时，含硼酸酯键的 ENR 有良好的可回收性，材料切成小块后重新热压成型，与原始性能相比也几乎完全恢复。

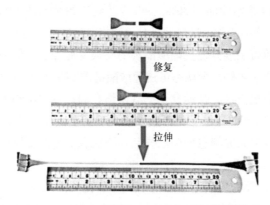

图 9-19　含硼酸酯键 ENR 的剪切 - 拼接过程[9]

除了硼酸酯键外，另一种重要含 B—O 键的动态共价键类型为环硼氧烷结构。环硼氧烷最初由于其他特性而不是其动态特性被作为聚合物材料的构建单元，又因其优异的热稳定性被用于聚电解质和光学等领域。近年来，随着环硼氧烷动态化学研究的深入，环硼氧烷作为动态聚合物网络的动态共价交联部分引起了越来越多的关注。环硼氧烷网络的动态交换过程主要由两个反应构成，即有机硼酸/环硼氧烷可逆反应和环硼氧烷交换反应，而有机硼酸/环硼氧烷平衡的受控变化用于触发网络的自修复特性。但是无论采用哪种方式进行可逆交换，体系内残余的游离硼酸基团都较少，因此，基于环硼氧烷的网络通常需要外部激活才能完全自修复。一般来说，含环硼氧烷的聚合物网络通过水（直接暴露或通过加大环境湿度）来实现受损后修复，润湿损伤部位处，表面处环硼氧烷交联结构从平衡态到解离态，重新放在一起并干燥时可以很容易重新组合，并且环硼氧烷水解破坏体系的交联结构，增强了链流动性，有利于材料的自修复。此外，如果聚合物本身是具有高疏水性的，阻止水分子渗透交联网络，那么在适当温度条件下，环硼氧烷也可以发生交换反应，从而不需要水解也可以达到自修复的目的。为了实现含环硼氧烷聚合物良好自修复和可回收的功能，合适的动态交联网络和链段运动能力是必需的，因此，通常需要使用低 T_g 的聚合物/低聚物作为基体，例如聚二甲基硅氧烷（PDMS，T_g=−124℃）基体中引入含环硼氧烷结构，可以实现材料的良好自修复和可回收。

如图 9-20 所示，在 80℃的条件下，4-硼苯甲酸与二氯亚砜（SOCl₂）反应 12h，在酰氯化的同时进行脱水，得到含环氧硼烷和酰氯基团的交联剂，之后在冰盐浴（−5℃）的条件下，将适量的三乙胺（Et₃N）添加到双端氨基聚二甲基硅氧烷（H₂N-PDMS-NH₂，M_n=700～1000）的二氯甲烷（CH₂Cl₂）溶液中，搅拌 2h 后，滴加含交联剂的 CH₂Cl₂ 溶液。将所得溶液在冰盐浴中保持搅拌 4h，交联聚合物逐渐转变为有机凝胶并从溶剂中沉淀出来，

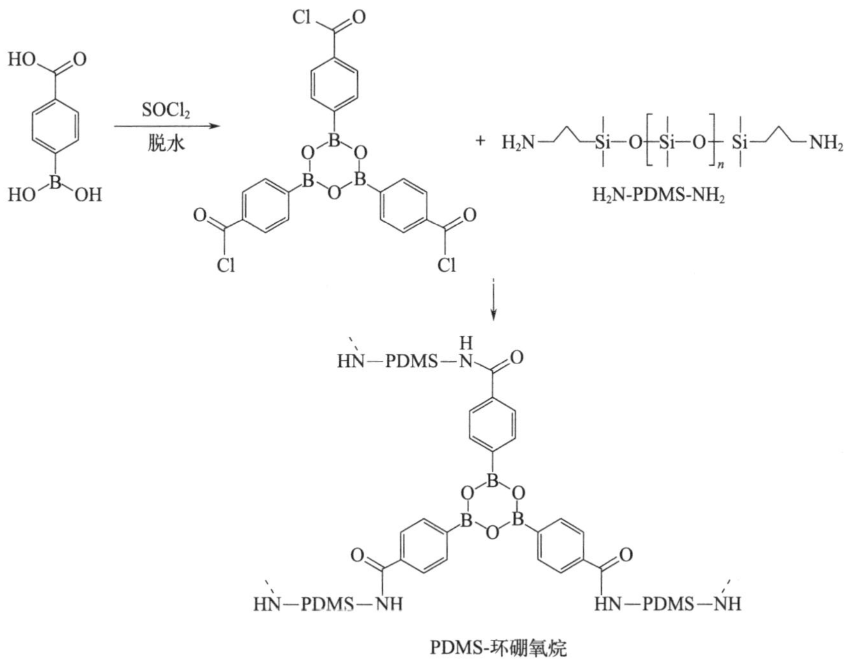

图 9-20　含环硼氧烷的 PDMS 聚合物合成步骤[10]

将有机凝胶与溶剂分离后，用无水二氯甲烷洗涤 3 次，以去除未反应的试剂和其他可溶性杂质，将有机凝胶放入聚四氟乙烯（PTFE）模具中，在室温下干燥 24h，然后在 70℃条件下干燥 12h 成型，制备得含环硼氧烷的 PDMS 聚合物交联网络[10]。

如图 9-21 所示，含环硼氧烷的 PDMS 聚合物，用水润湿后表面暴露的环硼氧烷结构从平衡态向解离态移动，从而产生了丰富的游离硼酸，并且 PDMS 链段在解交联后运动能力提升，导致链段迁移率增加，通过加热除水可以逆转该过程，因此，聚合物在润湿后加热可以实现完全修复。交联后的 PDMS 十分坚硬，测得拉伸模量为 182MPa，拉伸强度（应力）为 9.46MPa［图 9-22（a）］，然而仅观察到轻微的伸长后材料就发生断裂，测试结果说明这种坚硬的材料在无水的条件下分子链段迁移非常困难，不利于自修复。但是由于环硼氧烷独特的性质，该聚合物表现出水驱动自修复的性质，在剪切-润湿断面后重新拼接，在室温下接触断面几秒即可修复部分，加热到 70℃后修复行为极为明显，与 DSC 测得的 T_g（65℃）非常吻合，将此聚合物材料放置于在 70℃下修复 5h 后，其恢复到了原始性能的 95%，修复 12h 后断裂应变和拉伸强度几乎完全恢复［图 9-22（b）］。通过相同条件下的划痕测试，修复后的样品尽管在显微镜下能观察到模糊的划痕，但划痕凹口几乎完全消失［图 9-22（c）］。除此之外，该聚合物十分坚固，能够承受超过其重量 450 倍的负载［图 9-22

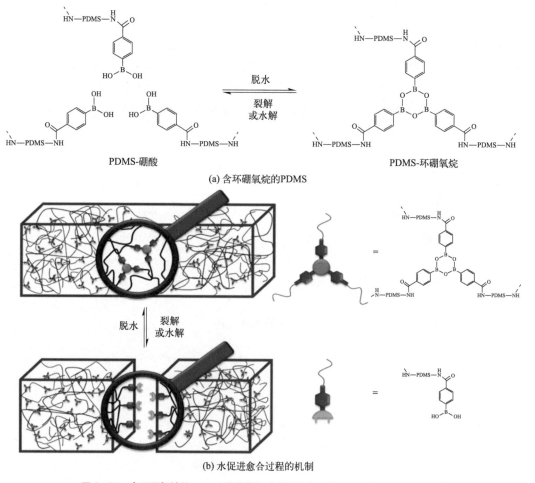

(a) 含环硼氧烷的PDMS

(b) 水促进愈合过程的机制

图 9-21　含环硼氧烷的 PDMS 的结构和动态过程以及水促进愈合过程的机制[10]

（d）]。其优异的力学性能和水驱动修复行为在特定环境中可作为坚固、轻质且可自修复的结构材料使用。

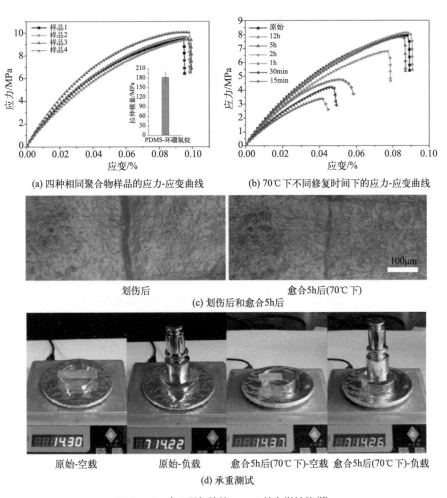

(a) 四种相同聚合物样品的应力-应变曲线

(b) 70℃下不同修复时间下的应力-应变曲线

划伤后　　　　　　愈合5h后(70℃下)

(c) 划伤后和愈合5h后

原始-空载　　原始-负载　　愈合5h后(70℃下)-空载　愈合5h后(70℃下)-负载

(d) 承重测试

图 9-22　**含环硼氧烷的 PDMS 的力学性能** [10]

9.1.4　基于亚胺键的动态高分子

德国化学家雨果·席夫 (Hugo Schiff) 于 1864 年发现了胺和醛之间的可逆缩合反应，该类缩合产物通常被称为"席夫碱"，即亚胺，具有通式 $R_1R_2C\!=\!NR_3$，其中 R_1 和 R_2 可以是 H、芳基或者烷基，R_3 为芳基或者烷基，此外，当 R_3 为羟基（—OH）时，其称之为肟，R_3 为氨基（—NH$_2$）时，其称之为腙。一般来说，席夫碱反应在共沸的条件下通过回流进行，添加催化量的酸，当氨基和羰基反应失去 H_2O 后就可以在分子内或分子间形成亚胺键（C$=$N）。相反，在亚胺键中添加 H_2O 即可发生可逆反应，亚胺键水解为胺和醛或酮。

亚胺键是典型的动态共价键，其可逆过程由热力学控制，可通过去除产生的水或者加入水来控制反应朝正向或反向进行。例如，形成亚胺键时，通过在反应中形成 H_2O 时去除 H_2O，一般使用的方法有：①通过共沸法物理分离水；②通过化学方法，在反应混合物中加入干燥剂，如无水硫酸镁或分子筛等。作为动态共价键，如图 9-23 所示，亚胺键的动态过程主要有三种: ①水解, 加入水后亚胺键水解生成氨基和醛或酮; ②交换, 引入另外一种胺后, 原来的亚胺发生交换反应, 从而 R 基团互换; ③复分解, 引入另外一种亚胺后, 两个亚胺发生复分解反应, 从而两个 R 基团交换。利用亚胺键的动态性, 在聚合物体系内引入亚胺键就可以赋予聚合物自修复、可回收的性能, 聚合物受损时, 体系内进行亚胺键的三种动态反应过程时就会表现出动态性质。

$$Ar \diagup N{-}R_1 \ + \ H_2O \ \rightleftharpoons \ Ar \diagup O \ + \ H_2N{-}R_1$$

(a) 水解

$$Ar \diagup N{-}R_1 \ + \ H_2N{-}R_2 \ \rightleftharpoons \ Ar \diagup N{-}R_2 \ + \ H_2N{-}R_1$$

(b) 交换

$$Ar \diagup N{-}R_1 \ + \ Ar \diagup N{-}R_2 \ \rightleftharpoons \ Ar \diagup N{-}R_2 \ + \ Ar \diagup N{-}R_1$$

(c) 复分解

图 9-23　三种不同的亚胺键动态过程

基于席夫碱反应, 目前已经构建出多种功能性聚合物, 但大多数都是基于共价有机框架 (covalent organic frameworks, COFs) 如轮烷、索烃等, 鲜有将动态亚胺键引入弹性体中功能化弹性体的研究。近年来随着自修复材料的兴起, 已报道了不少基于亚胺键的动态高分子材料。

PDMS 弹性体具有可调的机械强度、高化学稳定性和玻璃化转变温度低的优点, 被广泛用作制造柔性和可拉伸电子产品的基体或介电层。然而, 目前自修复 PDMS 弹性体存在一些缺点, 如因金属离子、发色基团等的引入使其具有各种颜色和不透明性, 短链和高交联密度使其坚硬且拉伸性差, 室温自修复性差等, 限制了其在电子、医学等领域的应用。于是, 如何制备兼具力学性能、高透明性、柔韧性的能在温和条件下 (如高湿度、室温甚至低于 0℃) 的可自修复 PDMS 弹性体仍是一项挑战。

2017 年, 基于亚胺键的透明、高拉伸、可自修复 PDMS 弹性体制备被报道。如图 9-24 所示, 通过简单地使用具有中等分子量的端氨基 PDMS (H₂N-PDMS-NH₂) 与交联剂 1,3,5- 三甲酰基苯 (TFB) 在 N,N- 二甲基甲酰胺 (DMF) 中通过席夫碱反应形成亚胺键交联制得 PDMS 弹性体。TFB 不仅充当制备 PDMS 弹性体的交联剂, 还赋予弹性体自修复能力, TFB

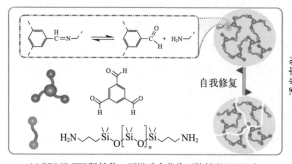

(a) PDMS-TFB弹性体、可逆动态共价亚胺键以及TFB和 H₂N-PDMS-NH₂的化学结构的示意图

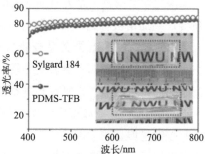

(b) PDMS-TFB 和商用 PDMS弹性体的 紫外-可见光吸收光谱对比

图 9-24　PDMS-TFB 弹性体的制备及其同商用 PDMS 弹性体的紫外 - 可见光吸收光谱[11]

与线性 H$_2$N-PDMS-NH$_2$ 聚合物通过席夫碱反应生成可逆的亚胺键。此外，苯环作为 TFB 中的电子受体，有助于稳定亚胺键上带负电荷的 N 原子，因此，这种基于 TFB 的亚胺在温和条件下是稳定且可逆的。聚合物网络受损分子链断裂时，裂解的亚胺可以通过伯胺（来自 H$_2$N-PDMS-NH$_2$）和有机溶剂中空间无阻碍的亚胺之间的交换反应（氨基转移）快速修复。紫外 - 可见光吸收光谱显示，所制备的 PDMS-TFB 弹性体是无色的，在整个可见光区域（400～800nm）具有 80% 的出色光学透过率，这与商品化的 PDMS 弹性体的性能非常相似[11]。

为了证明所制备的 PDMS 在室温下的自修复能力，用刀片将两个样品切成两块进行剪切 - 拼接测试 [图 9-25（a）和（b）]。为了使自愈效果更加明显，用染料对其中一个样品进行了染色。接触 5min 后，两块样品愈合，并且愈合的样品可以被处理、弯曲、扭曲和拉伸 [图 9-25（c）]。之后进行划痕测试，利用光学显微镜直观地追踪修复过程 [图 9-25（d）～（h）]。原位观察结果显示，在室温下，随着愈合时间的增加，受损区域逐

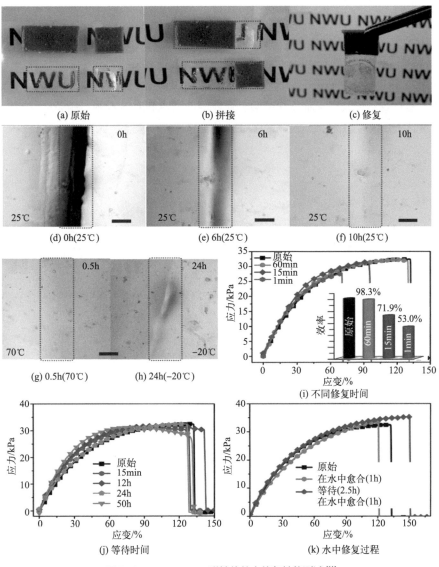

(a) 原始   (b) 拼接   (c) 修复

(d) 0h(25℃)   (e) 6h(25℃)   (f) 10h(25℃)

(g) 0.5h(70℃)   (h) 24h(−20℃)

(i) 不同修复时间

(j) 等待时间

(k) 水中修复过程

图 9-25　PDMS-TFB 弹性体的自修复性能测试[11]

渐修复，10h 后未观察到修复后的划痕［图 9-25（f）］。加热至 70℃ 显著加速修复过程，划痕在约 30min 内消失［图 9-25（g）］。此外，图 9-25（h）显示，即使在 −20℃ 下 24h 内也可以发生这种自修复行为，这些结果表明，弹性体在较宽的温度范围（−20～70℃）内表现出独特的自修复能力。通过拉伸应力实验系统地研究了修复条件（即修复时间和水）对 PDMS-TFB 弹性体自修复效率的影响。修复效率根据修复后的样品与原始样品之间的最大应变之比计算。图 9-25（i）中的应变 - 应力结果表明，修复过程非常快，室温下仅 1min 的修复时间即可获得 53% 的修复效率。随着修复时间的增加，效率不断提高，在 60min 内几乎达到 100%。图 9-25（j）显示受损后放置的时间对自修复效率的影响可以忽略不计，放置 50h 后受损的 PDMS-TFB 弹性体修复后仍然表现出与原始弹性体相当的力学性能（约 100% 修复效率）。此外还发现，当将损坏的碎片浸入去离子（DI）水中时，修复的弹性体表现出与在空气中相同的修复效率［图 9-25（k）］。这一结果表明，这种自修复过程对水不敏感，并且可以在高湿度条件下进行。利用这些独特的性能，预计这种可修复 PDMS-TFB 弹性体在材料科学、电子、生物、光学等领域将表现出潜在的应用前景。

　　由于 1,3,5- 三甲酰基苯中含有三个醛基，与含氨基的聚合物反应可构建含亚胺键的动态共价交联结构。除了 1,3,5- 三甲酰基苯外，含有两个醛基的 1,4- 苯二醛中，也被用于与含氨基的聚合物反应以引入亚胺键。如图 9-26 所示，使用 1,4- 苯二醛（TA）、端氨基 PDMS 和三（2- 氨基乙基）胺（TREA），制备基于动态亚胺键的交联 PDMS 薄膜，制备时，原料中单体的氨基和醛基的比例为 1∶1，通过调控 TREA 的含量来控制聚合物的交联密度[12]。

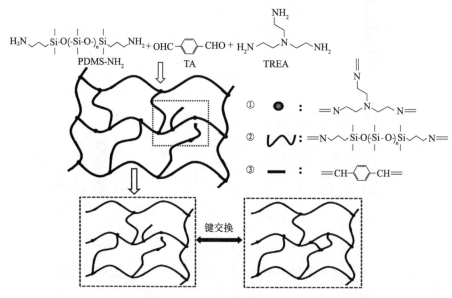

图 9-26　动态交联 PDMS 网络的合成步骤和交换机理[12]

　　通过划痕测试和剪切 - 拼接测试其自修复性能，用刀片在交联弹性体薄膜的表面上切出一个小划痕。然后，将有划痕的薄膜放置在 100℃ 的加热台上加热不同时间，通过 SEM 观察划痕的修复情况，随着时间增加，样品上的划痕逐渐变小，最终在 100℃ 时划痕几乎消失。由于交联的 PDMS 网络在愈合过程中没有熔化，因此自修复特性只能归因于动态亚胺键。通过剪切-拼接测试也可以在哑铃样品的截面发生修复［图 9-27（d）～（e）］，该 PDMS 弹性体的自修复效率约为 93%，表现出优异的自修复效率。

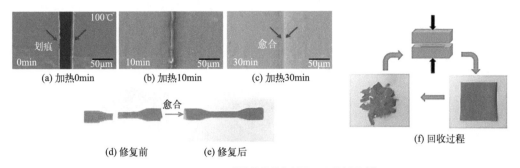

(a) 加热0min　　　　(b) 加热10min　　　　(c) 加热30min

(d) 修复前　　　　(e) 修复后　　　　　　　　(f) 回收过程

图 9-27　PDMS 弹性体的修复过程及回收过程[12]

　　为了研究其可回收性，将样品切成碎片，然后在 15MPa 的压力下、100℃下重塑 15min，即使经过 3 次回收过程也能获得没有明显缺陷的弹性体膜，回收后拉伸强度没有明显损失。同时，样品的玻璃化转变温度和分解温度在回收过程中没有明显变化，回收的 PDMS 通过 3 次回收再加工后既没有机械强度损失，也没有热降解。回收 3 次后材料的红外谱中 1645cm⁻¹（C═N 伸缩振动）处的吸收没有变化，表明在回收时没有破坏亚胺键。这种兼具良好力学性能的可自修复、可回收的 PDMS 弹性体，为聚合物绿色加工提供了新策略。

　　上述两种基于亚胺键的 PDMS 弹性体均通过端氨基 PDMS 与醛基反应合成，利用侧链含氨基的 PDMS 同样可以合成带动态亚胺键的高透明室温自修复可回收有机硅弹性体。如图 9-28 所示，首先，通过二甲基硅氧烷环状四聚体和 3- 氨丙基（二乙氧基）甲基硅烷的共聚制备侧链含氨基的聚二甲基硅氧烷（AP-PDMS）。然后，AP-PDMS 上的侧氨基与 1,4- 苯二醛（PTA）反应形成亚氨基交联有机硅弹性体（PTAA-PDMS）。使用 PTA 作为交联剂的目的是将两个亚胺键与苯环连接起来以增强共轭作用，所制备的 PTAA-PDMS 是无色透明的弹性体[13]。

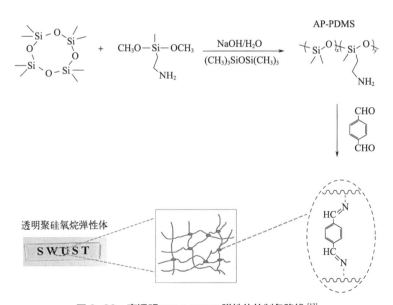

图 9-28　高透明 PTAA-PDMS 弹性体的制备路线[13]

通过上述方法制得的 PDMS 弹性体具有优异的自修复能力，通过剪切 - 拼接后，修复后的 PTAA-PDMS 弹性体样条可随意扭曲和拉伸，自修复 6h 后，修复后的样品拉伸强度约为 0.09MPa，强度恢复至 50%［图 9-29（b）］，室温自修复 24h 后，自愈效率达到 94%，且不需要额外的修复条件，仅在室温下即可进行。此外，该弹性体具有优异的透明性能，PTAA-PDMS 弹性体表现出优异的透光率，达到 91%。这类具有高透明性的自修复 PDMS 弹性体，在光学领域表现出极大的前景。

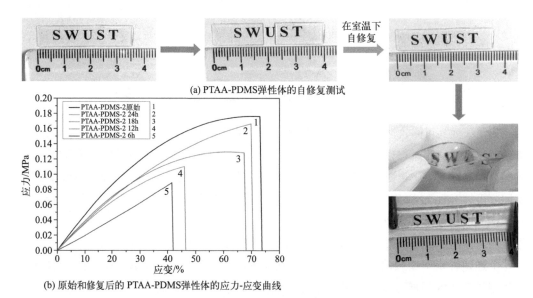

(a) PTAA-PDMS弹性体的自修复测试

(b) 原始和修复后的 PTAA-PDMS弹性体的应力-应变曲线

图 9-29　PTAA-PDMS 弹性体的自修复测试及其应力 - 应变曲线 [13]

9.2　基于非共价键作用的动态高分子

前文详细介绍了几类基于可逆共价键的动态高分子聚合物，依赖于可逆共价键的动态解离与重组，基于可逆共价键的动态高分子聚合物表现出特殊的性质，特别是自修复性能。本节主要围绕基于非共价键的动态高分子聚合物进行讲述，不同于共价键，非共价键作用主要通过分子间作用力进行键接，而非通过原子间共用电子以达到稳定结构。因此，大多数的非共价键的键能都小于共价键的键能，反过来说大部分的非共价键的动态性都比共价键强。不是所有的共价键都具有动态性，但基本上所有的非共价键都具有动态性。

基于共价键的动态高分子材料在历经多次自修复或重复加工后，其共价键的连接强度会不断下降，动态高分子网络在经历多次重组后难以保持初始的结构，大大降低了材料的性能和修复能力（参看 9.1 节）。由于非共价键的动态性更强，导致基于非共价键的动态高分子网络具有强大的重组能力，相对于基于共价键的动态高分子，基于非共价键的动态高分子材料的自修复效率会更高，可修复次数会更多，并且相应的修复条件要求更低。但是，因为非共价键的键能更低，基于非共价键的动态高分子材料的力学性能会相对更低。

　　以下将详细介绍三种经典的基于非共价键的动态高分子，分别为基于氢键的动态高分子、基于离子键的动态高分子以及基于金属配位键的动态高分子。

9.2.1　基于氢键的动态高分子

　　氢键是分子间一种很强的偶极-偶极相互作用力，当氢原子与电负性强的原子（如N、O、F等原子）以共价键相连时，电子云会被电负性大的原子吸引，导致氢原子变成近似于正离子的状态。此时氢原子再与具有未共用电子对的另一个电负性很强的原子相遇，由于静电吸引作用使两个原子相连而形成氢键。氢键具有饱和性和方向性，一个氢原子只能和一个电负性较大的原子形成氢键，并且其方向与电负性大的原子的未共用电子对的对称轴一致。氢键广泛存在于自然界多种物质中（如蛋白质和核酸等），影响着许多化合物的物理和化学性质，例如水和甲醇的沸点比同类型化合物高出很多就是因为氢键作用。

　　对于动态高分子而言，氢键动态作用也是十分重要的一种动态相互作用。与共价键相比，单个氢键的键能一般更小，通常只有5~65kJ/mol。并且，氢键的结合强度会受到多种因素影响，例如温度、溶剂极性、分子极性等，这就为控制氢键的动态交换创造了条件。总的来说，氢键会在一定条件下解离与重组，具有良好的动态性，进而赋予了高分子材料优异的自修复性能和重复加工性。

　　聚氨酯是由多元醇和多异氰酸酯类物质经聚加成反应制备而成的高分子材料，其中氨基甲酸酯键是聚氨酯的特征基团，而氨基甲酸酯键上存在着氢键的供体与受体。聚脲则是由多元胺与多异氰酸酯类物质经聚加成反应制备而成的高分子材料，其中脲基为聚脲材料的特征基团，脲基上也存在氢键的供体与受体。如图9-30所示，氨基甲酸酯和脲基上的羰基可以作为氢键受体，而亚氨基可以作为氢键供体，所以现有报道的大部分基于氢键的动态高分子材料都属于聚氨酯或聚脲一类的高分子材料。本节将以介绍基于氢键的动态聚氨酯和聚脲材料为主，以此详细地介绍基于氢键的动态高分子材料。

聚氨酯　　　　　　　　　　　聚脲

图9-30　聚氨酯的结构通式和聚脲的结构通式

9.2.1.1　基于单重氢键的动态高分子

　　由于聚氨酯和聚脲结构中天然具有氢键供受体，所以几乎每一种聚氨酯和聚脲都会存在单重氢键作用，以一种典型的聚氨酯为例，如图9-31所示，该聚氨酯材料是由异佛尔酮二异氰酸酯（IPDI）、4,4-二环己基甲烷二异氰酸酯（HMDI）和一种两端为羟基的低聚物聚合而成，其详细的制备过程如下：将1份多元醇低聚物进行除水处理，然后再加入0.5份IPDI和0.5份HMDI，并且加入极少量二月桂酸二丁基锡（DBTDL）作为催化剂，最后加入适量四氢呋喃溶剂以防止聚合反应过快。在60℃下搅拌4h得到聚氨酯溶液，最后将聚氨酯溶液涂在PET基材上，在60℃真空烘箱下干燥20h成膜。

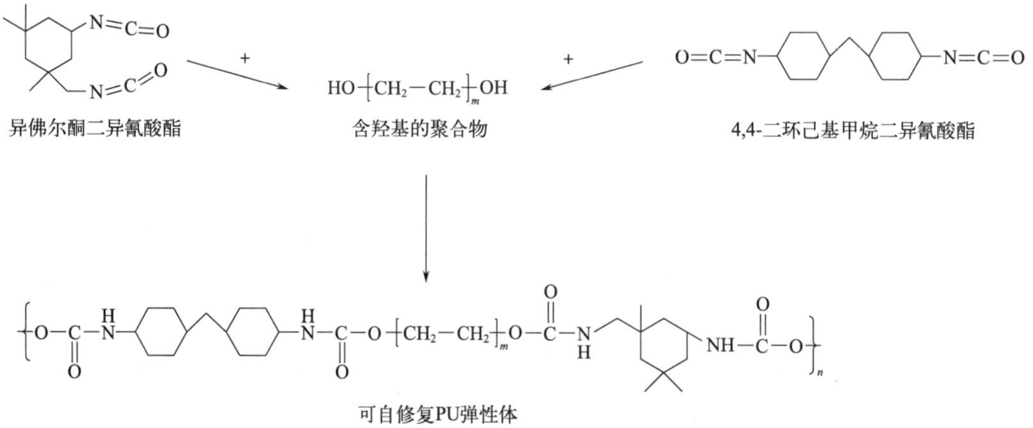

图 9-31 **基于单重氢键聚氨酯的制备流程**[14]

图中标注（从左至右）：异佛尔酮二异氰酸酯、含羟基的聚合物、4,4-二环己基甲烷二异氰酸酯、可自修复PU弹性体

这种聚氨酯材料具有优异的自修复性能和较高的透明性，将切断的样品放置在 60℃下修复 1h 后，材料的拉伸性能即恢复至原来的 82%；修复 2h 后，材料的拉伸性能即恢复至原来的 99%。如图 9-32 所示，如果通过光学显微镜观察材料切断的断面处，可以发现随着修复时间的增加，断面会逐渐消失，说明材料已经愈合。图 9-33 直观地表示了氢键在聚氨酯修复过程中起到的关键作用，在 60℃下聚合物链段的运动能力会大幅度增强，氢键也会更容易解离，并且切断的行为本身也会使一部分氢键断裂，解离了的氢键随聚合物链段运动跨越断面并重新形成，实现了聚合物网络的重排，最终完成断面的修复。

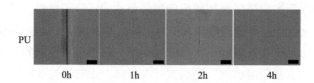

图 9-32 **不同修复时间的聚氨酯断面处的光学显微镜图**[14]

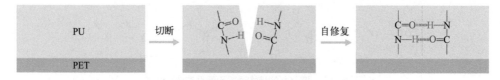

图 9-33 **氢键在聚氨酯自修复过程的作用**[14]

9.2.1.2 基于多重氢键的动态高分子

虽然前面所讲述的基于单重氢键的聚氨酯材料具有优异的自修复性能，但是不可避免地存在一个致命的缺点——低力学性能，其拉伸强度只有大约 8MPa。低力学性能意味着在实际应用中材料更难抵御外力，除了难以实现许多应用需求外，材料本身更容易受到损伤。而且，在长期的动态高分子材料的研究中发现，因为自修复过程需要良好的链段运动能力以及动态键的快速断裂与重组，而高力学性能则要求聚合物链段不容易在外力下被移动，优异的自修复性能与高力学性能之间形成了一对矛盾。

由于氢键的强度有限，因此一般需要多个氢键组合在一起形成多重氢键作用，以达到提高分子间结合强度的目的，从而可能显著提升材料的机械强度。多氢键模块的单体主要是酰胺、脲、脒、酰肼等胺衍生物，二聚脲基嘧啶酮（UPy）就是一种多重氢键结合模式，是两个 UPy 分子之间基于四重氢键作用而形成的二聚体结构，具有很强的分子间相互作用。如图 9-34 所示，将 2- 氨基 -9- 甲基 -4(3H)- 嘧啶酮上的氨基与二异氰酸酯反应可以得到一端为—NCO 基团的物质。如图 9-35 所示，再将此物质与 2- 氨基 -2- 甲基 -1,3- 丙二醇（AMPD）反应，即可得到一种具备多重氢键基元的多元醇扩链剂，可以用于合成基于多重氢键的高强韧水性聚氨酯。

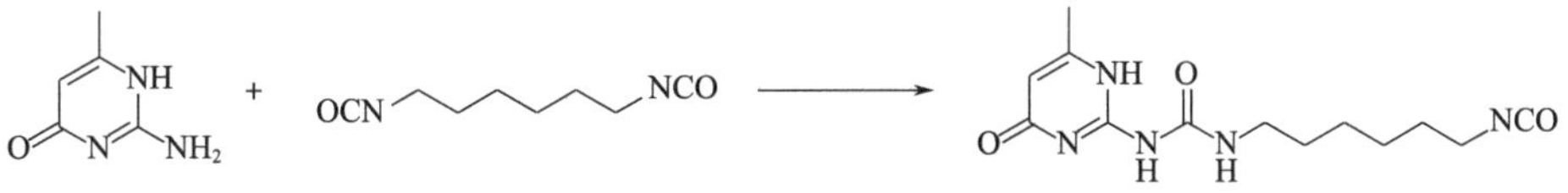

图 9-34　脲基嘧啶酮的异氰酸酯基化反应

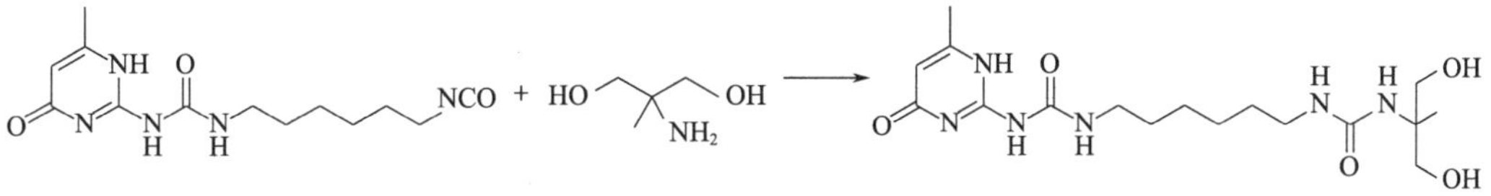

图 9-35　多重氢键基元的多元醇扩链剂的合成反应式

　　具体的反应流程如图 9-36 所示。首先将聚四氢呋喃在 110℃的真空炉中脱水过夜，以脱除会影响反应的水分，然后将 2 份 4,4- 二环己基甲烷二异氰酸酯和极少量（2 滴）二月桂酸二丁基锡在 30℃下搅拌缓慢加入并混合在一起，在 80℃下预聚反应 3h。紧接着将 0.85 份 2,2- 二（羟甲基）丙酸（DMPA）和 0.15 份多重氢键基元的多元醇扩链剂（UPy-DiOH）溶解在 N,N- 二甲基甲酰胺中，将溶液加入预聚物中在 80℃下扩链反应 3h，最后再加入 0.85 份三乙胺进行中和反应 30min。在反应结束后，加入 50ml 蒸馏水到反应后的溶液中，高速搅拌 30min 完成乳化过程，得到水性聚氨酯乳液。最后将乳液倒入模具中，依次在 60℃真空烘箱和 80℃烘箱中放置 12h，得到水性聚氨酯弹性体薄膜。

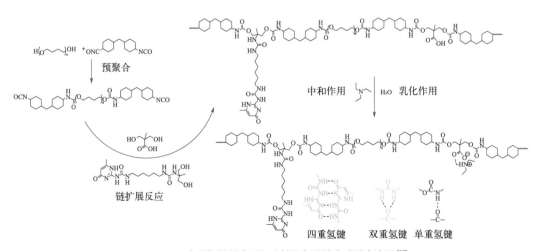

图 9-36　多重氢键的高强韧水性聚氨酯的合成反应流程[15]

在图 9-36 中，多重氢键用虚线表示出来，其中可以分成单重氢键、双重氢键和四重氢键，UPy 结构之间形成的就是重数最高的四重氢键，这种氢键在体系内的结合能最高，对于提高聚合物材料的力学性能作用最大。相对于只有单重氢键的聚氨酯材料，这种基于多重氢键的水性聚氨酯材料的拉伸强度从 8MPa 提升至 43.11MPa，韧性也高达 127.96MJ/m³。图 9-37 更直观地展示出该聚氨酯材料的高力学性能，利用一块小样品即可提起 12.5kg 的哑铃。除此之外，如图 9-38 所示，聚氨酯材料表现出优异的自修复性能，在 60℃下经过 6h 材料的断裂面就完全恢复。

提起一个12.5kg的哑铃

图 9-37　高强韧水性聚氨酯的承重 [15]

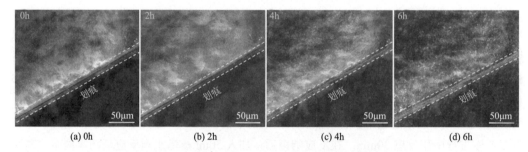

(a) 0h　　　　　(b) 2h　　　　　(c) 4h　　　　　(d) 6h

图 9-38　不同修复时间的水性聚氨酯断面处的光学显微镜图 [15]

材料在保持优异自修复性能的前提下同时达到增强增韧效果，这主要归因于材料内部多重氢键的结构。如图 9-39 所示，当受到外力作用时，较弱的单重和双重氢键会在外力作用下首先被解离，这起到了增韧的效果。随着外力的继续增大，较强的四重氢键也会在较大外力作用下被解离，直至材料被拉断，起到了增强的效果。材料能够表现出优异的自修复性能的原因是多重氢键在较高的温度下易于动态解离与重组，并且在较高的温度下链段运动能力增强，促进了不同分子链中的多重氢键之间的动态解离与重组，最后完成整个聚合物网络的重排。

除了优异的自修复性能和较高的力学性能，如果在该聚氨酯材料中加入少量的 $Ti_3C_2T_x$ 物质，掺杂后得到的高分子材料就可以作为应变传感器使用，具有运动和健康监测的功能。如图 9-40 所示，利用材料被拉伸时电阻会发生改变的特性，可以根据电阻值确定材料的形变，并且材料每次产生相同的形变时，电阻值的变化也是固定的。如图 9-40（c）所示，将材料附着在人的手指上，手指的弯曲运动产生的电阻变化即可被记录下来，根据电阻变化的信号即可监测手指的运动过程。

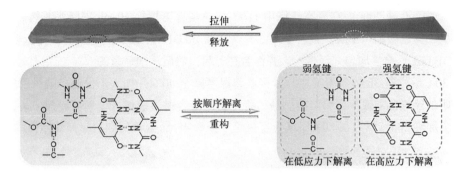

图 9-39　氢键作用的动态解离与重构 [15]

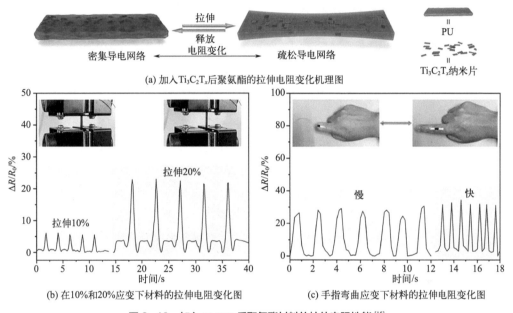

(a) 加入 Ti₃C₂Tₓ 后聚氨酯的拉伸电阻变化机理图

(b) 在10%和20%应变下材料的拉伸电阻变化图　　(c) 手指弯曲应变下材料的拉伸电阻变化图

图 9-40　加入 $Ti_3C_2T_x$ 后聚氨酯材料的拉伸电阻性能 [15]

以 2- 氨基 -9- 甲基 -4(3H)- 嘧啶酮为基础的特殊多重氢键模块，虽然在一定程度上提高了材料的力学性能，但还是没有实现高力学性能与优异自修复性能的统一。为了解决这一难题，二酰肼类化合物被用来构建新型的多重氢键结构。如图 9-41 所示，二酰肼类化合物包括乙二酰肼、马来酸二酰肼、己二酰肼（AD）等。二酰肼类物质本身就具有两个氨基可以参与聚氨酯和聚脲的合成反应，与氨基相连的还有一个亚氨基，可以充当氢键的供体，并且还具有两个羰基，可以作为氢键的受体，十分适合用作制备基于多重氢键的动态高分子材料。

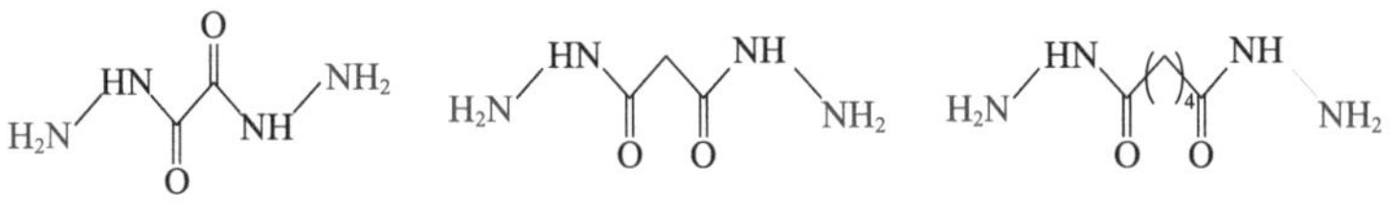

乙二酰肼　　　　　马来酸二酰肼　　　　　己二酰肼

图 9-41　二酰肼类化合物的结构式

本节将以一种由己二酰肼作为原料合成的动态聚氨酯 - 脲为例，详细介绍这一类基于多重氢键作用的动态高分子。具体合成的反应流程如图 9-42 所示，将 1 份的聚醚多元醇

（分子量为 1000 或 2000）在真空环境中 110℃加热条件下搅拌 30min 去除水，然后将 2 份异佛尔酮二异氰酸酯（IPDI）或者甲苯二异氰酸酯（TDI）和极少量（2 滴）二月桂酸二丁基锡（DBTDL）搅拌均匀并缓慢加入并混合在一起，然后添加适量的 N,N-二甲基乙酰胺溶剂并在 80℃下进行 3h 的预聚反应。紧接着将温度降至 40℃并加入 1 份己二酰肼反应 15h，得到透明的聚氨酯-脲聚合物溶液。最后将得到的聚合物溶液倒入玻璃培养皿中，在 80℃的热台上加热 24h，然后在 80℃下的真空烘箱中干燥 48h，最后得到目标弹性体样片。

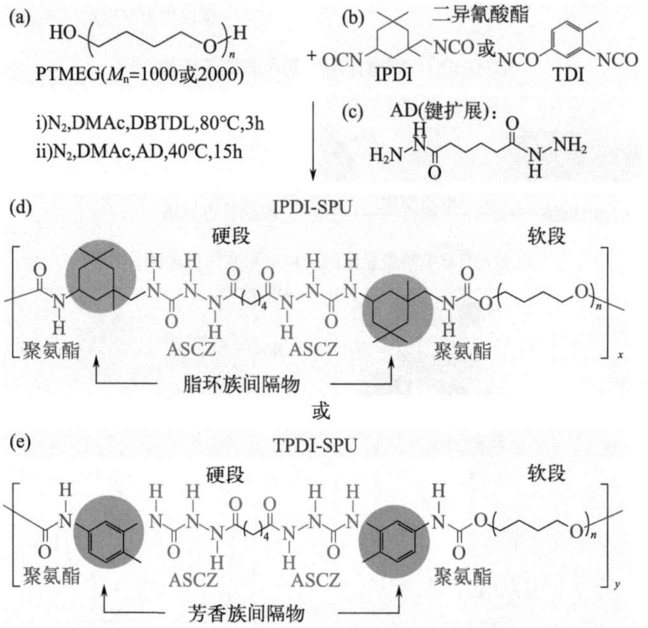

图 9-42　聚氨酯 - 脲的制备流程[16]

如图 9-43（a）所示，这种聚氨酯-脲的不同分子链间存在着致密的多重氢键结构。为了证明这一观点，可以通过对聚氨酯-脲样品进行傅里叶变换红外光谱表征。如图 9-43（b）所示，对样品的红外光谱图的羰基区域进行分峰处理，可以区分已经氢键化的羰基和未氢键化的羰基，以此计算出样品的氢键度。经过计算，这种聚氨酯-脲材料的氢键度高达 53.6%，说明材料内部确实形成了致密的多重氢键结构。

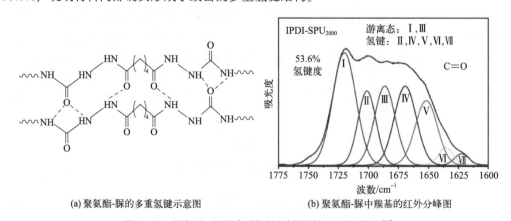

(a) 聚氨酯-脲的多重氢键示意图　　(b) 聚氨酯-脲中羰基的红外分峰图

图 9-43　聚氨酯 - 脲的多重氢键及其羰基的红外分峰图[16]

由于结构存在致密的多重氢键，这种聚氨酯-脲材料表现出超高的力学性能以及优异的高温自修复性能。如图 9-44 所示，利用 IPDI 制备的聚氨酯-脲材料的拉伸强度高达 75.6MPa，其最大的耐穿刺力大约为 110N，远超一般的常规聚氨酯和聚脲材料，其拉伸强度甚至超过了大部分通用塑料。图 9-45 直观地表现出聚氨酯-脲材料的耐缺口拉伸性，缺口断裂能为 215.2kJ/m²，在存在缺口的情况下仍然可以表现出较大的拉伸强度，从另一个角度上证明了该类聚氨酯-脲材料的出色力学性能。

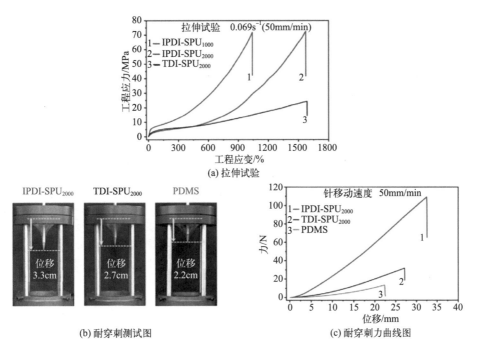

图 9-44　聚氨酯-脲的拉伸性能与耐穿刺性能[16]

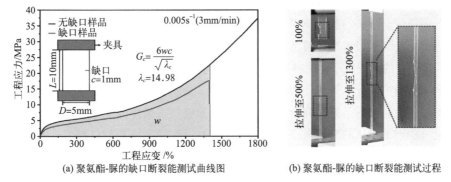

图 9-45　聚氨酯-脲的缺口断裂[16]

虽然在常温下因为致密的氢键使分子链无法运动，但是在高温下部分的多重氢键可以解离，这为材料在高温下的自修复提供可能。如图 9-46（a）和（b）所示，将聚氨酯-脲材料切断，然后放置在 100℃的环境下修复 36h 后，样品就会完全恢复如初。通过显微镜观察修复前后的断面变化，发现经 36h 后断面全部消失，样品重新连接。而且，从图 9-46（c）可知，样品经修复后仍保持了原先的超高力学性能，其修复效率接近于 100%，并且利用修复后的样品可以轻松地提起 20kg 的重物。但是，由于多重氢键的结合强度过大，导致样品无法在较低的温度下自修复，只有在 90℃和 100℃下才具备优异的自修复性能。总的来说，这种基于多重氢键的动态高分子材料可以作为一种非常可靠和耐用的高分子材料，可以用于承载和吸收能量，在高科技产业中显示出了广阔的应用前景，如航空航天和国防工业。基于多重氢键的弹性体因其可自修复性成为一种可持续材料，预期在一些新兴领域，如软体机器人、可穿戴设备、柔性电子和可拉伸光学器件等方面大有可为。

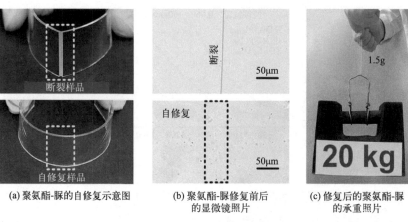

(a) 聚氨酯-脲的自修复示意图　　(b) 聚氨酯-脲修复前后　　(c) 修复后的聚氨酯-脲
　　　　　　　　　　　　　　　　的显微镜照片　　　　　　　的承重照片

图 9-46　**聚氨酯 - 脲材料的自修复性能**[16]

9.2.2　基于离子键的动态高分子

离子键是通过阴离子与阳离子的静电作用而形成的，当分子链中的原子失去或得到电子而形成离子后，电性相反的离子会相互吸引，电性相同的离子会相互排斥，并使整个分子达到电中性。离子键的作用力强，键能大于氢键，与共价键相当，无饱和性，无方向性。如果存在外部驱动力（如温度、外力等）使分子链运动，已经成对组合的阴阳离子会断开并随着分子链运动重新与其他离子形成离子键，这就是离子键的动态交换过程。具有离子键的动态高分子材料经过离子键的动态交换过程，也会表现出优异的自修复性能和可重复加工性能，此外的基于离子键的某些特殊动态高分子还会表现出其他独特的功能。

具有离子键的高分子材料一般可以分为两种，分别为离聚体和两性聚电解质。离聚体也称为离子型聚合物，是指链间含有离子键的聚合物。离聚体的大分子主链中一般都悬挂着一定量（少于 10%）的酸根离子，一部分酸根与反离子形成盐，只有成盐的部分具有离子键。离聚体中大部分的离子键都起到了交联的作用，大部分基于离子键交联的橡胶属于离聚体，如磺化丁苯橡胶、磺化三元乙丙橡胶等。商品萨林（Surlyn）是一种典型的离聚体，是由乙烯和甲基丙烯酸共聚物引入钠或锌离子进行交联而成的产品，具有高拉伸强度、形状记忆特性和一定的自修复能力。但是，由于离聚体中离子键的含量较低，只起到交联作用，相对于两性聚电解质而言，离聚体的自修复性能不够高，现如今大部分的基于离子键的动态高分子都属于两性聚电解质。

两性聚电解质是同一分子链上同时含正负电荷基团的一类聚合物，它们可以是电中性的，也可以带正或负的净电荷。当正负电荷数量差距比较大时，聚两性电解质通常表现出与带单一电荷的聚电解质相似的性质，正或负基团间的作用力为静电斥力，在稀溶液中其分子呈现伸展或棒状构象；而中性的聚两性电解质的表现则完全不同，大分子链上净电荷为零，即在聚两性电解质的等电点时，基团间静电力表现为相互吸引，分子链趋向于收缩成球状构象。如图 9-47 和图 9-48 所示，两性聚电解质可以分为两大类：Ⅰ型聚两性电解质是由阴、阳离子单体或单体对通过共聚合反应得到的，其分子结构可以是无规的、交替的、接枝的、嵌段的；Ⅱ型两性聚电解质是通过具有聚合反应活性的烯基部分与具有电中性两性离子化特征的甜菜碱侧基部分组成的甜菜碱型两性单体均聚而得到的，其中甜菜碱侧基的种类又可分为羧酸型（a）、磺酸型（b）和磷酸型（c）三种（图 9-48）。

图 9-47　两性聚电解质的结构式

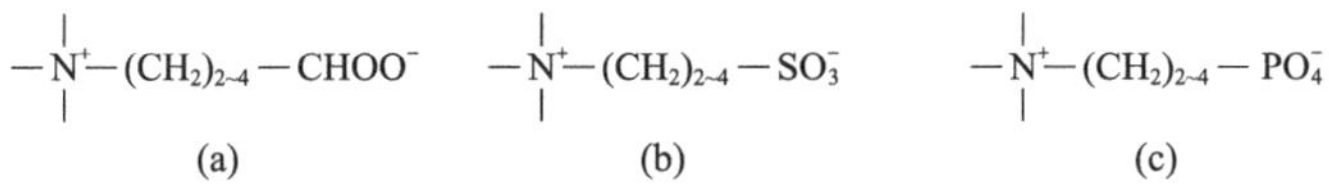

$$-\overset{+}{N}{}^+-(CH_2)_{2-4}-CHOO^- \qquad -\overset{+}{N}{}^+-(CH_2)_{2-4}-SO_3^- \qquad -\overset{+}{N}{}^+-(CH_2)_{2-4}-PO_4^-$$

(a)   (b)   (c)

图 9-48　甜菜碱侧基的种类

由于两性聚电解质主链上的侧基存在大量的动态离子键，在一定条件下离子键可以解离和重新形成，所以大部分两性聚电解质都属于动态高分子。随着具体的离子类型的不同和聚合物分子结构的不同，两性聚电解质会表现出不同的功能，以下将通过介绍两种特殊的两性聚电解质动态高分子，以此阐明此类动态高分子的特征。

9.2.2.1　HiSHE 两性聚电解质

这两种两性聚电解质都属于是Ⅰ型两性聚电解质，一种被命名为 HiSHE (high performance self-healing elastomer)，另一种被命名为 SSE (self-healing strengthening elastomer)。HiSHE，这种两性聚电解质是由丙烯酸丁酯（BA）、丙烯酸（AA）、甲基丙烯酸 2- (二甲氨基)- 乙酯（DMAEMA）通过一锅法自由基聚合而成，该反应的合成方程如图 9-49 所示。

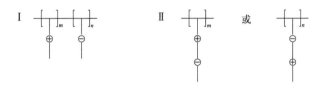

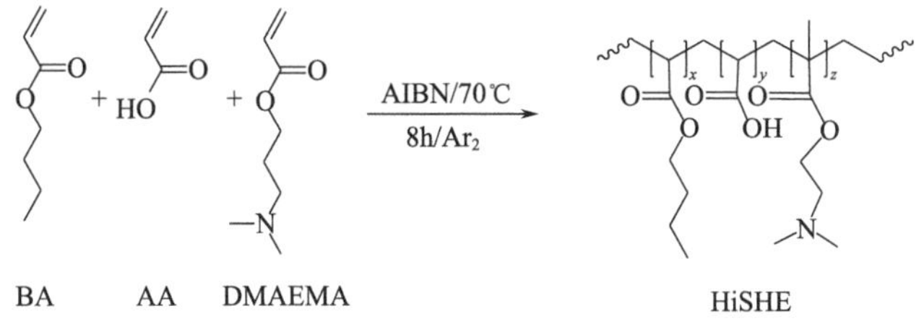

BA　　AA　　DMAEMA　　　　　　　　HiSHE

图 9-49　HiSHE 的合成反应方程式

制备过程中投料的原则为控制体系中阴阳离子的摩尔比为 1∶1，可以通过减少丙烯酸丁酯的含量，增加其他两种反应物的含量从而提高离子键的数量，以找到实现最优的各项性能的最佳比例。在命名时，将阴阳离子的含量写在最后加以区别，比如 HiSHE-60 就代表着离子总含量占 60%，即反应投料时丙烯酸丁酯占 40%，丙烯酸和甲基丙烯酸 2-（二甲氨基）- 乙酯各占 30%。丙烯酸丁酯的含量不能太低，因为 BA 的存在可以有效防止 AA 和 DMAEMA 的离子相互作用过强而形成大量沉淀。如图 9-50 所示，将 AA 与 DMAEMA 单独混合时，经过 0.5h 就会产生大量沉淀，而加入了 BA 后，经过 8h 体系也是澄清透明的。

(a) AA 与 DMAEMA 单独混合

(b) BA、AA 与 DMAEMA 混合

图 9-50　HiSHE **合成中单体的混合**[17]

由于高分子链段并不是规整排列的，所以 HiSHE 中的离子键分布也是不均匀的。如图 9-51（a）和（b）所示，通过离子相互作用，聚集程度较高的链段的离子会自发聚集起来，形成离子聚集体，导致整个体系内呈现出梯度的离子相互作用，聚集程度低的位置离子相互作用较弱，聚集程度高的位置则较强。在受到外力作用时，较弱的离子相互作用会首先断裂，为材料起到增韧的效果；当外力继续增大时，强的离子相互作用也会断裂，为材料起到增强的效果。

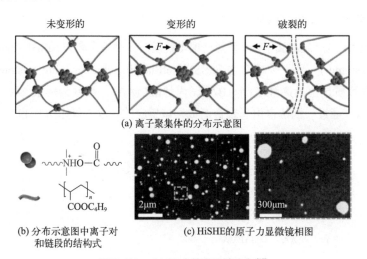

(a) 离子聚集体的分布示意图

(b) 分布示意图中离子对
和链段的结构式

(c) HiSHE 的原子力显微镜相图

图 9-51　HiSHE **中的离子键分布**[17]

为了证明 HiSHE 中离子聚集体的分布，可以通过原子力显微镜对其表征。原子力显微镜（AFM）轻敲模式可以测量材料的微观结构形态。在相图中，硬段模量较高，呈现为较亮的区域，而软段模量低，表现为较暗的区域。如图 9-51（c）所示，亮区对应于 HiSHE

中的离子聚集体部分,该部分的模量较高,暗区则对应于碳链部分,该部分的模量较低。亮区的区域不均匀地分布在连续的暗区中,而且亮区的尺寸也不相同,聚集体的尺寸分布从 20nm 到 600nm。这种梯度离子聚集的结构赋予了 HiSHE 弹性体材料优异的综合力学性能,其拉伸强度最高可达 30.1MPa。

离子聚集体和动态离子键的存在不仅赋予了材料优异的力学性能,还带来了优异的自修复功能和形状记忆功能,其中形状记忆功能对于材料自修复功能有正向的促进作用,并且高温也有利于促进离子键的交换进而完成自修复过程。如图 9-52 (a) ～ (c) 所示,随着离子含量的增大,HiSHE 的自修复效率逐渐下降,这是因为强离子相互作用导致阴阳离子聚集程度太高,高分子链段难以通过运动迁移完成修复。但是,当离子含量在 23% 以下时,HiSHE 材料都达到了超过 80% 的修复效率。并且如果用甲醇湿润断裂处后再合并,HiSHE 材料的修复效率都接近 90%,表现出良好的自修复功能。HiSHE 材料还表现出优异的形状记忆功能,材料在 90℃被施加了 50% 的应变,然后降温至 0℃,保持 20min 后形状完全固定住,然后进行阶段式升温,最后当温度升到 90℃时,材料恢复原长。为了更好地展示 HiSHE 材料优异的形状记忆功能,可以将材料制备成花瓣的形状,如图 9-53 所示,将材料的花瓣在高温下逐渐闭合,然后在低温下固定,最后将温度重新升高,花瓣又重新展开。

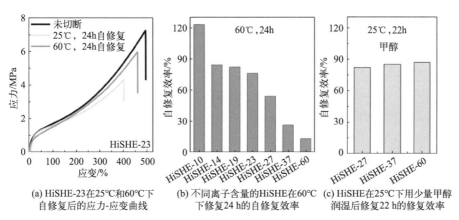

(a) HiSHE-23在25℃和60℃下　　　(b) 不同离子含量的HiSHE在60℃　　(c) HiSHE在25℃下用少量甲醇
自修复后的应力-应变曲线　　　　　下修复24 h的自修复效率　　　　润湿后修复22 h的修复效率

图 9-52　HiSHE 的自修复性能[17]

图 9-53　HiSHE 的形状记忆性能展示[17]

除了较高的力学性能、优异的自修复功能和形状记忆功能,如果在该材料中加入少量的碳纳米管,掺杂后得到的高分子材料也可以作为应变传感器使用,具有运动和健康监测的功能。如图 9-54 所示,利用材料被拉伸时电阻会发生改变的特性,可以根据电阻值而确定材料的形变,并且材料每次产生相同的形变时,电阻值的变化也是固定的。将材料贴附在人的手指上,手指的弯曲运动产生的电阻变化即可被记录下来,固定的动作对应着固定的电阻变化值,可以用于运动和健康监测。

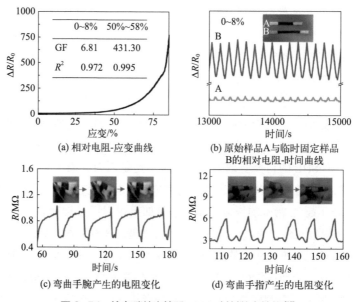

(a) 相对电阻-应变曲线

(b) 原始样品A与临时固定样品
B的相对电阻-时间曲线

(c) 弯曲手腕产生的电阻变化

(d) 弯曲手指产生的电阻变化

图 9-54 掺杂碳纳米管后 HiSHE 材料的电性能[17]

9.2.2.2 SSE 两性聚电解质

大部分的动态高分子材料,自修复后其力学性能都无法完全恢复,最多也只能恢复到90% 以上。但是某些材料在自修复后还能起到增强的效果,比如 SSE 两性聚电解质。这种两性聚电解质是由丙烯酸丁酯（BA）、丙烯酸（AA）、甲基丙烯酸 2-(二异丙氨基) 乙酯（DPA）通过一锅法自由基聚合而成,具体的合成过程如下：将 0.076mol BA，0.013mol AA，0.013mol DPA,少量的 AIBN 和一滴苯甲酸甲酯（作为核磁共振测试的内标）首先溶解在 20mL 乙酸乙酯中,然后在 70℃下在 Ar 气氛下搅拌 8h,聚合反应后,产物在正己烷或石油中沉淀至少三次；最后,将产品在 40℃的真空烤箱中干燥至恒重。以二甲基甲酰胺（DMF）为洗脱剂,利用凝胶渗透色谱（GPC）测定其分子量。如果要将产品制备成薄膜,还需要额外增加一步,将 SSE 溶解在 100mL 的甲醇中,然后将溶液倒入一个方形的特氟龙（聚四氟乙烯）模具中。在室温下放置两天缓慢蒸发溶剂后,将样品放入 40℃的真空烤箱中 24h。图 9-55 是该反应的合成反应方程式。

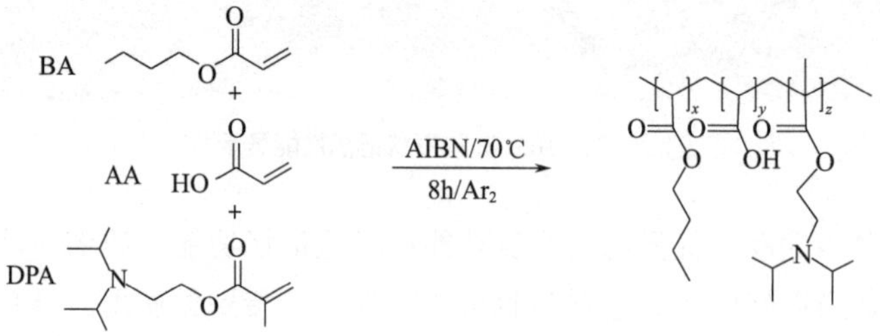

图 9-55 SSE 的合成反应方程式

由图 9-56 可以看出,SSE 破损后在 60℃下修复 6h、24h、30h 后的断裂应力强度都比原始的断裂应力高,并且随着修复时间的延长,断裂强度呈现上升趋势,体现出 SSE 独有的自愈增强的功能，就像人体肌肉组织在锻炼过后增强一样。如图 9-57 所示，SSE 弹性体处于热力学不稳定而动力学稳定的状态，由于静电相互作用的非方向性和非饱和性而产生的热力学不稳定性，使 SSE 具有自愈增强的驱动力。来自大的空间位阻效应的动力学稳定性，作为自愈增强的开关。由于热力学的不稳定性，常规弹性体离聚体在室温下会不断改变其物理和力学性能，因为未配对的阳离子和阴离子基团逐渐形成新的离子键，同时离子聚集体缓慢重排，导致材料在室温下不稳定和不可控。然而，由于大的空间位阻，材料中未配对的正负离子基团在常温下不容易形成新的离子键，因此材料在室温下是动态稳定的。一旦施加热或机械力来破坏动力学稳定性，热力学不稳定性就会驱动未配对的基团形成更多的离子键，然后这些离子键相分离成更大、更致密的离子聚集体，这些更大、更致密的离子聚集体就会使材料增强。

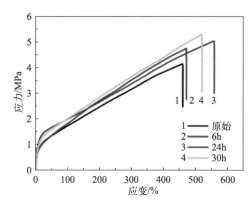

图 9-56　SSE 在 60℃下修复 6h、24h、30h 后的应力 - 应变曲线[18]

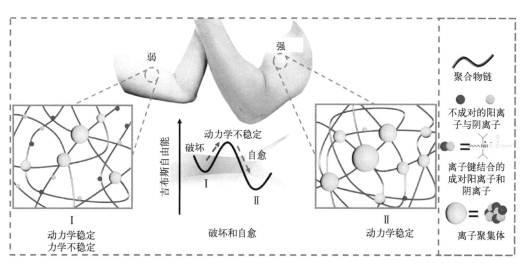

图 9-57　SSE 自愈增强的机理[18]

9.2.3　基于金属配位键的动态高分子

金属配位键是一种非常独特的非共价相互作用，是由金属离子（称为配位中心）与其周围的有机分子阵列（称为配体）之间相互作用而形成。在许多情况下，金属配位键的形成是自发的，其形成过程中吉布斯自由能变化值是负的。在自由过渡金属阳离子中，五个 d 轨道在球对称场中都是简并的（即它们具有相同的能量）。当配体接近中心金属离子时，由于静电场的作用 d 轨道简并被打破。当 d 轨道在配位场中分裂时，其中一些 d 轨道的能量比以前低，这些 d 轨道的低能组被电子选择性地填充，整体能量会降低（晶场稳定能），所以配位过程是一个稳定化的自发过程[19]。

配位键的强弱可以根据路易斯酸碱理论来解释，对于特定的金属离子与配体的组合，如硬酸与软碱、软酸与硬碱，或者介于硬酸与软酸之间的酸与介于硬碱和软碱之间的碱相结合，会形成较弱的动态金属配位键[19]。通过在弹性体材料中引入这种动态金属配位键，金属离子与配体的动态可逆组合与解离的机制赋予材料优异的自修复性能。本节也是主要围绕这种类型的配位键进行讲述的。

自修复性能是基于动态金属配位键的高分子材料的基础性能，然而，为了满足具体应用的需要，应该引入额外的功能或属性。通过对金属离子或者配体进行基团功能化处理，则可以引入发光、形状记忆、光响应驱动等特征功能。

9.2.3.1 兼具发光和自修复功能的水凝胶

一种兼具发光和自修复功能的水凝胶详细的制备过程如下：2-丙烯酰胺-2-甲基-1-丙磺酸（AMPSA）为原料，将其加入蒸馏水以获得均一溶液（50%，质量分数），然后直接在 80℃加热 25min 得到聚（2-丙烯酰胺-2-甲基-1-丙磺酸）（PAMPSA）。随后，将稀土配合物 [Eu(Tta)$_3$·2H$_2$O 或 Tb(Sal)$_3$·2H$_2$O] 的乙醇溶液均匀缓慢地掺杂到 PAMPSA 中，制备出含有稀土配合物的水凝胶。然后将混合凝胶放入烘箱中，在 30℃保持片刻，以去除多余的乙醇溶液。如图 9-58 所示，由于水凝胶材料本身十分柔软，所以可轻易调制成不同的形状。不管是在室温还是在氮气氛围下，该水凝胶在被切割并重新粘接在一起后，都可以迅速完成自修复过程。

如图 9-59 所示，该水凝胶在没有切割之前具有发荧光的功能，在切割以后的两部分也具有发荧光的功能，将其粘接修复后同样恢复到原先发荧光的状态，表现出良好的自修复性能。总的来说，这种基于金属配位作用的水凝胶兼具优异的自修复功能和紫外激发荧光的功能，并且其发光还可以具有可控的开关作用，对于基于金属配位键的动态高分子的功能化研究具有重要意义。

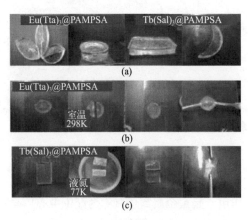

图 9-58　水凝胶的形状和自修复[20]

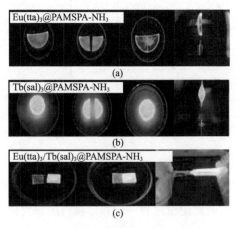

图 9-59　发光的水凝胶的自修复过程[20]

9.2.3.2 兼具形状记忆和自修复功能的聚酯

以 N,N- 双（2- 羟乙基）吡嗪酰胺和癸二酸为原料，可制得一种兼具形状记忆和自修复功能的聚酯（以下简称聚酯材料），其中 N,N- 双（2- 羟乙基）吡嗪酰胺需要进行几步小分子合成而得到。如图 9-60 所示，以异烟酸和甲醇为原料，硫酸为催化剂，在 60℃下反应4h 合成了异烟酸甲酯。反应完成后，冷却至室温，向反应液中加入 NaHCO₃ 溶液至中性，然后用二氯甲烷从溶液中提取异烟酸甲酯。以异烟酸甲酯和二乙醇胺为原料，在 90℃下反应 24h，合成了 N,N- 双（2- 羟乙基）吡嗪酰胺（BIN）。最后用去离子水洗涤粗品得到白色固体。得到了 N,N- 双（2- 羟乙基）吡嗪酰胺后，在 130℃和 Ar 气氛下以 1：1 将其加入癸二酸下熔融，然后在减压下进行缩聚反应 24h，得到了透明的淡黄色黏性产物。然后将产物倒入聚四氟乙烯的模具中冷却后便得到高分子薄膜。最后将高分子薄膜浸没在 4g/L CuSO₄的溶液中 1h，完成配位的过程，然后在室温下干燥 24h 得到最终的聚酯材料。

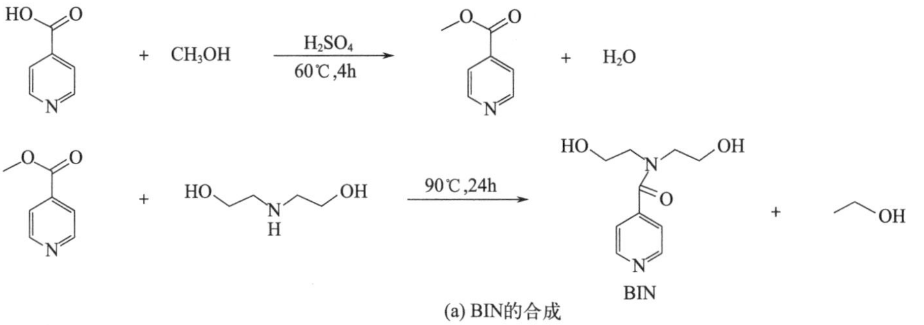

(a) BIN的合成

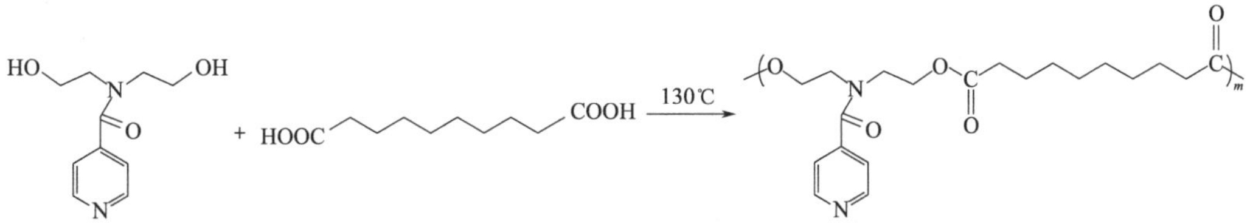

(b) BIN与癸二酸的反应

图 9-60　聚酯材料的合成方程式

上文已经介绍过形状记忆功能，它指的是材料在高温时受到外力作用产生形变，随后当温度降低至低温，撤销外力，材料仍能维持其形变状态。当温度再次升高至初始的高温时，材料的形变又消失了，材料重新恢复至初始状态。如图 9-61 所示，与铜离子配位后聚酯材料表现出优异的形状记忆功能，材料在 30℃被施加了 45% 的应变，然后降温至 -5℃，保持 5min 后形状完全固定住，然后进行升温，最后当温度升到 50℃时，材料恢复原长。而且将聚酯材料缠绕成螺旋状后，降至低温下固定，然后再升至 50℃后经过 90s 即恢复原来的形状。材料的形状记忆功能与通过配位键形成的交联网络密切相关，正是因为交联结构阻止了分子链滑移，所以当温度回升时，分子链会沿着之前的方向恢复至原始形态。而在低温下能够固定形状，则是因为在低温下分子链被固定，无法移动。

| 初始形状 | 暂时形状 | 50℃,10s | 50℃,30s | 50℃,90s |

图 9-61　聚酯材料的形状记忆功能 [21]

　　基于与铜离子组成的动态配位键，该聚酯材料同时具有优异的自修复性能。如图 9-62 所示，材料被切割成两半后，在 45℃下修复 1h 后已经完全复原。复原后的材料可以承受 50g 和 120g 的重量，进一步证明材料优异的自修复能力。图 9-62（f）展示自修复的机理，在 45℃下部分配位键解离，进而链段发生移动跨越断裂界面，然后配位键重新形成，聚合物网络重新组合进而完成自修复过程。

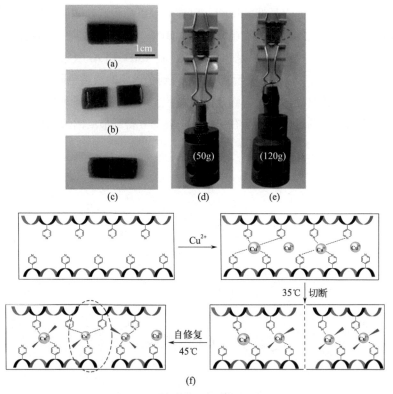

图 9-62　聚酯材料的自修复性能[21]

9.2.3.3　光响应驱动的自修复超分子凝胶

　　除了形状记忆功能，基于配位键的动态高分子还可以具有光响应驱动的功能，下面以一种超分子凝胶举例说明。如图 9-63 所示，这种超分子凝胶是由配体 A 与配体 B 聚合而成，在 Ar 气氛下，将配体 A 和 B 溶解在 70mL 氯仿中，在 60℃下加热，然后加入 $Zn(BF_4)_2$ 的甲醇溶液（2mL 中加入 0.1mmol Zn），在 60℃下搅拌 12h。冷却到室温后，在真空下除去挥发物，得到橙色粉末。将聚合物粉末溶解在 DMF 溶剂中，然后将无水乙醇按适当比例加入，在室温下放置成凝胶。

　　如图 9-64 所示，该凝胶具有优异的自修复能力，当凝胶被切割成两半后，只需要在室温下将其拼接在一起 15min，则可以完全恢复成原样。而且，如图 9-65 所示，聚合物主链中光响应部分的存在可以在宏观尺度上观察到光诱导的驱动效应。将凝胶放在石英试管中，利用 365nm 的紫外线照射凝胶，可以观察到凝胶的连续宏观收缩。凝胶收缩高达其初始体积的 85%，收缩伴随着过量的溶剂混合物的释放。在紫外光照射下，配体 A 单元内发生了从反式到顺式的光致异构化过程，这导致金属聚合物链的分子结构发生变化，所以产生光响应驱动的现象。在紫外光消失后，配体 A 单元可以热致异构化回到反式，从而使凝胶驱动回到原始状态，这样的循环可以进行多次。

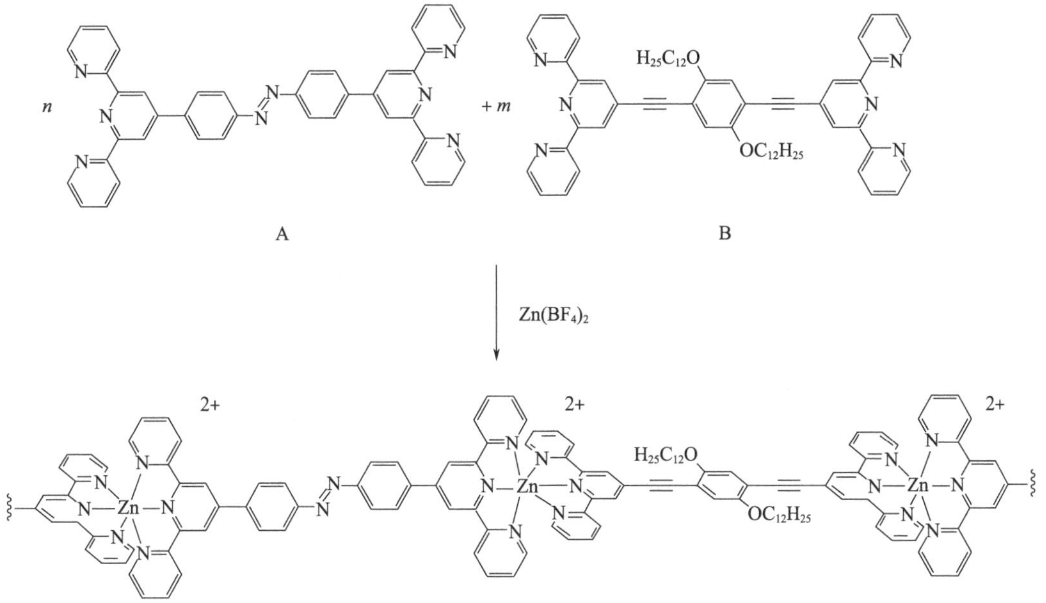

图 9-63　**超分子凝胶的合成反应式** [22]

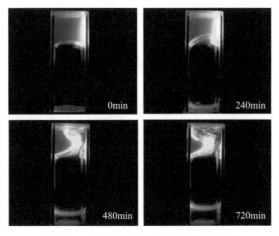

图 9-64　**超分子凝胶的自修复过程** [22]

图 9-65　**超分子凝胶的光响应驱动过程** [22]

　　以上不同种类的基于非共价键作用的动态高分子材料不仅具有优异的自修复性能、可重复回收性，并且通过调控不同的分子结构，还可以具备不同种类的功能性和优异的力学性能，这一类动态聚合物的研究和发展对整个动态高分子领域都具有深远的推动意义。

9.3　基于多重可逆作用的动态高分子材料

　　前文介绍了诸多基于非共价作用的动态高分子材料以及基于共价键的动态高分子材料。它们具有不同的作用机理，也使材料表现出不同的性能与功能。但是仅靠单一的动态作用很难实现材料的多功能性以及对材料性能的精准调控。基于多重可逆作用的动态高分子材料是指内部存在两种或两种以上相互作用方式的材料，例如二硫键、硼酸酯键、氢键、离子键、金属配位、π-π 堆积等。不同于单重可逆作用的材料，基于多重可逆作用的研究会更加侧重分子结构的设计，使材料中的各种作用相互协同、相辅相成，使材料兼具各个动态作用的优点甚至可以达到"1+1＞2"的效果，同时也能赋予材料更多功能。因此在本节的学习中，将详细介绍多种基于多重可逆作用的动态高分子材料的设计思路、材料中各种可逆作用的协同机理、多重可逆作用如何赋予材料功能等内容。

9.3.1　利用多重动态可逆作用增强增韧材料

　　新一代动态高分子材料希望同时具备优良力学性能和极佳自修复效率。但是由于这两种性能对高分子结构要求上的矛盾性，往往在追求强大的力学性能的同时，会导致自修复性能的严重降低，因而实现这个目标是个相当严峻的挑战。当前把解决问题的思路和重点寄托在多重可逆相互作用方面。在材料结构中引入多种可逆相互作用，希望借助各种不同作用之间相互协同效应，不仅赋予材料良好的动态性和自修复性，还可以同时提高材料的强度和韧性。

9.3.1.1　基于肟氨酯键、氢键以及金属配位键的高强韧室温自修复弹性体材料

　　肟氨酯键是自修复材料中常见的动态共价键，肟氨基甲酸酯（简称肟氨酯）基团（—C＝N—OCONH—）由氨基甲酸酯基团（—NHCOO—）和亚胺基团（—C＝N—）组成。肟氨酯键是肟与异氰酸酯在室温无催化剂的条件下即可快速形成的可逆共价键，常温下稳定，在相对较低的加热温度下即可发生动态交换反应，随温度升高，反应速度加快，能在更短时间达到动态平衡。其具有合成简单等优点，近年来正被人们用于构筑动态聚合物体系。下面介绍的就是一种基于肟氨酯键、氢键以及金属配位键等三重动态键协同作用的高强韧室温自修复弹性体材料[23]。该弹性体的反应方程式如图 9-66 所示。

　　① 将聚四氢呋喃（PTMEG）、丁二酮肟（DMG）和甘油（glycerol）溶于 5mL 丙酮中，在 50℃下在配有磁力搅拌器的玻璃容器中溶解。加入异佛尔酮二异氰酸酯（IPDI）和二月桂酸二丁基锡（DBTDL）反应 2h。然后，将反应混合物倒入聚四氟乙烯模具中在 50℃下反应 22h，然后在 75℃的真空烘箱中再固化 24h，得到弹性体 DOU-CPU。

　　② 将聚四氢呋喃、丁二酮肟和甘油溶于 5mL 丙酮中在 50℃下在配有磁力搅拌器的玻璃容器中溶解。加入异佛尔酮二异氰酸酯、二月桂酸二丁基锡、氯化铜溶液（CuCl₂）以及

少量丙酮反应 24h。然后将反应混合物倒入聚四氟乙烯模中在 75℃真空烘箱中固化 24h，制得弹性体 Cu-DOU-CPU。

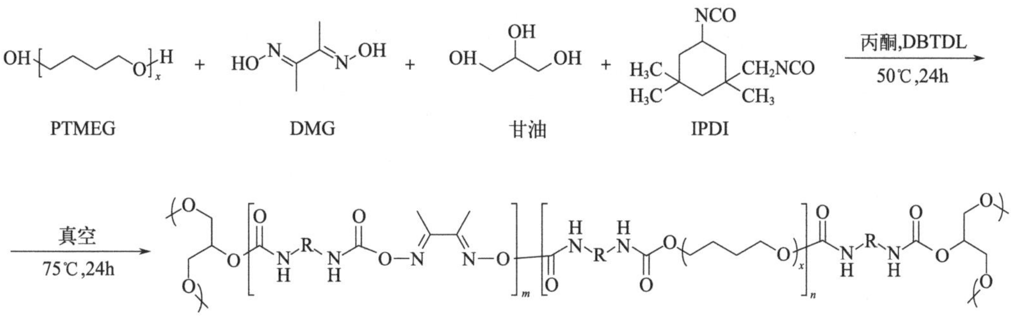

(a) DOU-CPU弹性体的合成示意图

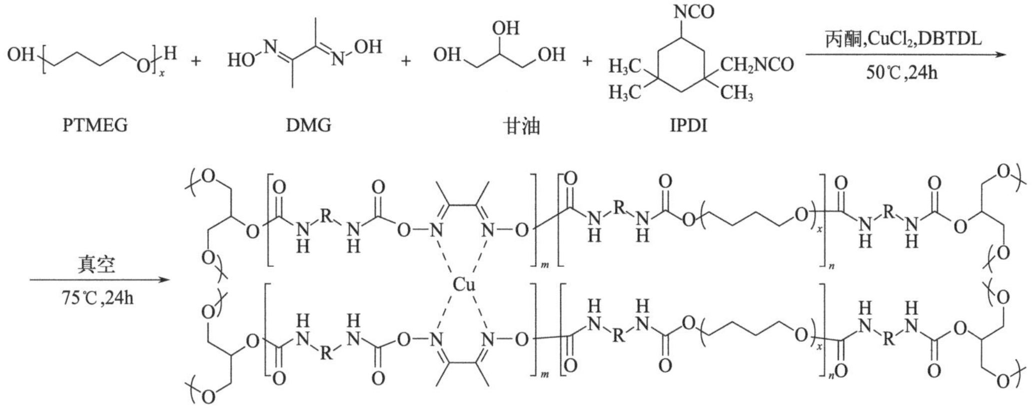

(b) Cu-DOU-CPU弹性体的合成示意图

图 9-66　基于肟氨酯键、氢键以及金属配位键的高强韧室温自修复弹性体的反应方程式 [23]

该研究的策略是将肟氨酯键、金属配位键和氢键引入聚氨酯弹性体，构建三重动态键体系。首先，DOU-CPU 提供了一种由可逆肟氨酯键和氢键组成室温自修复双动态网络，然后引入铜离子形成基于丁二酮肟和铜离子的金属配位键，从而形成了三重动态键网络。此外，铜离子可以显著促进肟氨酯键的动态交换，三重动态网络的协同效应显著提高了材料的力学性能，使室温自愈弹性体 Cu-DOU-CPU 具备了优秀的拉伸强度和韧性。

原料的选择是材料设计的关键所在。首先，选择聚四氢呋喃作为软段，这是因为其分子链是柔性，有利于链段运动，对弹性体的自修复有积极作用。然后，选择异佛尔酮二异氰酸酯作为硬段，是因为其具有不对称结构可以抑制聚合物结晶，进而提高聚合物链段的运动能力，也利于材料的自修复性能。其次，选择甘油作为交联剂参与反应产生共价交联网络。最后，丁二酮肟是弹性体 Cu-DOU-CPU 分子结构设计的关键——其一，作为扩链剂引入可逆肟氨酯键；其二，丁二酮肟中的甲基可以抑制硬段的结晶，进而提高聚合物链段的运动能力，也利于材料的自修复性能；其三，丁二酮肟含有相邻的肟基，其氮原子可以很容易地与 Cu^{2+} 螯合配位形成配合物，形成金属配位键。因此，在 Cu-DOU-CPU 弹性体中构建了含有可逆肟氨酯键、金属配位键和氢键三种动态键的动态可逆交联网络（图 9-67）。

较弱的可逆非共价键（氢键和金属配位键）的解离可以在机械变形过程中显著耗散能量，使弹性体韧性得到提高。它们具有的高动态性也可以促使断键重新结合有利于弹性体的自修复性能。而相对较强的动态共价键则可以保持主链结构的完整性，使材料的力学性能得到保证。同时，铜离子的配位促进了肟氨酯键的交换反应，有利于材料在损伤后的自修复过程。三重动态网络的协同作用使弹性体表现出了优秀的力学性能和自修复性能。

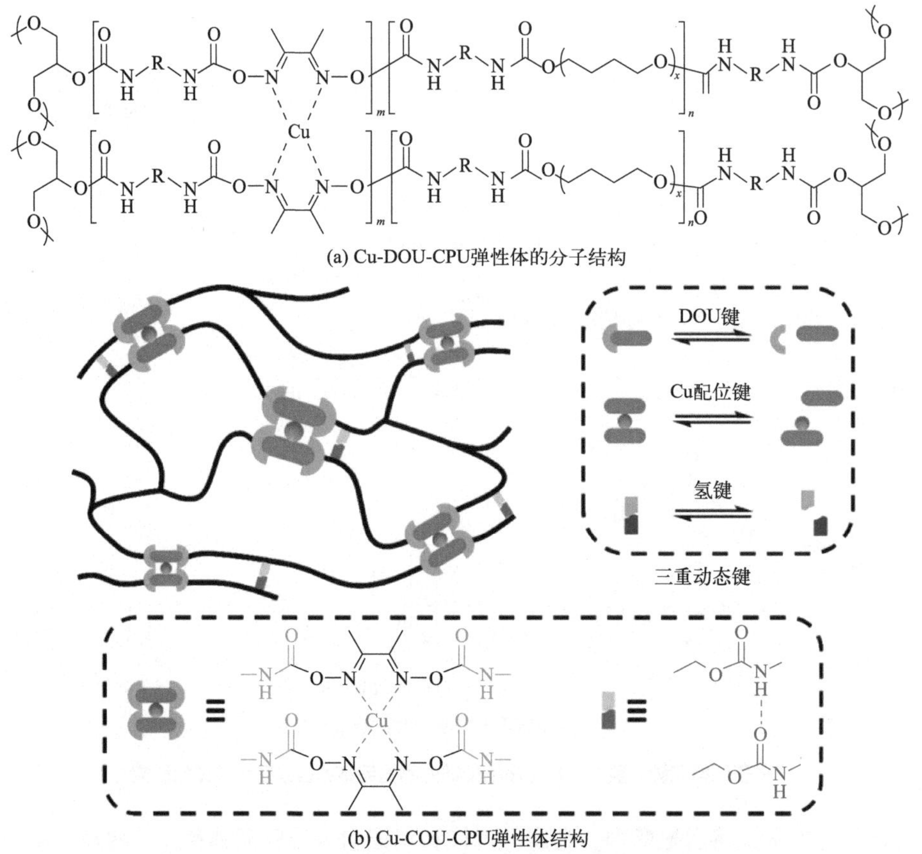

(a) Cu-DOU-CPU弹性体的分子结构

DOU键

Cu配位键

氢键

三重动态键

(b) Cu-COU-CPU弹性体结构

图 9-67　Cu-DOU-CPU 弹性体的分子结构及其结构 [23]

　　材料的自修复性能通常与其表面结构密切相关。采用 X 射线光电子能谱（XPS）对 Cu-DOU 和 Cu-DOU-CPU 的表面元素进行了分析，见图 9-68（a）和（b）。Cu-DOU-CPU 表现出比 Cu-DOU 更高的 N1s 强度，说明肟氨酯基团在 Cu-DOU-CPU 中的迁移运动能力比 Cu-DOU 更强，显然这更有利于弹性体的自修复。图 9-68（b）中，933.9eV 处的峰归于铜离子配合物，而 940.9～943.9 和 962.8eV 的震荡峰则表明确实存在部分已经配位的铜离子。Cu-DOU-CPU 表面的铜离子可以促进肟氨酯基团的交换反应，并且形成的金属配位键同样有利于自修复。

　　使用刀片在 Cu-DOU-CPU 涂膜上造成 30～50μm 宽的划痕，光学显微镜图像显示在室温下 2h 内划痕几乎完全消失，见图 9-68（c）。将 Cu-DOU-CPU 弹性体样品切成两段，并且在室温下进行连接，依靠聚合物中的动态作用仅仅 30s 后样品即可表现出自愈特性。随着非共价键和肟氨酯键的重组，材料的力学性能逐渐恢复。40h 后，其韧性和拉伸强度恢

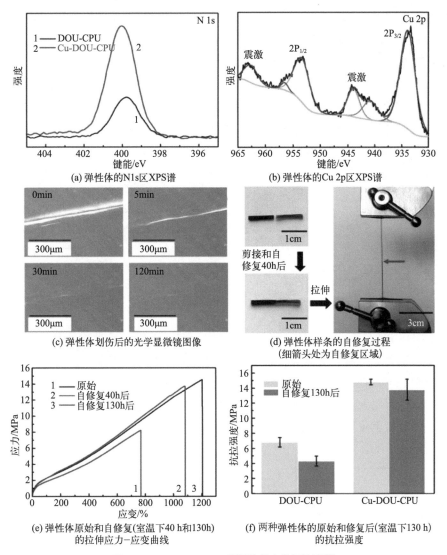

(a) 弹性体的N1s区XPS谱　　(b) 弹性体的Cu 2p区XPS谱

(c) 弹性体划伤后的光学显微镜图像

(d) 弹性体样条的自修复过程
(细箭头处为自修复区域)

(e) 弹性体原始和自修复(室温下40 h和130h)
的拉伸应力-应变曲线

(f) 两种弹性体的原始和修复后(室温下130 h)
的抗拉强度

图9-68　Cu-DOU-CPU 弹性体的自修复性能 [23]

复到 38.1MJ/m³±6.0MJ/m³ 和 8.0MPa±0.4MPa。将修复时间延长至 130h 后，Cu-DOU-CPU 的力学性能进一步得到显著改善，室温自愈弹性体的拉伸强度达到 13.8MPa±1.4MPa。Cu-DOU-CPU 的自愈性明显优于 Cu-DOU，证明 Cu^{2+} 的引入显著地提升了弹性体的自修复性能。

　　为了进一步了解金属配位键在 Cu-DOU-CPU 体系中的作用，采用动态力学分析方法对 DOU-CPU 和 Cu-DOU-CPU 进行了室温下的应力松弛试验。特征弛豫时间（τ^*）定义为 $G/G_0 = 1/e$ 所需的时间（其中 G_0 为初始剪切模量，G 为剪切模量），用于测量聚合物链重排的速度。由于 Cu-DOU 配合物形成交联，Cu-DOU-CPU（$\tau^* = 146.3s$）比 DOU-CPU（$\tau^* = 59.2s$）表现出更长的松弛时间，由此可以推断铜离子的配位通过增加动态交联点以及加载外力时可逆断裂耗散能量来增强增韧弹性体。此外对弹性体 Cu-DOU-CPU 进行了循环拉伸试验，在小应变（100%）的第一个拉伸循环后几乎可以将网络恢复到原始状态。而在经历较大应变（≥200%）的连续循环后，Cu-DOU-CPU 显示出可观察到的明显的残余应变，这是由于拉伸过程中的断裂的动态键在新位点重建。连续进行两次循环拉伸实验（循环 1- 循环 10 之间没有等待时间），在第 11 次循环拉伸试验之前，将薄膜在 25℃下松弛 2h。循环 11 的加载 - 卸载曲线与循环 1 相似，表明 Cu-DOU-CPU 几乎完全恢复了原来的拉伸性能。这归结于 Cu-DOU-CPU 弹性体中的共价键在拉伸前后保持稳定，而氢键和 Cu-DOU 金属配位键作为牺牲键，在拉伸过程中断裂耗散能量。而在拉伸过程完成静置的过程中，断裂的氢键和 Cu-DOU 金属配位键重新形成（图 9-69）。

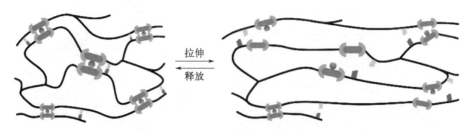

图 9-69   Cu-DOU-CPU 弹性体的拉伸 [23]

Cu-DOU-CPU 具有优异的拉伸强度和韧性，具有应用在柔性电子产品的潜力。如图 9-70 所示制备了一种复合导体——以 Cu-DOU-CPU 为外层护套，镓铟锡共晶为内芯。用复合导体和 3V 电池组成的简单电路可以点亮连接的发光二极管（LED）。当复合导体被切成两段时 LED 灯熄灭。而在不施加任何外加力的条件下将复合导体的两个切口拼在一起仅 9min 后，LED 灯就重新点亮。愈合后的复合导体可以拉伸至 250% 并且保持 LED 灯常亮。

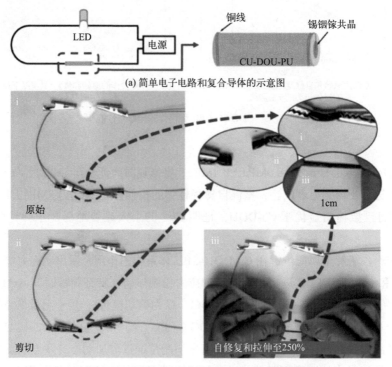

(a) 简单电子电路和复合导体的示意图

(b) 与LED串联的复合导体的自修复和可拉伸性能的演示

图 9-70   快速自修复和可拉伸复合导体 [23]

此外，Cu-DOU-CPU 具有良好的绝缘性能，电阻率高（$1.46×10^8 \Omega \cdot m$），具有良好实际应用价值。

Cu-DOU 金属配位键的引入不仅提升了材料的强度与韧性，同时也加快了肟氨酯键的交换反应，有利于材料自修复性能的提升。该研究提出了一种增强增韧策略，可以调和传统上力学性能和自修复效率的矛盾特性。此外，Cu-DOU- CPU 弹性体使用市售试剂一步即可成功合成，有望应用于保护涂层、软体机器人和可穿戴电子产品等领域。

9.3.1.2　层级氢键和金属配位键协同增强增韧的超分子聚氨酯弹性体材料

在本小节中，将介绍一种基于层级氢键和金属配位键的聚氨酯弹性体，强弱不同的氢键与金属配位键结合使材料获得优异的自修复性能和力学性能。其策略是将 2- 脲基 -4[1H] 嘧啶酮（UPy）基团整合到聚合物材料的大分子链中，并与 Zn^{2+} 配位。UPy 是一种特殊的化学结构单元，如前所述，UPy 单元之间可以形成四重氢键作用，使聚合物分子链形成密集物理交联网络结构，从而影响材料的力学性能和自修复性等特性。此外，UPy 单元也可以与金属离子形成金属配位键。该弹性体材料的制备过程如下。

首先合成的是含有 UPy 单元的 T 型扩链剂，将 2- 氨基 -4- 羟基 -9- 甲基嘧啶（MIC）和 1,9- 己二异氰酸酯（HDI）在圆底烧瓶中得到产物并命名为 UPy-NCO。然后将 UPy-NCO、2- 氨基 -2- 甲基 -1,3- 丙二醇（AMPD）和无水氯仿混合反应，在 60℃ N_2 气氛下回流反应 10h 最终得到产物并命名为 UPy-AMPD。至此，含有 UPy 基团的 T 型扩链剂合成完毕。

接下来是弹性体的制备，首先将聚四氢呋喃（PTMEG）溶于 N, N- 甲酰基乙酰胺（DMAc）中，在 110℃条件下 N_2 气氛下搅拌 2h，除去水，避免过量水干扰实验。然后将混合物冷却至 80℃，加入异佛尔酮二异氰酸酯（IPDI）和二月桂酸二丁基锡（DBTDL）催化剂，连续搅拌反应 4h 得到预聚物。随后将 UPy-AMPD 溶解于 DMAc 中，逐渐滴加，在 80℃下连续搅拌 2h，直至扩链剂反应完成。然后，将混合溶液冷却至室温后，缓慢滴加聚醚胺（D230）至反应装置内，在 40℃下继续搅拌 3h，得到 SPU-UPy$_R$ 溶液（R 值表示 UPy 单元的含量）。将 $ZnCl_2$ 的 DMAc 溶液缓慢加入 SPU-UPy$_R$ 溶液中。随后，在 N_2 气氛下，在 40℃下进一步搅拌 4h，最终获得 SPU-UPy$_R$：Zn 溶液。然后将上述溶液浇铸在清洗过的聚四氟乙烯模具上，80℃真空干燥 48h，使 DMAc 溶剂蒸发。最后，将样品从模具上剥离，得到了各种不同组分配比的 SPU 薄膜。

如图 9-71 所示，UPy 单元之间可以形成强韧的四重氢键。而在 Zn^{2+} 引入体系之中后，UPy 单元与 Zn^{2+} 可以形成金属配位键。除此之外，异氰酸酯基团和氨基反应生成的脲基、异氰酸酯基团和羟基反应生成氨基甲酸酯之间可以形成较弱的氢键。

层级氢键是材料增强的主要原因之一，随着 UPy 含量的增加，材料的拉伸强度急剧增加，断裂伸长率显著降低。同时，由于大量动态链间氢键的存在，这些弹性体均表现为初始拉伸性能快速上升，随后出现屈服 [图 9-72 （a）]。但是明显仅引入一种动态可逆作用很难达到高强度和高韧性之间的平衡。于是向聚合物体系中引入金属配位键，在聚合物分子链中形成配位结构的超分子网络。然后在大变形过程中将会存在金属配位作用的动态解离和重组，而且非共价交联结构可以约束分子链的滑动，从而促进强度、断裂伸长率和韧性的同时增加 [图 9-72 （b）]。

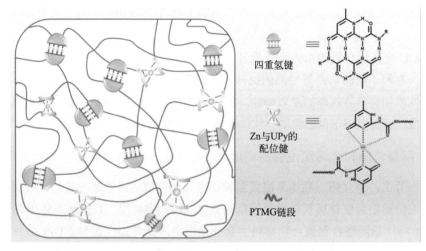

图 9-71   由层次化氢键相互作用和金属配位键组成的聚合物结构[24]

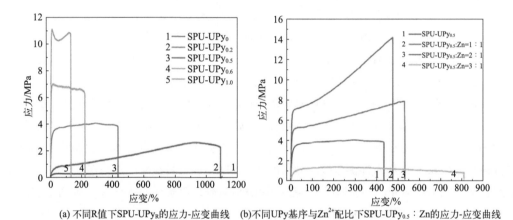

(a) 不同R值下SPU-UPy$_R$的应力-应变曲线   (b)不同UPy基序与Zn^{2+}配比下SPU-UPy$_{0.5}$：Zn的应力-应变曲线

图 9-72   SPU-UPy$_R$ 弹性体的应力 - 应变曲线[23]

为了实现力学性能和自修复性能的平衡，还提出了一种特殊的策略——制备一种双层聚合物薄膜。该双层薄膜外层为力学性能更加优异的具有金属配位键的膜（SPU-UPy$_{0.5}$：Zn = 1∶1），内层则是自修复性能更加优异的不含有金属配位键的膜（SPU-UPy$_{0.2}$），并将其记为 SPU-UPy-Zn，制备过程如图 9-73 所示。采用"内软外硬"结构的独特设计策略，双层聚合物膜具有极好的室温快速自愈能力。此外切碎的样品相互接触并在 80℃下加热30min 后切痕几乎消失。同时力学性能也可以获得极大程度的恢复。

总的来说，层级氢键作用（单重、双重和四重）不仅可以在断裂后实现快速地重组，而且较弱的非共价键能有效地耗散能量，使弹性体具有出色的自愈能力和高拉伸性能。而由 Zn^{2+} 与 UPy 单元配位形成金属配位键具有较高的强度，一定程度上有利于形成更强的物理交联网络。由于层级氢键和金属配位键的协同作用，得到的超分子弹性体具有良好的拉伸强度（14.15MPa），优异的韧性（47.57MJ/m^3）和较高的杨氏模量（146.92MPa）。这种基于层次氢键和金属配体配位键的协同强化策略不仅为开发高机械强度和韧性的室温自修复材料提供思路，而且有望应用于透明防护、可穿戴设备和人机交互过程等领域。

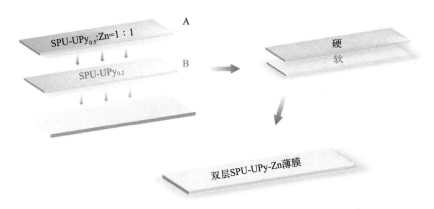

图 9-73　**双层 SPU-UPy-Zn 薄膜制备工艺** [24]

9.3.1.3　基于动态氢键和双配位键协同效应的高强韧自愈纳米复合物理水凝胶

除了上述提到的弹性体材料，多重可逆作用在水凝胶材料中也有广泛的应用，利用动态键的可逆性赋予材料优异的自修复性能。采用一锅法制备工艺，通过在网络中形成氢键和双金属 - 羧酸盐配位键制备出一种完全物理交联的高强韧自愈纳米复合水凝胶，其中铁离子（Fe^{3+}）和 2,2,6,9- 四甲基哌啶氧基（TEMPO）氧化的纤维素纳米原纤维（Cellulose nanofiber，CNF）作为交联剂，从而提高了机械强度、韧性，以及提供了优异的自修复性能。具体的制备过程如下：

采用原位自由基聚合法制备了聚丙烯酸（PAA）-CNF-Fe^{3+} 纳米复合物理水凝胶（图 9-74）。将丙烯酸单体（AA）、过硫酸铵、N, N, N', N'- 四甲基乙二胺和 $FeCl_3 \cdot 6H_2O$ 溶于去离子水中。然后加入 CNF 胶体溶液，300W 超声 15min，形成均匀混合物。采用氮气排除空气 10min 后，将混合物转移到内径 10mm 的塑料注射器中，在氮气气氛下，30℃条件下原位自由基聚合 48h，形成离子凝胶。最后，将得到的凝胶在去离子水中浸泡 24h，去除多余的阳离子。用相同的方法合成了物理交联的 PAA（不含 CNF 和 Fe^{3+}）和 PAA-CNF 对应物（不含 Fe^{3+}）。

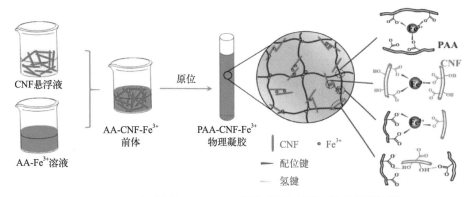

图 9-74　**一锅法制备 PAA-CNF-Fe^{3+} 物理凝胶及其氢键和双配位键** [25]

纤维素纳米原纤维是一种天然存在的具有天然晶体结构的多糖，具有可改性、可再生、可生物降解和优异的力学性能等优点。通过高压均质和催化氧化等操作可以在主链上选择性地引入大量羧基。将羧化 CNF 引入弹性体中可以促进非共价键的形成，而这些非共价键可以在聚合物网络中充当牺牲键，在水凝胶受到外力作用时耗散能量。CNF 通过与 PAA 形成氢键构筑第一重非共价交联网络，然后 PAA 和羧基化 CNF 中 Fe^{3+} 与羧基之间构筑的双离子配位键构筑第二重非共价交联网络。配位键作为强键构成水凝胶的交联骨架，而氢键作为弱键构成牺牲网络。此外，配位键具有动态特性，在氢键断裂后也可以作为牺牲键耗散能量。

PAA-CNF-Fe^{3+} 物理凝胶表现出优异的力学性能，可以承受各种变形，如拉伸、打结、扭曲和压缩。并且物理凝胶在去除手指压力后可以瞬间恢复到原来的形状，这表明水凝胶具有出色的韧性和形状恢复性能。

当 CNF 含量为 0.5%（质量分数）时，PAA-CNF$_{0.5}$-Fe^{3+} 凝胶表现出最佳的力学性能，拉伸强度、断裂伸长率和愈合效率分别达到 1.37MPa、1803% 和 86.9%。如图 9-75（a）所示，原始 PAA 凝胶的拉伸强度（0.035MPa）以及韧性（断裂伸长率 320%）都较差。而掺入 Fe^{3+} 的 PAA-Fe^{3+} 凝胶具有较高的力学性能，断裂应力为 0.72MPa，断裂应变为原始 PAA 凝胶的 800%。PAA-CNF-Fe^{3+} 物理凝胶的力学性能（断裂应力 1.37MPa，断裂伸长率 1803%）优于 PAA 和 PAA-Fe^{3+} 物理凝胶，这主要得益于 PAA-CNF-Fe^{3+} 水凝胶中双金属配位键的协同作用。图 9-75（b）为单轴拉伸变形过程，可以观察到 PAA-CNF-$Fe^{3+}_{1.00}$（Fe^{3+} 含量 1.00%，摩尔分数）物理凝胶在拉伸至初始尺寸的 18 倍左右后未发生断裂。与 PAA-CNF 物理凝胶相比，Fe^{3+} 的掺入显著提高了 PAACNF-Fe^{3+} 物理凝胶的断裂应

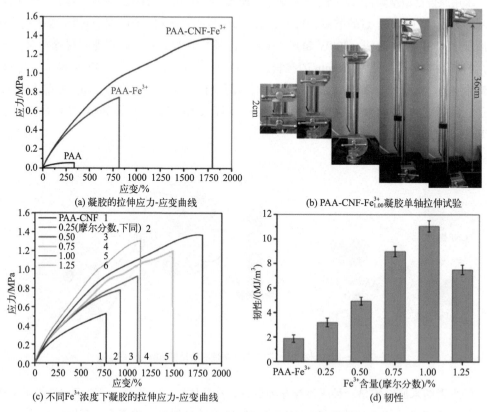

(a) 凝胶的拉伸应力-应变曲线

(b) PAA-CNF-$Fe^{3+}_{1.00}$ 凝胶单轴拉伸试验

(c) 不同 Fe^{3+} 浓度下凝胶的拉伸应力-应变曲线

(d) 韧性

图 9-75　PAA-CNF-Fe^{3+} 物理凝胶力学性能[25]

力和断裂伸长率 [图 9-75（c）]。同样，PAA-CNF-Fe$^{3+}_{1.00}$ 凝胶的韧性较 PAA-CNF 凝胶从 1.88MJ/m^3 增加到 11.05MJ/m^3，增加了近 4.9 倍，表现出金属配位键的增韧作用，如图 9-75（d）所示。

因此，我们将这种从原始 PAA 到 PAA-CNF-Fe^{3+} 物理凝胶的增强机理归结于以下两个方面。一方面，这种机械增强的增加是由于添加了分散良好的刚性 CNF 填料，以抵抗应力集中并耗散能量且阻止裂纹扩展。另一方面，基于非共价键的强界面相互作用导致链段的运动能力下降，从而形成了多重相互作用协同作用的聚合物网络，提高了力学性能。

如图 9-76（a）所示，用刀片将样品切成两半，随后将切口互相接触。样品可以在无任何外界刺激条件下室温愈合。并且愈合后凝胶的切口几乎完全消失，并且具有足够的强度拉起重物（350g）。图 9-76（b）显示了 PAA-CNF-Fe$^{3+}_{1.00}$ 物理凝胶在基体中裂纹形态扩展的形态演变。当被切开的样品互相接触时，Fe^{3+} 借助 PAA 链段的动态性逐渐向切开的界面扩散，并促进了金属配位键和氢键的重组，导致两个切开的样品之间重新形成了网络结构。除此之外，水凝胶还具有良好的划痕修复能力，划痕在 48h 内几乎完全愈合。

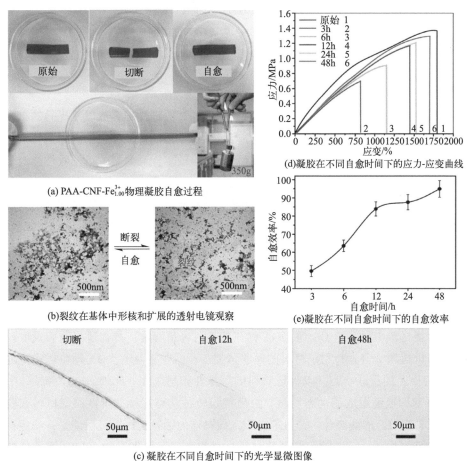

(a) PAA-CNF-Fe$^{3+}_{1.00}$ 物理凝胶自愈过程

(b) 裂纹在基体中形核和扩展的透射电镜观察

(c) 凝胶在不同自愈时间下的光学显微图像

(d) 凝胶在不同自愈时间下的应力-应变曲线

(e) 凝胶在不同自愈时间下的自愈效率

图 9-76　PAA-CNF-Fe$^{3+}_{1.00}$ **物理凝胶自愈性能** [25]

PAA-CNF-Fe^{3+} 物理凝胶的自愈行为是 Fe^{3+} 迁移和聚合物段重排之间相互作用的结果（图 9-77）。在凝胶遭遇机械损伤后，大分子链（PAA）的解离导致位于切口的活性端基（—COOH）形成，当断口接触时，这些活性端基与 Fe^{3+} 形成新的金属配位键，使 PAA-CNF -Fe^{3+} 物理网络重新形成。随后，动态配位键和氢键的协同作用进一步促进 PAA 链段重排，从而促进水凝胶的自修复。

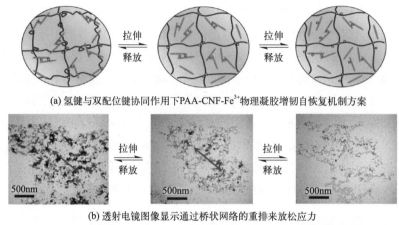

(a) 氢键与双配位键协同作用下PAA-CNF-Fe^{3+}物理凝胶增韧自恢复机制方案

(b) 透射电镜图像显示通过桥状网络的重排来放松应力

图 9-77　PAA-CNF-Fe^{3+} **物理凝胶的自愈机理**[25]

9.3.2　利用多重动态可逆作用赋予材料可回收性能

向材料中引入多重可逆作用，除了使材料获得超高的韧性和强度以及优异的自修复性能外，还能赋予材料可回收性能。可回收性能是材料在使用后能够重新利用的能力，有助于减少资源消耗、废弃物产生以及能源消耗和环境排放。提高材料的可回收性能对于实现可持续发展至关重要。

本节介绍一种赋予材料可回收性能的策略——向原有聚合物体系氢键作用的基础上引入 Diels–Alder 可逆反应以及二硫键，二硫键和氢键作为牺牲键赋予材料瞬时自修复能力，而结合能较强的 DA 可逆反应则为交联材料可回收性能奠定基础。

如今柔性电子产品快速发展，容易造成大量的电子污染，不符合绿色发展的理念。本小节介绍一种具有动态可逆键交联的聚氨酯弹性体——一种含呋喃的聚氨酯（FPU），见图 9-78[26]。首先选择一种特定的 2,5- 呋喃二甲醇 - 双马来酰亚胺的 DA 加合物作为交联单元，向聚合物材料中引入了 DA 键。DA 键在加热时容易解离，并在适当时间尺度以及外界条件下可以重新结合，有利于材料的回收再加工。而在常温下，DA 键可以稳定地存在使 FPU 保持稳定的交联状态，以保证材料的可靠性和耐久性。此外，FPU 弹性体中还具有可逆二硫键和氢键组成的动态网络。二硫键是一种动态交换共价键，使材料在较低温度下就可以具有较好的动态性。并且氢键和二硫键作为牺牲键可以耗散能量，一定程度上增强材料的延展性能，二硫键和氢键使材料具有的高动态性也有利于 FPU 弹性体的回收利用。

FPU 预聚物是由 2,5- 呋喃二甲醇、双（4- 羟基苯基）二硫化物、聚四氢呋喃（PTHF）和异佛尔酮二异氰酸酯（IPDI）一锅缩聚合成的，然后与双马来酰亚胺交联制得动态交联的聚合物（图 9-79）。

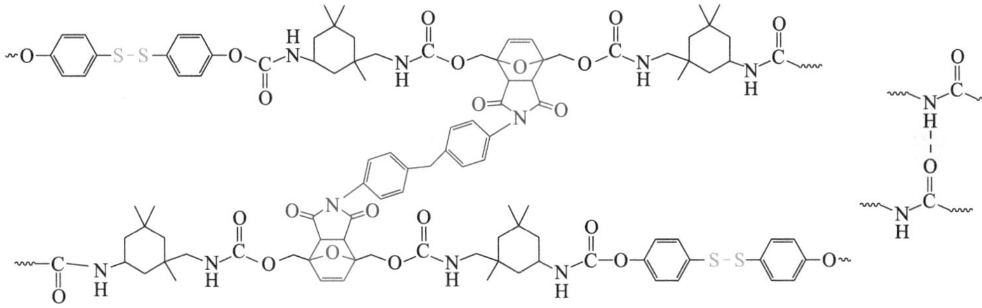

(a) FPU弹性体设计

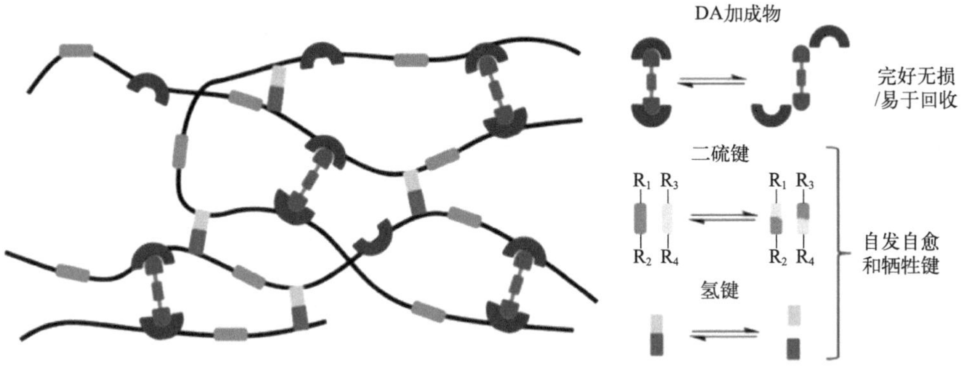

DA加成物

完好无损/易于回收

二硫键

氢键

自发自愈和牺牲键

(b) FPU弹性体结构示意图

图 9-78　交联杂化含呋喃聚氨酯（FPU）弹性体[26]

　　由于分子链结构含有丰富的氢键，FPU 在室温下 120s 内即可快速修复细小的划痕。通过对原始样品和在不同温度下储存 6h 后自愈的样品进行拉伸测试，确定了 FPU 的力学性能和自愈效率。在室温条件下（25℃），FPU 的拉伸强度在 6h 内恢复到原来的 50% 以上。在中等温度（60℃）下，由于二硫键的活化，FPU 具有较高的修复性能，FPU 的拉伸强度恢复到 80% 以上。将 FPU 加热到 110℃会导致共价交联网络的可逆解离，这有助于通过热压回收后再加工，类似热塑性材料的加工。

　　多重动态键也赋予了材料极佳的弹性。在低应变（<100%）的拉伸循环中，大多数共价网络的完整性得以保持，因此在重复拉伸后弹性体可保持几乎相同的拉伸曲线。而在不断增大应变（≥200%）的重复循环后，由于拉伸过程中，存在动态键（氢键和二硫键）的断裂和重建，FPU 表现出可观察到的残余应变，代表 FPU 样品成功地耗散了能量。

　　将 FPU 溶解在氯仿之中得到的聚合物溶液可以非常轻易地重新制备成薄膜，见图 9-80（a），并且回收后制备的薄膜，与原来的 FPU 相比保持相当的拉伸性能。这种回收过程简单且环保，并且不需要在高沸点溶剂中加热或添加其他化学物质。在整个回收过程中，FPU 主链的完整性保持不变，即不需要将聚合物解聚成低聚物或单体。此外，将 FPU 弹性体与市售芯片组件（例如用于监测温度和照明的芯片组件）相结合，制备了一种多功能可穿戴电子系统，可提供对人体的高性能传感和监测 [图 9-80（b）]。FPU 基质可以溶解在氯仿中，并在室温下通过短暂的加热将其从芯片组件中分离出来。回收的材料和部件可以重复利用并用于制造新的电子器件，从而实现柔性电子器件的可回收性。

　　FPU 具有优异的弹性和可回收性能，作为基体应用于柔性电子材料具有极大的潜力。向

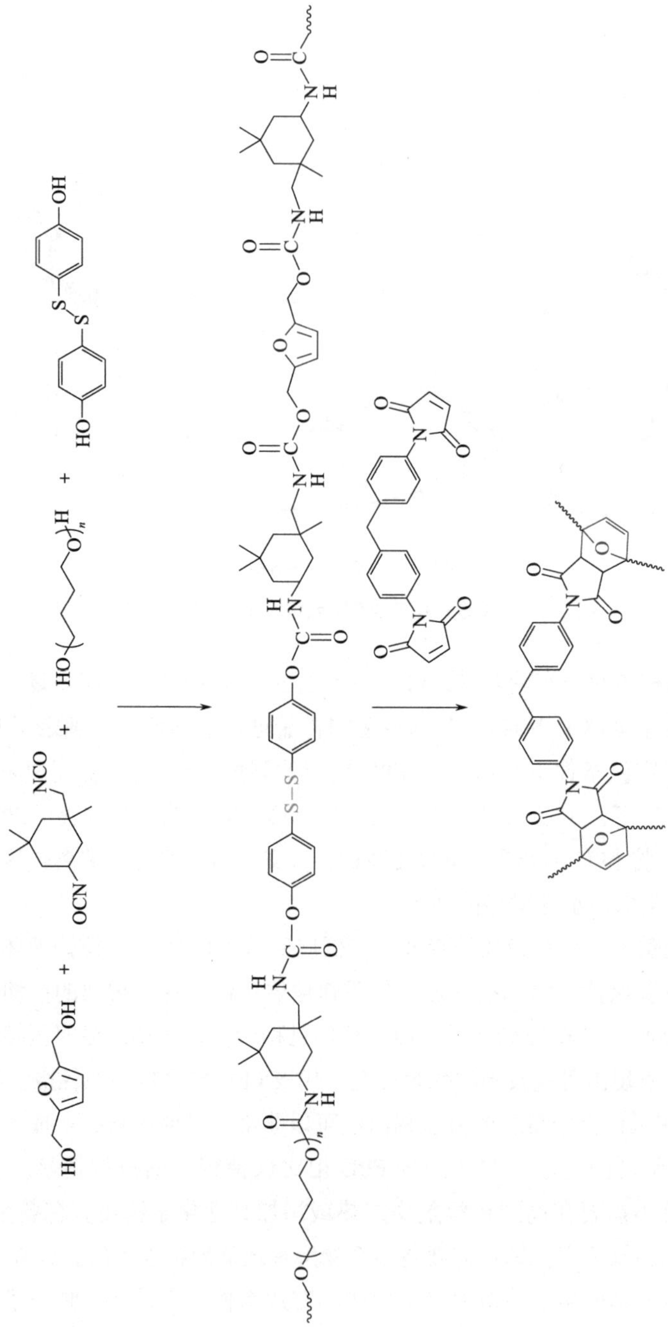

图 9-79 动态杂交联 FPU 聚合物的合成路线[26]

FPU 中混合添加三种填料（多壁碳纳米管、银纳米片和炭黑）混合制成了一种导电复合材料（FPUC）。FPUC 在经历回收过程后，依然可以极大地保持力学性能和导电性。FPU 和 FPUC 无需预处理，在 110℃ 下可以通过 3D 打印进行加工。通过 3D 打印制备了三个基于 FPU 的柔性电子器件，以证明这种可回收电子材料的适用性，见图 9-81。鉴于 FPU 优异的拉伸性能和弹性，运用 3D 打印技术可以制备多种柔性电子器件，如位置传感器、柔性键盘以及运动传感器等。因此，引

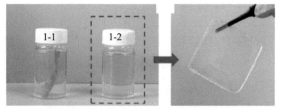

(a) FPU在氯仿中不加热浸泡的照片(1-1)以及在120℃下加热5min后FPU样品在氯仿中溶解的照片(1-2)

(b)回收的FPU薄膜照片

图 9-80　FPU 薄膜[26]

入多重可逆作用有望在设计高性能的下一代材料和电子产品方面表现出巨大潜力。

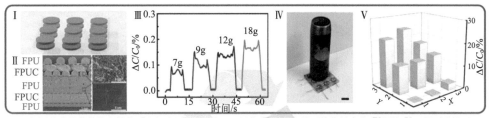

(a) 位置传感器的结构和性能：Ⅰ 原理图；Ⅱ 截面的SEM图像；Ⅲ 不同负载下的信号变化；Ⅳ 照片；Ⅴ 不规则重量下传感器的电容随位置的变化，通过不同位置的质量分布来识别

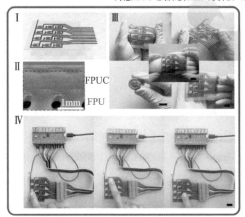

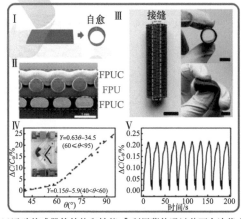

(b) 柔性键盘的结构和性能：Ⅰ 原理图；Ⅱ 表面的SEM图像；Ⅲ 制造键盘的灵活性（粘接、水平拉、对角拉、折叠）的照片；Ⅳ 带功能显示的数字键盘照片

(c) 运动传感器的结构和性能：Ⅰ 利用薄片通过其两个边缘之间的自愈制备的圆柱形运动传感器的原理图；Ⅱ 横截面的SEM图像；Ⅲ 运动传感器的结构和机械完整性的照片；Ⅳ 电容随弯曲角度的变化；Ⅴ 循环弯曲期间信号的变化(比尺=1cm)

图 9-81　三个基于 FPU 的柔性电子器件[26]

9.3.3　其他方面的应用

　　向材料中引入多重可逆作用不仅可以提高材料的强度以及韧性，还能赋予材料优异的自修复性能、可回收性能，有利于可持续发展的要求。此外，基于多重可逆作用的动态高分子在其他领域还有应用。

9.3.3.1　作为超可拉伸材料

超可拉伸材料是指具有非常高的可拉伸性能的材料。这些材料可以在外力作用下发生较大的可逆变形，而不会发生破坏或断裂。这一特性使得超可拉伸材料在许多领域中具有广泛应用的潜力。基于氢键和亚胺键协同作用可设计制备一种能拉伸至原长度 13000 倍的超可拉伸动态聚合物 [27]。聚合物的超拉伸性来源于两种不同类型的动态键的协同作用，其中少量的强动态亚胺键在拉伸过程中保持网络的完整性，大量的弱离子氢键在拉伸过程中耗散能量，见图 9-82。这种方法为超可拉伸聚合物的设计提供了新的借鉴。

PB 低聚物通过巯基反应被氨基和羧基功能化，分别得到 PB-NH$_2$-9.8% 和 PB-COOH-5%（9.8% 与 5% 分别表示氨基和羧基的含量）。然后，以不同比例混合 PB-NH$_2$-9.8%、PB-COOH-5% 和苯 -1,3,5- 三乙醛反应。最终得到由氨基与羧基之间的弱离子氢键和胺与醛反应产生的强亚胺键构建形成的交联聚合物网络。根据添加的顺序不同，合成的产物分别命名为 PB-ion-imine-x-y 和 PB-ion-imine-x-y，其中 x 和 y 表示添加的浓度。

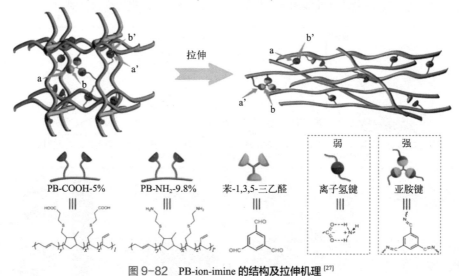

图 9-82　PB-ion-imine 的结构及拉伸机理 [27]

依靠离子氢键和动态亚胺键构建的动态网络，使弹性体获得了极其优异的拉伸性能以及一定的自修复性能。比如样品 PB-ion-imine-7-2.8/ PB-ion-imine-2.8-7，在 30℃下，以 10mm/min 的拉伸速率拉伸到其原始长度的 10000 倍以上。样品优异的拉伸性能与离子氢和亚胺键的协同作用密不可分。离子氢键在较高的温度下更容易断裂，导致交联密度降低，使聚合物链段运动能力得到提高，进而使能量得到更高效的耗散。而亚胺键是一种动态共价键，交换反应并不会导致交联密度的降低。所以，交联 PB 的超拉伸性来源于动态交联的能量耗散。亚胺键作为较强的物理交联点来维持网络的完整性，而大量的离子氢键作为较弱的牺牲键来耗散能量。该研究将强动态相互作用和弱动态相互作用引入聚合物体系中，为高拉伸材料的工程设计提供了一种强大而简便的策略，在许多领域都具有潜在应用，如人造肌肉、可拉伸电极和大应变传感器等。

9.3.3.2　阻尼材料

阻尼材料是能够将振动产生的机械能有效地转化为热能耗散掉的一种功能材料。一般来说，聚合物的阻尼性能主要依赖于其玻璃化转变，在玻璃化转变温度（T_g）附近，链段开始运动，需克服较大的动摩擦和能垒，且应变跟不上应力的变化，能量耗散大，即在玻璃化转变温度范围内聚合物的阻尼值较大。材料的阻尼性能一般采用损耗因子（tanδ）进行评价[28]。但是单一品种弹性体阻尼材料的玻璃化转变区域较窄（tanδ ≥0.3），有效阻尼温域一般只有 20～40℃；且大都集中在室温以下，因此阻尼功能区温度范围窄且使用温度偏低，室温以上的阻尼性能不佳，难以满足实际应用的需要，而现有拓宽材料阻尼温域的方法大都会恶化材料的力学性能，即存在着阻尼性能和力学性能难以平衡的缺陷。针对以上问题，利用多重氢键和动态二硫键协同效应来改善聚氨酯弹性体的阻尼性能[29]。选择 2,2′-二硫代二苯甲酸（DTSA）作为扩链剂，向体系中引入了二硫键，而且其在室温下就可以发生二硫交换（使材料具有更好的动态性）。除此之外，DTSA 中的羧基和异佛尔酮二异氰酸酯的异氰酸酯基团进行反应形成脲基和酸酐键，可以形成不同强度的氢键。选择 2,9- 二氨基吡啶（DAP）作为另一个扩链剂，是因为其具有两个氨基，同样可以用于调节聚氨酯弹性体中的氢键强度。具体的合成路线如图 9-83 所示。

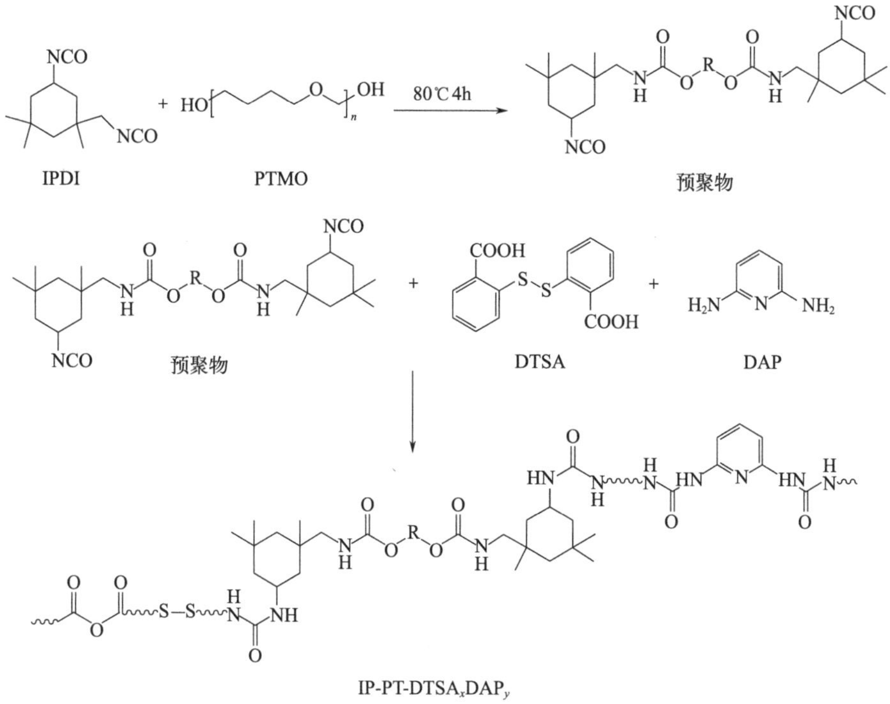

图 9-83　IP-PT-DTSA$_x$DAP$_y$ 弹性体的合成

二硫键的键能（251kJ/mol）低于碳 - 碳单键的键能（390kJ/mol），因此聚氨酯中二硫键的相对含量高不利于力学性能的改善。随着二硫键含量的提高，弹性的拉伸强度明显降低。但是，二硫键的引入可以使聚合物网络中发生二硫交换反应，利于可以促进附近链段的运动，使聚合物分子链的迁移率增加。聚氨酯弹性体的阻尼因子（tanδ）随着 DTSA 含量的增加而增大（即具有更好的阻尼性能），有效阻尼温度范围也随之变宽 [图 9-84 (a)]。IP-PT-DTSA$_{0.7}$DAP$_{0.3}$的阻尼温度范围达到 128℃（−28℃到 100℃）。阻尼性能的提升归结于氢键和二硫键的共同作用——一方面，随着 DTSA 含量的增加，聚氨酯中二硫键的比例增加，室温以上动态二硫交换反应的程度提高（图 9-85）。此外，随着温度的升高，二硫交换速率继续增加，导致分子的链段运动速度更快，链段间的内摩擦随之加大，因此，在外力作用下可以变形耗散更多的能量。另一方面，在一定范围内改变DAP与DTSA的比例，可以在聚氨酯中形成最佳比例强度的氢键作用，调节分子链之间的作用，有利于内摩擦，同样有利于能量的耗散［图9-84（b）］。在二硫键和多重氢键的共同作用下，弹性体材料表现出了优异的阻尼性能以及良好力学性能。

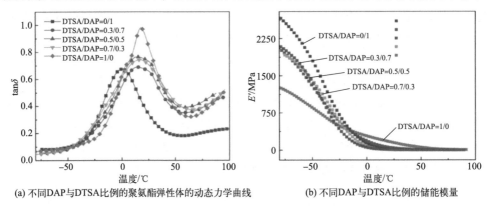

(a) 不同DAP与DTSA比例的聚氨酯弹性体的动态力学曲线　　(b) 不同DAP与DTSA比例的储能模量

图9-84　聚氨酯弹性体的力学性能[29]

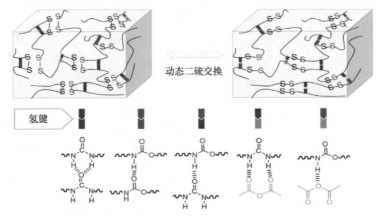

图9-85　聚氨酯聚合物网络结构[29]

基于多重可逆作用的动态高分子材料具有许多潜在的应用和发展方向。多重可逆作用使得材料能够在受损后重新恢复其原始性能。这一特性可以用于开发自修复涂层、自修复电子器件等领域，提高材料的寿命和可持续性。此外，通过控制多重可逆作用的强度和方式，可以实现材料的可逆形变或可逆变色。这使得材料能够响应外界刺激，如温度、湿度、光照等，并在特定条件下完成预设的形状或性质变化。这些智能材料可以应用于智能传感器、可编程材料等领域。通过调节多重可逆作用的断裂和结合能力，可以实现材料的可控释放功能。这使得材料可以用于药物传输、微型容器、智能包装等应用，实现药物的定时、定量、定点释放。多重可逆作用可以被环境因素（如温度、湿度、pH等）所调控。因此，这些材料可以应用于环境监测、污染检测和清除等方面，作为应对环境变化的敏感性和响应性材料。

9.4　总结与展望

近年来，动态高分子的研究呈现出蓬勃发展的态势，取得了显著进展，成为当前高分子材料研究的重点和热点方向之一，主要成果集中在以下几个方面：

① 新型动态键的设计与合成：通过不断努力，设计和合成了多种新型的动态键及探究了多种动态键的协同作用，以提高动态高分子的可调性和可重构性。这同时也推动了对动态共价键、离子键、金属配位键等的深入研究。

② 确立结构与性能的构效关系：通过深入理解动态高分子的结构与性能之间的关系。采取调控分子结构、链的运动方式等手段措施，实现材料所需的各项性能。

③ 多功能性的研究：动态高分子通常具有多功能性，如自修复、可回收、自适应等。利用分子结构、网络结构设计和调控及引入特殊的功能性基团，致力于在一个材料中实现多种功能并使其协同工作。

总之，动态高分子的研究不仅为传统聚合物材料带来了新的设计理念和合成方法，还推动了材料科学的发展，为可持续发展和环境友好型材料、智能材料的开发提供了新思路。

尽管取得了极为显著的研究进展和大量的研究成果，然而，动态高分子研究仍然面临一些挑战和问题。其中主要包括动态键的稳定性与动态平衡、动态高分子材料的可控性与可重复性、动态高分子材料的商业化与工业化应用等方面。解决这些问题需要在材料化学、聚合物物理、材料工程等多个领域进行深入的基础研究和跨学科的合作，进而推动该领域的发展和实际应用。

 参考文献

[1] Jean-Marie Lehn. 超分子化学：概念和展望 [M]. 沈兴海，等译. 北京：北京大学出版社，2002.

[2] Virgil Percec. Hierarchical macromolecular structures: 60 years after the staudinger nobel prize I[M]. Berlin: Springer International Publishing, 2013: 421.

[3] 张泽平，容敏智，章明秋. 基于可逆共价化学的交联聚合物加工成型研究——聚合物工程发展的新挑战 [J]. 高分子学报，2018(07): 829-852.

[4] Chen X X, Dam M A, Ono K, et al. A thermally re-mendable cross-linked polymeric material[J]. Science, 2002, 295(5560): 1698-1702.

[5] Lai Y Kuang X, Zhu P, et al. Colorless, transparent, robust, and fast scratch‐self‐healing elastomers via a phase‐locked dynamic bonds design[J]. Advanced Materials, 2018, 30(38):1802556.

[6] Wu X X, Li J H, Li G, et al. Heat‐triggered poly(siloxane‐urethane)s based on disulfide bonds for self‐healing application[J]. Journal of Applied Polymer Science, 2018, 135(31):46532.

[7] Xiang H P, Yin J F, Lin G H, et al. Photo-crosslinkable, self-healable and reprocessable rubbers[J]. Chemical Engineering Journal, 2019, 358:878-890.

[8] Yi C, Tang Z H, Zhang X H, et al. Covalently cross-linked elastomers with self-healing and malleable abilities enabled by boronic ester bonds[J]. ACS Applied Materials & Interfaces, 2018, 10(28): 24224-24231.

[9] Yi C, Tang Z H, Liu Y J, et al. Mechanically robust, self-healable, and reprocessable elastomers enabled by dynamic dual cross-links[J]. Macromolecules, 2019, 52(10): 3805-3812.

[10] Lai J C, Mei J F, Jia X Y, et al. A stiff and healable polymer based on dynamic‐covalent boroxine bonds[J]. Advanced Materials, 2016, 28(37): 8277-8282.

[11] Zhang B L, Zhang P, Zhang H Z, et al. A transparent, highly stretchable, autonomous self‐healing

poly(dimethyl siloxane) elastomer[J]. Macromolecular Rapid Communications, 2017, 38(15): 1700110.

[12] Feng Z B, Yu B, Hu J, et al. Multifunctional vitrimer-like polydimethylsiloxane (PDMS): Recyclable, self-healable, and water-driven malleable covalent networks based on dynamic imine bond[J]. Industrial & Engineering Chemistry Research, 2019, 58(3): 1212-1221.

[13] Lei X Y, Huang Y W, Liang S, et al. Preparation of highly transparent, room-temperature self-healing and recyclable silicon elastomers based on dynamic imine bond and their ion responsive properties[J]. Materials Letters, 2020, 268:127598.

[14] Ma J F, Lee G H, Kim J H, et al. A transparent self-healing polyurethane–isophorone-diisocyanate elastomer based on hydrogen-bonding interactions[J]. ACS Applied Polymer Materials, 2022, 4(4): 2497-2505.

[15] Liu Z X, Guo W, Wang W Y, et al. Healable strain sensor based on tough and eco-friendly biomimetic supramolecular waterborne polyurethane[J]. ACS Applied Materials & Interfaces, 2022, 14(4): 6019-6027.

[16] Li Z Q, Zhu Y L, Niu W W, et al. Healable and recyclable elastomers with record - high mechanical robustness, unprecedented crack tolerance, and superhigh elastic restorability[J]. Advanced Materials, 2021, 33(27):2101498.

[17] Yan P, Zhao L T, Yang C Y, et al. Super tough and strong self-healing elastomers based on polyampholytes[J]. Journal of Materials Chemistry A, 2018, 6(39): 19069-19074.

[18] Peng Y, Hou Y, Wu Q, et al. Thermal and mechanical activation of dynamically stable ionic interaction toward self-healing strengthening elastomers[J]. Mater Horiz, 2021, 8(9): 2553-2561.

[19] Li C H, Zuo J L. Self - healing polymers based on coordination bonds[J]. Advanced Materials, 2020, 32(27): 1903762.

[20] Yao Y L, Wang Y G, Li Z Q, et al. Reversible on–off luminescence switching in self-healable hydrogels[J]. Langmuir, 2015, 31(46): 12739-12741.

[21] Wang L, Di S B, Wang W X, et al. Self-healing and shape memory capabilities of copper-coordination polymer network[J]. RSC Advances, 2015, 5(37): 28899-28900.

[22] Etienne Borré, StumbéJean-François, Bellemin-Laponnaz Stéphane, et al. Light-powered self-healable metallosupramolecular soft actuators[J]. Angewandte Chemie International Edition, 2016, 55(4): 1313-1317.

[23] Zhang L Z, Liu Z H, Wu X L, et al. A highly efficient self - healing elastomer with unprecedented mechanical properties[J]. Advanced Materials, 2019, 31(23):1901402.

[24] Jing X, Wang X Y, Zhang X R, et al. Room-temperature self-healing supramolecular polyurethanes based on the synergistic strengthening of biomimetic hierarchical hydrogen-bonding interactions and coordination bonds[J]. Chemical Engineering Journal, 2023, 451:138673.

[25] Shao C Y, Chang H L, Wang M, et al. High-strength, tough, and self-healing nanocomposite physical hydrogels based on the synergistic effects of dynamic hydrogen bond and dual coordination bonds[J]. ACS Applied Materials & Interfaces, 2017, 9(34): 28305-28318.

[26] Guo Y F, Yang L, Zhang L Z, et al. A dynamically hybrid crosslinked elastomer for room - temperature recyclable flexible electronic devices[J]. Advanced Functional Materials, 2021, 31(50):2106281.

[27] Zhang H, Wu Y Z, Yang J X, et al. Superstretchable dynamic polymer networks[J]. Advanced Materials, 2019, 31(44):1904029.

[28] 鲍丽莹, 吴健伟, 赵濛等. 宽温域稳定阻尼聚氨酯材料 [J]. 化学与黏合, 2020, 42(1): 23-26, 42.

[29] Jiang X L, Xu M Wang M H, et al. Preparation and molecular dynamics study of polyurethane damping elastomer containing dynamic disulfide bond and multiple hydrogen bond[J]. European Polymer Journal, 2022, 162: 110893.